中国环境史研究
第三辑：历史动物研究

侯甬坚　曹志红　张　洁　李　冀　编著

中国环境出版社·北京

图书在版编目（CIP）数据

中国环境史研究. 第 3 辑，历史动物研究/侯甬坚
等编著. —北京：中国环境出版社，2014.4
　ISBN 978-7-5111-1828-8

　Ⅰ. ①中…　Ⅱ. ①侯…　Ⅲ. ①环境—历史—
中国—文集 ②动物—中国—文集　Ⅳ. ①X-092
②Q95-53

中国版本图书馆 CIP 数据核字（2014）第 079156 号

审图号：GS（2014）2553 号

出 版 人　王新程
责任编辑　曹靖凯
责任校对　唐丽虹
封面设计　金　喆

出版发行　**中国环境出版社**
　　　　　（100062　北京市东城区广渠门内大街 16 号）
　　　　　网　　　址：http://www.cesp.com.cn
　　　　　电子邮箱：bjgl@cesp.com.cn
　　　　　联系电话：010-67112765（编辑管理部）
　　　　　　　　　　010-67112736（图书出版中心）
　　　　　发行热线：010-67125803，010-67113405（传真）
印　　刷　北京中科印刷有限公司
经　　销　各地新华书店
版　　次　2014 年 11 月第 1 版
印　　次　2014 年 11 月第 1 次印刷
开　　本　787×960　1/16
印　　张　21.5
字　　数　400 千字
定　　价　68.00 元

内容简介

  作为共同栖息、繁衍于地球生物圈的不同物种，野生动物与人类有着千丝万缕的联系。本书以二者之间不同程度的密切接触为切入点，选取历史时期中国境内的大象、老虎、犀牛、熊、狮子、羚牛、鹿、海东青为研究对象，以环境史的视角，对其生活习性、分布变迁、与人类关系等内容进行探索。著者依据历史文献记录，立足于人类社会演进的立场，对野生动物的早期分布地域、数量变化（减少乃至灭绝）等现象，做了符合历史事实的人文因素阐释。本书对于历史动物演变史、人类与动物关系史、古动物与现代动物之间的过渡史等专题或领域的研究，可提供最新研究资料和学术见解。

前　言

追至 20 世纪 60—70 年代，近代工业文明以来的环境问题引发了人们对于人与自然关系的重新思考，环境史学应运而生。在历史研究的过程中，环境史学把生态分析方法引入相关研究，试图用生态学的话语体系来解说人类历史，最终谋求以二者协调发展为基础的地球生态系统平衡。

反思环境问题的实质，其实是人与自然的关系问题。当代环境危机是人与自然关系恶化的集中表现。正如 P. 埃里克所言："人与自然是历史的基础。"[1] 自人类社会产生以来的漫长历史时期，作为人类社会生存与发展的基本关系——人与自然的关系，就一直是人类文化中最原初、最基本的问题之一。毋庸讳言，人类的生存和生活必然要与自然环境发生关系，人与自然的冲突也是不可避免的。由于人类向来认为自然是供人类认识和改造的客体，因而人与自然的冲突往往以人类征服自然的粗暴方式来加以解决。漫长的积累导致了环境问题的爆发。这使得当前协调人与自然关系问题的重要性和迫切性前所未有地凸显出来。

当今世界的环境问题正是远古以来到近现代愈演愈烈的人与自然交互作用的结果。因此，欲谋求一条人与自然协调发展的道路，不仅需要当前生态学、环境科学等各领域的探索，更需要向历史和历史学寻求经验和借鉴。故此，"环境史研究的任务，不仅是为解决当前的环境问题提供经验，更是通过全面整理和系统检讨人类认识自然环境、利用环境资源和应对环境威胁的全部知识、观念、行为、组织、制度和物质成果，对人与自然的历史关系进行深层思考，重新确定'人'的历史地位，进一步揭示文明的本质，为谋求人与自然的永久和谐提供思想资源"。[2]

一、环境史视野下的动物

所谓"自然"，是由地球表层的岩石圈、大气圈、水圈和生物圈相互作用、相

---

1 转引自罗·麦金托什：《生态学概念和理论的发展》，北京：中国科学技术出版社，1992 年，第 177 页。

2 王利华：《浅议中国环境史学建构》，《历史研究》2010 年第 1 期，第 10-14，189 页。

互制约、相互转化所构成的复杂体系。所谓"人"，其本源本是自然中"生物圈"的一分子，其本身就是生物进化长河中物竞天择、优胜劣汰的结果。所以，人与其他生物的关系最初只是物种与物种之间的差异。《庄子·寓言》曰："万物皆种也，以不同形相禅，始卒若环，莫得其伦，是谓天均。"[1] 万物都有共同的始源，以不同的种类形态互相更替，这是天然的平等。《庄子·秋水》又言："以道观之，物无贵贱"，"万物一齐，孰短孰长"[2]。宇宙万物都有自身的内在价值，任何事物的价值都是平等的，人与其他万物相比，并没有自己的特殊之处，人与万物是没有贵贱长短之别的。

　　人与其他生命物质——动物、植物、微生物——持续不断地变化着，构成了丰富多彩的生物圈，也构成了生物多样性的根本要素。而生物多样性是维持生态系统稳定性的重要因素，可以提高生态系统对扰动的抵抗力或增加生态系统的可靠性[3]。

　　然而，随着人类的进化和发展，人类从生物界脱胎出来，俨然成为地球的主宰，并且按照自己的意愿不断地改造着自然，决定着其他生物的命运。人类当前面临的十大环境问题之一即包括了"生物灭绝加剧，生物多样性急剧减少"[4]。

　　据资料显示，在过去的 2 000 年里，地球上鸟类物种的 1/4 已灭绝，大洋中的岛屿鸟类灭绝得尤其严重；无脊椎动物则在我们尚未认识它们以前就大规模灭绝了。今天，剩余的 11% 的鸟类、18% 的哺乳动物、20% 的鱼类、8% 的陆生植物已濒临灭绝；44% 的植物物种的剩余生境受到威胁；热带和温带森林每年以 1%～4% 的速度减少。更令我们不容乐观的是，正濒临灭绝的许多物种是作为生态系统中的关键物种存在的，这些物种的灭绝还会导致其他一系列物种的灭绝。

　　生命的历史表明，地球上曾经和正在发生的 6 次大的灭绝速率很高的事件（见表 1）。

1（清）王先谦：《庄子集解·寓言第二十七》，《诸子集成》第 3 册，上海：上海书店影印出版，1986 年，第 182 页。

2（清）王先谦：《庄子集解·秋水第十七》，同上，第 102、104 页。

3 王国宏：《再论生物多样性与生态系统的稳定性》，《生物多样性》2002 年第 1 期，第 126-134 页。

4 余谋昌：《生态哲学》，西安：陕西人民教育出版社，2000 年，第 5-7 页。

表 1　地球生物史上的大灭绝事件回顾[1]

时间	地质年代	灭绝物种
5 亿年前	寒武纪末期	50%的动物科（包括三叶虫）
3.5 亿年前	泥盆纪末期	30%的动物科（包括无颚鱼类，盾皮鱼类和三叶虫）
2.3 亿年前	二叠纪末期	50%的动物科，95%的海洋物种
1.85 亿年前	三叠纪	35%的动物科，80%的爬行动物
6 500 万年前	白垩纪	许多海洋生物和恐龙
1 万年前	更新世	岛屿型物种，大型哺乳类和鸟类

　　众多的证据表明，我们正处在新的大规模绝灭事件中，即表 1 中始于 1 万年前的第六次，它有可能超过历史上的任何一次。前面五次灭绝的原因尚无定论，有人认为是进化的自然结果，有人认为是灾变，等等。可以肯定的是，灭绝是由于对环境的不适应。第六次灭绝则与人类的活动密切相关，至今仍在进行。许多历史时期的优势动物种群，在自然变迁和人类活动影响下面临着不同程度的濒危状况，这一形势越来越引起包括学术界在内的全社会的普遍关注和重视。

　　正是因为这样严峻的影响到生物多样性发展的形势，国际科学界自 20 世纪 60 年代以来，先后组织了"国际生物学事业计划（IBP）"[2]、"人与生物圈计划（MAB）"[3]、"国际地圈-生物圈计划（IGBP）"[4]、"国际全球环境变化的人文因

1　该表格资料来源于 Richard Primack，季维智主编：《保护生物学基础》，北京：中国林业出版社，2000 年，第一章 "保护生物学和生物多样性" 之 "灭绝和经济学：丧失有价值的东西"，第 26 页。

2　国际生物学事业计划（International Biological Program，IBP），是国际学术协会（ICSU）基于将人类的福利置于生物学基础之上为目的的，在 1965—1974 年的 10 年，实行了国际生物学事业计划（IBP），在生物学方面进行了空前的国际协作研究。该计划有下述 7 个分科目：陆地生物群系的生产力（PT），生物生产过程（PP），陆地生物群系的保护（CT），陆地水生生物群系的生产力（PF），海洋生物群系的生产力（PM），人的适应能力（HA）以及生物资源的利用和管理（UM）。官网地址：http://www7.nationalacademies.org/archives/International_Biological_Program.html. 中文信息可参考谢维勤：《国际生物学事业计划》，《生物学教学》1979 年第 1 期，第 1-22 页。

3　人与生物圈计划（Man and the Biosphere Programme，MAB），是联合国教科文组织科学部门于 1971 年发起的一项政府间跨学科的大型综合性的研究计划。生物圈保护区是 MAB 的核心部分，具有保护、可持续发展、提供科研教学、培训、监测基地等多种功能。其宗旨是通过自然科学和社会科学的结合，基础理论和应用技术的结合，科学技术人员、生产管理人员、政治决策者和广大人民的结合，对生物圈不同区域的结构和功能进行系统研究，并预测人类活动引起的生物圈及其资源的变化，及这种变化对人类本身的影响。官网地址：http://www.mab.com. 中文信息也可参考梁知新：《人与生物圈计划（MAB）简介》，《水利水电科技进展》1995 年第 3 期，第 30-33 页。

4　国际地圈生物圈计划（International Geosphere-Biosphere Programme，IGBP），是关于全球变化的研究，IGBP 与 IBP、MAB 计划可以视为生态系统研究的三个阶段。而 IGBP 是在 IBP、MAB 基础上组织起来的，是由国际科学联盟理事会（ICSU）于 1986 年发起并组织的重大国际科学计划。IGBP 是超级国际科学计划，其科学目标主要集中在研究主导整个地球系统的相互作用的物理、化学和生物学过程，特别着重研究那些时间尺度约为几十年到几百年，对人类活动最为敏感的相互作用过程和重大变化。计划的最终目标是提高人类对重大全球变化的预测能力。官网地址：http://www.igbp.net. 中国 1987 年加入 IGBP，其委员会简称 CNC-IGBP，官网地址：http://www.igbp-cnc.org.cn. 中文信息可参考姚檀栋：《"国际地圈、生物圈计划——全球变化研究" 简介》，《冰川冻土》1990 年第 2 期，第 98 页。

素计划（IHDP）"[1]，开展一系列有关人类与生物圈关系的研究。

　　动物以其在生态系统物质转化与能量流动过程中的中间传递地位，成为自然地理环境中最活跃的要素。自遥远的地质时代开始，就不断地处于演化之中。在这个漫长的进程中，有的由于自然因素（如白垩纪的恐龙因陨石撞击地球和气候变冷导致灭绝）或人文因素（如旅鸽在北美洲东部由于人为猎杀而于1914年灭绝）的影响，在地球上永远消失了，有的则幸运地延续到现在，组成了当前多姿多彩的动物世界。它们的繁殖、生长、自然演替，从宏观与微观上维持和调节着生态系统的能量平衡。其形态、生态、种类、数量和分布的变化，又敏感地反映着环境的状况及其变化。它们为人类提供各种形式的物质财富，同时帮助人类社会适应各种不可预见的环境压力，为人类社会生产、生活及其稳定、发展提供保证，成为人类社会与自然环境相互接触的纽带之一（另一为植物）。人与动物和谐共处维持着生态环境的稳定平衡，二者之间存在着千丝万缕的联系。

　　然而，随着人类文明的不断进步，社会知识的不断积累与推进，人类对于动物的认识逐渐完善，开始对动物资源加以利用。随着生产力水平不断提高、人类活动地域不断扩展，不仅影响和改变着地球表面覆被的直观变化，同时影响着动物的生存状态和历史演变。由于历史认识的局限性，人类不适当的行为导致动物受害甚至灭绝，已经成为人与动物关系中最不和谐的因素，长此以往必将祸及人类自身。

　　"采用环境史视角考察人与动物在人类历史进程中之角色和形象的演变，不仅有助于重新认识其生态和文化价值，构建新型的自然道德和环境伦理，亦有助于更加全面地认识人类自身。"[2] 因此，如何客观审视历史上人与动物的关系，从而为当今的人与动物和谐相处提供借鉴和智力支持，为动物保护出谋划策，成为环境史责无旁贷的一个重要选题，也是生态文明建设的一项重要的基础性工作。

---

1 国际全球环境变化的人文因素计划（International Human Dimensions Programme on Global Environmental Change, IHDP），是 ESSP 四大计划之一，IHDP 是一个跨学科的、非政府的国际科学计划，旨在促进和共同协调研究。IHDP 最初由国际社会科学联盟理事会（ISSC）于 1990 年发起，时称"人文因素计划"（Human Dimensions Programme，HDP）。1996 年 2 月，国际科学联合理事会（ICSU）联同 ISSC 成为项目的共同发起者，项目名称则由 HDP 演变为 IHDP，秘书处设在德国波恩。官网地址：http://www.ihdp.unu.edu。国际全球环境变化人文因素计划中国国家委员会 2004 年 8 月成立，简称 CNC-IHDP，官网地址：http://www.ihdp-cnc.cn。中文信息可参见林海：《CNC-IHDP 成立背景介绍》，《地球科学进展》2004 年第 6 期，第 1056-1057 页；CNC-IHDP 秘书处：《CNC-IHDP 成立并召开中国全球环境变化人文因素研究研讨会》，《地球科学进展》2004 年第 6 期，第 1054-1055 页。

2 王利华：《"环境史视野下人与动物的关系"专栏"主持者言"》，《南开学报（哲学社会科学版）》，2013 年第 4 期。

二、人与动物的关系演变

回顾历史，简单勾勒人与动物的关系，大致经历了如下几个阶段：

首先，人类历史上曾经有过一个征服动物的标志性时期，其结果不仅使人类自身从动物界中分化出来，而且逐渐取代大型猛兽成长为地球上的新主人。这一个时间段估计有数十万年，博学的威尔·杜兰特对此有过很精彩的概括，他说"这样一场体力和意志力之间的较量持续了很久，贯穿了这个漫长的、尚没有文字记载的历史"，但人类对此几乎淡忘了。

在新石器时代，人类在与自然界野生动植物的长期接触中，逐渐有了作物栽培和动物驯化的经验，从而实现了从直接的采集、捕食活动到间接获取生活产品的社会生产行业的转变。这一转变促使人类逐渐脱离了对自然界野生动植物的直接依赖，自然而然地为地球上的生物多样性保存提供了最大的可能性，并将自己与自然界结成一种极为密切的互助共生关系。

在这一时代中，早期人类虽为果腹之需本能地猎杀着动物为食，但同时也保有着最原始的特定动物种群的保护形式——图腾崇拜。前苏联经济学家奥斯特罗维强诺夫认为，图腾是庇护氏族的动物的名称，每个氏族都以动物之名为名，如蛇、狼、熊、鹿、袋鼠、驼等。以某种动物为名的氏族成员，不仅不能杀死这种动物，而且要以各种方法保护它，必须等到氏族首领举行相关宗教仪式，并估测出这一动物不会被杀得干干净净，才会允许猎取。[1] 这在一定程度上保护了动物，并且体现了人对自然的敬畏和顺应态度。

随之，文明时代的人类数量不断增长，以及人们日常基本食物中的营养需要（也包含部分人群不知足的野味欲望），对野生动物形成了越来越严重的生存压力。在海拔高度为 1 000～3 500 米的中山及其以下高度地区，动物栖息地被人类不断蚕食和占据，为生命安全计、为营养需要计、为经济利益计，用高超技术和精良武器所武装起来的人类已变得空前强大，各种打杀围捕、巧取利用似乎可以置各种动物于求生不得之地。大量相似的事实最后变成质疑所谓文明时代之文明程度的最好资料。同时，我们又不得不注意到为宗教观念或放生思想所影响的地域和人群社会，对野生和家养动物所持有的令人敬佩的保护态度和行为。

幸运的是，1822 年英国国会通过了世界上第一部反对人类虐待动物的法令，之后为动物立法的实践迅速扩展至欧洲其他国家，从此出现了动物与人类关系史

---

1 [苏联]奥斯特罗维强诺夫：《资本主义以前的诸社会经济形态》，北京：生活·读书·新知三联书店，1951 年，第33-34 页。

的重大转折。1872 年经美国政府批准建立的第一个国家公园——黄石公园，亦被看做是世界上最早的自然保护区，从此揭开了为自然界动植物和地质景观提供人类主动保护的历史。如今环境保护意识和观念深入人心，自然保护成绩也比比皆是，却不能因此否定过去人类的所有打猎或"除害兽"行为，也不能放松对今天诸多偷猎和贩卖动物行为的严格管理，因为对于动物与人类关系史的评价，必然需要建立在对不同历史阶段、不同地域，甚至是不同场合的合理判断之上，也就是取决于对于社会历史的正义判断之上。

通过以上大历史角度的简单勾勒，人与动物关系的演变，以及人类活动对于不同动物种群的数量、分布及其生存状态变化的影响可见一斑。对于某些特有珍稀动物种群而言，人类活动甚至影响其延续或灭绝。

三、历史动物研究现状

勾勒出人与动物关系演变史，是历史动物研究的重要内容。本书所从事的历史动物研究是环境史研究中非常重要的一个方面，同时是从古动物到现代动物研究中不可或缺的中间环节，也是历史自然地理学中关于动物要素的复原、变迁研究的实证案例。

这项研究同时是一项具有世界范围内科研意义的研究内容，我国在进行这项研究方面有着得天独厚的条件。关于近几千年来，特别是有文字记载以来动物、植物的变化研究，外国学者囿于文献不足，常常可望而不可及。他们有的只是在小范围内、少数地区研究火山喷发前后植物种属与植物区系变迁的可能，对于动物分布的研究则非常少而薄弱。中国拥有世界上数量最多、内容最丰富、涉及范围最广、前后延续时间最长的文献资料，为历史时期动物、植物变迁研究提供了广阔的前景和可能性，合理地利用这些文献发挥中国科学家的研究特长，并补外国学者之不足是中国学者的历史使命。

由于历史时期的动物资源状况不可能进行实时实地的考察，因此，从事历史动物研究主要依靠的是历史文献记载和考古、孢粉资料。由于考古、孢粉资料发掘和发现数量有限，只能作为佐证。而历史文献记载，由于相对直接而成为最主要的研究依据和资料来源。然而，由于历史文献中动物资料分布零散、记载口径不一，搜集、整理不易，使得历史动物研究的难度增大。因此，涉足该领域的学者较少；又由于研究的起步较晚（20 世纪 70 年代中期，以文焕然、何业恒两位先生为奠基者）、后续研究力量不足，使得其研究状况相对薄弱，理论指导几近空白、可资借鉴的研究思路亦极有限。

从学科角度而言，历史动物研究属于历史学（环境史学、历史地理学）、动物学甚至生态学等多学科交叉的研究选题。在动物学研究中，相对来说，古动物和现代动物的研究是比较全面、深入而成果丰硕的，而历史时期动物研究则较少有人涉足，直到近几年才略有起色。分析其原因，可能有以下几点：（1）几千年的时间段落对于动物种群动辄十万、百万年的生命进化过程来说，不过是短暂的瞬间，种的进化特点并不明显，因此，没有得到动物学界应有的重视；（2）历史时期的动物，除了考古发现中数量有限的兽骨以外，极少有动物实体作为标本进行研究，而进行这一研究的重要证据，则主要来源于历史文献中比较模糊（主要指属种判别上描述含糊、数量表达上缺乏连续性）、零散的记载，因此，进行对比互证研究比较困难；（3）对于历史文献中动物记载的解读、分析和判断，至少需要研究者同时具备历史学、动物学修养，至少需要基本掌握这两个学科甚至更多学科的研究方法才可进行，因此，研究工作比较困难而不易出成果，故少有人涉足。

然而，在环境变迁史、人与动物的关系史中，如果缺少了历史动物研究这一环，将是不完整的，尤其对于那些在历史时期由于自然或人文因素影响，数量增减、地理分布、生存状态变化非常明显，甚至是愈益濒危的珍稀、特有动物种群而言，这一研究更为必要。本书即为前人基础上的历史动物研究探索。

四、关于本书：著者团队与研究内容

本书的著者团队——陕西师范大学历史动物研究小组，隶属于该校西北历史环境与经济社会发展研究院国家级重点学科——历史地理学专业下的一支跨学科科研队伍——"师生创业团队"，该创业团队的研究方向为"历史环境变迁与重建"，由侯甬坚教授及其指导的博士、硕士研究生组成，历史动物研究小组是其下属的四个科研小组之一（另三个为黄土高原研究小组、环境史研究小组、藏区历史地理研究小组）。该科研小组随团队酝酿、筹备于 2004 年，正式组建于 2005 年 9 月，团队合作方式与成员构成具有开放式和流动式性质，因此，这是一支相对年轻、学科背景丰富、且持续有新鲜血液融入的科研团队。

该科研小组是一支专门从事历史动物研究的队伍，以动物为研究对象，复原其历史时期的地理分布、数量变化及生存状态，梳理人类对动物的认知过程、利用情况、探讨人与动物的关系演变史，从而揭示中国历史上动物与人、动物与历史、动物与社会的关系，并最终探讨历史时期人与环境的关系。

"师生创业团队"以"做出有国际水准的科学研究业绩、促使每个成员为学术研究作出最好贡献为目标，注重对团队成员的资料整理、理论分析、考证辨析、技术处理和外语运用等能力的培养，同时期望在科学研究中探讨和形成一套适合本科研团队实际条件的科研组织创新机制，促使研究生尽快成长，在小分支领域或单个题目方面产出的成果超过一般水平或指导教师水平"。为了实现这一目标，该研究小组从搜集和整理历史文献中各种动物记录的基础工作入手，梳理动物认知过程，解读动物信息，运用多学科知识、方法和理论进行综合分析，一直在科研的道路上潜心摸索。因此，团队各阶段形成的基础性科研成果（内部交流部分）命名为《在路上》系列。

自 2004 年筹备起至今，该小组已经选取历史时期的老虎、狮子、熊、大熊猫、亚洲象、犀牛、羚牛、鹿、海东青 9 个特定动物类群和 1 个特定区域（黄土高原）的兽类进行了研究，取得了一些成果：已完成 1 篇博士后出站报告，2 篇博士学位论文，8 篇硕士学位论文，23 篇期刊（文集）论文，2 篇国际会议论文，获批 4 项省、部、高校级科研项目。尚有 2 篇撰写中的博士学位论文和数篇待刊文章。

本书即收集了上述其中的部分科研成果进行编选，以期较为集中地展示他们所关注的特定历史动物研究问题和采取的研究方法。这些收进本书的文章几乎全部以论文的形式在国内外期刊引文数据库，如 SCI、CSSCI、CSCD 收录的期刊及各重要专业领域重要期刊上发表过，均经过了同行匿名评审和多次修改，为我们甄选带来了很大方便。

收入本书的文章，有的是动物文献记录的基础整理工作，有的是交叉学科研究方法运用的探索，有的是对于同一问题的新视角考察，有的是新材料的运用。具体的研究内容，或者是对特定珍稀动物的演变过程进行复原，或者探讨大型猛兽与人的冲突关系，或者勾勒特定利用价值的动物为人所用的历史，或者梳理特定动物为人认知的过程。这些研究或为一孔之见，但从一个侧面展现了历史动物研究小组的史学成果和研究特点，而且显示了他们对于相关交叉学科研究方法的关注。

科研是随着新材料的发现、新认识的推进而不断进展的，虽然本书所收文章几乎已全部公开发表，但听闻即将收入此书之时，年轻的作者们欣喜之余仍然秉持严谨、认真的科研态度，有的在内容上对新认识或新材料进行了修改和补充，有的在排版格式上进行了尾注改脚注的统一更改（英文文章除外），还有的文章在研究阶段上前后相继，本书亦维持原貌收录，以期体现相关研究主题的完整进展。

　　本书内容根据著者团队的研究特点和学术成果进行编排，分为三个部分。第一部分是关于历史时期亚洲象的研究成果；第二部分是关于历史时期虎的研究成果；第三部分是其他各研究对象分散研究成果的集中排列。为了方便对外交流和阅读，每篇文章都提供了相应的英文题目、摘要和关键词。

　　不管是环境史、动物学，还是历史地理学学科范畴，历史动物研究都不能缺席。健全的学术脉络应当由完整的科研成果建构。历史动物研究的存在，填补了学科研究中关键的中间一环。其旨在探寻动物在历史时期的地理分布和历史变迁轨迹，弥补特有动物种群变迁史、濒危动物演化史研究的缺失部分，形成完整的生命过程；为动物研究和保护提供历史档案和经验，为建立历史环境评价体系提供参照，为中国的历史动物研究提供最新的研究资料和学术见解。

　　本书的出版，是历史动物研究专题的一次集合，是历史动物研究小组以前工作的一次学术总结，也是我们沿着学术研究之路继续前行的起点，同时进一步明确了今后工作的方向，其意义大于论著本身。这也是历史动物研究小组献给学术界、教育界和读书界的心智。历史动物资料零碎、分散，搜览不便，至少希望本书的研究成果可以为学术界提供资料索引的基本学术功能。

　　我们将在前人的基础上，继续探索地球生态系统中动物要素的变化过程，及其与人类社会的关系，也欢迎国内外同行的批评和建议。

　　我们借本书出版的机会，向环境保护部的领导、中国环境出版社的项目负责人以及李恩军先生、曹靖凯女士表示衷心的感谢！

历史动物研究小组　谨识

2013 年 8 月 23 日

目　录

人类社会需求导致动物减少和灭绝：以象为例[1]

侯甬坚　张洁

摘　要：关于历史上中国境内亚洲象数量减少和在原有地域灭绝的原因，学术界存在着气候变冷的影响、人类活动的影响、多种因素所致三种观点。根据象的自身特点和弱点，通过社会对象产品的普遍需求，官府的提倡和获益，对象的捕猎杀戮方式诸方面的考察，得出气候因素难以解释历史上象的减少和灭绝，主要原因在于逐利以满足社会需求的人之杀戮行为。亚洲象此种被人杀戮的历史命运，不仅影响到该种生物物种及其多样性的正常演化，而且造成了新的濒危物种。

关键词：亚洲象；社会需求；捕象；驯象；屠象；象产品；象牙制品

在历史动物研究领域，自然状态下的虎、象、熊、豹等大型动物，在数量和地域分布上的减少，甚至灭绝，是一个极其引人注目的历史过程和颇具人文社会科学研究意义的课题。

各种资料表明，历史上的中国，曾是一个亚洲象（*Elephas maximus*）资源较为丰富的国家，近一半的国土上曾经出现过亚洲象的踪迹。问题是亚洲象的这种自然分布状况，随着人类各种社会活动的不断增加、扩大和升级，而发生了非常明显的变化，这种生物呈现急剧减少的变迁格局促使我们必须对之进行分析研究，以探明人类活动在其中所起的作用，以及较为细致的过程和路径。

本文的用词说明有二。首先对于论述对象，本文用词有四，即亚洲象、象、野象、大象，所说同一，只是按照文献资料的口径或叙述的顺畅与否，在不同的场合用词不一。再者，叙述中所见同大象的一系列具体接触活动，并非所有人所为，因此，文中尽量减少"人类"、"人"之类广义、抽象概念的使用，而是对具体行为的实施者，使用有限定意义的词语，如捕象人、猎取人、屠宰者、贸易者等。

---

1 本文原载《陕西师范大学学报（哲学社会科学版）》2007 年第 36 卷第 5 期，第 17-21 页，系陕西师范大学人文社会科学领域"211 工程"项目研究成果。

一、历史上亚洲象数量减少和在原有地域灭绝的原因

在中国历史时期生物分布及其变迁研究领域，何业恒所著《中国珍稀兽类的历史变迁》[1]、文焕然等著《中国历史时期植物与动物变迁研究》[2]十分重要，他们奠定了所有与中国亚洲象变迁研究相关工作的基础。

1. 气候变冷的影响所致

对于亚洲象历史变迁的研究路线，均是在其分布区域北界及其南移过程的确定中，再来揭示不同区域的变化和查找变迁总趋势的原因。据文焕然、何业恒研究，距今 3 000 年以前，亚洲象曾分布于黄河以北的河北阳原一带（指阳原县丁家堡水库第一阶地沙砾层发现的全新世亚洲象遗齿和遗骨）。之后，随着气候变冷，亚洲象逐渐向南退缩，直至缩到今日云南的西双版纳一带。尽管上述研究中包含了大量人类活动的历史资料，但其结论则侧重于气候变冷。对此，已有不同看法认为，"气候变化可能在一定程度上影响着亚洲象的南移，但据竺可桢等的研究，中国 5 000 年来气候无大变化，可推断气候因素不是亚洲象分布北界南移的根本原因。"[3]

2. 人类活动的影响所致

人类活动的影响十分明显，却缺乏较好的归纳。最新的归纳来自于澳洲大学的环境史专家伊懋可教授。他说："人类和大象的冲突发生在三个方面。第一个方面是人类为了发展农业而开垦土地，而对大象的森林栖息地造成了破坏。我们可能不时地听说它们（大象）侵入人类聚居地，而造成这种情况的一个原因就是：大象可以利用的自然资源的缩减，对它们造成了压力。第二个方面是农民采取措施，保护他们的庄稼免遭大象的踩踏和掠夺，基于这样的信念，农民们在农田里设置的安全措施，目的就是为了毁灭或者捕捉这些盗贼（大象）。第三个方面是为了获取象牙和象鼻而猎捕大象，因为它们是美食家的佳肴，或者捕捉它们，训练它们，并把它们用于战争、交通运输和贸易。这三个方面可以分开考虑，但是在所有的方面中，栖息地的破坏是主要的。"[4] 人的具体活动是指：栖息地破坏（大

---

1 何业恒：《中国珍稀兽类的历史变迁》，长沙：湖南科学技术出版社，1993年。

2 文焕然等著，文榕生选编整理：《中国历史时期植物与动物变迁研究》，重庆：重庆出版社，1995年。

3 陈明勇等编著：《中国亚洲象研究》，北京：科学出版社，2006年，第42页。

4 Mark Elvin.*The Retreat of the Elephants：An Environmental History of China*，New Haven and London：Yale University Press，2004.p.11.

象被迫离开）、捕象和屠象。

3．多种因素所致

文焕然等著作做出的研究结论是："造成野象分布北界南移的总趋势之原因是多方面的，主要还在于野象的自身习性的限制、自然环境的变化以及人类活动的影响等，这些因素相互联系又相互制约，对野象变迁产生综合作用。"[1]

根据我们最近的探讨，判断亚洲象在中国地域上减少和灭绝的原因，主要不是气候变冷，而是人类出于自身的物质需要（少数情况下是出于安全），对亚洲象的就地屠宰和利用，这一持续很长时间的人之行为，结果是大大减少了象群的数量，加之亚洲象原有栖息地遭到人类程度不等的干扰和破坏，致使大象的分布范围不断缩减，最终只剩下今云南西双版纳一带的热带雨林。就这一过程的复原认识来说，主要取决于对历史文献资料的留存和阅读，其中的主要环节还是比较清楚的。

二、象的自身特点和弱点

亚洲象的形态特征有三：具有硕大的身躯，伸缩自如的长鼻和一对长大的门齿。俗称大象，古籍中称为"巨象"，西晋郭璞的描述很形象："象，实魁梧，体巨貌诡，肉兼十牛，目不踰豕，望头如尾，动若丘徙。"[2] 由于身体硕大，无法藏匿，极容易成为捕象人的目标。大象食量巨大，25～45 岁的成年象尤甚，虽然善于为人类搬运货物，却不会自储食物，时常需要外出觅食，甚至吸食和践踏了农人的庄稼果实，驱赶不走，屡次为之，因而引起农人的愤恨。雄象的一对长牙，最遭人的觊觎。汉语中象牙的量词，竟然称之为"茎"，但此种"茎"不同于一般植物，觊觎它的人，不置大象于死地而不能获得那白晰的象牙。

亚洲象经常栖息在海拔较低的山坡、沟谷、河边，这里有热带森林、稀树草原及竹阔混交林，林中较为开朗，树的密度不大，地形较为平坦，河溪顺势流淌，适于野象庞大身躯走动。然而，这里也是人类喜欢选择建立村寨，开辟田地的地方。

象喜群居，以家族或小群活动，由十数只到数十只不等。一旦遭遇威胁（如狮子等野兽），彼此间可以相互帮助，保护好幼象。然而，这正是目标过大，容易被捕象人巧妙利用、一网打尽的地方。

---

1 文焕然等著，文榕生选编整理：《中国历史时期植物与动物变迁研究》，重庆：重庆出版社，1995 年，第 208 页。

2《艺文类聚》卷九五。

象是食草动物，其性情温顺，攻击力差，繁殖能力弱，虽然为陆地上最大的哺乳动物，在人的视野里，从未被当作猛兽来看待，反而容易遭人杀戮。李时珍《本草纲目》记大象"嗜刍、豆、甘蔗与酒，而畏烟火、狮子、巴蛇"。人类居住地周围必有农作物，而且属于高能量作物，大象一旦食用，必然喜欢，同当地居民近距离接触，随之形成争夺食物的尖锐矛盾。

如上所述，亚洲象生物学和形态学上的诸多特点，在自然界还有其优点而言的话，及至到了人的面前，似乎均化为劣势，其中不是隐含着被人下套的先天不足，就是存在着会引发人象冲突的客观可能性。大象身体里生长着为人所看重的利用价值（象牙等），与人撞上了，它必然会走向穷途末路。

三、象与人：遭人屠戮的命运

1. 象产品：社会的普遍需求

法国学者德洛尔（Robert Delort）曾写《大象：世界的支柱》[1]一书，书中主要讲印度的象，称"印度人把大象称为'哈第'（Hati）。象的躯体硕大，智力敏捷。它善解人意，任人役使"。在这部著作里，作者赞扬了印度人对大象的友善，诉说非洲文明虽然也尊象为万兽之王、百兽之主，却对它横施强暴，屠戮相加，作者质问"为什么亚洲、非洲的两种态度截然不同"？遗憾的是，此处不能将中国人和印度人不加区别，虽然同为亚洲人，中国人对大象的态度却不同于印度。

大象作为一种具有多方面利用价值的生物资源，由于其自身的独特性、稀缺性而十分引人注目。在中国历史上，无论民间还是政府，乃至最高统治者，对大象大都表示出浓厚的兴趣和期待。

其实，早在文字及其记录出现以前，人类捕象驯象屠象的历史已经开始很久了，否则就难以理解为何到了战国时期，黄河下游的野象已经基本绝迹，成都金沙遗址何以出土大量象牙，《韩非子·解老》用"人希（稀）见生象也，而得死象之骨，案其图以想其生也。故诸人之所以意想者，皆谓之象也"来寓意"道"之无状。在中国史籍中，也有"殷人服象"、云南"土俗养象以耕田"等记载，反映的是以大象作为畜力，协助人类从事生产活动的事例，但远不及已经发生的对象之损害。据何业恒研究，"由于古代野象在黄河下游分布的普遍，当时象不仅是家畜之一，而且象牙工业的发展也很古远，除象箸、象廊、象珥、象床、象笏等外，

反映在人们生活中，还有音乐、舞蹈中的象管、象舞。"[1] 由于记载缺略，只能从后世著作中获知细节。

象产品的主要形式是象牙制品。《后汉书·舆服志》记载："佩双印，长寸二分，方六分。乘舆、诸侯王、公、列侯以白玉，中二千石以下至四百石皆以黑犀，二百石以至私学弟子皆以象牙。"需要佩带象牙制品（双印）以代表身份的这一个社会等级，人数相当众多，以此观之，社会上对象牙的需求量是相当大的。

到了唐朝，朝廷规定："文武之官皆执笏，五品以上，用象牙为之，六品以下，用竹木"，《旧唐书·舆服志》这一记载反映出象牙制品可能已显减少的迹象，折射出象牙原料在供销市场上已不如以前丰富了。在社会普遍需求条件下，象牙制品的形成路径是这样的：猎象—屠象取牙—象牙商收购—集市（博易场或墟市）贩卖—手工作坊制作—都邑市场出售—贵族阶层购买和享用。无论作为装饰品、奢侈品，还是作为社会等级的标志，象牙制品都名列前茅。

在传统中医典籍的治疗理念中，象之全身，多有医药价值。据《本草纲目》及《拾遗》所记，象牙、象肉、象皮、象胆、象睛、象骨、象粪、象白、象尾毛等象产品，均可入药，具有疗效。如象牙，主治"诸铁及杂物入肉，刮牙屑和水敷之，立出"。今人唐献猷所撰《中国药业史》讲述汉代的临床医学和药业经营中，犀角、象牙均已入药，此后绵延不绝[2]。

在民间社会，寻常百姓人家也有自己的搜求方式，或购买，或交换，或祖传，以获得一点象产品（如餐具中的象牙箸、剔牙杖，或佩带品中的象簪等），以满足生活中的需要。

2．官府的提倡和获益

对于象牙这样的贵重物品，官府持何种态度呢？且看西汉政府颁布的《汉律》，其中的"酎金律"部分，规定了诸侯助祭贡金的数量。对于地处南方的郁林郡（今广西桂平），规定"郁林用象牙，长三尺以上，若翡翠各二十，准以当金"。此种情况说明，诸侯应献的酎金，可以用当地特产来替代，对于地处南端的郁林，规定可以用象牙来代替酎金。

官府出于保境安民、获取齿革两种考虑，对野象采取了严厉的手段。《宋书·沈攸之传》记，沈攸之为荆州刺史时，恰"有象三头至江陵城北数里，攸之自出格杀之"。这是政府命官亲自动手，杀戮大象的记载。还有一处《宋史·五行志》的记载："建隆三年（962），有象至黄陂县，匿林中，食民苗稼，又至安、复、襄、唐州，践民田，遣使捕之。明年十二月，于南阳县获之，献其齿革。"这大概是一

---

1 何业恒：《中国珍稀兽类的历史变迁》，长沙：湖南科学技术出版社，1993 年，第 116 页。

2 唐献猷：《中国药业史》，北京：中国医药科技出版社，2001 年，第 34-35 页。

头走惴了的独象，在北宋初，它连走数县地面，时间超过一年，最后在政府的派遣下，被获于南阳（今河南南阳）。捕象人将象的齿革献于官府，说明官府对象之齿革是纳取的。

《宋会要辑稿·刑法二》记载：宋太宗淳化二年（991）"四月二十七日诏：雷、化、新、白、惠、恩等州山林中有群象，民能取其牙，官禁不得卖。自今许令送官，以半价偿之，有敢藏匿及私市与人者，论如法"。此为朝臣李昌龄上奏的内容，看重的是境内的物产，而不是海外市场，因此被朝廷采纳。此后，地方上一有捕象消息，官府立即"责输蹄齿"，被看作比象之为害尤甚。官府通过征缴、收购、捕获、设卫、进献等方式，以满足上下之用，已经昭示了象及象牙制品的价值。因此，从事屠戮野象及其齿革买卖的活动，不仅有利可图，而且是一桩暴利，对于逐利者来说，就会专事此类活动。而且是一人获利，多人仿效，捕猎成风，自不待言。

3. 对象的捕猎杀戮

让大象为人所用，首先必须捕而驯之。宋人周去非《岭外代答》卷九"禽兽门"，较为详细地记述了交阯地方（泛指五岭以南）的驯象之法：一是用已被驯化的雌象，诱野象群进入石洞，然后断其归路，在饥饿状态下逼其就范；二是利用一具数寸之铁钩，钩住大象的头，大象怕疼，就只能俯首帖耳地供人驱使。

大象身躯高大，多有被人类用于战争之例。《左传》：定公四年（公元前506年），发生了吴楚之战，作战地点从柏举（今湖北麻城东北）、雍澨（今湖北京山）移到郢（今湖北江陵），最后"王使执燧象，以奔吴师"，是说楚军如同齐国田单使用牛阵攻击燕军一样，在战争的紧要之处，使用了大象。在洪武二十一年（1388年）三月，云南地方百夷首领思伦发"悉举其众，号三十万，象百余只，复寇定边"，明朝将领沐英率兵迎战，几仗下来，"贼众大败，斩首三万余级，俘万余人，象死者过半，生获三十有七"[1]，大象成了战利品。

异邦藩国所贡之象，有的有"舞象"之称，可供朝廷观赏。如唐朝，就将贡献"豢于禁中……以备元会充庭之饰"。明朝制度，朝会大典之时（献俘、宣赦等），安排驯象驮着宝瓶，立在朝班之前。洪武年间，根据广西"象出害稼"的报告，曾派两万士兵前往捕象，并在广西都司下设立了驯象卫（今广西横县），按期贡象，以满足朝廷的仪典需求。进入清朝，贡象来自缅甸，一直到光绪年间，京师宣武门内还有专人管理的象房。进入京城的大象，由于脱离了原来的生存环境，加之管理不善，均难善终。

---

1 《太祖洪武实录》卷一八九。

限于篇幅，下面只能列举比较典型的屠象方式，来反映大象被人屠戮的命运。

机刃之设。周去非《岭外代答》记：在广西钦州一带，"象行必有熟路，人于路旁木上施机刃，下属于地，象行触机，机刃下击其身。苟中其要害必死，将死，以牙触石折之，知牙之为身灾也。……亦有设陷阱杀之者，去熟路丈余，侧斜攻土以为阱，使路如旧，而象行不疑，乃堕阱中"。将悠闲的大象杀死于小径熟路之上的，多为这种经验丰富的捕象人。

药箭之射。南宋赵汝适所著《诸番志》，记真腊（今柬埔寨）情况，"象生于深山穷谷中，时出野外蹂践，人莫敢近，猎者用神劲弓，以药箭射之，象负箭而遁，未及一二里许，药发即毙，猎者随毙取其牙……大者重五十斤至百斤。其株端直，其色洁白，其纹细籀者，大食出也。真腊、占城所产，株小色红，重不过十数斤至二三十斤。又有牙尖，止可作小香叠用"。用药箭（毒箭）作为猎象方法，也见于我国南方山区。

簰栅之围。明代嘉靖年间，在廉州合浦县（今广西合浦）的大廉山，出现了"群象践民稼"的事件，由于象群"逐之不去"，嘉靖二十六年（1547 年）这一年，太守胡公鳌组织"乡士大夫率其乡民捕之"。其方法是："预定联木为簰栅，以一丈为一段，数人舁之。俟群象伏小山，一时簰栅四合，瞬息而办。栅外深堑，环以弓矢、长枪，令不得破簰栅而逸。令人俟间伐栅中木，从日中火攻之，象畏热，不三四日皆毙，凡得十余只。象于围中生一子，生致之，以献灵山巡道，中途而毙。生才数日，已大如水牛矣。"[1] 此次围象火攻事件，名为捕，实为屠，象死 10 余头，包括 1 头刚出生的幼象。

枪击、电击之法。据前引《中国亚洲象研究》一书表 7-3 "云南西南地区 1980—2005 年间自然死亡的野象"、表 7-4 "近 100 年来人为破坏导致死亡的中国亚洲象"资料，得知在相同时段内（1980—2005 年），云南西南地区自然死亡的野象为 28 头（老龄化、疾病、摔倒、雷击、触电、洪水等非人为因素所致），人为破坏所导致的死亡总数为 73 头，均是出于获取象牙、象肉、报复性猎杀这 3 种目的，人为猎杀所使用的武器有铜枪炮、自制钢炮、半自动步枪、冲锋枪、220V 照明电线、225V 电压电线等。该书作者最后认为，"我们根据历史资料的统计分析后发现，20 世纪非法狩猎是导致中国亚洲象种群数量下降的最主要原因。"[2] 在有法可依的现今社会，猎杀野象尚且难禁，在历史时期野象虽不作为猛兽看待，但因象牙等物为社会所需、为利润所系（当地部分人是为生活所迫），导致了逐利者对它的无休止猎杀。

1《古今图书集成·方舆汇编·职方典》卷一三六六，廉州府部。

2 陈明勇等编著：《中国亚洲象研究》，北京：科学出版社，2006 年，第 153 页。

还有一种对象的残害行为，那就是食象肉，尤其是食"象鼻"。象鼻弯转，灵活自如，却成为当地人的一种饮食嗜好。唐人刘恂撰有《岭表录异》一书，其卷上记载："广之属郡潮、循州，多野象，潮循人或捕得象，争食其鼻，云肥脆，尤堪作炙。"象肉皆可食，象皮则用来制作甲胄。

四、象减少和灭绝的原因分析

1. 气候因素难以解释

我们借用前述文焕然、何业恒研究成果，并略有补充，来推测和反证唐宋以前历史记载较为缺略时代的情况。两位前辈学者依据不同时期野象栖息北界的资料，划分的4个野象分布范围及其变化阶段是：

（1）以阳原一带为北界的阶段（距今3 000～4 000年前至距今2 500年前左右）。

（2）以秦岭、淮河为北界的阶段（距今2 500年前左右至公元1050年左右）。

（3）以南岭为北界的阶段（公元1050年左右至19世纪30年代）。在这一阶段里，又将南岭以南分为3区：

a. 岭南东区：述及唐宋时期汀州武平县（今福建武平）的象洞、宋代潮州（今广东潮州）、漳州（今福建漳州）野象活动史实，由于人口增加、山林开拓、大量捕杀活动及公元12世纪特大寒潮的影响，使这里的野象趋于灭绝。

b. 岭南中区：述及南朝宋始兴郡（今广东韶关）、五代南汉以来相当于今东莞县镇象塔（象骨所垒）等处野象活动史实，由于捕杀活动加剧，群象消失，出现独象增加，南宋王象之撰《舆地纪胜》未记述到本区野象，野象可能已经绝迹。

c. 岭南西区：述及明代南宁府横州驯象卫（今广西横县）等处较多的野象活动史实，由于军队大量捕象，进献京师，土著居民经常捕象屠象，该区野象迅速减少，明朝政府编纂《永乐大典》，所收《建武志》，已清楚留下"今无有"的记录，出产地已成为安南（今越南）。岑溪（今广西岑溪）、藤县（今广西藤县）诸地，虽以出产芭蕉为盛，却没有了喜食芭蕉的大象。

（4）历史时期云南野象的变迁。中国最后的亚洲象资源分布地——云南，所经历的捕象屠象过程，同岭南地区一样。

伴随着唐宋时期社会经济重心的南移，大量北方人口迁往江南和岭南，进而开发着原本人烟稀少、野兽成群的地方。外来人口进入山区，实际上是占据了过去野生动物的栖息地，于是，人与动物、人与象的冲突就愈来愈多，直至动用武力来解决问题。这样，不少人和许多动物就在一场场冲突中倒下了。唐宋以来较为丰富的历史文献，为后人留下了前人如何捕象驯象屠象的历史过程，同时也再现了以前的做法和情形，予人以更有依据的想象。

就历史事实而言，历史上人类四处迁移及其垦殖活动，严重影响到亚洲象等野生动物的栖息环境，许多见于历史记载的捕象屠象活动，直接减少了亚洲象的数量及其地域分布。那么，气候变化的作用如何认识呢？有人说，"野象是一种对气候与生态环境变化比较敏感的动物，当自然环境发生大的变化时，往往造成它们无法生存而被迫迁移，导致它们在一些地区灭绝。"[1] 此论的前提，首先需要证实自然环境确实发生了较大的变化，其次，需要证明气候变化怎样对动物的生存产生了影响。我们已知在大象分布以南岭为北界的阶段里，不会是因为气候变冷的原因导致大象从减少到灭绝，那么，就有理由推断前两个阶段也不一定是气候因素所致。而史料所见唐宋时代曾有野象自发性地向北移动至淮北、唐白河流域的事例，可野象所至之处，无一不是遭到当地人的杀戮。

大象乃南方的自然产物，这是中国古籍记载中的一种基本情况。《山海经·南山经》、《说文·象部》、《华阳国志》所记皆如此。因此，分布在秦岭、淮河以北的大象，不仅数量不会多，而且分布地域有限。其基本存在，一是出于地质时代的自然遗存；二是在气候适宜时期内，野象沿东部的南北过渡带，由南面自由移动而来；剩下的一种可能性最大，即在南方驯化后被人牵引到了北方地区（驯象容易在人为条件下渡过寒冷的冬季）。在各种社会需求的刺激下，黄河下游地区的大象是经不起人们滥杀的。因为在田猎盛行的早期历史上，在人们练武、娱乐、寻求刺激中倒下的只能是各种动物，越是体型巨大的动物被人打倒杀掉，就越能证明格击者的身手不凡，不少皇帝即属于那个时代的英勇代表。所以到了汉代，留在北方的已不是大象的踪影，而是人们手里的象产品和象牙制品。

2. 主要原因在于逐利以满足社会需求的人之杀戮行为

以上分析的突出之处，是加强了象与人、象与社会的研究环节，以象牙等物为主要获利目的的屠戮行为，由于存在着民间、官府、市场各方面的实际需要，非但不能禁止，反而是得到了事实上的支持或怂恿。所以，我国自地质时期遗留下来的亚洲象资源，实际上更多的是消失在猎取人花样翻新的捕获技术、越来越先进的屠杀武器使用之中。至于驯象之类，也是被人控制，最后置之于死地（多对雄象而言），这就是大象的最后归宿。亚洲象在数量上的减少，在地域上的灭绝，不仅影响到该种生物物种及其多样性的正常演化，而且造成了新的濒危物种。

---

1 陈明勇等编著：《中国亚洲象研究》，北京：科学出版社，2006年，第43页。

　　捕象人、屠宰者利用自己掌握的象的生物学知识，极其巧妙而方便地捕象和屠象，作为一种生物物种的减少趋势而言，可能不是大象的集体退却，而是大多被就地杀戮。尽管大象可能会惊恐于人的杀戮形式和武器，以及同伴的尸体，离开险象环生的栖息地，但黄河下游地区、江淮地区、岭南地区的大象在地域上消失，却多是渐次杀戮的结果。

　　这样，我们面对的一个可能研究结果就是——人类文明的演进是以部分生物的减少或灭绝为其代价的。限于过去的时代条件和经常性的人象冲突，这原本是无可奈何的。因此，在这个意义上，身处现今社会生活中的人们，在服从和遵守国家保护环境的各项法规法令（包括濒危珍稀动物的保护）时，善待野生动物，以弥补前人在历史时期为逐利而过度杀戮大量动物的过错行为，是我们在自己的内心世界里可以依据、坚持和重复的一种理由。

Demand of Human Society Resulted in Animal's Reduction and Extinction: In Terms of Elephant

HOU Yongjian   ZHANG Jie

Abstract: There are three academic opinions about the historical factors resulted in quantity reduction and regional extinction of Asian elephant in china: climate changing into colder in history, human activities' influence and multiple factors. By studying on the physiological characteristics and weaknesses of elephant itself, the popular demand of human society, and the economic benefit purchasing by government, as well as the hunting and killing activities on elephant, we concluded that the historical climate change cannot explain the decline and extinction of elephant. It is the hunting and killing activities for meeting social profit and demand resulted in the reduction and regional extinction. The result not only influenced the general biodiversity evolution of Asian elephant itself, but also resulted in new endangered species.

Key words: Asian Elephant; demand of human society; elephant hunting; elephant training; elephant killing; elephant products; ivory products

最后的直齿象（古菱齿象）

——3 000 年前生存于中国北方的"野象"[1]

李 冀　侯甬坚　李永项　张 洁

摘　要: 本文通过分析阳原县出土的大象牙齿和古代青铜器上的象鼻鼻端造型，证明了距今约 3 000 年前历史文献记录生存于中国北方的所谓"大象"或"野象"，实际上并不属于亚洲象，而应属于某种古菱齿象，是目前世界上已知生存时代距今最近的古菱齿象类动物。这类动物在欧洲的最晚纪录是距今约 34 000 年[2]（从没听说美洲有过古菱齿象），在日本则为距今 23 600±130 年[3]。而先前认为它们在中国的最晚纪录是距今约 10 000 年[4]，本文订正了这一看法。

关键词: 中国；古菱齿象；最晚纪录

一、引言

现在在中国北方是没有野生大象的，然而在 3 000 年前却并非如此。人们对这一事实的了解，则始于 1931 年安阳殷墟的一次考古发掘。在这次发掘中，在这

---

1 本文原文为英文文章，标题为 The Latest Straight-tusked Elephants（Palaeoloxodon）? — "Wild Elephants" Lived 3 000 Years Ago in North China，原载于 Quaternary International，2012 年第 281 卷，第 84-88 页，署名李冀、侯甬坚、李永项、张洁，系全球变化研究国家重大科学研究计划项目（2010CB950103）研究成果。

2 Stuart，A.，2005. The extinction of woolly Mammoth（Mammuthus primigenius）and straight-tusked elephant（Palaeoloxodon antiquus）in Europe. Quaternary International 126-128，171-177；Mol，D.，Vos，J.，Plicht，J.，2007. The presence and extinction of Elephas antiquus Falconer and Cautley，1847，in Europe. Quaternary International 169-170，149-153.

3 Iwase，A.，Hashizume，J.，Izuho，M.，Takahashi，K.，Sato，H.，2012. Timing of megafaunal extinction in the late Late Pleistocene on the Japanese Archipelago. Quaternary International 255，114-124.

4 周明镇，张玉萍：《中国的象化石》，北京：科学出版社，1974 年。

个商王朝的故都遗址挖出了第一块大象的颌骨，其上并且还残留有牙齿。[1] 后来，分别于 1935 年和 1978 年，在殷墟又陆续有 3 件完整的大象骨架出土。[2] 在安阳殷墟的北边，河北省阳原县，也有相关的发现。在丁家堡水库这个地点的全新统地层中，曾出土过一批动物化石，包括大象的牙齿。值得注意的是，同层位出土的还有许多尚含有机质的树干，利用这些树干得出的 [14]C 测年结果显示的年代为距今 3 630±90 或 3 830±85 年。[3] 一些上古时期的历史文献记录亦能反映约 3 000 年前中国北方有野象存在，例如著名的甲骨文。文献记录和考古发现还说明，当时的人们对大象这类动物是比较熟悉的。[4]

　　数十年以来，大部分中国的动物学家和历史学家都确信，这些古代的大象与今日生存在云南南部的象一样，都是属于亚洲象这个种[5]。但事实上，这种流行的观点未必非常靠得住。这些大象更有可能是属于一类名为"古菱齿象"的动物，而非亚洲象。本文将会拿出一些证据，来说明这一问题。

二、直接证据——阳原县出土的大象牙齿

　　阳原县丁家堡水库全新统地层共出土了 2 枚大象牙齿，分别为一枚右上第三臼齿和一枚右下第三前臼齿。原鉴定报告倾向于认为，这两枚牙齿应属于亚洲象，而非纳玛古菱齿象或诺氏古菱齿象。但原鉴定者同时也指出，"丁家堡的印度象牙齿化石与诺氏古菱齿象和纳玛象的牙齿甚为相像，因此，只凭借零星的牙齿来区分它们确实是有一定困难的。"我们则认为，这两枚牙齿其实就是属于纳玛古菱齿象或者诺氏古菱齿象的，而非仅仅是"相像"而已。因为原鉴定报告对这两枚牙齿的详细描述中有如下的文字（参见图 1 的 a 部分）：

---

1 德日进，杨钟健：《安阳殷墟之哺乳动物群》，原载《国闻周报》1936 年第 1 期，天津：国闻周报社；P. Teilhard de Chardin and C. C. Young. On the Mammalian Remains from the Archaeological Site of Anyang. Palaeontologia Sinica，1936，Series C，Volume Ⅻ，Fascicle 1.

2 中国社会科学院考古研究所编：《安阳殷墟小屯建筑遗存》，北京：文物出版社；杨宝成：《殷墟文化研究》，武汉：武汉大学出版社，2003 年。

3 贾兰坡，卫奇：《桑干河阳原县丁家堡水库全新统中的动物化石》，《古脊椎动物与古人类》1980 年第 4 期，第 327-333 页。

4 王宇信，杨宝成：《殷墟象坑与"殷人服象"的再探讨》，收入胡厚宣等著：《甲骨探史录》，北京：生活·读书·新知三联书店，1982 年，第 467-489 页。

5 文焕然，等：《中国历史时期植物与动物变迁研究》，重庆：重庆出版社，2006 年；龚高法等：《历史时期我国气候带的变迁及生物分布界线的推移》，收入《历史地理》第 5 辑，上海：上海人民出版社，1987 年，第 1-10 页；陈明勇：《中国亚洲象研究》，北京：科学出版社，2006 年。

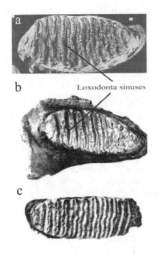

图 1　阳原丁家堡象臼齿化石与典型古菱齿象臼齿及典型亚洲象臼齿齿冠形态对比

（a. 阳原丁家堡地点出土的真象右上第三臼齿；b. 典型古菱齿象臼齿；c. 典型亚洲象臼齿）

"右上第三臼齿由 20 个齿板组成，……齿板频率是 5.5～6，……第 1～4 齿板中间部分明显扩大。"

"右下第三前臼齿，由 12 个齿板组成，……齿板频率是 8.5～9，……经磨蚀的第 2～5 齿板的中间部分显著地呈菱形，并且'中尖突'发育。"[1]

很明显，这些文字所述都是古菱齿象的典型特征，而非亚洲象的。尤其是所谓"菱形"或叫做"中尖突"的构造，在亚洲象的臼齿上从来没有出现过。[2]（注意单词"非洲象 Loxodonta"、"古菱齿象 Palaeoloxodon"和"中尖突 Loxodont sinuse"三者具有明显的同源性，并且"中尖突"这一构造在现代的非洲象臼齿上仍普遍存在。英语读者应很容易注意到。）

三、间接证据——古代青铜器上的象鼻鼻端造型

在中国，已经有大量铸造于三代（夏、商、周）时期的动物造型的青铜器出

---

1 贾兰坡，卫奇：《桑干河阳原县丁家堡水库全新统中的动物化石》，《古脊椎动物与古人类》1980 年第 4 期，第 327-333 页。

2 张席禔：《中国纳玛象化石新材料的研究及纳玛象系统分类的初步探讨》，《古脊椎动物与古人类》1964 年第 3 期，第 269-275 页。

土，包括一些非常生动的大象形状的器物。[1] 我们从这些青铜器上找到了一些有趣的大象鼻端部位的细节造型。我们认为，这些造型亦可作为某种凭据，来说明上述的一些所谓"大象"或"野象"（主要地是在中国的北部地区），其实是属于某种古菱齿象，而非亚洲象。

在展示这些青铜器之前，让我们先来简要地说明一下不同大象（真象类）之间象鼻的差异。象鼻这一器官，是大象的上嘴唇和原来的鼻子共同发育形成的长筒形结构。在每个象鼻鼻端，通常有 1～2 个指突，用来抓取物品。指突的数量随大象的种类而变化，在亚洲象的鼻端上只有 1 个指突，而非洲象的鼻端上则有 2 个。[2] 我们无法知道古菱齿象和猛犸象的鼻尖上究竟有几个指突，因为它们灭绝了，我们无法见到它们的鼻子（猛犸象的遗体虽然尚有保存，但对于我们的科研条件来说，几乎不可能亲眼见到或拍照）。但有一点是可以确定的，即如果是亚洲象的话，那它们的鼻尖上就不可能有 2 个指突。

这就是我们从青铜器上得到的新发现：在 3 000 年前生活于中国北方的大象，它们的鼻尖上都有 2 个指突！让我们展示其中几个青铜器的照片作为例证（图 2，注意圈围起来的部位）。

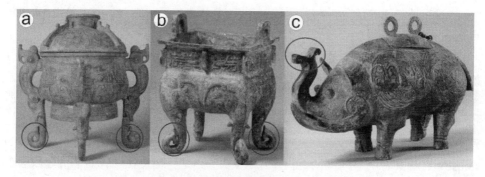

图 2　2 指突类型的青铜器

我们一共找到了 33 件大象（或象鼻）造型的青铜器物，它们均出土于中国北方不同的考古地点。我们从其中 21 件器物上能够清晰地辨别象鼻鼻端指突的数量，但没有一件符合亚洲象的特征，因为它们的鼻端均有 2 个指突。显然的，这些大象也绝不是猛犸象，因为我们找不到那种特点鲜明的长毛和卷曲的长牙的造型。这些大象更不可能是非洲象，因为非洲象及其直接祖先从未在那个时代及之前踏上过中国的土地。考虑到非洲象和古菱齿象较近的亲缘关系，我们认为这些

---

1 中国青铜器全集编辑委员会：《中国青铜器全集》（全 16 册），北京：文物出版社，1997 年。

2 寿振黄主编：《中国经济动物志（兽类）》，北京：科学出版社，1962 年，第 418 页。

鼻端有两个指突的大象造型很可能就是古菱齿象的造型。或许，跟它们的非洲近亲一样，古菱齿象的鼻端也具有 2 个指突。我们认为这一推测是合理的和有根据的。

　　为了便于读者理解我们的观点，这里也展示几张现生的非洲象和亚洲象的鼻部图片（图 3，注意鼻尖）。

图 3　现生亚洲象与非洲象鼻端形态对比（注意指突数量）

　　上述作为论据的青铜器，都选取的是出土时保存情况完好而未经后续拼凑修补的，可信度较高。那些出土时破碎的器物没有被计算在内。我们还找到了唯一一件可能是属于亚洲象的大象造型青铜器，因为它的鼻尖上只有 1 个指突，与其他器物都不相同（图 4）。但出土地点却是在湖南醴陵，属于中国南部而不是北部。这一器物能够说明，在 3 000 年前的中国南方，确实是有亚洲象生存的。然而在整个中国北方出土的青铜器中，我们找不到任何一件能与图 4 一样证明亚洲象存在的器物（参看图 5，分布图）。

图 4　湖南醴陵出土的商代象尊（1 指突）

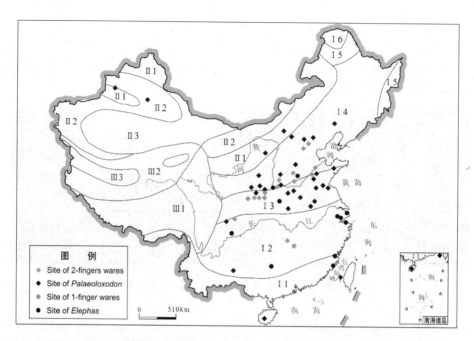

图 5　带大象（象鼻）造型的商周青铜器与相关第四纪象类化石点分布图

（附全新世大暖期鼎盛期植被自然带分布情况：Ⅰ1—热带季雨林，Ⅰ2—常绿阔叶林，Ⅰ3—常绿落叶阔叶混交林，Ⅰ4—落叶阔叶林，Ⅰ5—针阔叶混交林，Ⅰ6—北方针叶林，Ⅱ1—森林-草原，Ⅱ2—草原，Ⅱ3—荒漠，Ⅲ1—高原森林和草原，Ⅲ2—高原草原，Ⅲ3—高原荒漠）

　　这一分布图可以很好地诠释我们的看法，即：就算亚洲象曾经偶尔地出现在当时中国北部的某些地点，那它们也绝不可能是当时北方地区野生长鼻类的优势种；而古菱齿象则正相反。

四、讨论

1. 关于古菱齿象属系统演化位置的讨论

　　学界对于古菱齿象属的分类地位，迄今为止尚未给出一个明确的结论。周明镇等曾明确指出，古菱齿象在演化上是"属于非洲象系统"的。[1] 近来又有一些古生物学家（主要是西方的）倾向于认为，古菱齿象属在演化上比较接近亚洲象

---

1 周明镇：《山东郯城及蒙阴第四纪象化石》，《古脊椎动物与古人类》1961 年第 4 期，第 364 页；张玉萍，宗冠福：《中国的古菱齿象属》，《古脊椎动物与古人类》1983 年第 4 期，第 301-312 页。

属，而不是非洲象属。[1] 但这仍然不是定论，而仅是一种看法。也许，古菱齿象属在演化上是介于亚洲象属和非洲象属之间的。但就本文讨论的问题来说，亚洲象的鼻端无论如何是不可能有 2 个指突的。如果 3 000 年前中国北方的野象既不可能是亚洲象，又不可能是非洲象，那么认为这些大象实际上属于第四纪以来本就一直广泛生存于该地区的古菱齿象类，无疑是唯一合理的解释。

2. 关于全新世前、中期中国北方哺乳动物群组合面貌的讨论

许多人仍然相信，古菱齿象属在中国最后的生存年代不晚于晚更新世和全新世的交界，即距今约 10 000 年。曾经有一种通行的观点认为，由于"更新世末期灭绝事件"的影响，全新世前、中期的动物群面貌是与晚更新世非常不同的。按照这一观点，古菱齿象出现在全新世当然是不可接受的。但古脊椎动物研究的一些最新进展显示，至少在部分区域，这一"灭绝事件"或"灭绝进程"的持续时间比我们原来所认为的要长很多。[2] 正如同号文和刘金毅所言，"过去认为是灭绝于更新世末期的一些哺乳动物，曾经延续到了全新世，如变异仓鼠、大熊猫巴氏亚种、最后斑鬣狗、剑齿象、猛犸象、巨貘、披毛犀、四不像鹿和原始牛等"，"现在更多人将更新世末期的灭绝事件改称'更新世-全新世灭绝事件'"[3]。这里必须着重指出的是，在中国的更新统（相当于旧石器时代）地层中，古菱齿象类经常是与上述披毛犀和原始牛这些动物一同出土的。阳原县（包括丁家堡水库和相距不远的其他几个地点）出土的动物化石情况，就是一个很典型的例证。在这一狭小区域共有 3 个第四系层位中出土过动物化石，包括 2 个更新统地层和 1 个全新统地层。这 3 个第四系地层中均有披毛犀出土，并且在 2 个更新统地层中均有纳玛古菱齿象出土。尽管原鉴定报告认为全新统地层出土的象是属于亚洲象的，但这一将披毛犀和亚洲象放在一起的奇怪哺乳动物群组合仍是令人费解和十分可疑的（因披毛犀曾被作为仅次于猛犸象的典型冰缘寒冷气候指示动物，这在地质学界众所周知）。并且，阳原的纬度位置在北纬 40°左右，就算是时值全新世大暖期鼎盛期，仍然很难想象野生亚洲象能够适应这里的环境。[4] 我们认为，将丁家堡全新统地层的象化石订为纳玛古菱齿象或者古菱齿象未定种较为合理，毕竟，在其他

1　Shoshani, J., Tassy, P., Advances in Proboscidean taxonomy & classification, Anatomy & Physiology, and Ecology & Behavior. Quaternary International，2005. 126-128，5-20.

2　Gonzalez, S., Kitchener, A., Lister, A., 2000. Survival of the Irish elk into the Holocene.Nature 405，753-754；Guthrie, R., 2004. Radiocarbon evidence of mid-Holocene Mammoths stranded on an Alaskan Bering Sea island. Nature 429，746-749；Stuart, A., Kosintsev, P., Higham, T., Lister, A., 2004. Pleistocene to Holocene extinction dynamics in giant deer and woolly Mammoth. Nature 431，684-689.

3　同号文和刘金毅：《更新世末期哺乳动物群中绝灭种的有关问题》，收入董为主编《第九届中国古脊椎动物学学术年会论文集》，北京：海洋出版社，2004 年，第 111-119 页。

4　同号文：《第四纪以来中国北方出现过的喜暖动物及其古环境意义》，《中国科学·D 辑：地球科学》2007 年第 7 期，第 922-933 页。

任何地点都从未出现过披毛犀与亚洲象同时出土的情况。

五、结论

本文有两点结论：

（1）距今约 3 000 年前生存于中国北方的，并且被某些历史文献所记录的所谓"大象"或"野象"，实际上并不属于亚洲象，而应属于某种古菱齿象。

（2）这些大象是目前世界上已知生存时代距今最近的古菱齿象类动物，因为这类动物在欧洲的最晚纪录是距今约 34 000 年[1]（从没听说美洲有过古菱齿象），在日本则为距今 23 600±130 年。[2] 而先前认为它们在中国的最晚纪录是距今约 10 000 年[3]，这一看法现在看来可以得到订正了。

The Latest Straight-tusked Elephants（*Palaeoloxodon*）？
— "Wild elephants" lived 3 000 years ago in North China

（Ji Li　Yongjian Hou　Yongxiang Li　Jie Zhang）

Abstract: Large quantities of archeology and literature records indicate that during the Shang Dynasty and a part of the Zhou Dynasty of Chinese history, about 2 000 BC to 1 000 BC, there once were wild elephants living in North China. For a long time, it was believed that all of these elephants belonged to the species Elephas maximus. Many scholars suggested that this phenomenon could show a much higher temperature at that time. However, as the research of Chinese historical climate has already indicated, even in the Megathermal Maximum, most of the parts of North China were still controlled by the climate of the Warm Temperate Zone, not the Subtropic Zone. This paper presents evidence suggesting that the so-called "wild elephants" in North China during that time belonged to Palaeoloxodon sp., not E. maximus.

Key words: China; Palaeoloxodon sp.; latest record

---

1 Stuart, A., 2005. The extinction of woolly Mammoth（Mammuthus primigenius）and straight-tusked elephant（Palaeoloxodon antiquus）in Europe. Quaternary International 126-128, 171-177; Mol, D., Vos, J., Plicht, J., 2007. The presence and extinction of Elephas antiquus Falconer and Cautley, 1847, in Europe. Quaternary International 169-170, 149-153.

2 Iwase, A., Hashizume, J., Izuho, M., Takahashi, K., Sato, H., 2012. Timing of megafaunal extinction in the late Late Pleistocene on the Japanese Archipelago. Quaternary International 255, 114-124.

3 周明镇，张玉萍：《中国的象化石》，北京：科学出版社，1974 年。

先秦时期中国北方野象种类探讨[1]

李冀　侯甬坚

摘　要： 长期以来，学界将先秦时期生存在我国北方的野象默认为属于现生亚洲象（Elephas maximus）这个种，且针对其环境指示意义有过不少讨论。然而，这些"野象"究竟是何种类，在理论上尚存疑点。本文指出，考虑到亚洲象有限的环境适应能力，尤其是它们对于低温的极端敏感，现有理由认为：我国古代北方有无野生亚洲象生存尚属可疑，当时华北地区的野生长鼻类种群，亦可能属于某种古菱齿象（Palaeoloxodon）类。

关键词： 野象；亚洲象；古菱齿象；历史气候

引　言

今天我国北方是不存在野生大象的，这是一个众所周知的事实。然而，远溯至石器时代，大象在北方地区却是一类分布广泛且较为常见的动物。我国古代文献中也很早就有关于象的记载，[2] 其中不乏反映出先秦时期北方曾经有象存在的信息。相对于今天大象的分布范围而言，在先秦时期，[3] 像黄河流域这样偏北的地方竟然曾经生存着许多大象，不能不说是一个引人注目的现象。但是古人似乎从未认真讨论过象的分布和变迁问题。

从 20 世纪初开始，由于现代地理学、生物学知识的引进，专业地质科学工作

---

1 本文原载《地球环境学报》2010 年第 2 期，第 114-121 页，系陕西师范大学"211 工程"三期"西北地区人文社会与资源环境的协调发展"项目资助成果。本次收入时有个别文字改动。

2 传世文献与出土文献中都有大量这样的记载，如先秦典籍《诗经》、《左传》、《吕氏春秋》以及甲骨文等，后面会具体引用其中部分内容。值得注意的是，当时我国的政治、经济、文化重心正是位于北方黄河流域，这些先秦典籍中记载的信息也多反映的是这一区域的情况。

3 本文所述"先秦时期"和"古代"，均为历史学语境下的时间概念，与人类出现之前的地质历史时段无涉。本文探讨的时段仅包括更新世（主要是晚更新世）以及 221BC 以前的全新世时段，即智人在中国出现以后至中国历史上的秦代。

者的出现，并随着北方黄河流域一些考古地点大象化石（或遗骨）的陆续出土（著名的如河南安阳殷墟遗址的象遗骨），陆续有一些学者开始思考和探索古代象类动物的分布变迁问题，并产生了少量论著。

在 1949 年以后，随着更多新的大象化石、遗骨以及象牙制品陆续在华北的古人类遗址中出土（如山西襄汾丁村遗址），这些大象遗存究竟有何环境指示意义的问题，引起了更多科学工作者的兴趣，成为讨论的热点。如果仅仅以今人常识出发加以判断，野生大象在我国北方是很难生存的——它们在北方野外必然会面临如何过冬的问题，其中包括过低的环境温度，以及食物短缺。这也是一些前辈学者坚持认为这些大象全都是家养的或者贸易、朝贡而来的原因。另外一些前辈学者基于"仰韶温暖期"或曰"全新世大暖期"的研究观点，主要从气候变化的角度予以解释，部分地回答了野象在北方如何过冬的问题，但这种解释仍在不断遭到质疑。

关于历史时期所谓"野象"的种类问题，几乎已有的全部论著都简单地认为是与今日云南南部野生的象同种，即认为一定属于亚洲象（*Elephas maximus*），而缺乏对其他可能性的考虑。这种不加分析的简单推论，可能会导致一些认识上的偏差。本文拟以所谓"野象"的分类地位为切入点，对先秦时期北方地区的大象遗存进行重新解读、研究，从一个完全不同于前人的角度来探讨这一问题。

这里先要对本文的叙述用词做一说明："大象"或"象"用来表示所有的象类动物，而"野象"一词则用来表示所有野生的象类动物；当针对可以具体定种、定属的象时，则使用其专有的种名、属名并在首次提到时附其唯一的拉丁文学名；当转引他人文字时，则维持原作者的描述以忠实于其本意。

一、若干重要相关研究的回顾及问题的提出

在 20 世纪初期，由于考古证据（化石、遗骨）尚不充分，学界就古代中国北方是否曾出产犀、象这一问题展开过争论。[1] 例如：章鸿钊先生撰有《中国北方有史后无犀象考》[2]一文，力主古代北方地区无野生大象；而徐中舒先生[3]亦撰有

---

[1] 时人之所以犀、象并提，是因为北方地区较多的考古地点同时出土了大量犀牛化石与大象化石，二者都是不容易解释的。犀牛的问题拟另文探讨，本文只讨论大象。

[2] 查阅章鸿钊先生所著《六六自述》回忆录，得知确有此文，徐中舒先生论文中亦有片段引用，下详。但因该文发表年代过早，目前只见超星数字图书馆"读秀学术搜索"有部分摘录文本（qw.duxiu.com/getPage），原始文本暂未查到。

[3] 徐中舒：《殷人服象及象之南迁》，原载于《"中央研究院"历史语言研究所集刊》第 2 本第 1 分册，1930 年出版；现收入《徐中舒论先秦史》，上海：上海科学技术文献出版社，2008 年，第 67-92 页。

《殷人服象及象之南迁》一文，针对章先生的文章，举出许多证据，力主古代北方
地区确曾有野生大象生存。值得注意的是，章先生认为北方有史以后并无犀、象
的结论，主要是根据地质学界当时已有的发现和认识得出的，并考虑了气候变迁
的因素；[1] 徐先生却并不认为野象分布的变迁与气候有什么直接的联系，而是主
要将其归因于人类活动，这鲜明地反映在他的论文标题上。稍后，甲骨学者董作
宾[2]、胡厚宣[3]等先生对于古代北方犀、象的环境指示意义亦有过探讨。

　　新中国成立后，关于古代大象的讨论重点仍然集中在北方大象遗存的环境意
义上。研究者争论的中心问题有：这些大象是当地野生的，还是人工驯养的，抑
或作为远方贡物出现甚至是季节性迁徙而来的？这些大象在某一历史时期出现在
北方的事实，能否作为当时该地气候偏暖的证据？影响历史时期大象分布范围变
化的主要因素，究竟是自然环境的变迁，还是人类的活动？围绕这一系列问题，
学者们的主张多种多样，至今为止并没有产生一个能令学界基本满意而普遍接受
的共识。

　　一部分研究者认为，古代大象在北方地区的分布，是可以与"全新世大暖期"
联系在一起的。文焕然等提出："距今六七千年到距今二千五百年左右前，野象的
分布北界之所以能达到中纬度，这显然是由于当时气候较今为暖"，并认为："近
六七千年来我国的野象，在动物学上都属于亚洲象"[4]。但文焕然等没有说明对古
代大象的分类地位作出此种判断的依据。随后，王宇信和杨宝成[5]以殷墟出土之象
坑为考察的中心，并结合甲骨文资料，对于商代华北地区的象做了较为深入的研
究。该文对于商代殷墟附近野象的存在给予了肯定，并指出当时驯养的大象是与

1　章鸿钊：《六六自述》，武汉：中国地质大学出版社，1987年，第38页。书中回忆说："民国八年，予于职务余
暇，仍以读书撰述自课。一日农商部顾问安特生博士（Dr. J. Andersson）据《大亚细亚》杂志所载华北古产犀象一
说，质予所见。予详考载籍，殊与此说相左，乃于夏季撰《中国北方有史后无犀象考》一文，汉文载北京大学研
究所《国学周刊》第2卷第18期；英文载《中国地质学会志》第5卷第2期。时中国对于北方新生代地质尚未精
细勘察，然中国所产龙骨，近人得之于北方者，每有象齿犀骨在内，其后新生界地质渐明，知上部中新统或下部
上新统之三趾马层，及其上之周口店洞穴层，又其上洪积层初期之三门系，更其上之冲积黄土层，均有犀象齿骨
羼杂其间，而得自三趾马层者为尤多。惟北方原民故址中绝少犀象遗迹，即知石器时代，北方犀象殆已无存，不
酋与予此者加一实证矣。至犀象所以南徙之故，虽未尽详，其受气候变迁之影响当尤大也。"
2　董作宾：《读魏特夫商代卜辞中的气象记录》，《中国文化研究所集刊》（第3卷，1-4期合刊），成都：华西协和
大学，1942年。
3　胡厚宣：《气候变迁与殷代气候之检讨》，《甲骨学商史论丛初集（外一种）》，石家庄：河北教育出版社，2002
年，第811-906页。
4　文焕然等：《历史时期中国野象的初步研究》，《思想战线》1979年第6期，第43-57页。该文的作者之一何业恒
另独立撰有《黄河下游古代的野象》一文，亦认为"中国历史时期的野象，都属于亚洲象"。
5　王宇信，杨宝成：《殷墟象坑与"殷人服象"的再探讨》，收入胡厚宣主编：《甲骨探史录》，北京：生活·读书·新
知三联书店，1982年，第467-489页。

野象并存的事实，部分解决了"商代的象究竟是否为当地所产"这一"多年来学者们聚讼不决的问题"。在该文中并未明确讨论野象的种类问题，但根据文中"象是一种热带型动物"的表述，看来亦是默认为亚洲象。龚高法等也认为："从我国历史时期野象逐步南迁，并且在南迁过程中在时间上无明显中断现象来看，我国历史时期黄河流域的古象似乎可以确定为亚洲象（即今日栖息于西双版纳的象）。"[1] 但何以"在南迁过程中在时间上无明显中断现象"就能说明这些野象都是亚洲象呢？论者没有详细说明这一推理过程是依据了哪些生态学或者动物地理学的原理。这部分研究者的观点十分鲜明，即认为气候的冷暖变化是影响野象分布范围变动的主要原因，而人类影响自然环境的活动被作为其次的因素。

　　上述观点长期以来占据统治地位，成为学界的主流看法。但近年来有学者对其提出了不同意见。侯甬坚和张洁通过对历史时期人类捕猎大象和买卖象产品等行为的分析，认为："亚洲象在中国地域上减少和灭绝的原因，主要不是气候变冷，而是人类出于自身的物质需要（少数情况下是出于安全），对亚洲象的就地屠宰和利用。"[2] 同号文则对阳原的野象遗存表示费解，他说："在 3 000 多年前，亚洲象分布到如此靠北的地方（暖温带的最北端）实在是个谜。"[3] 满志敏亦对所谓"野象"曾分布到河北阳原这样较高纬度地点的现象表示过质疑，他根据气候和植被界线来确定北亚热带北界，认为："如果把阳原看做是野象活动的北界，按上述比较推论的方法，只能得出野生亚洲象是暖温带的动物，这个推论在资料上尚缺少有力的证据"、"可见，目前阳原的野象遗存尚不能证实当时阳原是野生亚洲象稳定分布的北界"。[4] 这部分学者更多地注意到了人类活动对动物分布的影响以及亚洲象本身的气候适应能力等因素。

　　可以看出，透过大象这一具体的研究对象，学界真正关心的是晚更新世至全新世前期华北地区自然环境变化的问题。由于一般认为中国文明最初起源的时期至少可以上溯到距今约 7 000 年前的仰韶文化，位于北方的中原地区也向来被认为是中国文明起源问题中最重要的区域[5]，因而这样一个特殊时期和特殊区域内的自然地理问题就与中国早期文明史的研究紧密地联系在了一起，不能不引起地质

---

1 龚高法，张丕远，张瑾瑢：《历史时期我国气候带的变迁及生物分布界线的推移》，《历史地理》（第 5 辑），上海：上海人民出版社，1987 年，第 1-10 页。

2 侯甬坚，张洁：《人类社会需求导致动物减少和灭绝——以象为例》，《陕西师范大学学报（哲学社会科学版）》2007 年第 5 期，第 17-21 页。

3 同号文：《第四纪以来中国北方出现过的喜暖动物及其古环境意义》，《中国科学》（D 辑）2007 年第 7 期，第923-925 页。

4 满志敏：《中国历史时期气候变化研究》，济南：山东教育出版社，2009 年，第 451 页。

5 朱乃诚：《中国文明起源研究》，福州：福建人民出版社，2006 年，第 276-333 页。

学界、历史地理学界以及环境史学界、先秦史学界和考古学界的广泛关注。

必须强调的是，虽然全新世大暖期的存在这一事实已经得到诸多证据的支持而可以基本肯定，但这并不意味着在这一暖期内北方地区就一定能够"天然地"满足野生亚洲象对生存条件的需求。竺可桢先生曾明确指出，"历史时期年平均温度的变化至多也不过二、三度而已"，而"黄河流域当时近于热带气候"的看法"未免言之过甚"。[1] 满志敏在最近总结关于全新世大暖期鼎盛期的研究时，也指出：北亚热带"北界北移了 2～3 个纬度，到达北纬 35°左右的西安至兖州一线"，中、南亚热带常绿阔叶林"北界北迁的幅度较小，大约只有 1 个纬度"，而"热带雨林的界线变动幅度就更小些"。[2] 就算我们姑且认为野生亚洲象可以在北亚热带北界附近生存繁衍，但它们显然不能够适应更北的暖温带的环境。根据董建文等的记述，今天豢养的亚洲象在室温 0℃左右时就会出现"皮温不匀，肢体末端发凉，感觉迟钝，全身战栗，四肢僵硬"及"眼结膜水肿充血，流泪"、"双耳边缘因冻伤而呈现大面积坏死"、"体力不支"、"不能站起"等症状[3]，则我们很难想象这种动物在野生条件下竟然可以在华北地区的北部过冬[4]。以河北阳原的象化石出土地点为例：该地纬度为北纬 40°左右，很显然，就算在全新世大暖期鼎盛期，该地也算不上是亚热带气候，而仍属于温带。即使考虑到当时该地的冬季气温比今日为高，但要说能达到使亚洲象可以安然越冬的程度，还是令人难以置信。

从生物学的角度来看，认为古代（全新世以来）的"野象"全都是亚洲象这个种的通行观点，由于存在明显的逻辑缺陷和缺乏坚实的理论依据，是很值得怀疑的。因为在从早更新世至晚更新世晚期（即基本相当于整个旧石器时代）的漫长岁月中，包括古菱齿象类、猛犸象类在内的多种长鼻目动物曾经广泛地生活在我国的北部地区。如果没有足够充分的证据，就不能完全排除这些动物种类（至少是部分地）延续到全新世的可能性。由于几类大象的环境适应能力存在明显差异，弄清楚古代北方地区野生大象的确切种类，是探讨其环境意义时需要慎重对待的一个逻辑前提。

在回顾前人研究成果的基础上，本文要提出的问题是：历史时期中国的野象真的都属于亚洲象（*Elephas maximus*）吗？先秦时期曾经分布在北方地区的野生象类，会不会是从地质时期遗留下来的、不太怕冷的某种古菱齿象属（*Palaeoloxodon*）动物呢？

---

1 竺可桢：《中国近五千年来气候变迁的初步研究》，《考古学报》1972 年第 1 期，第 170 页。

2 满志敏：《中国历史时期气候变化研究》，济南：山东教育出版社，2009 年，第 101 页。

3 董建文，李勇军，白志军等：《亚洲象冻伤的抢救与治疗》，《中国兽医杂志》2005 年第 9 期，第 51 页。

4 据笔者了解，在西安、上海等地的动物园中，亚洲象在冬天都是饲养于室内的，因为它们对低温很敏感。

二、古菱齿象与亚洲象的系统演化关系及地史、地理分布简述

　　按照现有的动物分类体系，"大象"一词一般是泛指长鼻目（Proboscidea）动物，亚洲象与古菱齿象均属于这个目，并且同属于真象科（Elephantidae）真象亚科（Elephantinae），但它们之间还是存在"属"一级的差别，即亚洲象属于"*Elephas*"这一属，而古菱齿象则属于"*Palaeoloxodon*"这一属。学界曾经认为古菱齿象类动物是现生非洲象（*Loxodonta*）的直接祖先，主要是因为二者臼齿上都具有极为相似的菱形结构。这一观点后来虽然受到过部分修正，但无论如何，一般认为古菱齿象在系统演化上的亲缘关系还是比较接近于非洲象而不是亚洲象[1]。

　　应当指出，只要我们稍稍考虑一下猛犸象（*Mammuthus*）与亚洲象的差异同样也是属级水平上的差异这一事实，就能意识到这些同科不同属的大象所适应的生境可能会是多么的不同（参看图1、图2[2]）。

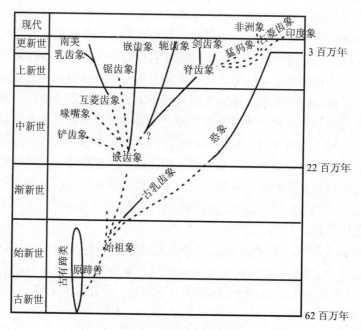

图 1　长鼻目系统演化图

1 周明镇：《山东郯城及蒙阴第四纪象化石》，《古脊椎动物与古人类》1961 年第 4 期，第 364 页。
2 两幅图均转引自周明镇和张玉萍所著《中国的象化石》一书，其中图 1 的原图为该书第 15 页之图 16，图 2 的原图为该书第 54 页之"表"的一部分。

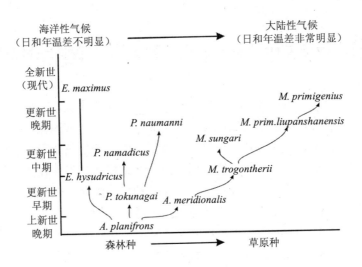

图2　中国真象亚科系统发育及生境设想图

　　值得注意的是，根据现有考古资料，古菱齿象类生存的时代下限至少是肯定可以延续到晚更新世晚期的[1, 2, 3]。考虑到各类大象生境适应能力的差异，目前似不宜断定全新世以来就完全不可能有从晚更新世晚期遗留下来的古菱齿象继续生活在华北地区。很显然，不论全新世以来我国的气候究竟有过怎样的冷暖波动，在同一特定的时期，北方地区相对于南方来说，仍是较冷的。这一不可否认的地理事实，决定了古菱齿象（尤其是诺氏种）比起亚洲象来说总是会更加容易适应北方的环境。

　　简言之，由于古菱齿象类和亚洲象类二者的环境适应范围差异相当明显，弄清楚先秦时期我国北方的野象究竟属于上述的哪类大象，尽管存在较高的难度，但对于相关研究领域认识的深化，具有不可忽视的意义。

1　周明镇，张玉萍：《中国的象化石》，北京：科学出版社，1974年，第1-106页。

2　同号文，刘金毅：《更新世末期哺乳动物群中灭绝种的有关问题》，收入董为主编：《第九届中国古脊椎动物学学术年会论文集》，北京：海洋出版社，2004年，第111-119页。

3　同号文：《第四纪以来中国北方出现过的喜暖动物及其古环境意义》，《中国科学》（D辑）2007年第7期，第923-925页。

三、历史文献中关于古代"野象"的记载十分简略

如果暂时撇开已有的今人论著，直接查阅古代文献中关于大象的记载，我们会发现，这些记载其实根本无法证明古代野象究竟是不是亚洲象。很显然，古人是没有如同我们今天这样清晰的动物分类学知识的：他们只要见到长着长鼻和巨大上门齿的大型哺乳动物，就会统统用"象"字来概括。然而在人类历史时期具备这种特征的，却并非只有亚洲象这一种象类动物。因此文献中的相关语句只能使我们知道，在古代中国北方有过某些大型长鼻目动物的生存，却难以肯定它一定就属于今天我们在动物园中所习见的亚洲象。试举几个例子：

1.《左传·襄公二十四年》："象有牙以焚其身"。"有牙"即指的是大象具有很长的突出口外的上门齿这一特征，但这个特征并非亚洲象所独有，而是第四纪长鼻目动物一个普遍的共同特征。

2.《吕氏春秋·古乐》："商人服象，为虐于东夷"。被驯化的大象之所以能够作为战争工具"为虐于东夷"，主要原因是其体型巨大并且有一定的凶猛程度。然而，这一特征也非亚洲象所独有，目前所知的大部分长鼻类动物的体型都很高大威猛。

3. 殷墟甲骨文中的相关记载："今月其月获象"[1]、"其来象三"[2]等。"获象"、"来象"等语句描述的似乎是野生大象，但问题是，并没有任何可靠证据表明殷人捕猎的大象一定是属于亚洲象这一种。现在我们已经知道，不但是亚洲象，古菱齿象也可能曾经成为古人的猎物。[3] 殷墟先民们所捕猎的究竟属于哪种大象？会不会是某种古菱齿象呢？这个问题目前尚未见深入探讨。[4]

以上列举了一些先秦文献中关于大象的记载，古代文献中关于大象的相似记载还有很多，限于篇幅，就不一一列举了。很容易看出，仅靠这些古文献中关于大象形态的粗略描述，是不足以证明它们究竟是否属于亚洲象的。

1《殷墟书契前编》卷3，第31页。

2《殷墟书契前编》卷3，第5页。

3 黄万波：《记北京双桥古菱齿象下颌骨上的砍痕现象》，《人类学学报》1990年第2期，第188页。

4 如果暂时跳出中国历史的范围，在整个世界历史中被人类作为猎物的大象种类就更多，还包括美洲乳齿象（Mammut）、猛犸象（Mammuthus）和非洲象（Loxodonta）。

四、现有的考古资料无法确证古代北方地区曾存在野生亚洲象种群

就笔者所见，在已有的考古发现中，经过古生物学专家鉴定，认为是属于亚洲象的第四纪大象标本，在北方地区仅有 3 例（其余全是古菱齿象及猛犸象类）。它们分别是：河南安阳殷墟哺乳动物群中的大象遗骨[1]、山西襄汾丁村动物群中的大象臼齿化石[2]、河北阳原丁家堡水库全新统地层中的大象臼齿化石[3]。文焕然、何业恒等曾多次引用这些动物鉴定报告，也可能他们就是根据这些鉴定报告，认为古代北方地区的野象都是属于亚洲象。但细加推敲就会发现，上述 3 个考古地点的发现均不能作为北方地区有野生亚洲象种群存在的确凿证据。下面将逐一加以讨论。

1．安阳殷墟遗址的大象遗骨

一般认为，殷墟是商代后期的都城所在地。由于地点非常特殊，就算此地出土的象遗存确实属于亚洲象，研究者还是很难搞清楚其究竟是野象，还是家养的大象，抑或是南方部族作为贡品送给商王的礼物。而依靠古文献（包括甲骨文）中的记载，虽然可以看出殷墟周围当时有野象存在的事实，但还是不能证明殷人所"服"之象究竟是否就与当地野生的大象属于同一种类。因此安阳殷墟的大象遗存并不能确凿地证明野生亚洲象种群在当时当地的存在。

2．山西襄汾丁村遗址的象化石

据原鉴定者认为，该地出土的象化石既有属于古菱齿象的，也有属于亚洲象的。然而，这一鉴定结果在古生物学界尚存在争议。例如，张席褆就认为"裴文中（1958）所鉴定的丁村的印度象，根据臼齿的构造形态，特别是齿形较窄和齿板排列疏松，应属于纳玛象，不是印度象"。[4] 如果按照张席褆的意见，那么丁村就只存在古菱齿象而没有亚洲象了。可见，丁村遗址的象化石究竟属何性质，还是一个尚需探讨的问题。

---

1 德日进、杨钟健：《安阳殷墟之哺乳动物群》，《中国古生物杂志》（丙种第 12 号第 1 册），北平：实业部地质调查所，1936 年；杨钟健、刘东生：《安阳殷墟之哺乳动物群补遗》，《中国科学院历史语言研究所专刊之十三》，《中国考古学报》（第 4 册），南京："中央研究院"历史语言研究所，1949 年，第 145-153 页。

2 裴文中等：《山西襄汾县丁村旧石器时代遗址发掘报告》，《中国科学院古脊椎动物研究所甲种专刊第 2 号》，北京：科学出版社，1958 年，第 21-47 页。

3 贾兰坡、卫奇：《桑干河阳原县丁家堡水库全新统中的动物化石》，《古脊椎动物与古人类》1980 年第 4 期，第 327-333 页。

4 张席褆：《中国纳玛象化石新材料的研究及纳玛象系统分类的初步探讨》，《古脊椎动物与古人类》1964 年第 3 期，第 274 页。

3. 河北阳原丁家堡水库全新统地层的象化石

被用来定种的象化石共包括一枚大象的右上第三臼齿和一枚右下第三前臼齿。原鉴定者倾向于认为，这两颗牙齿均属于亚洲象，但在鉴定报告的讨论部分却有这样一段文字："丁家堡的印度象牙齿化石与诺氏古菱齿象和纳玛象的牙齿甚为相像，因此，只凭借零星的牙齿来区分它们确实是有一定困难的。"这说明该鉴定结果是有疑点的。该讨论部分还提出："过去人们鉴定的诺氏古菱齿象和纳玛象，会不会有一些是亚洲象呢？它们当中有的会不会是全新世的产物？"然而笔者也要根据同样的疑点提问："过去人们鉴定的亚洲象（*Elephas maximus*），会不会有一些是诺氏古菱齿象（*Palaeoloxodon naumanni*）和纳玛古菱齿象（*Palaeoloxodon namadicus*）呢？它们当中有的会不会是全新世的产物？"尤其值得注意的是，在鉴定报告原文中，对于其中一枚牙齿的具体描述中有这样的文字："右下第三前臼齿，由 12 个齿板组成，……经磨蚀的第 2～5 齿板的中间部分显著地呈菱形，并且'中尖突'发育"，这段文字所述是典型的古菱齿象的特征，而非亚洲象的。[1] 丁家堡水库全新统地层中的象究竟是否确实是亚洲象呢？这一问题是很值得古生物学家和历史地理学家考虑的。

可见，我国北方地区经过古生物学家鉴定后被认为是亚洲象的化石和遗骨本来就非常稀少，且均存在某些疑点。如果仅凭这些过于零星而又尚存疑点的考古发现来证明北方地区曾有野生亚洲象种群生存，恐怕是不够严谨的。在这一点上，北方的亚洲象遗存与古菱齿象遗存差异很明显，因为历年来出土于北方的属于后者的可靠化石样本数量很多[2]，其中也不乏较为完整的标本，这一切都足以确证古

---

1 根据周明镇、张玉萍的意见，亚洲象的臼齿中是没有"中尖突"的，见《中国的象化石》一书第 64 页；张席褆也认为，"古菱齿象的菱形构造在印度象是不存在的"，见前引张席褆的论文。关于象的前臼齿，虽然与臼齿大小不同，但对于长鼻类来说其基本形态当与臼齿类似（都属于磨齿），二者的发育、功能和磨损状况都是类似的。

2 裴文中：《河南新蔡的第四纪哺乳类动物化石》，《古生物学报》1956 年第 1 期，第 77-99 页；周明镇：《北京西郊的 Palaeoloxodon 化石及中国 Namadicus 类象化石的初步讨论》，《古生物学报》1957 年第 2 期，第 283-294 页；甄朔南：《北京密云新发现的象类化石》，《古脊椎动物与古人类》1960 年第 2 期，第 157-159 页；卫奇：《在泥河湾层中发现纳玛象头骨化石》，《古脊椎动物与古人类》1976 年第 1 期，第 53-58 页；刘嘉龙：《安徽怀远第四纪古菱齿象化石》，《古脊椎动物与古人类》1977 年第 4 期，第 278-286 页；顾玉珉等：《邢台地区发现的披毛犀—古菱齿象动物群》，《古脊椎动物与古人类》1978 年第 1 期，第 73-75 页；张玉萍、宗冠福、刘玉林：《记甘肃平凉古菱齿象一新种》，《古脊椎动物与古人类》1983 年第 1 期，第 64-68 页；石荣琳：《记山东省诸城、临沂、峄县几件诺氏古菱齿象化石》，《古脊椎动物与古人类》1983 年第 2 期，第 129-133 页；尼格都勒：《内蒙古呼和浩特市郊区首次发现古菱齿象化石》，《古脊椎动物与古人类》1983 年第 4 期，第 359-360 页；李凤麟、金权：《安徽蒙城九里桥晚更新世古菱齿象化石》，《现代地质》1988 年第 3 期，第 393-399 页；房尚明：《江苏省邳北的象化石及其层位》，《海洋地质与第四纪地质》1988 年第 1 期，第 87-94 页；王明镇、张锡麒：《山东泰安诺氏古菱齿象相似种化石》，《山东矿业学院学报》1988 年第 7 期，第 94-98 页；石钦周：《郑州市董寨村纳玛象化石的时代及古环境浅析》，《河南地质》1989 年第 2 期，第 40-44 页；郑敏：《天津蓟县诺氏古菱齿象化石的发现》，《古脊椎动物学报》2007 年第 1 期，第 89-92 页；高渭清：《天津蓟县晚更新世象化石分布与地貌特征》，《天津师范大学学报》（自然科学版）2008 年第 1 期，第 24-27 页。

菱齿象野生种群的存在。

五、结论：古代北方野象很可能属于古菱齿象类

到目前为止，学界一般认为古菱齿象类是灭绝于晚更新世晚期，因为尚未见到十分确凿的全新世古菱齿象遗存的报道。但如前所述，笔者十分怀疑迄今为止没有发现全新世古菱齿象记录的真正原因：究竟是它们这时真的已经灭绝了，还是由于其化石（遗骨）没有得到较好的保存，又或者是由于我们将一些全新统地层中的古菱齿象遗骨习惯性地误认为是亚洲象了呢？应当说这三种可能性都是存在的。

本文倾向于认为，古菱齿象很可能并非恰恰灭绝于晚更新世与全新世的界限上（即距今约 1 万年左右），而是继续作为北方地区野生大象的主要类型，一直延续到了距今 3 000 多年前（即相当于殷墟遗址的时代）。这一看法的提出有如下根据：

1．哺乳动物群组合的根据

古脊椎动物研究的最新进展表明，许多作为晚更新世北方地区的代表性哺乳动物、并常常与古菱齿象伴生的种类都延续到了全新世，这些动物包括披毛犀（*Coelodonta antiquitatis*）、原始牛（*Bos primigenius*）、河套大角鹿（*Megaloceros ordosianus*）等。而传统的观点认为对于我国而言这些动物在更新世末期就已经灭绝，现在看来是过于绝对化了——与国外的很多地点一样，在我国这些动物也都发现了全新世以来的记录。[1] 这就意味着，对于古菱齿象来说亦有延续到全新世的生境条件——这些动物之所以时常伴生在一起，正是因为它们适应相同或相似的生境。值得着重指出的是，上述的动物群组合类型绝少与亚洲象同时出现，也并没有学者认为披毛犀等会与亚洲象适应相同的生境。

2．动物生理的根据

如前所述，现代兽医学的研究和实践已经证明，亚洲象不能耐受 0℃左右的低温。而古菱齿象则显然是可以的，因为在我国的辽宁、新疆等较高纬度地区都有古菱齿象类化石的分布，在晚更新世的北京地区其分布也很普遍。就算是在气候温暖期，上述地区的冬天仍是比较冷的。如此靠北的分布区域表明，古菱齿象本就是第四纪晚期北方地区常见的"原住民"动物，与披毛犀等类似，它们

---

1 同号文、刘金毅：《更新世末期哺乳动物群中灭绝种的有关问题》，收入董为主编：《第九届中国古脊椎动物学术年会论文集》，北京：海洋出版社，2004 年，第 111-119 页。

很可能会具有某种应对冬日低温的生理机制，而非仅仅是依靠迁徙来应对季节变化。

3. 化石形态的根据

如前所述，丁村与阳原两处的象化石，先前都被认为属于亚洲象，现在看来还是存在不小的疑问的。从象类化石鉴定中最关键的臼齿形态特征上看，似乎这两处的象化石都更接近古菱齿象，而非亚洲象。

4. 化石地理、地史分布状况的根据

亚洲象是典型的热带亚热带森林型动物，其可靠遗存的出土位置几乎都在秦岭—淮河一线以南，[1] 在北方第四纪地层中并未出土过可靠的野生亚洲象遗骨或化石（殷墟的可能并非野生），更从来没有过其直接祖先——古亚洲象的化石；而形成鲜明对比的是，在几乎整个更新世期间，华北地区野生长鼻目动物的优势种类都是古菱齿象类。[2] 因此，我们有充分的理由考虑北方地区的古菱齿象延续到全新世的可能性。

总之，本文针对历史时期野象分布变迁研究中一直无法很好解释的"野象在北方如何过冬"的问题，提出了一个新的看法——先秦时期生存在我国北方地区的野象很可能并非亚洲象，而是属于另一类现已灭绝的长鼻目动物：古菱齿象类[3]。这一看法可以更好地印证当前关于全新世大暖期温暖程度的研究结论，即当时华北地区的气候较为温和湿润，但相对于今日来说，气温的升高幅度和自然带界线的北移依然是较为有限的。

---

1 参看计宏祥：《中国全新世大暖期哺乳动物与气候波动》，《海洋地质与第四纪地质》1996年第1期，第5-16页。该文中列举了亚洲象遗存的出土地点，除去上文讨论过的不太可靠的河南安阳殷墟与河北阳原丁家堡的记录，其他3个出土地点都在南方地区。此外，笔者还注意到该文未曾提到的几个亚洲象遗存出土地点，如福建闽侯县石山、福建惠安、浙江菱湖等，均位于南方。

2 值得注意的是，在更新世内较冷的时期，华北地区也曾有若干猛犸象记录出现；但与此相反，在更新世内较暖的时期，却并无可靠的亚洲象或者古亚洲象记录在华北地区出现。

3 由于古菱齿象属的分类一直存在争议，目前尚无法确定地指出古代北方野象究竟属于何种古菱齿象。但根据各种古菱齿象的生存时代及地理分布范围来看，笔者认为属于诺氏古菱齿象的可能性最大。周明镇、张玉萍倾向于认为华北地区晚更新世的古菱齿象都属于诺氏古菱齿象，并且认为"这个种的生存时期可能延续到更新世末"，这距离有文字记载的历史时期已经很近了；而曾经广布南方地区的纳玛古菱齿象虽然也属古菱齿象类，但其时代过早（中更新世），与全新世的关系应当不是很密切。见《中国的象化石》一书第62、63页。

A Discussion about the Accurate Species of the "Wild Elephants" in the pre-Qin Period of North China

LI Ji　HOU Yongjian

Abstract: It can be proved that: in the pre-Qin Period, there once were wild elephants lived in North China. For a long time, it was believed that all of these elephants were belonged to the species *Elephas maximus*. So, many scholars suggested this phenomenon could show a much higher temperature at that time. But there still exist some doubts, such as, how could the *Elephas* bear the cold winter of North China? As the research of Chinese Historical Climate has already indicated, most of the parts of North China in the Megathermal Maximum were still controlled by the climate of the Temperate Zone, not the Tropics. This paper makes an analysis about the accurate species of the so-called "wild elephants", and suggests that these elephants could be belonged to one of the species of *Palaeoloxodon* Matsumoto, not *Elephas* Linne.

Key words: Wild elephant; *Elephas* Linne; *Palaeoloxodon* Matsumoto; Historical Climate Research

古代文物中的化石动物形象及其环境意义[1]

李　冀　侯甬坚　李永项

摘　要：目的　通过探讨古代文物上的一些化石动物形象，为历史动物地理及自然环境变迁的研究提供佐证。**方法**　运用动物形态学与动物分类学方法鉴识古代文物上的各种动物形象。**结果**　从岩画、玉器、青铜器等多种古文物中，均可辨认出一些现已灭绝的化石动物的形象。**结论**　有许多先前被认为是灭绝于更新世晚期或全新世早期的化石动物，实际上很可能要继续生存到 5 000 年以内的文明历史时期才逐渐从我国消失。因而，继续像以往那样一概用更新世末-全新世初的气候波动来解释这些动物的灭绝原因便显得有失偏颇，人类活动对动物的影响理应得到充分重视。对于其中部分动物种类的气候指示意义，也有必要重新加以审视。

关键词：现生动物；化石动物；古代文物

　　许多化石动物，如著名的猛犸象、披毛犀和大角鹿，都被认为具有明显的古环境指示意义。因而这方面的研究一直受到多学科的广泛关注。各种类型的化石[2]，是研究中最常用到的第一手资料。古动物学家常根据某种动物化石已知的最晚年龄来推断该种动物的灭绝时间，对于整个地质时期而言，这种方法一般是有效的。

　　但针对历史时期的古动物研究，化石资料的使用有一定局限性。由于化石的形成需要特定的地质环境和较长的时间，因此，全新世以内形成的动物化石数量

1 原载《西北大学学报》(自然科学版)，2013 年第 5 期，系全球变化研究国家重大科学研究计划项目（2010CB950103）以及中国科学院黄土与第四纪地质国家重点实验室开放基金课题项目（SKLLQG1112）资助成果。
2 笔者按，在展开论述之前，有必要先说明如下：本文所述"化石动物"一词，是指那些灭绝较早，当代人只能通过化石来了解其特征，而无法见到活体的动物种类。个别的化石动物，由于死后遗体恰巧能被保存在特定的环境中，我们方可得知其比较确切而完整的形象，例如，琥珀中的远古蚊子、冻土中的猛犸象以及沥青坑中的披毛犀等。有些动物种类，虽然今天在世界其他地区仍有生存，但在我国灭绝已久，则对于中国的范围内而言也可视为化石物种，如狮子、鸵鸟等。又有一些动物种类，虽然出土过不少化石，但至今在我国仍有野生种群，或灭绝时间非常清楚且距今极近的，则不在本文讨论范围之内，如大熊猫、竹鼠、白鳍豚。广义的"化石"一词也包括地层中的各种生物遗体、遗迹，并非专指石化的动物遗骨。由于时代较近，本文所讨论的某些"化石"严格来说属于"亚化石"。

非常有限。再加上人类活动日益加剧的影响，又有许多动物的遗体来不及形成化石就已遭到破坏。过去也存在这样的情况，即全新统地层内虽然仍保存有一定数量的动物化石（遗骨），但却常常得不到应有的重视，从而影响研究者的判断。近些年来，考古工作者不断从全新统地层中找到先前被认为在更新世末期就已完全灭绝的动物的遗骨，如东方剑齿象[1]、披毛犀和大角鹿等。这提示人们，许多灭绝动物的最后生存时间很可能延续至距今数千年以内。

　　本文将要列举部分古代文物中的化石动物形象，来说明：某些化石动物的最后生存时间，并非像人们先前所以为的那样恰好处于更新世末-全新世初的气候剧烈波动期，而是可以下溯到距今 5 000 年以来的文明历史时期。因此，这些动物的灭绝原因也就不能完全用气候的冷暖波动来解释，而应更多考虑人类活动的影响。对于其中部分动物种类的气候指示意义，也有必要重新加以审视。

一、古代文物中的化石动物形象简介

1. 岩画中的化石动物形象

　　（1）岩画中的大角鹿。大角鹿，亦称肿骨鹿，得名于其巨大的鹿角以及肿胀的下颌骨，是曾经生存于亚欧大陆北部广大地区的一种化石动物，在我国主要分布于长江以北各省。早先的研究者曾经认为，该种动物在更新世末期已经全部灭绝，但新的发现一直在打破这种看法。近年来，在西伯利亚发现了距今约 7 700 年以前的大角鹿遗存。[2] 在我国，大角鹿目前已知的最晚化石记录出现在河北阳原丁家堡水库全新统地层，根据用同层位出土的树干进行 ^{14}C 测年的结果，估计年龄为距今 3 000～4 000 年，即相当于我国历史的夏、商时期。[3] 至今未见报道任何更晚的大角鹿化石。亦有学者质疑丁家堡动物群的年龄，认为树干和动物化石未必一定是同时代的，而存在异地搬运的可能性[4]，然而这一看法尚需更多的证据支持。

　　岩画中的大角鹿形象，是另一个值得重视的线索来源。自 20 世纪以来，在我

1 马安成，汤虎良：《浙江金华全新世大熊猫—剑齿象动物群的发现及其意义》，《古脊椎动物学报》1992 年第 4 期，第 295-312 页。

2 Stuart, A. & Kosintsev, P. & Higham, T. & Lister, A. "Pleistocene to Holocene extinction dynamics in giant deer and woolly Mammoth", *Nature*, 431（7009），2004, pp.684-689.

3 贾兰坡，卫奇：《桑干河阳原县丁家堡水库全新统中的动物化石》，《古脊椎动物与古人类》1980 年第 4 期，第 327-333 页。

4 计宏祥：《中国全新世大暖期哺乳动物与气候波动》，《海洋地质与第四纪地质》1996 年第 1 期，第 5-16 页。

国发现了大量古代岩画。令人惊讶的是，在我国北部和西北地区发现的岩画上有不少生动的大角鹿形象。如，"内蒙古乌拉特中旗韩乌拉山的大角鹿岩刻，其角甚大，呈扁平形，近似掌状"；在贺兰山岩画、阿勒泰岩画、阴山岩画以及蒙古人民共和国境内发现的岩画中，有许多长有"巨角"的鹿的形象。这些长着特别巨大鹿角的动物，被一些古生物学家和岩画研究者们认为应当属于大角鹿的造型（如图1所示）。[1] 尽管有一部分岩画的时代较早或者尚不能确定具体年代，但我国岩画研究权威之一陈兆复先生认为，贺兰山岩画中的鹿造型基本是属于"青铜时代"的，也即相当于中原的商周时代。这也可以作为大角鹿生存至商周时代的一个有力证据。[2]

图1　大角鹿复原图及阴山岩画中的大角鹿图案（据尤玉柱和石金鸣，1985 年）

（2）岩画中的大象。在我国新疆阿勒泰岩画、甘肃祁连山岩刻、青海都兰岩画以及云南沧源岩画中都发现有大象的形象[3]。也许是由于岩画资料公布较晚，在老一辈研究历史动物问题的学者如文焕然、何业恒等先生的论著中均未见提及这些岩画中的大象。但如果说夏商周三代时期生存于华北地区的大象曾经让人们惊讶，那么岩画中的大象则更是令人称奇。按照一般的认识，历史时期出现在中国的大象必属亚洲象，而亚洲象适应的是热带亚热带森林环境，怎么可能出现在西北干旱和半干旱区的新疆、甘肃、青海等地呢？笔者根据各种第四纪象类的地史地理分布及生境适应性推断，上述岩画中的大象，除了云南沧源的可能确实属于亚洲象以外，其他几例均不大可能属于亚洲象，而极有可能属于古菱齿象类。因为新疆、甘肃、青海等地从更新世直至现今，始终都不属于适宜亚洲象生活的环

1 尤玉柱，石金鸣：《阴山岩画的动物考古研究》，收入盖山林：《阴山岩画》，呼和浩特：内蒙古人民出版社，1985年，第 412 -435 页。

2 陈兆复：《古代岩画》，北京：文物出版社，2002 年。

3 陈兆复：《古代岩画》，北京：文物出版社，2002 年。

境，但却一直是古菱齿象化石的重要分布地。[1]

关于上述岩画的年代问题，学术界已有多种看法，尚未有一致公认的意见。由于我国的岩画通常以巨大岩画群的形式出现，其年代也可能横跨较长时段。但具体到有大象造型的这些岩画，却并不难判断其年代。因为上述岩画中大象形象并非孤立出现，而是伴随有许多穿有衣饰的人物造型。这种衣饰造型完全可以作为我们判断该岩画年代的参考。

本文分别以被发现于河西走廊最西端的甘肃省肃北蒙古族自治县别盖乡与大黑沟布尔汗哈达 2 处地点的岩画为例。别盖乡的岩画"共有六十七组，有些画面还表现出大规模的狩猎场面。其中第三十八组中有一人身穿长袍，头戴尖帽，还有几组系尾饰的舞者。第九组中有一大象"。"身穿长袍，头戴尖帽"这正与秦汉以前的胡人（如匈奴）服饰特点相吻合，而较为完善的衣着说明其时代并不特别早，至少已脱离了旧石器时代。而大黑沟布尔汗哈达岩画中，伴随大象出现的亦有"张弓射猎和骑马放牧的内容"[2]。尽管弓箭的出现可上溯至旧石器时代，而马开始被驯化的时间也还不明确，但骑马放牧的场景说明当时的游牧经济已较为成熟。由此推断，大黑沟岩画的创作年代很可能亦进入了文明历史时期。

需要指出的是，目前尚不清楚这些岩画中的大象其性质究竟是属于野生动物还是人类驯化过的家畜。但无论属何种性质，都很难想象今天生存在热带雨林环境的亚洲象在数千年前竟能够生活在属干旱半干旱环境的我国西北内陆地区。

（3）岩画中的鸵鸟。鸵鸟，是一种生活于荒漠草原地带的动物，今天只有在非洲有鸵鸟的原生分布（澳大利亚的鸵鸟系人工引进）。在更新世时期我国北方的许多化石点也曾发现过大量鸵鸟蛋化石。目前尚未在新石器时代及之后的遗址中发现鸵鸟蛋化石，故一般认为这种动物在旧石器时代末期就已灭绝。但在阴山岩画中，曾经发现过 7 只鸵鸟的形象，经岩画专家盖山林先生及古脊椎动物学家尤玉柱先生等研究，认为该岩画应当属于新石器时代早期或中期的作品。[3] 因此，鸵鸟在我国的生存年代下限无疑可以晚至全新世。

有关这些鸵鸟在我国灭绝的原因，尤玉柱先生等认为与人类的捕捉活动关系密切，笔者极为赞同。与一般鸟类不同，鸵鸟是没有飞翔能力的，并且它们体型很大，不容易躲藏，所以在面对人类有组织的围猎行动时很难逃脱。由于鸵鸟适应的本就是草原荒漠这种较为干旱恶劣的环境，因此，如果试图用自然环境恶化

---

1 李冀，侯甬坚：《先秦时期中国北方野象种类探讨》，《地球环境学报》2010 年第 2 期，第 114-121 页。

2 陈兆复：《古代岩画》，北京：文物出版社，2002 年。

3 尤玉柱，石金鸣：《阴山岩画的动物考古研究》，收入盖山林：《阴山岩画》，呼和浩特：内蒙古人民出版社，1985 年，第 412-435 页。

来解释其灭绝原因，反而更加难以令人信服。

2. 青铜器中的化石动物形象

（1）青铜器中的大象。笔者等在"The Latest Straight-tusked Elephants（*Palaeoloxodon*）？—'Wild elephants' lived 3 000 years ago in North China"一文中曾经以文物出版社 1996 年版《中国青铜器全集》中收录的 33 张青铜器照片为根据，来说明商、周时期生存在我国北方地区的"野象"并非是亚洲象。[1] 因为今天仍然生存的亚洲象及非洲象已得到了很好的研究，动物学家发现，二者有一个显著的差别：非洲象的鼻端具有 2 个可以对握的"指突"，而亚洲象鼻端则只有 1 个。[2] 但在《中国青铜器全集》中，凡能辨认出鼻端"指突"数量的"象尊"等象形器物，出土于北方地区者，无一例外均具有 2 个指突。很显然，这种大象并非是亚洲象。结合其他线索进行推断，笔者等提出这些大象形象很可能就是晚更新世末广布北方地区的"诺氏古菱齿象"（亦不能完全排除属于"纳玛古菱齿象"的可能性）的形象。也许这些古象并未像传统观点认为的那样灭绝于更新世末期，而是延续到了我国历史上的夏、商、周时期。

此外，在巴蜀书社 2006 年版的《周原出土青铜器全集》中，亦收录了许多带有"象纹"的器物（全都是编钟）。这些"象纹"中显示的大象鼻端造型，除小部分无法辨认指突数量之外，绝大部分都具 2 个指突。这与李文所述"象尊"中的大象造型一致。对此，笔者已撰另文详述（尚未发表）。

简而言之，无论商周青铜器上所表现的大象造型究竟属于哪种古象，它们定然不是亚洲象这点应是成立的。先前学界曾认为近六七千年以来我国的长鼻类只有亚洲象这一个种，[3] 因此商周时期北方地区分布的大象也曾被认为是当时北方地区气候有如今日亚热带地区的一个证据。[4] 这种观点现在看来是存在很大问题的。因为古脊椎动物学的研究显示，古菱齿象类对温度的适应范围很宽，既不像猛犸象那样怕热，亦不像亚洲象那样怕冷，它所适应的正是典型的温带气候。[5]

（2）青铜器中的狮子。狮子，是一种生活于草原环境的大型猫科动物。在我国，狮子被视为一种威武而吉祥的动物，民间亦有着历史悠久的狮崇拜与狮文化。我国北方地区在更新世时期是有狮子分布的，如河北邢台狗头泉晚更新世地点，

1　Ji Li, Yongjian Hou, Yongxiang Li, et al. "The latest straight-tusked elephants（*Palaeoloxodon*）？ "wild elephants" lived 3 000 years ago in North China". *Quaternary International*，281，2012，pp.84-88.

2　寿振黄：《中国经济动物志（兽类）》，北京：科学出版社，1962 年，第 25-34 页。

3　文焕然等：《历史时期中国野象的初步研究》，《思想战线》1979 年第 6 期，第 43-57 页。

4　龚高法、张丕远、张瑾瑢：《历史时期我国气候带的变迁及生物分布界线的推移》，《历史地理》（第五辑），上海：上海人民出版社，1987 年，第 1-10 页。

5　周明镇、张玉萍：《中国的象化石》，北京：科学出版社，1974 年，第 54 页。

就出土过狮子的牙齿化石。[1] 一般的观点认为，这些狮子在进入全新世之前就已经从我国消失。[2] 但值得注意的是，在春秋战国时期出土的匈奴族青铜器中，有不少表现卧狮及狮虎相斗的青铜器。有人认为，这种造型的青铜器是受斯基泰——西伯利亚风格"野兽纹"影响形成的，因此这些狮子的形象是外来的；但也有学者持不同观点，认为这种动物造型是本土起源的，而非"西来"的。[3] 如果属于本土文化系统的青铜器上出现了生动的卧狮及狮虎相斗形象，那么也许能够从一个侧面说明，迟至春秋战国时期，我国北方草原地带可能仍有狮子的生存。当然，这种可能性尚有待更多考古发现的进一步证实。

3. 玉器上的化石动物——"肿骨鹿"

因为有化石出土地层、同位素测年以及岩画的多重证据，大角鹿持续生存到我国的夏、商甚至周时期的事实现在看来应无太大疑问。而新的考古发现仍在不断提示，这种动物的生存年代下限很可能还远不止于此。

玉器的起源可以说与岩画同样古老，但玉器制作延续的时代比岩画制作延续的时代要长得多。这使得我们有条件从玉器中提取比岩画资料时代更晚的各种信息。在出土和传世的古代玉器中，都保存有大量的古代动物形象，而鹿作为古人心目中的一种"祥瑞"动物，出现频率很高，其中就有大角鹿的形象。例如，出土于北京师范大学清代黑舍里氏墓的一件"卧鹿形玉嵌饰"，就被《中国出土玉器全集》编者认为是属于"肿骨鹿"，理由是其"角作灵芝状"（如图2所示）。[4] 该件器物长106毫米，高65毫米，通体洁白，据玉器专家鉴定，该器物本身的制造年代当为宋代。也许该"玉嵌饰"从宋代一直传世至清代，后被埋入墓中，又被当代考古工作者挖出。查阅古脊椎动物学的相关文献，可知确实有一部分大角鹿的角非常接近该形状（河套大角鹿门头沟亚种等），[5] 而在任何现生鹿类中却没有这样的造型，可见这一判断并非毫无根据。如果按学界的一般认识，"肿骨鹿"久已灭绝，宋代工匠又是根据什么制造出这件"肿骨鹿"造型的玉器呢？一个合理的解释是，大角鹿很可能确实延续到了宋代，只是目前尚未发现宋代大角鹿的遗骨而已。若《中国出土玉器全集》作者的鉴定结论正确，则肿骨鹿（大角鹿）的最后生存时代可能再次被下延近3 000年。

1 顾玉珉等：《邢台地区发现的披毛犀——古菱齿象动物群》，《古脊椎动物与古人类》1978年第1期，第73-75页。

2 康蕾：《环境史视角下的西域贡狮研究》，陕西师范大学硕士学位论文，2009年。

3 乌恩：《我国北方古代动物纹饰》，《考古学报》1981年第1期，第45-61页。

4 古方：《中国出土玉器全集》（第一卷），北京：科学出版社，2005年，第28页。

5 黄万波、李毅、聂宗笙：《中国北方新发现的大角鹿化石》，《古脊椎动物学报》1989年第1期，第53-64页。

图 2　玉器中的"肿骨鹿"形象（据《中国出土玉器全集》，2005）

二、生存于人类历史时期之化石动物的环境意义

1．全新世以来化石动物灭绝原因的探讨

按照自然界的普遍规律，任何一个生物物种都有其发生、发展、衰落以至最后消亡的历史。然而具体到每一个不同的种类，其灭绝的具体原因和详细过程又总是会有所差别。由于进化地位相近的原因，人类对于大型动物尤其是哺乳动物灭绝的具体原因和详细过程尤为感兴趣。在科学史上，大型化石哺乳动物的灭绝时间和原因以及过程一直都是研究的热点。

在地球长达数十亿年的漫长历史过程中，已经有成千上万种的动物遭到了灭绝的命运。从新生代开始和人类出现以来，也有多种曾经伴随古人类生存的动物种类相继消失。对于包括更新世（大体相当于所谓"旧石器时代"）在内的地质时期而言，一般认为这些动物的灭绝原因都是纯自然的，而与人类活动基本无关。显而易见，在旧石器时代，刚刚脱胎于猿的人类，在自身生存的各个方面还受着自然环境的强大局限，其改造自然地理环境的能力是相当有限的，在这种情况下很难想象人类这种微弱的活动能力会造成其他动物种类的灭绝。

然而当历史进入距今约 1 万年以内的全新世时期（包括新石器时代和史学界一般所说的"历史时期"），人类活动对于其他动物的生存开始造成越来越大的影响。人口总数的增多、聚落数量的增加、弓箭等狩猎工具的发明和改进、有组织的大型围猎活动的盛行、动物制品贸易的兴起以及农垦区域的不断扩大，这一切都显示人类已经有能力威胁一定区域内大型野生动物的生存。因此，关于全新世以来导致大型野生动物（例如猛犸象）灭绝的主要原因究竟是自然的还是人为的，一直是学界争议的热点话题。

部分学者认为全新世以来大型野生动物化石种的灭绝主要是受自然环境演变（尤其是气候变化）的影响。我们知道，在更新世末-全新世初确实存在一次全球范围的重大气候变化事件，即末次冰盛期的结束和全新世大暖期的开始，许多代表性冰期动物（如披毛犀、猛犸象）的灭绝都被认为与这次事件有关。而在我国，稍晚的另一次气候变化，即全新世大暖期鼎盛期的结束和随之而来的气候转冷，则被认为是导致犀、象等动物在北方地区遭到区域性灭绝的主要原因。主张全新世前、中期大型野生动物的主要灭绝原因仍是自然因素而非人类活动的观点，还有一个论据，即新石器时代人类的人口密度和生产力水平仍不足以将数量如此庞大的动物杀灭净尽——即使人类很有可能大量捕猎居住地附近的大型动物来果腹，但一些荒无人烟之处为何没有能够成为某些大型化石动物的避难所？

也有学者坚持认为人类活动的日益加剧是导致全新世内大型野生动物灭绝的主要原因，就笔者总结，这种观点主要基于下述理由：（1）越来越多的研究和发现表明，很多动物的灭绝时间实际上与全新世大暖期的开始和结束时间并不吻合，且相差甚远；（2）某些动物自更新世之初甚至更早就开始出现，那么为何更新世（必须注意，更新世的时间跨度远比全新世长得多）内的数次气候波动并未导致其灭绝？（3）对于某些动物而言，似乎难以从自然环境变化的角度解释其灭绝的原因，如我国北方的鸵鸟和南方的剑齿象；（4）所谓人类活动导致动物灭绝，并不能简单地理解为将每一只该种动物的个体全都杀死来作为食物这一种方式，人类的区域经济开发、人类对地貌和局部环境的改造、定居点密度增加后对动物生境的挤压分割以及珍贵动物制品贸易引发的逐利行为等都有可能成为导致动物灭绝的诱因。

前文论及的各种含化石动物形象的古代文物，其所属时代跨度比较大，且与全新世大暖期的开始和结束时间并没有很好的吻合关系。因而，若从本文材料显示的线索来看，似乎的确难以完全用气候变化的因素来解释全新世内大型野生动物的灭绝，那么人类活动对于动物灭绝事件存在的重要影响就理应得到学界的更多研究和重视。

2. 全新世以来若干动物种类环境指示意义的再探讨

一段时期以来，学界流行这样一种观点，即全新世以来的动物物种都属于现生种，而属于地质时期的化石种其生存年代下限不会晚于晚更新世末期（也即距今1万年前后）。基于这种观点的影响，人们在研究数千年以来的夏、商、周乃至更晚历史时期生存于我国的野生动物时，就毫不怀疑这些动物的分类地位，而直接将其全部归入现生种的范畴。例如，古文献或者文物资料中一出现大象，就会自动被认为是亚洲象；而一出现犀牛，就会自动被认为是爪哇犀、印度犀或苏门犀。尽管古脊椎动物学研究的最新进展不断显示，有很多先前被认为灭绝于更新世末期的哺乳动物种类实际上延续到了几千年以来的历史时期，[1] 但这种新的发现并未引起相关研究领域足够的重视。显然，这种学科间缺乏交流和沟通的现象，对于正确认识历史时期各种野生动物的环境指示意义和科学研究价值，很可能具有潜在的妨害。

此处不妨以古文献记载中的所谓"野象"为例。历史学界和考古学界较早就知道在夏、商、周时期的中国南北大地普遍有野生大象生存这一事实，并且认为这些"野象"理所当然地都应属于亚洲象这个种。因而，许多学者都认为这显示当时我国北方地区曾经一度处于亚热带气候的控制之下。但随着历史气候研究的进一步细化，这种观点又遇到一定的困惑。根据满志敏在《中国历史时期气候变化研究》一书中的总结，即使在全新世大暖期鼎盛期，我国北方的大部分地区仍属于暖温带气候，而并非属于亚热带气候。而我们知道，今天的亚洲象在自然状态下只能分布在热带和亚热带的范围内，而无法在暖温带正常生存。这也就是说，如果认为古文献或古文物中出现的所谓"野象"都是亚洲象的话，就会与从其他证据出发得出的研究结论形成明显的矛盾。[2]

然而遗憾的是，许多研究者至今仍未注意到他们普遍认同之"古籍记载中的'野象'都是亚洲象"这一观点，已经被最新的科学发现所推翻。如前文所述，在商周时期我国北方很可能有古菱齿象类生存；而在我国南方地区，也已经发现了距今数千年前的东方剑齿象遗存 2 处。[3] 对于历史环境变迁的研究而言，人们通常会根据"常识"以为大象都是热带动物，这种论调在各种论著中也的确屡见不鲜，但实际上，亚洲象与古菱齿象类和剑齿象类，无论在地史地理分布上还是在环境适应能力上，都有着不小的差别，并不能均以"热带动物"一言以蔽之。

在关于古代野生犀牛的研究中也存在类似问题。例如，在河北阳原县丁家堡水库全新统地层出土过时代为距今 4 000 年左右的披毛犀标本，但大量的论著仍认为，数千年以来我国的野生犀牛都属于热带犀牛。然而事实上，披毛犀不但不是一种具有热带环境指示意义的动物，而恰恰是经常与猛犸象伴随出现的冰缘环境指示动物。

总之，应当强调的是，古代文物中出现越来越多化石动物形象的事实，理应

1 同号文、刘金毅：《更新世末期哺乳动物群中灭绝种的有关问题》，收入董为主编：《第九届中国古脊椎动物学学术年会论文集》，北京：海洋出版社，2004 年，第 111-119 页。

2 满志敏：《中国历史时期气候变化研究》，济南：山东教育出版社，2009 年，第 101-451 页。

3 马安成、汤虎良：《浙江金华全新世大熊猫—剑齿象动物群的发现及其意义》，《古脊椎动物学报》1992 第 4 期，第 295-312 页；云南省博物馆文物工作队：《云南麻栗坡县小河洞新石器时代洞穴遗址》，《考古》1983 年第 12 期，第 1108-1111 页。

引起研究者对于这些动物的确切分类地位、最后灭绝时间及其环境指示意义的重新确认和深入探讨。

三、结论

在以前的历史动物研究中，普遍存在一种默认的"前提"性质的观点，即化石动物均灭绝于更新世末以前，而生存于人类文明历史时期的物种均与现生种相同。更新世末-全新世初的气候波动和大灭绝事件，无疑是使研究者们产生这种认识的重要依据。然而，越来越多的证据表明，许多动物（尤其是大型动物）的灭绝更有可能是与人类的活动直接相关，而并非由于气候变迁所致。[1]事实上，古生物学的某些最新进展已经能够证明，一些先前我们认为灭绝于更新世末的化石物种确实延续到了 5 000 年以内的历史时期。那么，这些物种的灭绝原因就无法用末次冰期与全新世大暖期之间的剧烈气候波动来解释了。

出现在文物上的个别化石动物形象，先前也曾得到过一定程度的研究。然而，由于人们不敢相信这些动物在我国能生存到全新世以内，往往没有经过深入甄别，便以"外来文化因素"目之，或者很主观地将相关器物的制作年代推定得非常早，这似乎是失之草率的。笔者以为，既然在越来越多的古代文物上频繁地出现化石动物的身影，那么，这些动物的最后生存年代延续至 5 000 年以内文明历史时期的可能性也理应得到学界的足够重视，对于部分动物的环境指示意义也有必要重新加以探讨。

A Brief Discussion about the Images of Fossil Animals in the Ancient Cultural Relics

LI Ji　HOU Yongjian　LI Yongxiang

Abstract: **Aim** To re-check the species of the ancient animals from some ancient cultural relics.
Methods Many vivid animal images have been found from ancient cultural relics in China.

---

1 侯甬坚、张洁：《人类社会需求导致动物减少和灭绝——以象为例》，《陕西师范大学学报（哲学社会科学版）》2007 年第 5 期，第 17-21 页。

These images are useful materials in ancient-animal research, because we can identify the species of the animals from the shape. **Results** We can identify more and more fossil animal species from ancient cultural relics such as Rock Art, Jade Wares and Bronze Wares. **Conclusion** We suggest that many fossil species such as *Palaeoloxodon* sp., *Megaloceros* sp., *Struthio* sp. and *Panthera leo* sp. in China, did not extinct at the Pleistocene-Holocene boundary(about 10, 000 BP), but continued to live into the historical times(5, 000 BP or even later). For a long time, all of the animal images on cultural relics have been considered to be the extant animal species. But this opinion seems to be outdated now. Such discoveries suggest that the extinction of many fossil animals may not be explained by the pure natural reasons as previously thought, but consider the human activities as well. And the environmental implications of some species should be re-acknowledged.

Key words: extant animal species; fossil animal species; ancient cultural relics

论中国古代的象牙制品及其文化功能[1]

张　洁

摘　要： 中国古代社会生活中，象牙饰品是一种独特的动物制品原料，深受上层社会的推崇，作为一种奢侈品，不仅是炫耀财富的手段，也是身份权力的象征。从先秦时期至清代，象牙的使用在不同时期都呈现出各自的特点。总的趋势是，象牙制品的等级性弱化，世俗化显现，且日渐稀有。

关键词： 中国古代；象牙制品；象牙

象牙制品由最初具有装饰性质的生活物品，发展成为一种体现等级差别、炫耀财富的生活用品，经历了一个漫长的过程，呈现出世俗化、实用性的趋势。本文试图就此进行探讨。

一、先秦时期

新石器时代的考古发掘证明，7 000 多年前的余姚河姆渡文化遗址和 5 000 多年前的大汶口文化遗址，都出土有象牙器、象牙雕刻和象牙制品，如象牙雕刻成的牙匕、装饰用的牙笄等，这些器具多为生活用具。同时，河姆渡文化遗址中出土的一个象牙雕刻的小盅，上面刻了四条蚕纹，传递了中国古代对野蚕的驯养与家化的劳动生活信息。

随着等级制度的确立，象牙制成的珍贵物品，为奴隶主贵族所追求。《韩非子·说林上》"纣为象箸而其子怖，以为象箸必不盛羹于土钘则必耳玉之杯"[2]，明确记载了象箸成为上层社会的奢侈品事实，"纣为象箸"成为后世臣子劝谏君王切勿生活奢靡的力证。考古发掘材料显示，在大量珍贵的商代遗物中，象牙、象

1 本文原载《中州学刊》2009 年第 5 期，第 192-194 页。

2 （战国）韩非子撰：《韩非子·卷七·说林上》，上海：上海古籍出版社，1989 年。

骨制成的其他生活装饰品与器皿也是常见品，如著名的殷墟妇好墓中出土的 3 件象牙杯，[1] 都是商代工匠制作的珍品。随着社会的发展，周代手工业所用的"八材"之中，象牙已经位居其中，《左传》"象有齿以焚其身"[2]即反证了时人对象牙制品的生活需求及喜好似乎已近痴迷，这一现象导致了大象的生存危局，甚至出现《韩非子·解老》用"人希（稀）见生象也，而得死象之骨，案其图以想其生也"[3]的状况。

先秦时期一些地方的祭祀活动也有使用象牙的。《周礼注疏·秋官·壶涿氏》明确记载："壶涿氏掌除水虫，以炮土之鼓殴之，以焚石投之。若欲杀其神，则以牡橭午贯象齿而沉之，则其神死，渊为陵"[4]，象牙即被赋予了镇压精怪、驱除水患的祭祀功能。成都市金沙遗址出土了 100 余支象牙，同时出土的还有不少象白齿、大量由整支象牙切割成的短节象牙柱，以及象牙段、象牙片、象牙珠等，[5] 通过查阅史料和考古实物实证，我们推测这是一种象牙祭祀行为，遗址中不同形式的象牙实物，可能代表祭祀中不同等级和地位的蜀人，手执整支象牙进行祭祀，只能是蜀王的权力。蜀王作为西南夷地区各族之长，[6] 祭祀中手执整支象牙，意味着他取得了西南夷在文化和政治上的认同，手握了号令西南夷各族的权力。[7] 因此，象牙在社会生活中被赋予了西南夷各族之长的政治与文化内涵，成为号令西南夷各族权力的象征物。

二、秦汉时期

这一时期由于黄河、淮河流域大象数量减少，象牙制品材料匮乏，象牙制品逐渐变成了当时达官贵人在生活中炫耀财富的一种手段，"犀象之器不为玩好"[8]成为了一种现象，象牙成为了一种特殊的商品。象牙制品的原料获取也出现了转变，由"就地取材"转换为"外出觅材"，一直延续至明清。据《汉书·地理志下》记

---

1 中国大百科全书总编辑委员会：《中国大百科全书·考古卷》，北京：中国大百科全书出版社，1986 年，第 131 页。

2 李宗侗注译：《春秋左传今注今译》卷三五，"台湾商务印书馆"，1982 年。

3（战国）韩非子撰：《韩非子》卷六《解老》，上海：上海古籍出版社，1989 年。

4（汉）郑玄注、（唐）陆德明音译、贾公彦疏：《周礼注疏》卷三六《秋官司寇下》，北京：中华书局，1936 年。

5 成都文物考古研究所：《金沙——21 世纪中国考古新发现》，北京：五洲传播出版社，2005 年，第 35-37 页。

6 段渝：《政治结构与文化模式——巴蜀古代文明研究》，上海：学林出版社，1999 年。

7 段渝：《商代蜀国青铜雕像文化来源和功能之再探讨》，《四川大学学报》1991 年第 2 期。

8（汉）司马迁撰、（宋）裴骃集解、（唐）司马贞索引、（唐）张守节正义：《史记·卷八七·李斯传》，北京：中华书局，1959 年，第 2543 页。

载，当时粤地从南洋进口的货物，"多犀、象、毒冒（玳瑁）、珠玑（珍珠）、银、铜、果、布之凑，中国往商贾者多取富焉"[1]。1984 年广州市象岗南越王墓清理出了 5 枚整支的大象牙，经考证研究，断定为非洲象牙，说明这一时期象牙的来源，除东南亚、印度之外，还来自非洲。

汉代服饰中佩戴象牙制品成为一种等级象征。秦以前"民皆佩绶，金、玉、银、铜、犀、象为方寸玺，各服所好"[2]汉代改变了这一现象，《后汉书·舆服志》对印绶的佩戴等级做出明确规定，"佩双印，长寸二分，方六分。乘舆、诸侯王、公、列侯以白玉，中二千石以下至四百石皆以黑犀，二百石以至私学弟子皆以象牙"[3]，佩戴象牙制品（双印）成为身份等级的象征，且人数相当众多。

三、唐宋时期

唐宋时期，象牙及其制品的使用趋势扩大化，表现在以下几个方面：

1. 象牙制品在官僚系统中的使用

首先，象牙制品在"舆服"中表现出不同的等级。唐朝依据"周礼"，对"舆"制加以等级区分，《周礼》中规定，天子有"五辂"，"象辂"是由象牙装饰的车驾，是天子车舆中的第三舆，等级极高。基于此，唐朝完善了"舆"制，对天子舆车、皇族舆车及各级官吏的舆车制定了更为详细的规定，"王公已下车辂：亲王及武职一品，象饰辂。自余及二品、三品，革辂。四品，木辂。五品，轺车"[4]，象辂的使用范围开始扩大化，后世多以唐代为参考，影响至明清时期。官吏的朝服中以象牙为簪导"弁冠，朱衣裳，素革带，乌皮履，是为公服。其弁通用乌漆纱为之，象牙为簪导"[5]；其次，象笏成为区分官员身份等级的物品，"唐制五品以上用象，上圆下方……宋文散五品以上用象，九品以上用木。武臣、内职并用象，千牛衣绿亦用象"[6]。

2. 象牙制品在民间的使用

唐宋时期，象牙制品在民间也很广泛。《朝野佥载》中就有欧阳通"必以象牙、

1（汉）班固、（唐）颜师古注：《汉书》卷二八（下）《地理志第八下》，北京：中华书局，1962 年，第 1670 页。

2（汉）卫宏撰：《汉官旧仪》卷上，四部备要本。

3（宋）范晔撰、（唐）李贤注：《后汉书》卷一一九《舆服志》，北京：中华书局，1965 年，第 3672 页。

4（后晋）刘昫等撰：《旧唐书》卷四五《舆服志第二十五》，北京：中华书局，1975 年，第 1935 页。

5（后晋）刘昫等撰：《旧唐书》卷四五《舆服志第二十五》，北京：中华书局，1975 年，第 1930 页。

6（元）脱脱等撰：《宋史》卷一五三《舆服志第一百六·舆服五》，北京：中华书局，1977 年，第 3569 页。

犀角为笔管……非是不书”[1]的记载。富贵之家的妇女头上插象牙梳也极度盛行，据陆游《入蜀记》记载，西南一带的妇女，“未嫁者率为同心髻，高二尺，插银钗至六只，后插大象牙梳，如手大”[2]。仁宗之后，侈靡之风盛行，梳不但用白角，还用象牙、玳瑁者。当时购制一把上好的象牙五色梳子，所需费用达二十万贯，是一个相当惊人的数字，当时妇女在生活中对象牙梳是极其崇尚的。

3. 象牙的药用

唐宋时期，象牙的药用价值逐渐被认识。《备急千金要方》即记载了象牙治“针折入肉中”的药方“刮象牙为末，水和，聚著折针上，即出”[3]，《重修政和证类本草》：“象牙，无毒，主诸铁及杂物入肉，刮取屑，细研，和水敷疮上及杂物，刺等立出，齿主病痫，屑为末，炙令黄，饮下”[4]，象牙的药性、药理、主治等记述更为翔实，为明清时期以象牙为配药的“解毒玉壶散”[5]、“夺命丹”[6]、“象牙散”[7]等治疗咽喉疾病的药方提供了参考。

由于唐宋时期象牙制品使用的扩大化，官方象牙作坊技艺不断进步，《宋会要辑稿·职官》“文思院，太平兴国三年置……领作三十二，打作、棱作、银作、渡金作……犀作、节条作、捏塑作、旋作、牙作”[8]，“牙作”所造作的象牙雕刻器皿及饰品是统治阶级上层生活中的珍爱之物，其中尤推“鬼公球”，采用的是镂雕技艺，为宋代首创。据《东京梦华录》《梦粱录》《武林旧事》等史籍记载，汴京（今河南开封）、临安（今浙江杭州）的漆器、扇子、象牙雕刻、彩塑等手工艺作坊、集市是很兴盛的。宋代《西湖老人繁盛录》就这样记载：京都（杭州）有四百三十行“诸行市：川广生药市、象牙玳瑁市、金银市、丝帛市、生帛市、枕冠市、故衣市、衣绢市、花朵市……染红牙梳……接象牙梳”[9]，其中“染红牙梳”、“接象牙梳”、“象牙玳瑁市”都是民间造作象牙制品的作坊和集市，且与“枕冠市”等人们日常生活品作坊、集市并列，呈现了宋代象牙制品世俗化的倾向。

1（唐）张篡撰：《朝野金载》卷三，西安：三秦出版社，2004年，第99页。

2（宋）陆游：《入蜀记》，北京：商务印书馆，1934年，第261页。

3（唐）孙思邈撰，（宋）林億等校正：《备急千金要方》卷七八《备急方》，台湾商务印书馆，1983年。

4（宋）唐慎微撰：《证类本草》卷一六《兽部上品总二十种》，北京：商务印书馆，1929年。

5（明）周王朱橚撰：《普济方》卷六二《咽喉门》，四库全书本。

6（明）周王朱橚撰：《普济方》卷六二《咽喉门》，四库全书本。

7（明）周王朱橚撰：《普济方》卷六二《咽喉门》，四库全书本。

8（清）徐松辑：《宋会要辑稿》第75册《职官二九》，北京：中华书局，1957年，第2988页。

9（宋）西湖老人等撰：《西湖老人繁胜录三种》，文海出版社有限公司，1981年，第43页。

四、元明清时期

　　元朝，象笏仍然被使用，尤其在祭祀中，依据祭祀等级的不同，数量不等：三献官及司徒、大礼使祭服，"象笏五"[1]；曲阜祭服，"象牙笏七"[2]；社稷祭服，"象笏一十三枝"[3]；助奠以下诸执事官冠服，"象笏三十"[4]。象笏在祭祀活动中，成为了祭祀参与官员身份的象征，不同于先秦时期的祭祀物品。明朝官僚贵族的生活中，象笏依然是身份的象征，除了一品至五品的文武官员仍以象牙为笏之外，品级不同的仪宾、命妇也俱以象牙为笏，以示显贵。最为独特的是出现了一种实用性强、艺术性差的"牙牌"，它是朝官进入朝廷的通行凭证，"凡文武朝参官、锦衣卫当驾官，亦领牙牌，以防奸伪，洪武十一年始也。其制，以象牙为之，刻官职于上。"[5]清代由于象牙原料稀少，已不再使用象笏，象牙所显现的等级性开始弱化。

　　明朝，象牙逐渐成为艺术品，成为文人雅士书房案几上摆放的珍玩物品，象牙镇纸、象牙简等成为文人喜好之物。永乐初年，永乐帝就曾"赐（盛寅）象牙棋枰并词一阕"[6]市民生活中小型佛像雕刻品不断涌现。据崇祯元年（1628 年）《漳州府志》记载，漳州人就常以海外舶来的象牙制作仙人像，生动逼真，以供玩赏。清代社会生活中的象牙制品，逐步走向小而精的陈设和实用器具。《清实录》卷一四二记载："雍正十二年（1734 年）夏四月，庚午，谕大学士等。朕于一切器具，但取朴素实用，不尚华丽工巧，屡降谕旨甚明。从前广东曾进象牙席，朕甚不取，以为不过偶然之进献，未降谕旨切戒，今者献者日多，大非朕意。夫以象牙编织为器，或如团扇之类，具体尚小。今制为座席，则取材甚多，倍费人工，开奢靡之端矣。等传谕广东督抚，若广东工匠为此，则禁其勿得再制。若从海运而来，从此屏弃勿买，则制造之风，自然止息矣。"[7]从这道谕旨来看：清代的象牙制品如，"象牙席"、"团扇"等都是实用性的用具，制作工艺极其繁琐，技巧精湛。

1（明）宋濂等撰：《元史》卷七八《志第二十八·舆服一》，北京：中华书局，1976 年，第 1935 页

2（明）宋濂等撰：《元史》卷七八《志第二十八·舆服一》，北京：中华书局，1976 年，第 1940 页

3（明）宋濂等撰：《元史》卷七八《志第二十八·舆服一》，北京：中华书局，1976 年，第 1936 页

4（明）宋濂等撰：《元史》卷七八《志第二十八·舆服一》，北京：中华书局，1976 年，第 1935 页

5（清）张廷玉：《明史》卷六八《舆服志》，北京：中华书局，1974 年，第 1666 页。

6（清）张廷玉：《明史》卷二九九《列传第一百八十七·方伎》，北京：中华书局，1974 年，第 7647 页。

7《清实录》卷一四二，北京：中华书局，1985 年，第 790 页。

　　元明清时期象牙手工艺发展迅速，元朝时，政府设置"将作院"掌管"承造金玉珠翠犀象宝贝冠佩器皿"[1]，政府的介入使象牙手工业出现了一个发展盛期。明代，"御用监"掌管皇帝"御前所用……紫檀、象牙、乌木、螺甸诸玩器"[2]，制作工艺精巧，"凡象牙齿中悉是逐条纵攒于内，用法煮软，牙逐条抽出之，柔韧如线，以织为席"[3]，实用器具逐渐显现。清代社会生活中，民间象牙作坊增多，出现了"广东牙雕"、"江南牙雕"等不同派别，各具特色，满足了不同等级、不同阶层的生活需求，为皇家作坊的发展提供了便利条件。18世纪初叶，雍正皇帝从广州、苏州等地征召了一批牙雕艺匠进宫，聚集于宫廷造办处的作坊内，精心设计，运用高超的雕刻技术细心制作形成了皇家特色，被称为"造办处牙雕"即"宫廷牙雕"派。这一时期，生活中的象牙制品，市民化、贵族化的界限已渐模糊。

　　综上所述，可以看出中国古代社会象牙制品的一些特点：先秦时期，象牙制品的利用主要存在于服饰和祭祀生活方面。秦汉时期，生活服饰中象牙制品等级化明显，对后世产生了深刻的影响，这一时期象牙制品的使用在人们的社会生活中处于承前启后的阶段。唐宋时期，政府为了巩固统治者的社会地位，对"舆服"制中的象牙制品等级规定更为苛刻；社会文化的发展，也给人们创造了舒适的生活环境，出现了民间象牙作坊和最早的皇家象牙作坊。此外，象牙医药价值的发掘，对后世影响深远。元明清时期，象牙制品的等级化已趋于模糊，象牙工艺迅速发展，匠人们不仅继承了传统工艺，还创造了具有时代特色的精品。

Study on the Ivory Products and Its Cultural Function in Ancient China

ZHANG Jie

Abstract: The ivory products is a kind of unique raw material of animal products, which praised highly by the upper class of ancient China. It is regarded as luxury goods. It is not only the means of showing off wealth, but also a symbol of the identity and right. From the pre-Qin

---

1 （明）宋濂等撰：《元史》卷八八《志第三十八·百官四》，北京：中华书局，1976年，第2225页。

2 （清）张廷玉撰：《明史》卷七四《志第五十·职官三》，北京：中华书局，1974年，第1820页。

3 （清）陈元龙撰：《格致镜原》卷五四《居处器物类二·簟》，四库全书本。

period to the Qing dynasty, the use of ivory shows different characteristics during different historical periods. Its general trend is that its rank character weaking while its Secularization coming up, as well as the simultaneously getting rare day after day.

Key words: the Ancient China; the Ivory Products; the Ivory

宋代象牙贸易及流通过程研究[1]

张　洁

摘　要： 宋代象牙制品突破了前代上层社会独享、甚少流通于市场的窠臼。随着象牙贸易的繁荣兴盛，流通途径和方式发生了变化，使臣和蕃商大量参与其中；管理机构、征税方式及税率在流通过程中逐渐体系化。政府的介入和管理成为宋代象牙贸易品流通过程中最重要的特点。

关键词： 宋代；象牙贸易；流通过程

象牙，自先秦始即是上层统治者独享的奢侈品，以致"殷辛以象箸为华，而不知牧野之败"[2]。宋代以前，象牙多为朝贡物品，甚少流通。宋代，由于商品经济的发展、对外贸易的繁荣，象牙逐渐成为商品贸易中的大宗。本文拟对宋代象牙蚂蚁及其流通过程作一考察，不当之处，敬祈斧正。

一、宋代象牙贸易的流通途径与方式

宋以前，贸易品中象牙流通的主要途径与方式莫过于朝贡贸易。迨至宋代，象牙贸易逐渐兴盛与繁荣起来，流通途径与方式发生了变化，出现了新的局面。

1. 朝贡贸易

据《宋会要辑稿·蕃夷》等史料统计，宋代来华朝贡的国家有 26 个，朝贡次数为 302 次，朝贡物品中象牙所占比重较大。如：咸平元年（998 年），交阯以象

1 本文原载《中州学刊》2010 年第 3 期，第 188-191 页，系陕西师范大学 211 工程三期"西北地区人文社会与资源环境的协调发展"项目资助成果。

2 （宋）欧阳修、宋祁撰：《新唐书》卷二〇一《列传第一百二十六·文艺上》，北京：中华书局，1975 年，第 5730 页。

牙五十枚来贡；皇祐二年（1050 年），占城"贡象牙二百一"[1]。据《宋史》等史料统计，宋朝时，海外各国朝贡贸易中的象牙数目远远超过前代，其中占城进贡象牙 350 株、交趾 154 株、丹眉流（位于今马来半岛洛坤附近）61 株、注辇国（今印度东南沿海）60 株、大食 58 株、三佛齐 16 株、勃泥（今文莱国）6 株。相形之下，宋代地方向中央的象牙朝贡，数量及进贡地都相对较少，除吴越进贡象牙 330 株外，仅荆南（今湖北、四川、湖南一带）、邛部川蛮（今四川境内）等进贡象牙，且数量有限。因此，海外各国的朝贡就成为象牙朝贡贸易的主体。

与此同时，宋政府不再只是消极地等待外国来华朝贡，而是积极派遣使者出洋招贡。象牙就是"招贡"品中必不可少的物品。据《宋会要辑稿·职官》记载，雍熙四年（987 年），宋太宗曾"遣内侍八人，赍敕书金帛，分四纲，各往海南诸蕃国，勾招进奉，博买香药、犀、牙、真珠、龙脑。每纲赍空名诏书三道，于所至处赐之"[2]。文中所提到的博买品"牙"即"象牙"，所谓"进奉"，即是国家关系上的交往，是一种特殊的国际贸易——进贡者以把本国特产，受贡国又以"回赐"为名给"朝贡国"给对方报偿，这就是"招徕进奉"。如此积极主动的"招徕进贡"，在中国的朝贡史上是不多见的。

2. 海外贸易

宋代的通商范围很广，与其贸易的国家很多，远远超过唐代，甚至和元、明相比，亦毫不逊色。由海外输入的商品，大多为奢侈品，种类甚多，犀角、象牙等为其中的大宗。宋人著作中惯用"香药犀象"一语概括海外输入的货物，可见非常恰当。

由于上层统治者对象牙的喜爱以及象牙制品逐渐普遍化的趋势，象牙成为海外贸易品中重要的商品。太平兴国五年（979 年），三佛齐国蕃商李甫诲乘舶船载香药、犀角、象牙至海口；绍兴元年（1131 年），大食商人蒲亚里舶来大象牙 290 株等大宗贸易，南宋时海外贸易繁荣。有文献这样描述绍兴二十三年（1153 年）间广州的景象，"大贾自占城、真腊、三佛齐、阇婆涉海而至，岁数十柁，凡西南群夷之珍，犀象珠香流离之属"[3]，犀、象、珠、香、流离等，无所不有，就是象牙海外贸易繁荣的写照。

3. 边境贸易

宋代还在辽、金边境上设立榷场进行边境贸易。据《宋辽西夏金史》中的记载，宋对辽的出口物品有茶、药材、粮食、丝麻织、漆器、瓷器、犀角、象牙、

1（元）脱脱等撰：《宋史》卷四八九《外国传·占城传》，北京：中华书局，1977 年，第 14084 页。

2（清）徐松辑：《宋会要辑稿》第 86 册《职官四四》，北京：中华书局，1957 年，第 3364 页。

3 洪适：《盘洲文集》卷三一《记二·师吴堂记》，上海：上海商务印书馆，1929 年。

香料、硫磺、铜钱、印本书籍等。宋对金主要出口品有香药、茶叶、棉花、犀角、象牙等。象牙均为大宗贸易货物，成为宋朝政府在边境贸易中获利的重要物资。榷场贸易作为一种民族政权间的特殊官方贸易形式，在边境贸易交往中，不仅具有"通二国之货"的经济目的，而且具有维持西北边境和平的政治目的。榷场的置废受宋与辽、西夏、金之间政权"和战"关系的影响深远，"太平兴国二年，始令镇、易、雄、霸、沧州各置榷务……后有范阳之师，罢不与通"[1]就是明证。故此，榷场贸易兴废无常，呈现出不稳定性，象牙流通在榷场中也时常间断。

4. 民间贸易

北宋时，雷、化、新、白、惠、恩等州（都位于今广东、广西境内）境内"山林中有群象"[2]，广南东、西路有"犀象、玳瑁、珠玑、银铜、果布之产"[3]。象牙作为上层统治者所喜好的珍品，民间持有、民间贸易在政策上是不允许的。宋太宗淳化二年（991年）政府曾颁布诏令："民能取其牙，官禁不得卖。自今许令送官，以半价偿之，有敢藏匿及私市与人者，论如法"[4]，"自今"二字，揭示出象牙的民间贸易是存在的，可能已经达到了一定的程度。政府对象牙的民间贸易虽明令禁止，面对巨额利润，未免会有欺瞒者，似乎收效甚微。

由于市舶贸易的发展，外国的犀象香药"充轫京师"。政府一方面强调"禁止私贮香药犀牙"[5]；另一方面，太平兴国二年（977年）三月，诏令"自今禁买广南、占城、三佛齐、大食国、交州、泉州、两浙及诸蕃国所出香药、犀牙"[6]，需要指出的是"犀牙"为犀角与象牙的泛称。禁令和诏令实施过程中，政府为了有效掌控境内的象牙流通，在京师设置香药易院，以管理象牙贸易，后并入榷货务统一管理。

二、宋代对象牙贸易及流通的管理

市舶司、各地的榷货务、北方边境设置的榷场作为主要管理机构。

1. 市舶司

宋代市舶司对象牙贸易的管理主要是以"抽解"征收舶税、以"禁榷"进行

1 脱脱等撰：《宋史》卷一八六《食货志一百三十九·食货十八》，北京：中华书局，1977年，第4562页。
2 （清）徐松辑：《宋会要辑稿》第165册《刑法二》，北京：中华书局，1957年，第6496页。
3 （元）脱脱等撰：《宋史》卷九〇《地理志第四十三·地理六》，北京：中华书局，1977年，第2248页。
4 （清）徐松辑：《宋会要辑稿》第165册《刑法二》，北京：中华书局，1957年，第6496页。
5 （清）徐松辑：《宋会要辑稿》第139册《食货三六》，北京：中华书局，1957年，第5432页。
6 （清）徐松辑：《宋会要辑稿》第139册《食货三六》，北京：中华书局，1957年，第5432页。

专买专卖、以"博买"强制收购。

"抽解"即市舶司在察阅象牙后，"以十分为率"按比例加以抽取，故又称"抽分"，是市舶司征税的主要方式。象牙作为贵重物品属于细色，对其抽解一般遵循"大抵海舶至，十先征其一"[1]的办法。"禁榷"即专买专卖，对海外进口商品禁止私人买卖，由官方垄断经营。太平兴国二年（977 年），政府明确规定"象牙"属于禁榷品"自今惟珠贝、玳瑁、犀象、镔铁、鼊皮、珊瑚、玛瑙、乳香禁榷外，他药官市之余，听市于民"[2]。"犀象"为犀角与象牙的合称。如有违抗者，将处以黥面、押送赴阙、妇人充任针工等罪罚。"博买"是市舶司抽取关税后，对进口货物进行强制收购。象牙是获利大、国内急需的物品，是较为常见的博买品。"博买"后的象牙方为舶商所有，未经抽税和"博买"的象牙，严禁舶商进行交易，敢有私相贸易者，剩余货物全部没收。

2. 榷场

榷场是宋朝设立的榷场管理机构，榷署不仅要稽查货物，征收关税，而且要评定榷货等级，兜揽承交，收取牙税。由于政治、经济等各种原因，宋代榷场禁榷范围时有变动，象牙也时常游离于"禁榷"与"非禁榷"之间。

《宋会要辑稿》记载，宋初，象牙即已被列入"禁榷"品。太平兴国二年（977年），宋辽双方边境暂时和平，在协商的情况下，镇、易、雄、霸、沧州各置榷场，宋朝"辇香药、犀象及茶与交易"[3]。由于象牙属于禁榷品，榷场内的交易是由政府控制的，作为宋对辽输出的主要物品之一。宋辽边境随后增设安肃、广信军、静戎军、代州雁门等多处榷场，象牙依然是重要物资。

象牙对于辽金西夏而言，是他们所需的奢侈品，如：靖康二年（1127 年），金人攻陷汴京后，就"径取诸库……象牙一千四百六十座"[4]，而宋廷所获象牙除境内获取外，有一部分是海外贸易所得，因此，在榷场中一部分象牙可能属于宋廷的转口贸易物资。

3. 榷货务

榷货务"掌受商人便钱给券、及入中、茶、盐、出卖香药象货之类"[5]，是宋朝掌管专卖及贸易的机构。榷货务对象牙贸易的管理方式除专卖外，另有交换、直接与商人交易等方式。

1（清）徐松辑：《宋会要辑稿》第 86 册《职官四四》，北京：中华书局，1957 年，第 3364 页。

2（元）脱脱等撰：《宋史》卷一八六《食货志第一百三十九·食货十八》，北京：中华书局，1977 年，第 4559 页。

3（元）脱脱等撰：《宋史》卷一八六《食货志第一百三十九·食货十八》，北京：中华书局，1977 年，第 4562 页。

4（宋）徐梦莘撰：《三朝北盟会编》卷九七《靖康中秋》。

5（清）徐松辑：《宋会要辑稿》第 147 册《食货五五》，北京：中华书局，1957 年，第 5759 页。

太平兴国年间，中央府库中，由三佛齐、勃泥、占城舶来的犀象、香药珍异品，已经较为充盈。宋政府置香药易院，进行专卖，由官商交易象牙等舶来品，年收入五十万贯。大中祥符二年（1009 年），榷易院并入榷货务，开始由其全面管理象牙专卖。榷货务对象牙贸易流通的管理，实乃一种特殊的商品交换。如：大中祥符二年（1009 年）八月，政府诏令榷货务"客便纳金银、钱帛、粮草，合支香药、象牙"[1]，即是商人以其所纳物资支取香药、象牙进行交换的实例。榷货务还直接把象牙出售给商人，如：宋仁宗天圣元年（1023 年），"客旅于在京榷货务入纳见钱十千，共算请二十千香药象牙，取便于在京或外处州军贩卖"[2]。总体看来，榷货务是对宋代贸易品中象牙境内流通进行主管和专卖的重要机构。

三、宋代象牙贸易及流通中的交易主体

宋代象牙贸易的繁荣，较前代有所突破，流通过程中参与贸易的主体按经营者身份可分官方贸易和私人贸易两类。

1. 官方贸易

官营即由政府经营，往往享受特权。宋代象牙贸易的官营分为三种：一种是国家之间交换礼物的形式即"贡""赐"贸易。这种"贡""赐"贸易很频繁；一种是宋政府派使臣到海外进行贸易，这在中国对外贸易史上是不多见的；另一种是官府设置官方市场，由官府在官市中经营。象牙贸易早期多以朝贡的方式进行，海外各国运来象牙作为贡物，中央王朝则用丝、帛等物回赐。名为朝贡，实质上是封建国家和海外各国所进行的直接贸易。宋代的象牙朝贡无论国家数量，还是朝贡区域都呈增长趋势。宋政府派遣使者到海外进行象牙贸易，以雍熙四年（987 年）宋太宗遣使臣往海外诸藩国招贡最具代表性，其主体也是使臣。

宋代象牙贸易的官方经营主要是通过市舶司的博买、榷场与榷货务的专卖专卖进行。《萍洲可谈》对象牙的官市博买有详细记载，"象牙重及三十斤并乳香抽外尽官市"[3]，市舶司的象牙专卖，造成府库充盈，为了解决积压问题，政府在边境官市——榷场向辽、金出口象牙；在榷货务中通过入中制用象牙与商人交换，除此之外，还出售象牙给商人。因此，博买、专买专卖的主体是官府。

1（清）徐松辑：《宋会要辑稿》第 147 册《食货五五》，北京：中华书局，1957 年，第 5759 页。

2（清）徐松辑：《宋会要辑稿》第 139 册《食货三六》，北京：中华书局，1957 年，第 5440 页。

3（宋）朱彧：《萍洲可谈》卷二，金山钱氏，清道光二十四年（1844 年）。

2．私人贸易

宋代的象牙贸易中，私人经营分为三种：一种是权贵和官僚，即官商；一种是民间商人，多为豪门大姓；另一种是海外商人。

宋代的象牙多为舶来品，主要依靠"蕃商"往来贩运，他们拥有雄厚的资财，足迹遍及中国沿海、内地及边疆。如："大食人使蒲亚里所进的大象牙二百九株"[1]。为了招揽蕃商来华贸易，绍兴七年（1137 年），高宗诏令劝大商蒲亚里"归国，运蕃货往来"[2]，海外蕃商在私营中的地位不同一般。

宋代象牙贸易量的增加，使象牙制品逐步呈现从贵族独享的奢侈品向市井消费品过渡的趋势，虽然如此，象牙依然是奢侈品。这一转变使榷场贸易和榷货务贸易中的主体除了官府外，还有官商、民间商人，贸易主体有所扩大。

榷场和榷货务山场是由政府管理的官方机构，贸易必须遵循严格的规则。象牙作为奢侈品，在榷场和榷货务中的交易由政府掌控。熙宁八年（1075 年）"市易司请假奉宸库象、犀、珠直总二十万缗，于榷场贸易"[3]即是力证。象牙流通过程中，政府主要依靠官僚或官商进行交易。榷货务中象牙是支付商旅入纳的重要物品，商人入纳粮草后"每百千，支见钱三十千，香药象牙三十千、茶引四十千"[4]。

四、宋代象牙贸易流通中的商税征收

宋代，象牙贸易品的流通过程中，商税的征收是政府行之有效的管理方式，税率因管理机构而异。

1．抽解

"抽解"，即市舶司对进口商品征收的一种实物税，它按贩到舶货的一定比例抽收，又称"抽分"。宋代对象牙抽解的税率经常调整，从淳化二年（991 年）到熙宁初年，市舶司的抽分呈下降趋势。淳化二年（991 年）"始立抽解二分，然利殊薄"[5]，虽然规定象牙"抽解二分"，但是并未形成定制，不久，仁宗朝又立"十税其一"的税率，但是这个规定很含糊，没有详细规定如何抽解。迨至宋神宗熙

1（清）徐松辑：《宋会要辑稿》第 86 册《职官四四》，北京：中华书局，1957 年，第 3370 页。

2（宋）熊克撰：《中兴小纪》卷二三。

3（元）脱脱等撰：《宋史》卷一八六《食货志第一百三十九·食货十八》，北京：中华书局，1977 年，第 4563 页。

4（清）徐松辑：《宋会要辑稿》第 139 册《食货三六》，北京：中华书局，1957 年，第 5446 页。

5（元）马端临著：《文献统考》卷二〇《市籴考一》，北京：中华书局，1986 年。

宁初年，开始实行"十五取其一"。北宋末年，舶货按粗、细色货物抽解。象牙作为珍品，因价值昂贵属于细色。神宗时"犀角、象齿十分抽二"[1]。宋徽宗崇宁以后，恢复到神宗之前的"十取其一"的抽解税率。

南宋继承了北宋末年依粗色、细色抽解的制度，然象牙的抽解税率仍未固定，时有变动。宋高宗绍兴六年（1136 年），规定"抽解将细色直钱之物依法十分抽解一分，其余粗色并以十五分抽解一分"[2]；绍兴十四年（1144 年），粗色与细色的抽解均提高到十分抽解四分。后因舶商陈述抽分太重，绍兴十七年（1147 年）十一月四日，又恢复到"十分抽解其一"。但未能改变各地市舶司在实际抽解税率上不断攀升的事实。隆兴二年（1164 年），两浙市舶司据此事实向朝廷申条具表建议，"抽解旧法，十五取一（粗色），其后十取其一，又其后择其良者（细色），如犀角、象齿十分抽二，……若象齿、珠犀比他货至重，乞十分抽一"[3]。此意见得到朝廷首肯，并批准，然收效甚微，实际上，舶来品的抽解率为"细色五分抽一分，粗色货物七分半抽一分"[4]，这比法定的税率高了一倍。

2. 博买

博买是市舶司对舶货抽解之后，再按规定的比例由官方强制收购货物，实乃以实物折价，以物易物。博买的比例，常常因时而异，变化频繁。

宋初，市舶司抽解并不苛刻，对象牙等禁榷品"官尽增常价买之"[5]，官方提高象牙博买价格的结果是刺激了象牙贸易。北宋末年，"抽解既多，又迫使之输，致货滞而价减"[6]。为了缓解府库滞销货物带来的压力，神宗熙宁年间（1068—1077 年），选择滞销货物中的品质优良者，用于博买，象齿"十分抽二，又博买四分"[7]。南宋时，博买作为一种经济掠夺手段，更加苛刻，博买比例越来越高，"舶户惧抽买数多，所贩止是粗色杂货"[8]，象牙、珍珠、犀角为细色，抽买比其他货更重，以致舶户"非所以来"[9]。隆兴二年（1164 年），有臣僚上奏："象齿珠犀比他货至重，乞十分抽一，更不博买"[10]。此奏的内容在现实中并未实现，更

1（元）脱脱等撰：《宋史》卷一八六《食货志第一百三十九·食货十八》，北京：中华书局，1977 年，第 4566 页。

2（清）徐松辑：《宋会要辑稿》第 86 册《职官四四》，北京：中华书局，1957 年，第 3373 页。

3（清）徐松辑：《宋会要辑稿》第 86 册《职官四四》，北京：中华书局，1957 年，第 3373 页。

4（宋）罗濬：《（宝庆）四明志》卷六《郡志六·叙赋下·市舶》，台北成文出版社，1983 年。

5（清）徐松辑：《宋会要辑稿》第 86 册《职官四四》，北京：中华书局，1957 年，第 3364 页。

6（元）脱脱等撰：《宋史》卷一八六《食货志第一百三十九·食货十八》，北京：中华书局，1977 年，第 4566 页。

7（元）脱脱等撰：《宋史》卷一八六《食货志第一百三十九·食货十八》，北京：中华书局，1977 年，第 4566 页。

8（清）徐松辑：《宋会要辑稿》第 86 册《职官四四》，北京：中华书局，1957 年，第 3377 页。

9（清）徐松辑：《宋会要辑稿》第 86 册《职官四四》，北京：中华书局，1957 年，第 3377 页。

10（元）脱脱等撰：《宋史》卷一八六《食货志第一百三十九·食货十八》，北京：中华书局，1977 年，第 4566 页。

有甚者，博买之后，政府不给商旅一钱，以致"不识舶货之名"[1]，博买实际上成为了一种变相的苛税，因此，商旅们宁可禁止透漏的犯法之险，也不愿到市舶司抽解博买。

3. 榷率

榷率即专卖税的标准比率，在宋代主要是对榷场和榷货务的榷货而言。"榷者，禁他家，独王家得为之也。"[2] 因此，榷的特点即是官方指定场地，官吏主持贸易，在场内进行贸易的商品种类及数量由官府加以严格控制，同时禁止民间贸易。

榷场中的象牙，以牙人评定的等级而定，"每交易千钱，各收五厘息钱"[3]，榷场征税"官中止量收汉人税钱，西界自收蕃客税例"[4]，实行榷税差别税收政策，将贸易方式分为出境、入境及过境等类别，对进出货物按差别税率征税，税率依粗细货而定，自5%～20%不等，象牙依细货收税。榷货务对象牙除依入中制确定入中的比例外，还在商人入纳算请后，加以出售，对榷率却无明确规定。只能从象牙的入中比例和出售情况管窥榷货务的榷率。咸平五年（1002年），三司使王嗣宗始立河北入中三分法，其中对象牙的入中比例有明确规定"以十分茶价，四分给香药，三分犀象，三分茶引，六年又改支六分香药犀象，四分茶引"[5]。由于入中实物中虚估及加抬的弊端，景德二年（1005年），河北折中又改为"给八分缗钱，二分象牙香药"[6]。各地随之实行，只不过未以河北之法。由于政治、经济等各种原因，象牙的入中比例，因地因时而异。

象牙在榷货务街市的出售情况，时常变动。大中祥符五年（1012年）至天禧二年（1018年），客旅算请后，象牙"每百千，街市卖得钱九十四千至八十二千"[7]，仁宗天圣二年（1024年）之后，象牙在街市的出售所得渐落，"每百千只得四十千"[8]，官市亏损近五十千。随着入中、折中政策的变化，象牙的出售所得也时常数年甚至数月变动。

宋代商品经济发达，贸易繁荣，象牙贸易在流通过程中逐渐系统化，成为宋代经济繁荣发展的写照。

1（元）袁桷等撰：《（延祐）四明志》卷一《沿革考》，台北大化书局，1987年。

2（宋）杨侃辑：《两汉博闻》卷三《榷会》。

3（宋）李心传撰：《建炎以来系年要录》卷一四五，北京：中华书局，1956年，第2326页。

4（宋）文彦博撰：《潞公文集》卷一九《奏议》，四库全书本。

5（宋）沈括：《梦溪笔谈》，北京：中华书局，1957年，第134页。

6（宋）李焘：《续资治通鉴长编》卷五九《真宗》。

7（清）徐松辑：《宋会要辑稿》，北京：中华书局，1957年，第5440页。

8（清）徐松辑：《宋会要辑稿》，北京：中华书局，1957年，第5440页。

Research on Ivory Trade and Its Circulation in the Song Dynasty

ZHANG Jie

Abstract: In the Song Dynasty, the ivory trade broke the old phenomenon that the ivory circulated only through the upper classes while rarely in the market. With the prosperity of the ivory trade, the circulation ways and means have changed, and the envoy and merchants abroad participated in the business. Management organization, modes of taxation and tax rate gradually got systematic in the circulation process. The involvement and the management of the government got into the most obvious feature in the circulation process of ivory products in the Song Dynasty.

Key words: the Song Dynasty; the Ivory Trade; the Circulation Process of ivory products

宋代"瑳象雕牙"业及其市场消费状况[1]

张　洁

摘　要： 宋代是中国象牙雕刻业发展的转折期。随着商品经济的发展，官营作坊在超经济体制下规模不断扩大，其中雇佣匠的比重逐渐增加，同时私营作坊也获得了较大的发展空间。而科技的发展，使从业者的技法在继承前代的基础上，有所创新，首创了象牙"镂空透雕"法。原料及产品市场也不再局限于官方控制的场所与行市。伴随城市商业的繁荣，富民阶层崛起，成为除皇室贵族及官僚之外的另一重要消费群体。

关键词： 宋代；瑳象雕牙业；象牙雕刻品；消费群体

　　宋代是中国象牙雕刻业的转折期。虽然，距今7 000年左右的浙江余姚河姆渡新石器时代文化遗址已出现了"双凤朝阳"饰板和鸟形圆雕匕等象牙实物，河南安阳殷墟遗址也出土了商代象牙雕兽面纹嵌松石等象牙雕刻品，但这只是象牙雕刻艺术的早期萌芽，至周代"周礼百工饬化八材，谓珠、象、玉、石、木、金、革、羽也"[2]，象牙作为重要的手工原料位居"八材"之中，象牙雕刻才初步发展为手工业中的重要行业，到汉代，进入低迷期，历经三国两晋南北朝至唐代开始复苏，迨至宋代，象牙雕刻业逐渐趋向繁荣，成为其时重要的手工业。

　　就目前研究来看，有关象牙雕刻作为一个行业及其产品的市场消费状况的研究，学术界涉及较少。而宋代作为象牙雕刻业的重要转折期，在管理、制作、市场和消费群体上承上启下的作用不容忽视。有鉴于此，本文意在该问题上做一历史考察，以期抛砖引玉，不当之处，敬祈斧正。

---

1 本文原载《郑州大学学报（哲学社会科学版）》2012年第45卷第1期，第103-107页。
2 （明）彭大翼撰：《山堂肆考》卷二三五《补遗》，影印文渊阁四库全书本，第978册，第656页。

一、象牙雕刻业的作坊及其从业者

"八材，虽有自然之质，必人功加焉，然后可适用"[1]，工匠利用原料自然质地及形制各异的特点，采用不同的制作技巧"珠曰切，象曰磋，玉曰琢，石曰磨，木曰刻，金曰镂，革曰剥，羽曰析"[2]，加工"八材"为器物，象牙雕刻业，因此，也被称为"磋象雕牙"业。

自周代"天官"之大宰以"百工饬化八材"[3]，百种巧作匠人"变化八材为器物"[4]始，历代政府开始对象牙雕刻业进行管理。最初，是设置官方象牙手工业作坊。迨至宋代，随着官方作坊运作规模的逐步扩大，商业的繁荣，城市居民的剧增，象牙雕刻品需求量的扩大，而做出了一些调整，私营作坊有了较大发展，二者的结构和比重发生了变化。

1. 官方作坊及其从业者

象牙雕品历来都是具有等级象征意义的，作为上层社会追求的奢侈品，倍受青睐，因此，官方作坊的存在和制作规模的拓展是满足皇室、贵族阶层生活所亟需的。

"文思院"是宋代政府设置的一个大型官方手工业作坊，太平兴国三年（978年）置"掌金银、犀玉工巧之物，……隶少府监……领作三十二，打作、裱作、银作、渡金作……犀作、节条作、捏塑作、旋作、牙作"[5]，"少府监"的职能之一就是"凡金玉、犀象、羽毛、齿革、胶漆、材竹，辨其名物而考其制度，事当损益，则审其可否，议定以闻"[6]，为文思院大规模、细分工、技术精的生产作准备。"作"相当于民间一个中型或大型作坊，有数十人或百十人不等。其中"牙作"即象牙雕刻作坊。文思院是少府监中最大一院，分上下界，上界"分掌事务：修造案，承行诸官司申请，造作金银、珠玉、犀象、玳瑁等"[7]，贵重材质产品的制作，归属于文思院上界。据资料而论，广义上，文思院是宋代象牙雕刻的官方作坊，狭义上，象牙雕刻品的制作属于文思院上界的"牙作"，因此，文思院的章程

1（宋）王昭禹撰：《周礼详解》卷一（天官冢宰），影音文渊阁四库全书本，第91册，第211页。

2（宋）王与之撰：《周礼订义》卷二，影印文渊阁四库全书本，第93册，第40页。

3（宋）王安石：《周官新义》卷一《天官一》，影印文渊阁四库全书本，第91册，第15页。

4（汉）郑玄注，（唐）陆德明音义、贾公彦疏：《周礼注疏》卷二，影印文渊阁四库全书本，第90册，第37页。

5（清）徐松辑：《宋会要辑稿》第75册《职官二九》，北京：中华书局，1957年，第2988页。

6（元）脱脱等撰：《宋史》卷一六五《职官志第一百十八·职官五》，北京：中华书局，1977年，第3917页。

7（清）徐松辑：《宋会要辑稿》第75册《职官二九》，北京：中华书局，1957年，第2988页。

和规定适合于"牙作"。

文思院的组织十分繁密,"上界监官、监门官各一员,手分二人,库经司、花料司、门司、专知官秤、库子各一名。……库经司、花料司,承行计料诸官司造作生活账状,及抄转收支赤历。专知官,掌收支官物、攒具账状,催赶造作生活。秤子,掌管秤盘,收支官物。库子,掌管收支见在官物。门司,掌管本门收支出入官物,抄转赤历"[1]。从这则材料可以看出,文思院各级官员职守明确细化,原料耗损、资金出纳及产品生产等都有具体官员管理,有力地保证了生产进度和产品质量。官营手工业作坊的管理组织是十分严密的,官方象牙雕刻作坊的管理也必定遵循此例。但是,为数有限的官员面对众多的工匠,不可能对他们进行时刻有效的管理,这就需要通过"以匠管匠"的制度,把工人有效地组织起来,于是就有了如作匠、作头等名称的工匠。

官方象牙雕刻作坊的产品比较精致。为了保证产品的规格和质量,一般来说,在制作之前,都要"授以法式(图样)"[2],然后由工匠们按照制作程序予以加工,产品制成以后,要刻上工匠和作头的姓名、产品制造的年月和规格等,以表示对此物品负责,一旦发现问题可以立即追溯源头,接着,"交付作匠(作头)"对质量进行检验,合格者才能送往仓库。

文思院所需劳动力有两个来源,一是官工,也被称为"官奴",是工役制下各种名目的工匠;二是雇工和募工(即募征的工匠),即来自私营作坊的匠人。据《宋会要辑稿·职官》记载:文思院"牙作"的产品"除分擘官工制造外,所有合行和雇钱,欲乞下户部限日下支给和雇,趁限造作"[3]。"牙作"的雕品生产,依照文思院的"院规",除大部分由牙作官分配给官工制造之外,少数由雇佣和招募的工匠,限时制作,并支付一定的报酬。原因在于,官工不同程度地受超经济强制,劳动积极性不高,而雇佣工匠,虽只是官营手工业劳动力的一小部分,但自唐代开始至宋代,在官营手工业中的比重却逐渐增加,生产积极性也较高。

文思院有严格的门禁制度,对工匠们进行严苛的管理。门阙由步军司派遣十一名厢军兵卒把守,每月一轮换,工匠出入时,要进行监视与"搜检",如有工匠偷窃,许人告捉,告发者可得奖励,"支赏一千"[4]或"支赏钱二千"[5]不等。对工匠防范容易,但文思院监临官的营私舞弊、贪污腐化极为普遍,难以得到制止。

1（清）徐松辑:《宋会要辑稿》第 75 册《职官二九》,北京:中华书局,1957 年,第 2988 页。

2（元）脱脱等撰:《宋史》卷《职官志第一百十八·职官五》,北京:中华书局,1977 年,第 3918 页。

3（清）徐松辑:《宋会要辑稿》第 75 册《职官二九》,北京:中华书局,1957 年,第 2988 页。

4（清）徐松辑:《宋会要辑稿》第 75 册《职官二九》,北京:中华书局,1957 年,第 2989 页。

5（清）徐松辑:《宋会要辑稿》第 75 册《职官二九》,北京:中华书局,1957 年,第 2989 页。

因此，官府工匠生产积极性不高。据《宋会要辑稿·职官》记载：宋初，文思院"牙作"的工匠"所支工钱低小，其手高人匠往往不肯前来就雇"[1]。绍兴二十六年（1156年），为了改变这一状况，把对工匠生活为害最甚的"即日对工除豁"[2]支付工钱的方法，调整为"立定工限，作分钱数与免对工除豁支破工钱"[3]。同时，淳熙九年（1182年），上界也曾改由临安府内的"百姓工匠"承揽"牙作"雕品制造，以期调动技术高超人才的生产积极性。

　　"牙作"受雇工匠和募征匠的劳作，虽仍有"徭役"的成分，但政府另须支付给一定的"雇值"即"雇工食钱并给一色钱会支散"[4]，一定程度上也可以避免工匠偷窃的弊端。虽然，文思院内工匠的劳动时间有明确规定"人匠各令送饭，不得非时出作"[5]，但据《宋史·食货志》载，工匠也有休假制度，一般是"每旬停作一日"[6]。

2. 私营作坊及其从业者

　　早前，象牙雕刻品的制作囿于官方作坊，私营作坊甚少存在。至宋代，由于商品经济的发展，都市出现了诸多"高赀户"，财富的积聚使他们向往贵族的生活，私营象牙雕刻业获得了较大的发展空间。

　　由于种种原因，有关当时私营象牙作坊情况的记载，史料记述不详。只能从《东京梦华录》《梦粱录》《武林旧事》等史籍的记述中，了解汴京（今河南开封）、临安（今浙江杭州）城中此作坊的概况。据《西湖老人繁胜录》记载：京都（杭州）有四百十四行"……茶坊吊挂、琉璃泛子、粘顶胶子、染红牙梳、诸般缠令、修飞禽笼、修罘罳骨、成套筛儿、接象牙梳……"[7]，其中描述的"染红牙梳"、"接象牙梳"已经成为常见的私营作坊行，与"茶坊吊挂"、"修飞禽笼"等百姓生活所需品的作坊行并列。

　　宋代，工匠以户为单位，经常聚居一处，因此，相同工种的作坊与工匠，自然地组成了一"行"，如《西湖老人繁胜录》记载的"染红牙梳"、"接象牙梳"，即是民间私营象牙作坊与工匠的"行"。这种"行"也被称为"团"，其组织的主要动机之一，是由于要和官府打交道。"市肆谓之团行者，盖因官府回买而立此

1（清）徐松辑：《宋会要辑稿》第75册《职官二九》，北京：中华书局，1957年，第2989页。

2（清）徐松辑：《宋会要辑稿》第75册《职官二九》，北京：中华书局，1957年，第2989页。

3（清）徐松辑：《宋会要辑稿》第75册《职官二九》，北京：中华书局，1957年，第2989页。

4（清）徐松辑：《宋会要辑稿》第75册《职官二九》，北京：中华书局，1957年，第2990页。

5（清）徐松辑：《宋会要辑稿》第75册《职官二九》，北京：中华书局，1957年，第2989页。

6（元）脱脱等撰：《宋史》卷一八〇《食货第一百三十三·食货下二》，北京：中华书局，1977年，第4379页。

7（宋）西湖老人等撰：《西湖老人繁胜录三种》，王民信主编：《宋史资料萃编：第三辑》，台北：文海出版社，1981年，第43页。

名，不以物之大小，皆置为团行"[1]，便于有效地应对文思院的招募和雇佣。

其时，私营象牙作坊的工匠是文思院募工和雇工的来源。淳熙年间，文思院招募工匠的原则改变后，仍无法杜绝贪弊，为了改善状况，上界对"百姓工匠"要求"有家业及五百贯以上人充"[2]。对受雇工匠家资的要求，说明当时私营作坊的从业者中家资丰厚者的人数可观，使文思院在"雇工"选择时有转圜的余地。此外，雇匠和募征匠必须有都府中有物力的铺户作保，"如有作过人，令保人均陪"[3]，作坊间的互保使私营作坊及工匠间的联系紧密，利益相关。同时，雇、募匠人数不足时，"即令籍定前项铺户（保人）权行隔别，承揽掌管"[4]，籍定在册的保人承揽工匠不足之数，是"团行"作为"文思院牙作"与"私营象牙作坊"间桥梁作用的体现，有力地推动了民间象牙雕刻业的发展。

虽然宋代应役的募征匠和雇匠地位都很低微，但待遇逐渐趋于优厚，"虽差役，则官司和雇，支给钱米，反胜民间雇佣工钱，而工役之辈，则欢乐而往也"[5]。

二、象牙雕刻业的产品制作技艺

宋代的象牙雕刻品实物，今所见传世或考古出土品凤毛麟角。通过史料解读与分析，官方及私营作坊的制作技艺大致主要有以下四种：

1. 解瑳

解即剖开，瑳通"磋"，意为切磨，是象牙雕刻的基本技艺。如象笏的制作，就是运用了解瑳技法。"笏度二尺有六寸，其中博三寸，其杀六分而去一"[6]，先将整支象牙解为两尺六寸长，中间宽三寸的片，再瑳为"上圆下方"[7]的型制。据《宋会要辑稿·职官》记载，绍兴元年（1131 年），政府诏令：广南路市舶张书言"捡选大象牙一百株……赴行在准备解笏……宣赐臣僚使用"[8]，一次性选取一百株象牙，解瑳为象笏之举，说明了宋代解瑳技艺的娴熟，作坊的规模及匠人的数

1（宋）吴自牧撰：《梦粱录》卷一三《团行》，王民信主编：《宋史资料萃编：第四辑》，台北：文海出版社，1981年，第 333 页。

2（清）徐松辑：《宋会要辑稿》第 75 册《职官二九》，北京：中华书局，1957 年，第 2990 页。

3（清）徐松辑：《宋会要辑稿》第 75 册《职官二九》，北京：中华书局，1957 年，第 2990 页。

4（清）徐松辑：《宋会要辑稿》第 75 册《职官二九》，北京：中华书局，1957 年，第 2990 页。

5（宋）吴自牧撰：《梦粱录》卷一三《团行》，王民信主编：《宋史资料萃编：第四辑》，台北：文海出版社，1981年，第 333 页。

6（宋）李昉撰：《太平御览》卷六九二《服章部九》，北京：中华书局，1960 年，第 3090 页。

7（元）脱脱等撰：《宋史》卷一五三《舆服志第一百六·舆服五》，北京：中华书局，1977 年，第 3569 页。

8（清）徐松辑：《宋会要辑稿》第 86 册《职官四四》，北京：中华书局，1957 年，第 3370 页。

量也是前代无可比拟的。

2. 茜色

茜色亦即染色，因采用植物茜草作染料而得名。象牙色泽洁白无瑕，随着牙雕艺术的发展，牙雕创作题材也日益丰富多样，单一色彩难以表现主题，于是就产生了象牙茜色。从考古出土物看，象牙茜色早在先秦时代就已出现，到了唐宋时期出现了染色与线刻结合的"象牙拨镂"技法，即先将象牙雕刻成一定的造型，然后在其表面染上颜色，在染过色的牙雕表面，再线刻图案纹饰，露出象牙本色。据《梦粱录·诸色杂货》记载：诸色杂货"补修鱿冠、接梳儿、染红绿牙梳、穿结珠子……"[1]，其中"染红绿牙梳"就是此技法运用的实例。茜色成了生活中象牙雕刻品的常见技法。

3. 微型雕刻

早在春秋战国时代，就有奇巧之人能进行微型雕刻，然而，象牙微型雕刻，据史料推测最迟出现在宋代，当时已经出现了"高不盈寸"的立体微雕。据《遵生八笺》记载：宋人王刘九是微型雕刻圣手，"寿星、洞宾、观音、弥勒佛像，岂特肖生、相对色笑，俨欲谈吐，岂后人可能仿佛。又如峋壳镌刻观音、普陀生像、山水树木，视若游丝白描，目不能逐发数"[2]，说明，在宋代，微型雕刻技法已经炉火纯青，雕品形象日益多样，且雕刻出了不少精品。

4. 镂空透雕

镂空透雕是玉、竹及木雕中广泛使用的技法，但在象牙雕刻中却较特别，最富有代表性的就是镂空透雕象牙球，为宋代首创。据曹昭《格古要论》记载："尝有象牙圆球一个，中直通一窍，内车二重，皆可转动，谓之'鬼功毬（球）'或云宋内院作者。"[3]"内院"即文思院，"鬼功毬"也被称为"同心圆"，是以整块象牙雕出可层层转动的镂花牙球，外观为一个球体，表面刻镂各式浮雕花纹，球内则有大小三层空心球连续套成，而且所套的每一层球里外都镂刻精美，繁复的纹饰显得活泼流畅，玲珑空透，所套的每一层球，均能自由转动，并且具有同一圆心。宋代的"鬼功毬"实物，如今尚未见到，其雕刻技法从宋代以后到清乾隆以前这段时期也已失传。

由于，宋代对科技和技艺采取了一系列的奖励措施，如对技艺高超者，诏补官职或不次擢升等，象牙雕刻技艺在继承前代的基础上，不断有所创新，而"父兄

---

1 （宋）吴自牧撰：《梦粱录》卷一三《诸色杂货》，王民信主编：《宋史资料萃编：第四辑》，台北：文海出版社，1981年，第349页。

2 （明）高濂撰：《遵生八笺》卷一四《燕闲清赏笺上》，影印文渊阁四库全书本，第871册，第728页。

3 （明）曹昭撰：《格古要论》卷中《珍奇论》，影印文渊阁四库全书本，第871册，第104页。

子弟……相承"[1]和师徒传授的技艺传承方式，可能也会使某些技艺失传。

三、象牙雕刻品的消费市场

宋代，由于商品经济的发展，象牙贸易的拓展，象牙雕刻品的消费市场突破了前代由官方市场独控的窠臼，民间市场开始活跃。

1. 政府操控的官方市场

象牙雕刻品主要供应的是皇室贵族及官僚这一特殊群体，它的消费市场与官营体制息息相关。

宋代，官营象牙作坊的雕品原料市场，主要由政府掌控。太平兴国初，太宗曾下诏，广州、交阯、两浙、泉州的诸蕃香药宝货，非出自官库的，不得私相贸易。其后，又诏："自今惟珠贝、玳瑁、犀象、镔铁、鼍皮、珊瑚、玛瑙、乳香禁榷外，他药官市之余，听市于民。"[2]象牙作为禁榷品，依据诏令，其贸易由政府操控的官方市场独控。此外，宋初，平定岭南后，阇婆、三佛齐、渤泥、占城诸国"岁至朝贡，由是犀象、香药、珍异充溢府库"[3]。宋代府库的象牙原料趋于过剩，官方市场供应充足，而象牙的主要用途之一就是制作成工艺品，说明象牙雕刻品的官方市场需求量是较大的。

另据《萍洲可谈》记载："象牙重及三十斤并乳香抽外尽官市"[4]，描述了政府掌控的象牙官方原料市场的基本情况及选取象牙的标准。由于象牙贸易的丰厚收入，宋代采取了激励措施，宋太宗于"雍熙四年（987年）五月，遣内侍八人，赍敕书金帛，分四纲，各往海南诸蕃国，勾招进奉，博买香药、犀、牙、真珠、龙脑"[5]。"出洋招贡"象牙之举，说明象牙的原料市场通过另一种独特的途径，也掌控于政府之手，象牙雕品的官市消费能力在增强。

以上事实说明，官方象牙雕刻业的原料及产品消费市场，本质上而言是一种"超经济"的市场。

此外，文思院的象牙原料不足时"令工部申取朝廷指挥，更不知行市及舶司

1（清）徐松辑：《宋会要辑稿》第75册《职官三〇》，北京：中华书局，1957年，第2995页。

2（元）脱脱等撰：《宋史》卷一八六《食货志第一百三十九·食货十八》，北京：中华书局，1977年，第4559页。

3（元）脱脱等撰：《宋史》卷二六八《列传第二十七》，北京：中华书局，1977年，第9222页。

4（宋）朱彧撰：《萍洲可谈》卷二，上海师范大学古籍整理研究所：《全宋笔记·第二编·六》，郑州：大象出版社，2006年，第148页。

5（清）徐松辑：《宋会要辑稿》第86册《职官四四》，北京：中华书局，1957年，第3364页。

收买"[1]，此章程也表明：在强权下，文思院可以集中大量人力、资金，在"市场"之外或以权力操纵市场运作。对于政府官方作坊而言，由于消费群体固定，基本无市场压力。

2. 民间市场

象牙自古就是中国境内的特产，由于气候变化和人类社会需求的影响，宋代大象的分布已经南移至淮河以南，但是，象牙仍是南方诸多地区的土产。据《宋史》记载：广南东、西路有"犀象、玳瑁、珠玑、银铜、果布之产"[2]。虽然，宋太宗淳化年间，曾颁布法令"民能取牙，官禁不得卖"[3]，法令实施的效果并不明显，私营象牙作坊的发展为民间偷猎获取的象牙提供了市场，鉴于此，象牙雕刻品的民间市场得以存在并有所增多。

此外，皇家作坊所需工匠有一部分来自民间私营作坊，因文思院贪弊不断，常"往往关防不尽，致行人匠偷盗"[4]，政府作坊的象牙雕刻品有机会流入民间市场，这种方式流入市场的牙雕品带有"黑市"的色彩。

同时，在宋代，有一定经济实力的城郭"富民阶层"的兴起，使象牙雕刻品在民间市场有了一定的消费群体，民市获得了发展机遇。而"便籴"制度的施行，也使象牙通过特定的、合法的途径流入到豪商大贾手中。据《文献通考》记载："河北旧有便籴之法，听民输粟边州，而京师给以缗钱，钱不足即移文外州给之，又折以象牙、香药"[5]，使象牙等禁榷物资在民间市场得以流通，私营作坊的原料也有了保证。另据宋代《西湖老人繁盛录》记载：京都（杭州）诸行市有"象牙玳瑁市、金银市、珍珠市、丝锦市、生帛市、枕冠市"[6]等，史料表明，其民间市场多集中于都城，规模可能不大。

四、象牙雕刻品的消费群体

由于象牙的独特性和宋代社会发展的特点，在宋代，象牙雕刻品的消费群体主要分为四种：一、皇室贵族及官僚，由于处于权力顶层，是主要且固定的消费

1（清）徐松辑：《宋会要辑稿》第75册《职官二九》，北京：中华书局，1957年，第2989页。

2（元）脱脱等撰：《宋史》卷九〇《地理志第四十三·地理六》，北京：中华书局，1977年，第2248页。

3（清）徐松辑：《宋会要辑稿》第165册《刑法二》，北京：中华书局，1957年，第6496页。

4（清）徐松辑：《宋会要辑稿》第75册《职官二九》，北京：中华书局，1957年，第2989页。

5（元）马端临撰：《文献通考》卷二一《市籴二》，影印文渊阁四库全书本，第610册，第476页。

6（宋）西湖老人等撰：《西湖老人繁胜录三种》，王民信主编：《宋史资料萃编：第三辑》，台北：文海出版社，1981年，第43页。

群体；二、西南少数民族，由其风俗习惯决定；三、富民阶层，拥有一定财富，象牙雕刻品就成为抬升其社会身份的象征；四、一般平民阶层，由于某种特殊原因，而拥有数量极少的象牙雕品。

1. 皇室贵族及官僚阶层

象牙具有神圣的含义，是权力的象征，一直以来在皇室及王公贵族的生活中，作为体现身份及权力的特殊装饰物，备受青睐，成为难以替代的生活奢侈品的代名词。

执笏朝见，是区分身份的一种方式，始于周朝，"天子以球玉，诸侯以象，大夫以鱼须文竹，士竹本象可也"[1]，需要指出的是：诸侯是以象牙为笏，士则是以象骨为笏。至宋代，"杯酒释兵权"后，"冗员"众多，据《宋史·舆服志》记载："宋文散五品以上用象，……武臣、内职并用象，千牛衣绿亦用象"[2]。与前代执象笏的规定相比，宋朝执笏的贵族与官僚的级别和范围有所扩大，且文武官员区分明确，文职散官五品以上，武官、内职（枢密、宣徽、三司使副、学识、诸司以下，称为"内职"）以及千牛卫皆使用象笏，在官僚阶层中，象笏的消费者激增，但消费群体相对固定。此外，宋代名臣章得象"母尝梦登山遇神人，授以玉象，及生，复梦庭积象笏，因名得象"[3]，说明，在宋代，象笏已经成为致仕的代称，并在官僚阶层的观念中有所反映。

宋朝南迁之后，战事不断，为了嘉奖有功勋之人，政府依据功劳大小，以象牙牌为凭，先后奖励。绍兴五年（1131年），"初置节度使已下象牙牌。其法，自节钺正任至横行遥郡，第其官资，书之于牌，……一留禁中，一降付都督府，相臣主其事。缓急临敌，果有建立奇勋之人，量其功劳，先次给赐，以为执守"[4]。在南宋，象牙牌是皇帝赏赐和核实军功以备遗忘的独特凭证，一式两份，主要的消费群体是因战获功的官员。绍兴初，由宣抚使便宜"给札补转"，随着军事形势的变化，及时人对象牙牌之上"御书押字，刻金填之"[5]的追求等原因，各都省多有请求，在南宋官僚阶层中象牙牌的数量逐渐增多。

"文思院"上界的"牙作"是官营象牙雕刻作坊，雕品禁止民间市场流通，皇室贵族是其产品的固定消费群体，且对牙雕的需求增加，如自宋代始，宫廷乐器中的骨管、牙管、哀筘的制作原料，都以"红象牙"代替羊骨。此外，"车辂院"

---

1 （唐）徐坚撰：《初学记》卷二六《服食部》，北京：中华书局，1962年，第626页。

2 （元）脱脱等撰：《宋史》卷一五三《舆服志第一百六·舆服五》，北京：中华书局，1977年，第3569页。

3 （宋）王称撰：《东都事略》卷五六《列传三十九》，赵铁寒主编：《宋史资料萃编：第一辑》，台北：文海出版社，1979年，第828-829页。

4 （宋）王应麟撰：《玉海》卷九一《器用》，影印文渊阁四库全书本，第945册，第465页。

5 （宋）王应麟撰：《玉海》卷九一《器用》，影印文渊阁四库全书本，第945册，第465页。

中的"象辂"，也有特定的皇室阶层消费群体，据《宋史·舆服志》记载："象辂，亲王及一品乘之"[1]；同时，皇帝还时常赏赐功臣象牙雕品，神宗时，因与西夏交战有功"鄜延、泾原、环庆、熙河、麟府路各赐金银带、绵袄、银器、鞍辔、象笏"[2]；徽宗时，因李纲辅助有大功，而赐象简。

2. 西南少数民族女性

宋代，中国的西南地区多出产象牙，巴蜀之地夔州路下的南州（治今綦江县南东溪附近）"土产：象牙、犀角、斑布"[3]，溱州（治今重庆綦江县南吹角）"土产：文龟、斑竹、象牙"[4]，其中羁縻溱州的象牙为"贡品"，而象牙是西南地区各少数民族的共同崇拜之物，多以其为珍品，服饰中佩戴象牙雕刻品，并形成风俗不足为奇。据陆游《入蜀记》记载，"未嫁者率为同心髻，高二尺，插银钗至六只，后插大象牙梳，如手大"[5]，在宋代，西南一带少数民族的未嫁女性是象牙雕刻品的主要消费者。如今，江西景德镇市郊宋墓出土的瓷俑上，仍可以看到这种妆饰的妇女形象。

3. 富民阶层

宋代，"富民巨贾，萃于廛市"[6]，拥有大量的财富，成为城镇中一支举足轻重的经济力量，形成了城郭富民阶层。富民是平民阶层的一部分，有较强的经济实力，故宋代又称富民为"高赀户"。但是，在政治意义上，富民也是封建统治阶层的一部分。象牙是身份和财富的象征，为了体现其拥有大量的财富和"尊贵"的身份，富民阶层开始执着地追求象牙雕刻品。据《遵生八笺》记载，为了迎合富民阶层的需求，宋代的象牙雕刻品逐渐多样化，雕品形象趋于世俗化，如寿星、观音、山水树木、诸天罗汉经面板等，都是难得一见的精品。

北魏时，高允《罗敷行》："邑中有好女。姓秦字罗敷。巧笑美回眄。鬒发复凝肤。脚著花文履。耳穿明月珠。头作堕马髻。倒枕象牙梳。姍姍善趋步。褗襜曳长裾。王侯为之顾。驹马自踟蹰。"其中就描述了女子把象牙梳作为头上装饰品，十分形象。其实，早在隋唐时期，就出现了雕镂精美、镶嵌珠宝、极为奢华的象牙梳，但并不普遍。

迨至宋代，妇女头饰中盛行插梳，象牙梳成为了一种时尚，受到富民阶层的追捧，成为主要的象牙雕刻消费品。据《燕翼诒谋录》记载："旧制妇人冠以漆纱

1（元）脱脱等撰：《宋史》卷一五○《舆服志第一百三·舆服二》，北京：中华书局，1977年，第3505页。

2（宋）脱脱等撰：《宋史》卷一六《本纪第十六·神宗三》，北京：中华书局，1977年，第304页。

3（宋）乐史撰撰：《太平寰宇记》卷一二二《江南西道二十》，影印文渊阁四库全书本，第470册，第214页。

4（宋）乐史撰：《太平寰宇记》卷一二二《江南西道二十》，影印文渊阁四库全书本，第470册，第216页。

5（宋）陆游撰：《入蜀记》卷四，王民信主编：《宋史资料萃编：第四辑》，台北：文海出版社，1981年，第159页。

6（清）徐松辑：《宋会要辑稿》第190册《方域八》，北京：中华书局，1957年，第7442页。

为之，而加以饰金银珠翠采色装花，初无定制。仁宗时，宫中以白角改造冠并梳，冠之长至三尺有等肩者，梳至一尺。议者以为妖。仁宗亦恶其侈。皇祐元年（1049 年）十月，诏：禁中外不得以角为冠梳，冠广不得过一尺，长不得过四寸，梳长不得过四寸。终仁宗之世，无敢犯者。其后，侈靡之风盛行，冠不特白角，又易以鱼魫，梳不特白角，又易以象牙、玳瑁矣。"[1] 头插象牙梳可谓是风靡宋代，是这个时代富民阶层女性消费的主要方式。另据《清异录》记载："洛阳少年崔瑜卿，多赀，喜游冶，尝为倡女玉润子造绿象牙五色梳，费钱近二十万"[2]，可见，购制一把上好的象牙五色梳子，所需费用并非普通平民所能承担，惟有城中富民阶层才有能力购得。在敦煌壁画中宋代都市妇女插梳的形象比较具体，梳子的安插部位，一般在正额上部，少则 4 把，多则 6 把以上，插时上下两齿相合，左右对称。

从上面的内容来看，宋代，象牙雕刻品的主要消费者，最显著地有别于前代的消费群体就是富民阶层。

4．一般平民阶层

一般平民和富民是相恤而存的，富民出资，一般平民出力。在城镇，富商大贾往往雇佣了数量不等的生产者（属于一般平民），据《梦粱录》《西湖老人繁胜录》等记载，宋代，都城汴京、临安的染红绿象牙梳作坊、象牙玳瑁集市的出现，其中就蕴含有两者相互依存的关系，富民多为作坊主，一般平民多为工匠，出于自身财富和经济实力的局限，一般平民极少拥有象牙雕刻品，据推测，即便拥有也可能是家族多年的传家宝、通过交换或者其他特殊途径获得。

五、结语

象牙雕刻品历来是奢侈品，为上层社会独享，宋代之前，其制作与"销售"基本无市场压力。迨至宋代，随着商品经济的发展，城市商业的兴盛，为时人生活的自由提供了多重选择，基本上改变了隋唐以前权利崇拜超过一切的极其明显的等级差别，这冲击着统治者的社会地位。

基于此，宋代的象牙雕刻业及其市场消费状况受其影响，出现了一些变化，呈现了新的趋势。就官方作坊"文思院"而言，围绕原料、劳动力等各环节，本身就充满着矛盾，既有权力的支配因素，某些方面也受到市场的影响。民间私营

1（宋）王栐撰：《燕翼诒谋录》卷四，影印文渊阁四库全书本：第 407 册，第 739-740 页。

2（宋）陶谷撰：《清异录》卷下《装饰》。

作坊的制作规模虽十分有限，但雕品类型多样，开始从实用品向珍玩方面转化。制作技艺也在继承前代的基础上有所创新，首创了"镂空透雕"象牙球的技法，此外，微型雕刻法也是最迟出现于宋代的。有鉴于此，消费市场与消费群体也发生了变化，消费市场不再仅被政府控制，政府之外的民间力量也参与其中。虽然，皇家及官僚贵族依然是主要消费群体，但随着富民阶层的崛起，他们也成为了消费群体。

Inquiry into the Handicraft of Ivory Carving and Its Consumer Market Status in the Song Dynasty

ZHANG Jie

Abstract: The Song Dynasty is a transitional period of ivory carving industry. With the development of commodity economy，the scale of the official workshops was expanding in the ultra-economic system. And the proportion of salary craftsman was gradually increasing. At the same time，the private workshop also received a larger space for development. With the evolvement of technology，the skill of practitioners had a breakthrough and innovation on the basis of the previous. And they firstly originated the method of "hollowing engraving". The raw materials and product market had no longer being confined to sites and market controlled by government. With the prosperity of urban commerce，the social stratum of Enriching People was rising. Besides the Royal Family and the Bureaucracy，they became one of the important consumers.

Key words: the Song Dynasty；ivory carving industy；the handicraft of ivory carving；ivory-carving products；ivory carving market；the consumers

历史上新疆虎的调查确认与研究[1]

曹志红

摘　要：有关新疆虎的各种问题，在动物学界和历史地理学界处于相对空白的研究状态。新疆地区至少在距今 1 万～1.5 万年前即有虎分布，以后持续不断；其地理分布涉及天山南北，沿水源（河湖）分布于山间谷地、河流绿洲及山前冲积扇地带；其具体生境以芦苇、胡杨林等植被为主，具有足供捕食的食物。至清光绪前期新疆虎依然多见，光绪末年至民国初年开始锐减，但已有的 1916 年灭绝的说法不能成立。人类活动叠加的自然环境演化是影响新疆虎变迁的主要因素。生物链偶然的因素，如肉食性蚂蚁对新疆虎繁殖的威胁，也可能起到了一定的影响。

关键词：新疆虎；地理分布；数量变化；影响因素

　　新疆虎是被认为已经灭绝的虎亚种之一。[2] 关于新疆虎的研究是当前动物学界虎研究中相对空白的领域，也是历史动物变迁研究中的薄弱领域。探明新疆虎的生活史、历史变迁及其影响因素，对于越来越重视人类史和自然史彼此依存关系的历史学研究，对于边疆史地研究和历史动物变迁研究，均具有重要意义。本文拟就新疆地区的虎资源问题作一专项研究。

---

1 本文原载《历史研究》2009 年第 4 期，第 34-49 页，收入本书时有修改，同时增加"四、文献中有关新疆虎的生活史内容及其亚种归属讨论"部分内容，使新疆虎研究问题进一步得以补充完善。系教育部人文社会科学重点研究基地重大项目"新疆地区历史时期各民族经济社会发展与环境变迁相互作用关系"（02JAZJD790019）、陕西师范大学"211 工程"三期"西北地区人文社会与资源环境的协调发展"项目、陕西师范大学"优秀博士学位论文"项目（S2006YB02）研究成果。

2 新疆虎，主要分布在新疆境内，其动物学上的命名和亚种归属问题在国际动物学界尚有争议，该问题将另文阐述。本文根据主要研究内容和叙述需要，为了表明研究的地域范围和对象，暂沿用大多数中国学者的惯用称谓和观点，即"新疆虎"。

一、新疆虎的研究现状

1. 几个标志性人物与事件

1877 年 2 月，俄国军事探险家尼古拉·米哈伊洛维奇·普尔热瓦尔斯基（Никола́й Миха́йлович Пржева́льский，以下简称普尔热瓦尔斯基）来到罗布泊，发现这个地区"最常见的大型动物是虎、狼、狐狸、野猪、野兔等，但数量很有限"。[1] 1885 年，他第二次来到罗布泊，在新阿布达尔村参加当地的猎虎活动，亲见老虎"丝毫没有受到损伤就跑掉了"。在"从麻扎塔格山到和田河下游"的路上，他们"经常可以看到大马鹿、老虎、野猪的脚印"。在《走向罗布泊》一书中，他对这次探险中接触到的老虎进行了详细记述，内容涉及虎在南北疆的地理分布状况和数量差异，虎的具体生活条件（森林、气候、食物等），虎的体型、毛长、活动规律，以及当地人对老虎的各种捕猎方法与行为，也包括他自己参与的多次捕猎活动等。[2] 这引起各国探险家的注意。由于普尔热瓦尔斯基在早期"中亚考察"活动中的显赫地位，被认为是世界上第一个对外披露新疆虎踪迹的人。[3]

1900 年，瑞典探险家斯文·赫定在罗布泊发现古楼兰废墟和新疆虎，并向世界发布，使新疆虎和楼兰一样受到世人瞩目。[4]

1916 年，施华兹（Schwarz）对新疆虎进行定名。他的文章发表在当年的《比较动物学报》（*Zoologische Anzeiger*）上，认为当时沿孔雀河由库尔勒至罗布泊一带有新疆虎分布。根据动物命名规则的"双名法"和"三名法"，[5] 其学名全称为 *Panthera tigris Lecoqi*（Schwarz, 1916），[6] 中国俗名则称新疆虎或塔里木虎，英

1 普尔热瓦尔斯基：《从伊犁越天山到罗布泊》，吴其玉译，台北：稻乡出版社，1993 年，第 100 页。

2 普尔热瓦尔斯基：《走向罗布泊》，黄健民译，乌鲁木齐：新疆人民出版社，1999 年，第 141-143、232-237 页。

3 实际上，在普尔热瓦尔斯基之前，已经有在新疆地区刺探军事地理情报的"探险家"记录过新疆虎，但由于记录过于简略并没有引起人们的注意。一是 1858 年 5 月 28 日至 1859 年初，乔汉·瓦里汗诺夫（Ч.Ч.Валиханов）的记录，见乔汉·瓦里汗诺夫：《准噶尔概况》，王嘉琳译，魏长洪、何汉民编：《外国探险家西域游记》，乌鲁木齐：新疆美术摄影出版社，1994 年，第 54 页。二是 1876 年 11 月 28 日，沙俄军官库罗帕特金（А.Н.Куропаткин）上尉的记录，见 А.Н. 库罗帕特金：《喀什噶尔：它的历史、地理概况，军事力量，以及工业和贸易》，中国社会科学院近代史研究所翻译室译，北京：商务印书馆，1982 年，第 263 页。

4 斯文·赫定（Sven Anders Hedin）：《游移的湖》，江红译，乌鲁木齐：新疆人民出版社，2000 年，第 146 页。

5 参见凌云、郑光美主编：《普通动物学》所述"动物的命名"，北京：高等教育出版社，1978 年，第 12 页。

6 高耀亭等编著：《中国动物志·兽纲·食肉目》，北京：科学出版社，1987 年，第 358 页；何业恒：《中国虎与中国熊的历史变迁》，长沙：湖南师范大学出版社，1996 年，第 51 页。

文写作 Xinjiang Tiger 与 Tarim Tiger。[1]

　　同在 1916 年前后，却出现了新疆"最后一只老虎"被打死的说法。1927 年年底至 1928 年 7 月，德国探险家艾米尔·特林克勒来到新疆考察，当地的一个猎人告诉他，最后一只老虎是大约 12 年前被打死的。[2] 根据这一次探险的时间向前推溯大约 12 年，也就是 1916 年前后。

　　1934 年，斯文·赫定重返罗布泊，未见老虎的踪迹，因此预言其"有灭绝的危险"[3]。

　　1979 年 2 月，在印度新德里召开的保护老虎国际讨论会（International Symposium on Tiger）[4]宣布，新疆虎已于 1916 年灭绝。[5] 此说法虽然后来受到中国学者的质疑，但其意义在于由如此正式的国际会议宣布，是在向世人宣告不同老虎亚种生存状态的严重性。

2. 动物学领域研究现状

　　在动物学研究领域，对动物实体或标本的研究向来是判定动物形态、属种、生态、习性等指标的最重要依据。由于至今没有发现一只新疆虎的个体留存，而野生的新疆虎又从人们的视线中消失，人们对于新疆地区虎的认识，几乎都局限于西域探险家的记述和中国历史文献中的有关记载。因此，目前国内外动物学界对新疆虎的研究自施华兹于 1916 年进行初次定名之后，一直处于空白状态。而施华兹的定名由于资料不充分，其后又没有任何新的发现，使一些分类学家对此存有疑虑，这一亚种的命名也没有完全得到国际动物学界的公认。因此，新疆虎的身份和亚种归属问题至今众说纷纭，悬而未决。有学者甚至提出这样的疑问：新疆地区是否有虎？究竟是 19 世纪有过虎而后灭绝，还是当初误把新疆境外的虎当作新疆虎？这需要验证各种相关资料才能解答。[6]

---

1 阿不力米提·阿布都卡迪尔编著：《新疆哺乳动物的分类与分布》，北京：科学出版社，2003 年，第 20 页。

2 艾米尔·特林克勒（Emil Trinkler）：《未完成的探险》第 8 章 "沙漠的寒冷"，赵凤朝译，乌鲁木齐：新疆人民出版社，2000 年，第 100 页。

3 斯文·赫定：《游移的湖》，第 146 页。

4 老虎国际讨论会于 1979 年 2 月 22 日至 24 日在印度新德里召开。这次会议是在印度政府在国际自然和自然资源保护协会（IUCN，即 International Union for the Conservation of Nature and Natural Resources，世界自然保护同盟）与世界野生动物基金会（WWF，即 World Wild Fund）等国际组织的赞助下举行的。参加会议的有孟加拉国、中国、印度、马来西亚、尼泊尔、泰国、英国、美国和西德九国，以及联合国环境规划署（UNEP）、IUCN、WWF、联合国粮农组织（FAO）等国际组织的代表共约 150 人，其中除印度代表外，外国代表约 30 人。会议旨在交流经验和研究成果，改进工作，制定今后有关研究工作的方向。

5 朱靖：《老虎国际讨论会》，《动物学杂志》1979 年第 3 期，第 63-65 页。据该文，"老虎原来广泛分布于亚洲，计有 9 个亚种，但由于人为和其他的原因，其中新疆虎（*Panthera tigris lecoqi*）、巴厘虎（*P.t.balica*）、爪哇虎（*P.t.sondaica*）3 个亚种已绝灭；里海虎（*P.t.virgata*）已濒于绝灭；其余 5 个亚种亦已处于危险状态。"

6 参见谭邦杰编著：《虎》，北京：科学普及出版社，1979 年，第 5 页。

检阅有关虎的动物学研究历程，大多集中于现存各虎亚种的研究，并未见到关于新疆虎的学术研究论文或专著。1979 年、1980 年，动物学家谭邦杰分别撰写了名为《虎》的科普读物和《中国的虎》一文，[1] 其中都提到了新疆虎，但对其是否存在过持怀疑态度，对其属种归属也没有给出定论。1986 年 4 月，美国明尼苏达州召开了国际老虎学术讨论会，有来自亚洲、欧洲和北美的 40 位学者提供了论文。会后，根据这些论文编著的 *Tigers of the World*：*The Biology Biopolitics Management and Conservation of an Endangered Species* 一书，在 "虎的亚种和保护" 部分，并没有提到新疆虎亚种，只是将对新疆地区虎的研究以及虎发展史的研究寄希望于发现可能幸存的种群。[2] 2003 年，中国工程院院士马建章与金崑等编著的《虎研究》一书出版，该书对于新疆虎问题，仅在罗列历史上虎在中国的分布地区时列有 "新疆（库尔勒、罗布泊、布希纳、博斯腾湖和塔里木河沿岸）"[3] 的简略文字，而这一叙述同中国历史文献中所记载的分布范围，实际上相差甚远。

3. 历史地理学领域的研究现状

新疆地区虎的踪迹已成为历史，中国悠久的历史文献著述和近代西域探险家的著述，可以为研究它过去的生活史和历史变迁提供可能的依据。但由于国内学者对于新疆虎的关注较晚，因此，研究状况难以令人满意。

虽然 1979 年印度新德里会议已宣布新疆虎灭绝于 1916 年，但此后有关新疆虎的记载仍不绝于书，1949 年后仍时有新疆虎重现的传闻，引起国人对于新疆虎的热切关注，甚至有人提出新疆虎是否灭绝的疑问。

1996 年，何业恒的《中国虎与中国熊的历史变迁》一书出版，其中中国虎部分有新疆地区 "西北亚种" 虎专节（以下简称 "何文"），主要利用清代方志资料对新疆清代的虎分布进行了勾勒。[4] 1998 年，戴良佐发表《地方文献中关于新疆虎的记载》一文，罗列、梳理了部分清代以来新疆地方文献中的虎记录。[5] 2002 年，魏长洪发表《新疆虎余论》一文，主要贡献是按时间顺序、利用历史文献资料证明新疆地区自古有虎，并对当代新疆虎是否灭绝进行一定的推测。[6] 除以上三者外，笔者目前尚未见到其他相关研究成果。

1 谭邦杰：《中国的虎》，《自然杂志》第 3 卷第 11 期，1980 年 11 月，第 811-814 页。

2 Ronald L. Tilson & Ulysses S. Seal ed.，*Tigers of the World*，New Jersey：Noyes Publications，1987，pp.51-52，33.

3 马建章、金崑等编著：《虎研究》，上海：上海科技教育出版社，2003 年，第 127 页。

4 何业恒：《中国虎与中国熊的历史变迁》，第 51 页。

5 戴良佐：《地方文献中关于新疆虎的记载》，《新疆地方志》1998 年第 2 期，第 45-47 页。

6 魏长洪：《新疆虎余论》，《新疆大学学报（社会科学版）》2002 年第 2 期，第 60-64 页。该文主要讨论了 "远古新疆虎"、"新疆虎遍布天山南北"、"外国人笔下的新疆虎"、"当代新疆虎寻踪" 四个问题。

研究和编译《西域探险考察大系》、编写《中国西部探险》等丛书的杨镰研究员，曾多次赴西北地区进行考察，他关于新疆虎问题的随笔文章"塔里木的神秘话题——新疆虎"，收入其作品集《发现西部》一书中。[1]

事实上，就现存有关新疆虎的历史文献记录而言，当前对于这一问题的研究进展并没有达到比较理想的程度。本文立足于汉籍文献，充分利用岩画、正史、文集、地志及西域探险考察游记等资料，结合已有研究成果，通过历史文献解析和实地考察[2]、Mapinfo 软件制图等方法，尝试对新疆是否有虎、新疆虎的历史变迁、影响新疆虎变迁的原因三个问题进行细致的探讨。

二、岩画、文献及探险考察中所见的新疆虎

自旧石器时代晚期以来，新疆地区即有虎生息。在文字记载出现以前，遍布新疆三大山系的岩画资料中的虎图案充分体现了这一点。岩画是绘刻在岩石上的形象性"史书"，可以补充文献资料记录上的不足。赖阿尔泰学专家苏北海先生对于新疆岩画的考察实录[3]之功，笔者从其著作中提取、整理了新疆岩画中有关虎岩画分布的资料片段，列为表1。

表1　新疆地区1万～1.5万年前虎岩画分布

市（县）	地理位置	岩画地点	海拔	图幅	图案简述
哈巴河县	阿尔泰山西部	松哈尔沟洞窟赭绘岩画	620 米	第4组	虎1，牛6。以老虎扑牛为中心的群牛乱奔图，及人们围攻兽群的搏斗场面
托里县	准噶尔盆地西侧玛依勒山	唐巴勒霍拉岩画	1 350 米	第16幅	虎3（1大2小），马1，北山羊3。虎张口追北山羊，马、北山羊均呈戒备、逃窜状
呼图壁县	天山中	康家石门子生殖崇拜岩画	1 300～1 800 米	第8幅	虎2（1大1小）。两虎张口欲噬人状，人围虎状
博乐市	阿拉套山	阔依塔什岩画	约2 000 米	第1幅	大虎1，北山羊1。虎四足停立，北山羊正向相反方向前进

1 杨镰：《发现西部》，乌鲁木齐：新疆人民出版社，2000 年，第 255-259 页。

2 2004 年 7 月 29 日至 8 月 25 日，笔者跟随业师侯甬坚教授带领的"903 课题新疆考察小组"一行 7 人对新疆南部（主要是塔里木河流域）的自然、人文环境进行了实地考察，为本文的撰写提供了直观认识。

3 苏北海：《新疆岩画》，乌鲁木齐：新疆美术摄影出版社，1994 年。苏北海先生克服重重困难，历时十年（1984—1994 年），行程 11 万千米，对新疆各座大山中重要岩画的绝大部分进行实地考察，勾画草图，不仅撰写了新疆岩画考察实录，而且对新疆地区的岩画进行全面的综合研究，该书即为研究成果。

市（县）	地理位置	岩画地点	海拔	图幅	图案简述
温泉县	阿拉套山	多浪特岩画	1 700 米	第 5 幅	虎 3，人 1，山羊 2。虎窜入羊群，羊群惊散，人拦截羊群
博乐市	岗吉格山	岗吉格山岩画	1 165 米	第 26 幅	虎 1，人 1，狗 1，北山羊 3。虎袭羊群，羊惊逃
哈密市	白山	白山岩画（哈密沁城区）	1 100～2 000 米	第 11 幅	虎 1。准备猛扑状
				第 12 幅	虎 2（1 大 1 小），羊 2。两虎各吞噬一只羊状
				第 13 幅	虎 1。威猛虎姿
托克逊县	天山山脉	科普加衣岩画		第 20 幅	虎 2，大角羊 1，野猪 1。1 虎扑向大角羊，1 虎前奔，野猪中箭奔逃

说明：（1）"图案简述"一栏内容为笔者根据原作者的描述提炼而成，其中对于虎形象的确认均遵从原作者观点。
　　　（2）本表名中的年代判定（距今 1 万～1.5 万年前）系遵从原作者观点。

　　对于岩画资料的使用，由于不同判读者的认知差异，可能导致岩画形象判定不具有唯一性。本文表 1 资料采用原作者观点，笔者对其中的岩画亦做了认真比对，尤其是呼图壁县康家石门子的古代生殖崇拜岩画及博乐市岗吉格山岩画中的虎形象（图 1 和图 2）认定，其图案中的动物形象之体态、尾长、尾型、花纹（虎特有的横纹）基本准确，生动地体现了虎的外在特征，因此，据以判断为虎。岩画资料中出现的虎，多以扑食羊群等活动为主，可以推断虎在当时人们的视线中是经常出现的动物，与人类的生活领地相距不远，因此才能以寥寥数笔准确地勾勒出它的形态特征。其中哈密市白山地区更是连续出现 3 幅虎岩画，表明了这一地区虎的活动可能相对较多。根据表 1，可推知在距今 1 万～1.5 万年前的新疆地区，即有虎分布在阿尔泰山、天山、阿拉套山、玛依勒山等山脉的局部地区。

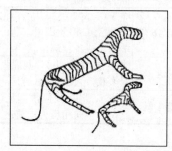

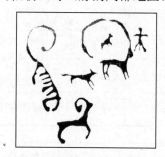

图 1　呼图壁县康家石门子老虎岩画　　　　**图 2　博乐市岗吉格山老虎岩画**

说明：图 1 采自苏北海：《新疆岩画》，第 314 页，图名取自原书；图 2 采自该书第 333 页，原图名为"博乐市岗吉格山岩画"，现图名为笔者所拟。

　　清代之前，新疆地区常被称为"西域"。从《史记》开始，正史多有关于西域地区的专门记载，主要记述各个时期西域的政治、军事、经济、民族、文化活动状况，有关虎的记载较少。以笔者所见，新疆地区虎的最早记载见于成书于战国时期的《穆天子传》：

　　　　春山，百兽之所聚也，飞鸟之所栖也，爰有□兽，食虎豹，如麋而载骨，盘□始如麕，小头大鼻；爰有赤豹、白虎，熊黑、豺狼，野马、野牛，山羊、野豕。[1]

春山，一说今帕米尔高原地区，一说今天山南段。可见那时南疆一带野生动物众多，并有能吞食虎豹的猛兽。在吐鲁番市交河沟北车师贵族 1 号墓地，出土了一件怪兽啄虎纹牌饰，锤成半浮雕状，怪兽的凶悍与虎的颓丧形成鲜明对比，与《穆天子传》中的记载可相印证。

　　在其后的历史文献中，虽然正史缺少记载，但地方志书对动植物资源开始有所记载。隋朝裴矩的《西域图记》、唐朝许敬宗《西域图志》开新疆方志之先河，惜已失传。之后历经千年直至清初，此地志乘稀少，大多数地方志编纂于清代。据 1985 年中华书局出版的《中国地方志联合目录》，现存新疆方志有 111 种，除去同书异名本，或同书之不同节印本，尚有 83 种，主要文献《西域图志》《新疆舆图风土考》《回疆风土杂记》《新疆乡土志稿二十九种》《新疆大记》《新疆大记补编》等书记载较完备。虎的记录一般出现在这些文献的"物产"、"畋渔"、"风俗"、"山川"、"灾异"等内容中。

　　此外，一些旅居新疆的官员、游客，所著文集、游记、日记等文献也记录了新疆虎的一些情况，如乾隆年间遣戍乌鲁木齐的纪昀曾深入了解当地的风土人情，作"物产"诗 67 首，其中一首写道："白狼苍豹绛毛熊，雪岭时时射猎逢。五个山头新雨后，春泥才见虎蹄踪。"此诗有注："境内无虎，唯他奔拖罗海卡伦宁协领曾见虎踪，拟射之，竟不再至。"[2] 清代边塞诗人萧雄在其《西疆杂述诗》中记载野人沟（今轮台野云沟）一带"深林多藏熊虎"，而南八城"水多，或胡桐遍野而成深林，或芦苇丛生而隐大泽，动至数十里之广，其中多虎、狼、熊、豕等类"，等等。[3] 于此，新疆虎的记载随着文献的丰富而有所增多。

　　除新疆岩画和历史文献记录可证历史时期新疆有虎之外，19 世纪初，各国具

1 郭璞注：《穆天子传》卷二，《四部丛刊初编》子部第 80 种，上海：上海书店，1989 年据上海涵芬楼影印天一阁范氏刊本影印，第 10-11 页。

2 纪晓岚著，郝浚、华桂金、陈效简注：《乌鲁木齐杂诗注》，乌鲁木齐：新疆人民出版社，1991 年，第 147 页。

3 萧雄：《西疆杂述诗》，《中国西北文献丛书》第 2 辑《西北稀见丛书文献》第 7 卷第 70 册，《关中丛书》第 2 集，兰州：兰州古籍书店，1990 年，第 350、396-299 页。

有专业自然科学知识背景的西域探险家的考察游记，记录了他们在当地多次亲见虎的踪迹或亲历猎虎的活动，也为新疆虎的存在提供了可靠证据。其中，唯一的物证为斯文·赫定于 1900 年在英格可力购买的一张虎皮，至今陈列在瑞典首都斯德哥尔摩的国立民族学博物馆。目前所知中国唯一亲见过这张虎皮的学者是杨镰研究员，在《塔里木的神秘话题——新疆虎》一文中，他写道：

> 1990 年夏天在斯德哥尔摩，我……寻访中亚探险家斯文·赫定的遗迹。让我流连忘返的是赫定的 5 万封信函、5 000 件绘画；使我惊叹不已的是一张色彩斑斓的新疆虎皮，那是 1900 年初斯文·赫定在尉犁县英库勒（英格可力）营地，向罗布猎人买的。这未成年的公虎生前有 220 磅。由于是毒死的，所以皮张相当完整。望着望着，曾活跃在丝绸之路上的"百兽之王"似乎复活了，而宏敞的大厅变为塔里木河岸阴暗的原始胡杨林……也许，这就是新疆虎仅存的遗蜕了。[1]

综上所述，无论是新疆的岩画资料、历史文献，还是西域探险家的考察游记、斯文·赫定所购之虎皮，都足以证实新疆地区自古有虎，且一直延续到不同的历史时期。

三、新疆虎的地理分布与数量变化

1. 地理分布

任何动物都会选择适合它的环境生存，而其生境与其适应能力密切相关。虎的适应能力远不如豹或狼，因此它的生境也远不及后两者那么复杂。根据动物学界对现存各虎亚种的研究，发现虎对于生境的要求比较高，必须具备足够的林木或丰草以供隐藏、栖息，否则将不利于老虎的猎食和生存；必须具备足够的动物资源以供猎食；必须具备足够的水源以供饮用和洗浴，因为虎缺乏汗腺，在阴影中乘凉解决不了问题，所以虎从不远离水源。因此，一般说来，虎主要栖息在较为茂密的森林山地。那么新疆地区虎生活的环境是怎样的呢？

通过整理有关新疆虎资料，结合已有的研究成果，本文利用 Mapinfo 软件，将新疆虎的历史记录分布点标示于新疆地形图上（图 3），有利于我们直观地认识

1 杨镰：《塔里木的神秘话题——新疆虎》，《发现西部》，第 255-259 页。为了证实这张虎皮下落的可靠性，2008 年 3 月 7 日下午，笔者特意前往北京中国社会科学院拜访了杨镰研究员，就新疆虎问题进行了请教交流，经杨先生证实当年亲见展览的斯文·赫定所购虎皮，并为笔者讲述了他赴新疆考察的经历，同时为本文的写作提出许多中肯的意见和建议，在此致以衷心的谢忱。

历史时期新疆虎的地理分布特点，从而勾勒出其基本的生活环境。

图3　新疆虎的历史记录分布点示意图

说明：

（1）底图采自《中国地图集》"新疆维吾尔自治区"图幅（北京：中国地图出版社，2013年，第234-235页），提取山川、河流等基本要素，叠加虎的历史记录点编绘而成，所有的行政区未加注其行政级别。

（2）本图虎记录点的资料来源有二：①笔者爬梳的各类文献资料中的虎记录，包括岩画、地方志、文集、丛书（《清代边疆史料抄稿本汇编》《中国西北文献丛书》《中国西北稀见方志续集》等）、探险游记等100多种文献，限于篇幅，不一一列举；②何文第51-56页。

（3）图上共标注48个虎记录点，与何文重复的记录点有24个，用○表示；笔者新增24个，用●表示。本图的目的是利用现阶段的研究成果绘制成一幅较为完整的新疆虎历史记录分布图。

从图3可以看出，历史上新疆虎的空间分布较广，天山南北均有其生存的地点，并且具有明显沿水源（河湖）分布的规律。准噶尔和塔里木盆地边缘的河湖地带及天山北麓的伊犁谷地，是其主要分布区域。这些区域的共同特点就是靠近河流或者湖泊的边缘，属于山间谷地或者山前冲积扇，其中南疆为叶尔羌河、塔里木河、孔雀河流域，北疆则为玛纳斯河、伊犁河、额尔齐斯河、乌伦古河流域。而塔里木盆地的东南缘诸地少见虎的记载，这当与盆地东南缘相对更干燥的气候和更封闭的地形有关。

以上有虎分布的地点同时也是新疆地区星点分布的绿洲。自然环境条件较为优越的地方，也是人类选择居住、发展农牧业生产的区域。笔者推测，在人类大规模进驻新疆绿洲之前，新疆虎可能就已经生存在这些区域。由于历代移民、屯垦的需要，人类选择到水源便利、地形平坦的绿洲居住下来，这样的地域往往正是许多野生动物的栖息地，而老虎则是它们之中的一个代表。绿洲成为人与虎基于生存需要所共同选择的地点，造成两者的生活空间出现了重叠，有人的地方往往就有关于虎的记录。但这也从另一个角度提示我们，历史上的新疆虎也可能存在于一些人迹不能到达、但自然条件较为优越的地域，譬如天山山脉中部的一些山间谷地，这里山势平缓、降水较多，牧草茂盛，气候较暖，野生动物种类繁多。而这些地区虎的分布，可能由于当时没有人记录而被忽略。因此，新疆虎的历史分布比历史文献中记录的地点更多，不是没有可能的。

就具体生境而言，历史文献记载提示我们，无论在南疆和北疆，新疆虎主要生活在胡杨林或芦苇湖之间。乾隆三十七年（1772 年）《回疆志》记载："虎，回地山谷并无树木，平地胡桐树木并芦苇最多，竟有方圆数十里，丛密人迹不到之处，虎俱藏于其内。较内地之虎身小，毛色淡浅，自然稀疏，未闻为人害者，回人猎亦能得。"[1] 从这条材料明显可以看出，新疆虎有其独特的形态特征，有资格成为中国虎的一个亚种，这自然同它长期生存的地理环境有关。对于其亚种形态的进一步研究，自然寄希望于该地区作为考古资料的新疆虎骨骼标本的获取（而其物种存活的概率则是极其微小的）。

所谓回地，即南疆八城，清代设喀什噶尔参赞大臣管辖南疆八城：喀喇沙尔（今焉耆县）、库车、阿克苏、乌什、喀什噶尔（今喀什）、英吉沙尔（今英吉沙）、叶尔羌（今莎车）、和田，包括今和田地区、喀什地区、阿克苏地区、巴音郭楞蒙古自治州和克孜勒苏柯尔克孜自治州，清代统称之为回疆。[2] 因此，南疆虎的生境以苇湖为主，杂以胡桐树木和芦苇丛。光绪三十四年（1908 年）《塔城直隶厅乡土志》记载：

> 达尔达木图河上游两岸，苇柳交生，产野豕、鹿、兔、水獭等物，又
> 有虎、彪两种，每盘踞于南岸阿林淖尔湖边苇林中，眈眈越境而来，饱以

1《回疆志》卷三"物产"，台北：成文出版社，1968 年据清乾隆间抄本影印，第 117 页。
2 马大正：《新疆地方志与新疆乡土志稿》，中国社会科学院中国边疆史地研究中心主编：《新疆乡土志稿》，北京：全国图书馆文献缩微复制中心，1990 年，第 768 页。

弱肉而返，行者戒之。[1]

"苇柳交生"也体现出其植被特点。新疆虎之所以在上述地区有所分布，根本取决于该区域有能够满足其生存所需的植被、水源和充足的食物来源。

结合新疆的自然环境特点，我们可以探讨新疆虎分布特点上的原因。新疆自然植被特点是：平原植被稀疏，山地垂直带明显，森林面积有限，仅约占土地面积的 1.03%，局域性环境形成不同的植物群落。植被稀疏是干旱环境中平原和低山丘陵的常见景观，反映了生态系统的脆弱。而山地植被垂直带自下而上则是：荒漠半荒漠草原、低山草原、森林草原、亚高山草原、高山荒漠，因此，植被丰度并不利于虎的生存。平原植被是水文现象的标志，较为稀疏，主要分布在河谷、渠道两侧。胡杨原是阴湿环境的中生植物，干旱环境下只见于大河河谷。湖泊、水库周围的沼泽地，常见成片的芦苇、香蒲等喜湿植物。山前砾石带地下水位深，植被稀疏，偶见麻黄等。平原荒漠上，北疆常见梭梭和蒿属，南疆常见红柳。[2] 根据植被的分布特点，新疆虎可选择的生存环境是非常有限的。新疆"三山夹两盆"的地貌及其植被分布特点，总体而言，适宜人畜生活的地方很少，按今日情况推算大约只占 5%，因此决定了新疆虎的生境与人的生活地域大多重合，主要是准噶尔盆地和塔里木盆地的绿洲地带中近水的胡杨林和芦苇带。

2. 数量规模及其变化

既然新疆地区向来有虎分布，那么它在历史时期的数量规模是怎样的，分布密度又如何呢？对于这一问题，我们不可能得出较为准确的数字。这是因为，一方面，动物本身具有移徙性，即使在当代，也很难就某个地区野生种类的分布密度获得一个精确的数据，通常只能采用标志重捕法[3]、统计捕获率、遇见率等，取得一些相对数值；而历史上的虎踪迹已无从调查，更不可能得到精准的数值；另一方面，历史文献记载的特点和虎资料记录的口径中具体的数据虽然有，但委实不多，实不足以做这方面的尝试。

因此，所谓的"数量规模"，其含义有三，一是指对于新疆虎数量大概情形的解读，二是指其南北分布数量的差异，三是其数量规模的变化趋势及时段性。例如，南疆、北疆的历史文献中虎记载频率的多少、遇见率的多寡反映其地区分布差异；历史记录中的具体描述方式如"老虎甚多"、"近不常有"等反映数量的前后变化趋势。

---

1 光绪三十四年《塔城直隶厅乡土志·物产》，《新疆乡土志稿》，第 411 页。

2 文中自然环境现状及有关数据，出自刘宇生等主编：《新疆概览》，乌鲁木齐：新疆人民出版社，2001 年。

3 标志重捕法，mark-recapture methods，在调查区域中，捕获一部分个体作为标志，然后放回原来的自然环境，经过一段时间后再进行重捕。

本文通过对历史文献的解读，得到如下认识：

其一，根据文献记载，虎在南疆的分布多于北疆。就图 3 所示分布而言，南疆的记录点多于北疆，在地理分布上提高了遇见率，才绘制出这样的分布格局。

一些文献中的描述也体现了这一点。林则徐《乙巳日记》记载了道光二十五年（1845 年）他在叶尔羌河下游所见的情景："此数程皆树木蓊郁，枯苇犹高于人，沿途皆野兽出没之所，道中每有虎迹，因此次随从人多，兽亦潜踪而避耳。"[1]"每有虎迹"表明当时虎在南疆较为常见。珠克登《新疆纪略》记事止于道光二十六年，其中有南疆多个地区"老虎甚多"的记录：

> 又有库尔喀拉乌苏（今新疆乌苏）地方所出者……并黄羊、狐狸、野猪、野驴子、野骆驼、老虎等类也……再叶尔羌地方并无出产，系回子八城之省会也……惟有野猪、老虎甚多也……再英吉沙尔……又有獐、豹、野鹿、野猪、老虎等类……又有巴尔楚克所出者红铜、硫磺，野牪老虎甚多……又有喀喇沙尔所管之克尔里地方……老虎甚多，大路上常往来行走"。[2]

而在该文献的其他部分并未提及北疆的虎。

检阅北疆的虎记录，较少对虎具体描述的记载，大多是在文献中的"物产"栏中提到有虎。这种情况在前述普尔热瓦尔斯基 1885 年的探险考察中也曾提道，"北疆的老虎较少，而南疆的老虎则比北疆多得多"[3]。

其二，清光绪前期新疆虎依然多见，其明显减少出现在 1899—1916 年，即清光绪末年至民国初年，但 1916 年灭绝的说法不能成立。鉴于虎记录繁多，限于篇幅，不可能一一列举，仅选取其中的代表性资料进行举例说明。

清代光绪前期，新疆虎仍然多见，数量还比较丰富。1876 年，俄国军官库罗帕特金奉命到南疆考察搜集情报，曾写道：

> 11 月 28 日，从喀喇克勒臣堡到楚尔夏堡，行程十八俄里。上述两堡之间的道路在森林间穿行，有的地方森林极为茂密，甚至在落叶时节也看不到五十步以外的地方；这是一片老林子，但建筑用材很少。离喀喇克勒臣六七俄里处，路旁有一个用四根柱子搭成的棚子，供行路者宿夜，棚子可以防备老虎，据说这地方在温暖时节老虎很多。[4]

---

1 陈锡祺主编：《林则徐奏稿·公牍·日记补编》，广州：中山大学出版社，1985 年，第 166 页。

2 珠克登：《新疆纪略》，《中国西北文献丛书》第 4 辑《西北民俗文献》第 2 卷第 118 册，第 244、263、265 页。

3 普尔热瓦尔斯基：《走向罗布泊》，第 232-237 页。

4 A.H. 库罗帕特金：《喀什噶尔：它的历史、地理概况，军事力量，以及工业和贸易》，附录 II "俄国使团 1876 年 11 月 21 日至 12 月 10 日从喀什城到阿克苏城行经的路线"，第 263 页。

由于当时这一地区"森林极为茂密"，虎较为多见。

1877 年，普尔热瓦尔斯基的第一次罗布泊探险，记录塔里木河流域及罗布泊的动物分区，有"虎，常见，有些地方很多"[1]。1885 年，普尔热瓦尔斯基第二次进入新疆考察，记录当时新疆南北的虎数量状况，依然很可观：

> 我们在亚洲内陆旅行过程中，只在新疆遇到过老虎。新疆北部的伊犁河谷老虎比较多，在天山脚下、西湖（乌苏）附近和木固尔台沼泽的芦苇丛中有时也可以遇到老虎。但是总体上说，北疆的老虎较少，而南疆的老虎则比北疆多得多，大片的原始森林为老虎提供了安全、隐蔽的场所。温暖的气候、遍地的野猪以及牧民放养的牲畜为老虎提供了丰富的食物。在和田、策勒、于田等大片绿洲周围，随着许多茂密的森林遭到毁坏，渐渐看不到老虎了。现在老虎最多的地方在塔里木盆地的塔里木河、罗布泊、和田河、叶尔羌河、喀什噶尔河流域，当地居民把老虎叫作居勒巴鲁斯。南疆老虎的体型和印度虎差不多，身上毛的长度介于短毛的华南虎与长毛的东北虎之间。[2]

光绪后期，虎的数量已经明显减少。1899 年 9 月，斯文·赫定的第二次罗布泊之旅，在顺叶尔羌河去往罗布泊的途中，遇到一位牧人，回答了斯文·赫定的几个问题："'在你的树林里有什么野兽？''牡鹿，小鹿，野猪，狐狸，狼，大野猫和野兔！''没有老虎么？''没有，我们很久不见老虎了。'"[3] 可见这时虎已较少出现。

1901 年 4 月，斯文·赫定到达喀拉库顺，与当地人的交谈中也提到老虎的减少："这位当地人还告诉我们在过去两年来，卡拉库勒湖的岸边没有出现过老虎。"[4] 光绪三十四年的《昌吉县乡土图志》记载本地物产中"特产虎豹岁约各二三只"。[5]

1916 年 10 月 16 日至次年 12 月 16 日，谢彬以北洋政府财政部委员的身份，前往新疆及当时尚属中央的阿尔泰特别区调查财政。他撰著了《新疆游记》，其中尚有虎的记录：

> 九月十六日　晴　住迪化……又东北额林哈毕尔噶之山。其矿多银，多铁，多硫磺，多煤炭、石油。其兽多虎、豹、獐、鹿、狐、鹿、熊、黑、骟骟、

1 普尔热瓦尔斯基：《从伊犁越天山到罗布泊》，第 159 页。

2 普尔热瓦尔斯基：《走向罗布泊》，第 232-237 页。

3 斯文·赫定：《我的探险生涯》，孙仲宽译，1933 年西北科学考察团丛刊本，第 229 页。

4 斯文·赫定：《罗布泊探秘》第 10 章"喀喇库顺北部和南部的水道"，王安洪、崔延虎译，乌鲁木齐：新疆人民出版社，1997 年，第 167 页。

5 光绪三十四年《昌吉县乡土图志·物产》，《新疆乡土志稿》，第 118-119 页。

野牛、野骡、野豕……

九月二十五日　晴……（奇台县）其地四达而当孔道，物产丰盛，谷酒、药材、羚角、鹿茸、豺虎之皮革、驴羊之毡，充溢骈积……[1]

谢彬本人为民国时期的新知识分子，曾赴日本早稻田大学留学，该游记为其新疆之行的考察实录，当较可信。

1918年，乌苏县知事邓缵先撰修县志，记载南山尚有虎。[2]

1927年年底至1928年7月，德国探险家艾米尔·特林克勒来到新疆考察，在《未完成的探险》一书中记载：

（1927年12月25日——引者注）大约11点，我们到达一个茂密丛林，那里的芦苇长得如此高，以至于即使从骆驼背上人们也看不到远处。我在前人的游记中读到玛拉巴什（今巴楚——引者注）的丛林中仍有老虎出没，而且我们前天遇见的牧羊人证实了这一点。然而，我们没有发现老虎的踪迹，与其遭遇将是令人极为不快的事，因为我们随身没有带枪。后来我发现自从见到老虎出没，已经过去好多年了。一个猎人告诉我，最后一只老虎是大约12年前被打死的。不管怎样，我本人认为完全有可能仍有几只老虎生存在叶尔羌河两岸的丛林中。[3]

可见，当时已经很难发现老虎的踪迹。所谓12年前打死的老虎，也就是在1915—1916年前后。然而，那只老虎是否确系"最后一只老虎"，却难定论。

1931年，著名学者杨钟健随中法考察团至绥来县（今玛纳斯县）考察，记录"据说以北丛林深处，尚有虎及其他野兽"[4]。

1934年，斯文·赫定的第三次罗布泊之旅，未见新疆虎的踪迹，预言其面临灭绝的危险：

亚洲万兽之王孟加拉虎过去曾出没在塔里木河中游的森林中，现在却有灭绝的危险。1899年和1900年，我曾两度在河岸上看到它们的踪迹，但后来英格可力地区（英格可力位于今塔里木河下游尉犁县境内——引者注）的猎虎人用剪子夹猎到几只。我从一位猎人那里买到两张虎皮，老虎就是不久前在浓密的芦苇丛中捕获的。在孔雀河上，我们从未见过兽王的一丝

1　谢彬：《新疆游记·阳关道及缠回风俗》，《中国西北文献丛书》第4辑《西北民俗文献》第15卷第131册，第308-310、324页。

2　邓缵先：《乌苏县志》卷上"食货类·物产"，全国公共图书馆古文献编委会编：《中国公共图书馆古籍文献珍本汇刊·史部·中国西北稀见方志续集》第10册，北京：中华全国图书馆文献缩微复制中心，1997年，第741-743页。

3　艾米尔·特林克勒：《未完成的探险》第8章"沙漠的寒冷"，第100页。

4　杨钟健：《西北的剖面》，兰州：甘肃人民出版社，2003年，第157页。

痕迹，当然也不可能指望它出现在空阔的荒原。[1]

以上记录显示，至少到清代光绪前期，新疆地区老虎数量还是比较可观的。到光绪后期（1899 年，斯文·赫定的第二次罗布泊之旅）至民国初年，虎开始少见，甚至出现 1916 年最后一只虎被打死的说法。因此，1899—1916 年可以看作是新疆虎数量锐减在时间上的一个可能分水岭。但 1916 年灭绝的说法，显然不能成立。

20 世纪 50 年代尚有关于新疆虎的记录，之后也时常有新疆虎重现的传闻，一些社会媒体和报纸多有报道，使得人们对新疆虎灭绝之说产生怀疑，但因缺少权威论证，至今尚无定论。可以肯定的是，即使新疆地区的虎没有灭绝，数量也已极少。

四、文献中有关新疆虎的生活史内容及其亚种归属讨论

关于新疆地区虎的生活史内容，所收集到的历史记录中也有涉及。

首先，是关于虎的名字。在汉文化圈的中原地区，这种动物被称为"虎"，而在新疆地区的少数民族地区，则另有其名，《西域图志·土产》中记录，当时准噶尔部称虎为"巴尔"，回部则称虎为"约勒巴尔斯"。[2]

其次，是关于新疆地区虎的体貌特征。《回疆志》曰："较内地之虎身小，毛色淡浅，自然稀疏"[3]；《新疆回部志》云："虎，身小，毛色浅淡稀疏，未闻有为人害者。"[4]《西疆杂述诗》亦言："虎之身躯较南中所见者微小，而凶猛亦杀，不乱伤人。"[5] 前二者均成书于乾隆年间，后者成书于同光时期，然对于虎的记录所显示的信息基本一致，即体型比南方的小，毛色浅淡，（花纹）稀疏。可确定该地的虎前后延续为同一种。《西疆杂述诗》撰者萧雄，字皋谟，号听园山人，湖南益阳县人，因此可知，所谓"内地"、"南中"之虎当指华南虎。通过这样的比对和分析，我们基本可以得到新疆地区虎的形态特征：体型小于华南虎亚种，毛色较华南虎浅淡，条纹较之稀疏。

1 斯文·赫定：《游移的湖》，第 146 页。

2 钟兴麟，王豪，韩慧校注：《西域图志校注》卷四三《土产》之《准噶尔部·羽毛鳞介之属》和《回部·羽毛鳞介之属》，乌鲁木齐：新疆人民出版社，2002 年。

3《回疆志》卷三《物产》，第 117 页。

4《新疆回部志》卷二《禽兽虫鱼第二十七》，《中国西北文献丛书》第 4 辑《西北民俗文献》第 2 卷第 118 册，兰州：兰州古籍书店，1990 年，第 40-41 页。

5《西疆杂述诗》卷四《鸟兽》，第 396-399 页。

明显可以看出，新疆虎有其独特的形态特征，完全有资格成为中国虎的一个单独亚种。试讨论如下：

据目前动物界唯一的虎专著《虎研究》，"北方的虎体型较大，颜色较浅，南方的种类个体较小，颜色较深"，又"华南虎的体型较东北虎小"[1]，可见新疆虎并非典型的北方种，而是兼有南、北方种的特点：第一，不符合北方种的体型特点，北方种"体型较大"，而新疆的虎比南方的华南虎还要小，当然更小于东北虎，属于南方种的体型；第二，颜色"浅淡"，符合北方种"颜色较浅"的特点。

再次，《虎研究》讲道："华南虎条纹最少，其次是东北虎、孟加拉虎、东南亚虎，岛屿型亚种（指分布于爪哇岛的亚种爪哇虎和巴厘岛的亚种巴厘虎）条纹最多"[2]，可知，以上亚种中，华南虎是条纹最少者，而新疆虎的条纹比华南虎更"稀疏"，因此，新疆虎不属于以上任何各亚种。

最后，只有里海虎在上述文字中是未曾提及的亚种。在本章开篇便提到，这个亚种是最多得到可能性认可的新疆虎亚种归属。最初提出这一可能性的是谭邦杰，在其1979年的专书《虎》和1980年的文章《中国的虎》中都有类似的表达，择取后者的相关文字如下：

> 关于新疆亚种的问题，虽然有记载（Buchner，1889），有鉴定和定名（Schwarz，1916），但由于资料不充分，而且其后没有任何新的发现，所以有些分类学家对此深有怀疑。据当初的记载，这个亚种的分布是沿着孔雀河流域，由库尔勒一直分布到罗布泊一带。但笔者多年来未曾听到那边有发现虎的消息，后来又向罗布泊归来的同志打听，也说住在那边好几年，从来没听到任何关于虎的传闻。佩里在他的书[原文此处有脚注：Perry R.，The World of the Tiger，London（1964年）——笔者注]里说"新疆虎已于前几年绝灭……"这种说法似乎也只是一种估计，缺乏事实根据。
>
> 鉴于高加索虎（又名波斯虎）的分布区曾经遍及中亚各加盟共和国，直抵新疆边境的伊犁河及阿克苏河流域，因此这个亚种不是没有可能沿着阿克苏河、塔里木河、孔雀河的途径，穿过同样的河边芦苇地和胡杨林，追逐着野猪、狍子和马鹿，最终出现在罗布泊一带。另外还有一个可能，就是把不是产在新疆境内的虎当作新疆虎了。总之，不管怎样，这都是上一个世纪的事。因此，现在中国产的虎的亚种名单中，新疆亚种似不应列入。

1《虎研究》第1章第2节《形态与分类》，第18页。

2 同上。

关于新疆虎亚种，谭认为"似不应列入"，笔者却不这样认为。而他将其认为是高加索虎向新疆地区的扩散，也似有不妥。接下来，笔者即对此问题试进行讨论：

上文中所述高加索虎及波斯虎，即是指里海虎，也称西亚亚种。里海虎是已经灭绝的 3 个虎亚种之一（另两个为巴厘虎、爪哇虎，分别于 20 世纪 30 年代、80 年代灭绝），于 20 世纪 70 年代末灭绝，这已是共识。关于里海虎的相关资料并不多，加之已经灭绝，所以，新疆虎被认为是该亚种也因此无法得到更多的证实或否决。

幸运的是，笔者找到一篇文章中的一些信息，可为此补充。

1979 年的《野生动物保护与利用》期刊第 1 期，其"国外动态"专栏发表了一篇题为《世界老虎现状及其保护》[1]的文章，文后署名为"肖前柱译，稍有删节"，附有说明。原文作者为彼得·杰克逊（Peter Jackson），是世界野生动物基金会老虎保护计划的负责人。译者肖前柱是我国著名的动物学家。这篇文章综述了当时世界上老虎的现状，其中涉及中国的虎的内容只有一句话，是关于华南虎的。文后的说明文字解释了这种情况的原因："由于该组织与我国未建立联系，所以本文对我国情况几乎没有涉及。"所以，新疆虎更不可能得到世界动物学界的关注。

在这篇文章中，与里海虎有关的全部文字如下：

里海虎（*P.t. virgata*），体形较小，冬毛厚，色深，条纹密。生活在伊朗、土耳其、伊拉克以及现在的苏联中亚细亚。

远在黑海西部的里海虎似乎已没有了。苏联科学家说他们的国土上已没有里海虎，而在伊朗的搜寻未发现任何痕迹。近年在土耳其市场出现的虎皮，提出了在土耳其东南部和伊拉克相邻地区可能有残余小种群的希望，但是最近的调查未找到证据。

据以上文字，我们可以得到如下信息：

从地域上看，里海虎分布的地域与新疆地区有连续的陆地相连，谭说似可成立。

然而，对比二者的体貌特征，却各有异同，总结前文所有，对比二者特征如表 2：

表 2　里海虎、华南虎、新疆虎体貌特征对比

对比事项	里海虎	新疆虎	里海虎与新疆虎是否相似
体形（型）	体形较小	较小（小于华南虎）	基本相似
颜色	色深	浅淡	不相似
条纹疏密	条纹密	稀疏	不相似

---

1 彼得·杰克逊著，肖前柱译：《世界老虎现状及其保护》，《野生动物保护用》1979 年第 1 期，第 47-50 页。

据以上对比可见，里海虎与新疆虎能够对比的 3 项指标中，有 2 项不相似。虎亚种的划分主要是以独特的表型性状和相对隔离的地理分布为基础。3 个性状是虎亚种分类的重要依据：毛被色型与条纹型式、体型大小、颅骨特征。很显然颅骨特征的对比已不可能再实现，但就以上"毛被色型与条纹型式"、"体型大小"两个特征而言，二者已不尽相似，足可推定新疆虎有资格成为中国虎的一个亚种。

再回到谭邦杰对于新疆虎亚种的态度，1979 年和 1980 年尚不赞同新疆虎列入单独一个亚种，但在其 1992 年的《哺乳动物名录》中，新疆虎已被单独列为了一个亚种，名为"新疆亚种"和"新疆虎"，这正折射出谭对于新疆虎是否可单独列为一个亚种的观念的转变，最终也认为它应该列为一个单独的亚种。

对于新疆虎亚种的形态及骨骼学的进一步研究，自然寄希望于该地区作为考古资料的新疆虎骨骼标本的获取（而其物种存活的概率则是极其微小的）。

五、影响新疆虎数量变化的因素

所有生命体的发展演变，都是在一定的自然条件下展开的，同时又是自然进化的产物与组成部分。它们既不能离开自然界的其他部分而生活，自身的发展演变又影响着自然环境的演变，人与动物都不例外。

动物种群的生存状态除了受到自身生物学特性的制约外，更多的是受到其所在的生存环境的影响和制约。随着人类改造自然能力的不断提高，人类活动对于自然环境的影响也越来越显著。近年来学术研究中凡是分析某一地环境演变（包括动物资源的演变在内）的影响因素时，即区分为"自然因素"和"人为因素"，并一再努力分析各自的作用大小。其实这种两分法早在 1939 年就被理论地理学家哈特向（Richard Hartshorne）提出来讨论，并提出了 5 条反对意见。因为自然环境是一切人类活动得以存在的自然条件，同时人类活动又或大或小地影响着自然环境的演变，二者是一个系统中相互联系的两个方面，在不同的时空条件下，其作用程度相互转变，交互作用，不可能完全区分开来，甚至达到量化的程度。如果试图这样研究，则应具体案例做具体分析。新疆地区的自然环境演化是影响新疆虎历史变迁的基础因素。侯甬坚教授对历史时期新疆地区的环境演化进行了研究：通过探讨两汉西域屯田区的经营规模，判断当时的屯田经营对环境的影响是十分有限的；探讨尼雅古城的废弃，判断其原因是气候干旱引起尼雅河来水减少所造成；探讨从内地移入新疆地区的诸多社会制度和实用技术，判断它们加强了当地人和移民利用地理环境的能力，最终引起的环境效应主要体现在水系、土壤的变化（绿洲土形成）和沙漠化诸层面。这一研究表明：新疆地区历史上环境演化因素的分析，必须充分考虑自然环境作为基础存在的一贯作用，同时兼顾时间尺度、人类活动的组织程度、技术水准等多种因素，分析人为因素对环境的演化起了什么样的叠加、扩大作用。[1]

研究影响新疆虎历史变迁因素问题的前提依然应以自然环境演化作为基础，探讨人类的活动在不同时期对于虎生存的影响。

历史时期新疆地区的自然环境以干旱少雨为主要特征，其自然条件适宜人和动物生存的地区并不多。因此，零星散布在高山荒漠下的绿洲成为人和虎共同选择的栖息点。由于自然条件的限制，这些绿洲的面积和资源都比较有限。早期生活在新疆的人们，面对的自然地理条件是严酷的，生态环境是脆弱的，人类活动受制于自然，对自然本身往往是无能为力。由于人口少，开发力度小，生产力水准低，其所从事的活动对周边环境的影响很小，对野生动物的影响亦微不足道。因而，如图3所示，虎可以在天山南北都有分布，数量也比较可观。因此，早期影响新疆虎的因素主要是自然环境本身。

进入清代后，大量人口涌入新疆地区，新的组织形式、开发手段不断引进，并在实践中发展，人们对绿洲土地的开垦能力大大提高，规模也急速扩大，森林的砍伐、水利的兴修、新土地的开垦等人类活动的叠加作用开始明显加强，从而加速了自然环境的演变进程，导致河流水量减少、水道变化、森林消失，直接影响到虎的生存条件，导致其数量的锐减。1885年普尔热瓦尔斯基第二次来到南疆时就注意到"在和田、策勒、于田等大片绿洲周围，随着许多茂密的森林遭到毁坏，渐渐看不到老虎了"。

1. 屯垦

人类社会影响自然面貌的主要活动莫过于垦耕。中央王朝对西域的屯垦最早可追溯到汉代，此后久历不废。鉴于新疆虎在19世纪末至20世纪初急剧减少，有必要探究这一时期屯垦开发同新疆虎生存状况的关系，以探明人类活动在影响新疆虎变迁中所起的作用。

清一代，新疆地方行政建制大体上经历了三个递次演变的阶段：顺治至乾隆中期，为地方建置未设阶段；乾隆中期至光绪十年，为军府制与州县制并存阶段；光绪十年新疆建省后，为普遍实施州县制阶段。

1756年，在历经康、雍、乾三朝，历时68年后，清朝取得了对准噶尔战争

---

1 侯甬坚：《历史上面向新疆地区的制度和技术移入过程——以引起环境效应的层面为中心》，刘翠溶主编：《自然与人为互动：环境史研究的视角》，台北：联经出版事业股份有限公司，2008年，第245-281页。

的胜利。为巩固边疆，保障军粮供应，清政府大力发展屯垦。乾嘉时期是清代在新疆屯垦的兴盛时期，这一时期的屯垦活动主要为军屯，以后陆续兴办旗屯、遣屯、民屯和回屯。从屯垦区的分布区域来看，南、北疆皆有，主要有巴里坤、乌鲁木齐、塔城、伊犁和南疆等屯垦区。大的屯垦区下又分为几个主要的屯垦点，例如巴里坤屯垦区分巴里坤、哈密、木垒、奇台，乌鲁木齐屯垦区分乌鲁木齐、昌吉、呼图壁、玛纳斯、乌苏、精河、阜康和吉木萨尔。

这些屯垦区，除伊犁屯垦区外，各屯垦区主要屯垦点大都分布在塔里木和准噶尔盆地的边缘，位于山前的冲积扇和山间谷地中，土地肥沃，水源便利，易于垦殖。对照图3新疆虎的分布图，我们就会发现很多屯垦点也是资料中记载曾经有虎的地方。这当然不是巧合。新疆适宜人畜生活的地方很少，屯垦区只能从有限的区域中筛选。而这些地区自古以来也是包括老虎在内的各类野生动物条件较好的栖息地所在，必然会出现人虎共处并争夺生存空间和资源的现象。换言之，随着屯垦区面积的扩大，人、虎原本共同赖以生存的生态环境发生了巨大变化。由于空间和资源的有限性，人、虎竞争中人类势不可挡的开发力度占据了明显优势，从而侵占了虎的生存空间，使它们不断后退，甚至在人类的扰动、捕猎下数量锐减乃至趋于消失。

道光和咸丰时期，新疆的屯田持续发展。左宗棠打败阿古柏以后，为解决军需供应，清政府在新疆的屯田又有所发展。战争期间，清政府就大量募集新疆流亡农民和外省农民屯垦，民屯开始取代军屯成为主要的屯垦方式。战争胜利后，大量裁汰下来的兵勇也就地落户，加入了民屯的行列。民屯较之军屯，提高了屯垦农户的积极性，这意味着更多土地的开垦。光绪时期，为偿《马关条约》的巨额赔款，清政府又加强了屯垦的力度。成书于宣统三年（1911年）的《新疆图志》历述新疆地区的开垦历史，自周秦汉唐"历言西域土宜五谷桑麻之属，逮于本朝，益扩张屯垦之政以赡军食，中兴以来，改设郡县，变屯田旧法，垦地至一千万余亩"[1]。可见至清末期新疆地区的土地开垦规模大大超越前朝。辛亥革命后，杨增新主政新疆。在1915—1919年间大兴屯田，修渠垦荒。对照虎数量的历时变迁，这一时期也正是新疆虎数量开始锐减的时期。可见，屯垦开发区域扩大的同时，新疆虎的栖息地也在迅速减少和消失。因此，我们基本可以得出判断，新疆虎在1899—1916年间出现锐减趋势，人类的屯垦开发是其中的一个重要影响因素。

屯垦的大力实施，植被减少，使新疆地区适宜虎生存的区域面积日益缩减；

---

[1] 袁大化修，王树楠、王学曾纂：《新疆图志》卷二八《实业一·农》，《续修四库全书》第649册，上海：上海古籍出版社，1995年，第513页下。

野生动物数量急剧减少，可供新疆虎猎食的动物数量也逐渐减少，虎的生存受到了极大影响。在北疆，人类活动的影响力度要大于南疆。

2. 捕猎

据前文所述，新疆虎的分布南疆多于北疆，而塔里木河下游的罗布泊地区是新疆虎分布较为集中、遗存时间较长的一个典型地区。罗布泊旧称蒲昌海、蒲类海。塔里木河汇集了新疆南部盆地上的水注入罗布泊，自库尔勒沿塔里木河两岸布满芦苇、香蒲等喜湿植物，及至罗布泊则由塔里木河末端水流泛滥而形成浅水芦苇滩，养育着一大片繁茂粗壮的芦苇丛。这一沉积湖湖水呈浅红色，据普尔热瓦尔斯基记载，"流动不大的湖水含有少量的盐分"[1]。这里时有野猪出没于芦苇丛中，还有牡鹿、小鹿、大野猫、野兔、狐狸、山猫和豺狼等。因此，对于新疆虎来说，这里繁茂的苇丛、充足的水源及野猪等动物为它们提供了相对优越的栖息环境和食物，成为新疆虎分布较为集中的区域之一。

据普尔热瓦尔斯基 1885 年记载，生活在这里的罗布人普遍都有狩猎的习俗，其中猎虎的方法也是多种多样，一是用毒药马钱子抹在肉上，待老虎吃食中毒死去，或跟踪射杀中毒的老虎；二是围猎，猎人占据有利地形，摆好阵势，待虎出现，一些人高声叫喊，引起老虎注意，另一些人持枪射击；三是将虎追遇到四面环水的芦苇丛中，进行围猎；四是冬天将虎赶进冰水里，然后驾小舟追赶，待虎力竭后打死。[2] 普尔热瓦尔斯基本人也曾亲自参加过当地的多次猎虎活动，同时记录了当地人讲述的许多猎虎故事和方法。斯文·赫定也曾在他的《我的探险生涯》中记录了罗布人的另外一种猎虎方法，即，使用捕机：

　　不多几日以后，我们从一间茅舍中寻着一个舵夫。他是一个猎虎的人。我向他买的一张虎皮现在还在斯突柯木（即斯德哥尔摩——笔者注）我的书房中。

　　这里树林中的居民对于猎虎算不得勇敢。老虎咬死了一只牛或马，吃饱以后，便到深林中去休息，等第二天夜间再来吃。他常常随着牧人或牛类所走过的路前来。当时牧人们已经在那通到贪婪的动物卧下的地方的来路上掘好一个坑，口上安设一个捕机。老虎踏着的时候，重的铁框边将它的脚夹住。它无法脱掉这捕机带着它回去。因为不得食物，它便消瘦得可怜，终久必致饿死。过了一星期以后，猎夫才敢出来，骑了马按着那容易寻找的足迹走进老虎身边，将它打死。[3]

1　普尔热瓦尔斯基：《走向罗布泊》，第 118 页。

2　普尔热瓦尔斯基：《走向罗布泊》，第 141-143、234-235 页。

3　斯文·赫定：《我的探险生涯》，孙仲宽译，西北科学考察团丛刊之一，民国 22 年刊本，第 240 页。

除了文字的记述之外，斯氏还描画了一幅虎被捕机所捉住的图画（图 4）：

图 4　罗布泊的虎在捕机中被捉住

注：该图采自《我的探险生涯》第 240 页，原图名为"在捕机中捉住"，此图名为笔者润改。

前引《回疆志》中也有当地"回人猎亦能得"的记载。另，《新疆舆图风土考》记载"回民禁忌猪肉最严，凡驴、狗、虎、豹肉、及牲畜自毙，苟非其人宰杀去血净者，悉不食"[1]，他们狩猎的主要目的并不是食用，而是为了使用或者出售虎产品。《天山南北路考略》记载："新疆……女帽冬夏皆用皮，男帽冬虎皮，夏用绅绫猩氊为顶，倭段为翅"[2]，这是当地人对虎皮的利用，即制帽。《回疆志》记载："兽则熊、虎、狼、鹿、野猪、黄羊、狐、兔。然所获者多不自食，辄售于人以易布货。"[3]《新疆回部志》也说"然所获者多不自食，每以易货布"。[4] 可见，当地人猎虎的主要目的还是用来换取布货等日用品，也就是简单的贸易活动。另有前文所述收藏于瑞典国立民族学博物馆的那张虎皮，就是斯文·赫定在当地人手里买到的[5]，在《我的探险生涯》和《罗布泊探秘》中都有所记载。

在北疆对于新疆虎的捕猎，见于历史文献记载较晚，主要是光绪三十四各

1　乾隆《新疆舆图风土考》卷四"回疆风土记·风俗"，台北：成文出版社，1968 年据清乾隆四十二年刊本影印，第 84 页。

2　龚柴：《天山南北路考略》，《中国西北文献丛书》第 2 辑《西北稀见丛书文献》第 3 卷第 66 册王锡祺《小方壶斋舆地丛钞》本，第 347 页。

3　《回疆志》卷三《畋渔》，第 91 页。

4　《新疆回部志》卷二《畋渔第二十二》，《新疆乡土志稿》本，第 34 页。

5　斯文·赫定：《我的探险生涯》，孙仲宽译，西北科学考察团丛刊之一，民国 22 年刊本，第 240 页。

地纂修的乡土志稿中有所记录，其目的主要是利用虎皮、虎骨。光绪《昌吉县乡土图志·物产》记载当地"特产虎皮、虎骨、豹皮、鹿茸、鹿筋"，其中"虎骨二三具"，"生虎皮、生豹皮二三张，多经山西、陕甘各商收，由陆路运进省或往奇台县城关市镇销行。且主要在本境销行"。[1] 宣统《新疆小正》记载："猎人出北疆，多彪、虎、封豕、麋鹿之属，冬时猎者多鬻于市。"[2] 可见北疆猎户捕虎以出售虎皮、虎骨为主要目的，甚至其收购商、销售路线都有了明确的记录，可以肯定的是，这些虎产品的销售还是"主要在本境销行"的。民国时期谢彬在其《新疆游记》中还记载当时奇台县物产丰盛，依然有"豺虎之皮革"[3]。

因此，人类对于新疆虎的猎杀必然是导致虎数量减少的一个因素。

3. 生物威胁

斯文·赫定在《罗布泊探秘》一书中记载了一个关于新疆虎锐减的有趣原因。他遇到的罗布人告诉他，由于天敌蚂蚁太多，致使幼虎难以成活，所以新疆虎日益稀少：

> 这位当地人还告诉我们在过去两年来，卡拉库勒湖的岸边没有出现过老虎。他给我讲述了一个有关老虎的精彩故事，这个故事听起来难以相信，但当地人坚持说它是真事。他们说，母虎产崽时，总是选择没有蚂蚁的地方，因为成千上万的蚂蚁会包围小虎崽向它发起进攻，直到最后把小虎崽杀死。当地人把过去两年来老虎没有露面的原因归结于此，因为这里的蚂蚁数量比过去大大增加了。如果这个故事出自于其他人口，我就不应在此提及，但这是居住在这里的罗布人告诉我的，他们非常朴实，想象力也非常有限，如果没有事实作为依据，他们不会编造出这样一个故事来。[4]

在塔里木广袤的荒漠密林，百兽之王的天敌竟然是小小的蚂蚁，听起来令人觉得不可思议，但这种说法却广为流传。曾经多次到塔里木考察的杨镰研究员也认为当地人的陈述绝非无中生有。他曾谈到在塔里木考察的时候，有心留意过这种传说中的蚂蚁。它们比一般的蚂蚁略大一些，颜色奇异，在阳光下有些透明，肚子中间有一嘟噜淤血，它们在丛林中发现死尸或者动物产崽的地方就会蜂拥而至，吞噬死尸的血肉或者动物的羊水，因而许多动物产崽前都会找一个蚂蚁少的地方。

---

1 光绪《昌吉县乡土图志·物产》，《新疆乡土志稿》本，第118-119、125-126页。

2 王树枏纂：《新疆小正》，台北：成文出版社，1968年据民国七年铅印本影印，第61页。

3 谢彬：《阳关道及缠回风俗》，出《新疆游记》，《中国西北文献丛书》第4辑《西北民俗文献》第15卷第131册，第324页。

4 斯文·赫定：《罗布泊探秘》第10章"喀喇库顺北部和南部的水道"，第167页。

根据动物学相关研究，这种说法有一定的可能性。蚂蚁属节肢动物门，昆虫纲，膜翅目，蚁科，是地球上种类繁多、数量最多、分布最广的昆虫种类，已经记录的达一万多种，被称为"社会性昆虫"，在大部分的栖地中都是重要的捕食者。其体躯分为头、胸、腹三部，食性很复杂，可以动植物、蜜露或真菌（某些切叶蚁属把死昆虫、虫粪或植物叶子、花等带回巢内作为培养基，在此培养基上培植真菌）等为食。由于蚂蚁能进行群体捕食，所以不仅能捕食植物及体型较小的昆虫，而且也能捕食体型比自身大数倍甚至数百倍的动物。[1] 虎的发情交配期一般在 11 月至次年 2 月，孕期 93～114 天，春末产仔。[2] 而这一季节天气转暖，正是蚂蚁社会的活跃期。因而，如果当地分布有肉食性蚂蚁，虎崽极有可能遭受到蚂蚁的袭击。那么新疆的罗布泊地区有没有可能分布着肉食性或杂食性的蚂蚁，就成为蚂蚁杀虎之说的一个前提条件。

中国蚂蚁分类的具体研究开始较晚，至 1995 年才出版了《中国经济昆虫志·膜翅目·蚁科（一）》一书，内容比较简略，亚科（属）各论中都没有提到新疆分布的蚂蚁，新疆蚂蚁的区系研究尚未有过系统调查及研究成果，更不用说罗布泊地区。1992—1993 年，夏永娟对新疆及其邻近地区蚁科的 3 亚科、17 属、57 种昆虫进行了标本采集、系统描述和测量、绘制种的特征图，并进行分类研究。虽然其采集标本的地点并未涉及罗布泊地区，但其邻近地区的蚂蚁资料亦可提供参考。其中采集自哈密的切叶蚁亚科火蚁属追踪火蚁（*Solenopsis indagatrix wheeler*）的特征与杨镰研究员所描述的蚂蚁最为相似，这种蚂蚁"头和体光滑……体黄色，头部和腹部黄褐色"[3]，的确是"颜色奇异"。如果放到阳光下，其"头和体光滑"、"体黄色"的特征最接近"有些透明"的说法，而"腹部黄褐色"则最接近"肚子中间有一嘟噜淤血"的特征。据查，火蚁属为小型或中型蚂蚁，从热带一直到亚寒带都有分布，属杂食性，其毒液中的毒蛋白会造成被攻击者产生过敏而休克死亡的危险。除了对土栖动物造成严重伤害外，最厉害的是能将泥土中的蚯蚓捕食殆尽。其群体捕食的能力，可以捕食数倍于自身的较大动物。如果罗布泊地区分布有这种追踪火蚁，最有可能对老虎的繁殖过程构成威胁。目前对这一影响新疆虎繁殖的原因探究，尚需相关学科领域的学者积极开展协同研究。

---

1 唐觉等编著：《中国经济昆虫志·膜翅目·蚁科（一）》，北京：科学出版社，1995 年，第 4、15 页。

2 高耀亭等编著：《中国动物志·兽纲·食肉目》，第 356 页。

3 夏永娟：《新疆及其邻近地区蚁科昆虫分类初步研究（昆虫纲：膜翅目：蚁科）》，硕士学位论文，陕西师范大学生物系，1995 年，第 92 页。夏永娟、郑哲民：《新疆蚁科昆虫调查》，《陕西师范大学学报（自然科学版）》1997 年第 2 期，第 64-66 页。

六、结语

　　史前岩画和历史文献记录表明，新疆地区自古有虎。至少距今 1 万～1.5 万年前的新疆地区即有虎分布在阿尔泰山、天山、阿拉套山、玛依勒山等山脉的局部地区。从有关不完全的记载看，新疆虎是中国虎的一个亚种，但是限于资料，目前还无法对其种属的生理解剖特点作出更加详尽的解释。

　　由于新疆地区自然地貌和植被分布的限制，以及虎对于生境的选择，新疆虎的历史分布涉及天山南北，主要区域是靠近河流或者湖泊的边缘，属于山间谷地或者山前冲积扇，也就是绿洲地带。从历史资料分析看来，其基本的空间分布，天山以南多于天山以北。新疆虎至少到清代光绪前期尚较多见，其数量尚为可观，从 1899—1916 年期间开始锐减，一度甚至趋于消失。但 1916 年灭绝的说法并不能成立。

　　由于新疆地区较为严酷的自然条件所限，人类开发区域逐渐侵夺了虎的生存区域，尤其是清代乾嘉以来的大规模屯垦活动。人类活动叠加的自然环境演化造成了新疆虎栖息地的恶化和消失。在北疆人类活动的影响力度大于南疆。在南疆（塔里木河流域），主要是河流多次改道、水源减少、植被减少、野生动物减少、沙漠化扩展等自然条件的变迁，叠加人类的屯垦、狩猎活动，使得虎的生存条件益愈恶劣，导致其数量锐减。蚂蚁群影响新疆虎繁殖的故事，提示了继续研究新疆虎生活史诸多环节的重要性，也只有这样，方能逐步获得对新疆虎的全面认识。

　　包括新疆虎在内的动物资源是人类生存环境中的有机组成部分，新疆虎的消失令人惋惜。动物的消失是其生命活体可能走向灭绝的一个直接信号，前人的种种行为曾加速了这一过程，后人则应该从中汲取保护自然环境的经验和教训。本文以新疆虎为例的动物生存过程再现的研究，即是提供给关心这一事业的人们最好的解说资料。

Surveys，Verification and Research on the Xinjiang Tiger：
A History

CAO Zhihong

Abstract: The issue of the Xinjiang tiger remains an unexplored field in zoology and historical geography. Tigers have lived in Xinjiang for at least ten to fifteen thousand years. Geographically，they were distributed north and south of the Tianshan Mountains，along water courses（rivers and lakes）in mountain valleys，oases and piedmont alluvial plains. Their living environment featured reeds，poon and euphrates poplar and provided them with abundant food. Tigers were numerous up to the early Guangxu period in the later nineteenth century，but their numbers had dropped dramatically by the turn of the century and in the subsequent Republican era. However，there is no evidence to support the view that the Xinjiang tiger had become extinct by 1916. Human activities combined with evolution of the natural environment were the main contributing factors in changing affecting the Xinjiang tiger. They may also have been affected by chance factors in the biological chain；For example，meat-eating ants pose a threat to the tigers' reproduction.

Key words: Xinjiang Tiger；geographical distribution；change of quantity；influencing factors；investigation and affirmance

湖南华南虎的历史变迁与人虎关系勾勒[1]

曹志红

摘 要：目的 利用考古发现和历史文献资料，复原湖南历史时期华南虎数量、分布的历史变化，勾勒不同时期的人虎关系。**方法** 历史文献考证法、统计法、表格法、GIS 制图法。**结果** 虎记录随人类活动范围的扩展、人虎接触的几率增大而逐渐增多，其中明清最多；湖南境内不仅山地和丘陵地区曾有虎分布，平原地区也曾有虎生存其间；湖南全境虎的数量在历史上某一时间断面都至少保持在数百只之多；虎患随时间逐渐增多、加剧。**结论** 湖南全境历史上一直都曾生存有数量比较丰富的华南虎，其种群相对稳定，没有破坏性损失。人虎关系随着历史的发展越来越密切，人虎冲突有加剧的趋势，但并未达到威胁虎的种群生存的程度。

关键词：湖南；华南虎；数量；分布；历史变化；人虎关系

选取湖南地区作为研究区域，是因为该区是历史上华南虎的核心分布区之一。[2] 然而，目前华南虎在该地区的状况不容乐观。1990—1992 年，原林业部与世界野生生物基金会合作，开展了广东、湖南、江西、福建 4 省华南虎及其栖息地调查。估计当时我国福建、广东、湖南、江西交界处华南虎尚有 20～30 只。在 20 世纪 50—70 年代，由于南方人口稠密，经济开发，农垦活动频繁，森林砍伐量大，国家对华南虎的保护措施出台较晚等原因，导致华南虎分布区急剧缩小，种群数量下降很快。时间上溯到商周时期，考古资料显示，在湖南境内当时人与虎之间已经发生某种关系。[3] 仅就以上简单描述，我们将时间做顺序梳理，以湖南为研究地域，以历史上的虎资源和人虎关系作为研究对象，可以清楚地得到两

1 本文原载《西北大学学报（自然科学版）》2012 年第 6 期，第 1000-1006 页，系教育部人文社会科学研究青年基金项目"老虎与人：华南虎种群历史变迁的人文影响因素研究"（12YJC770006）研究成果。

2 马建章，金崑等编著：《虎研究》，上海：上海科技教育出版社，2003 年，第 135 页，书中引用向培伦 1983 年研究。

3 中国考古学会编：《中国考古学年鉴 2002》，北京：文物出版社，2003 年，第 294-295 页，湖南永顺县不二门商周遗址中就出土有虎的动物骨骼和牙齿标本。

条线索。一条是人虎关系呈恶化趋势，一条是虎资源从丰富到几乎灭绝的萎缩趋势。然而实际情况并非这么简单，从一万多年前的更新世到清代，湖南地区的虎资源和人虎关系是随着时间的延续、时代的特点而呈现不同的变化的。那么其变化是什么样的呢？本文即作一梳理。

一、历史文献记录中湖南省华南虎的分布非常广泛

在湖南地区，虎记录的地理分布非常广泛，经过查阅考古资料、历史文献，以及梳理明清湖南 110 部地方志（其中只有弘治衡山县志一部是明代的），以清代行政区划为参照，涉及当时湖南全省包括长沙府、宝庆府、岳州府、常德府、澧州府、衡州府、永州府、郴州、桂阳州、辰州府、沅州府、永顺府、靖州、乾州府、凤凰厅、永绥厅和晃州厅等所有 17 个州府的方志和 60 个县的县志。除凤凰厅、乾州厅外，其他 15 个州府志都有虎记录；以县为单位，60 个县的县志中，除巴陵县、华容县、茶陵县、湘乡县、衡山县、溆浦县、宁远县、武冈州、溆浦县、永定县、保靖县等 11 个县的县志没有虎记录外，其他 49 个县的县志均有虎记录，记录的内容却涉及 59 个县之广，见表 1。

表 1　历史时期湖南虎记录的地域分布及其数量　　　　　单位：条

地名	数量	地名	数量	地名	数量	地名	数量
长沙府	10	衡山县	1	沅陵县	2	临武县	1
长沙县	5	常宁县	2	永顺府	12	靖州	2
安化县	14	安仁县	8	永顺县	1	会同县	3
益阳县	9	衡阳县	8	龙山县	1	绥宁县	1
浏阳县	17	清泉县	5	桑植县	1	通道县	1
宁乡县	11	耒阳县	5	澧州	10	沅州府	3
醴陵县	3	灵县	3	石门县	1	麻阳县	1
湘潭县	7	永州府	1	慈利县	4	黔阳县	3
湘乡县	4	零陵县	1	永定县	2	芷江县	2
攸县	1	祁阳县	1	安乡县	6	永绥厅	2
岳州府	1	道州	2	安福县	3	晃州厅	1
平江县	5	永明县	3	桂阳州	4		
临湘县	3	江华县	1	临武县	5	辰峪县	1
华容县	1	东安县	3	蓝山县	6	新化县	4
宝庆府	3	常德府	4	嘉禾县	1	潭城	1

地名	数量	地名	数量	地名	数量	地名	数量
城步县	8	武陵县	3	郴州	5	普化县	1
武冈州	6	桃源县	6	永兴县	6	化隆县	1
新宁县	1	沅江县	6	兴宁县	8		
邵阳县	1	龙阳县	1	桂东县	3		
衡州府	4	辰州府	3	汝城县	2		

从表 1 可以看出，明清时期湖南 17 个州府中 88%的州府（15 个）曾经有虎分布，方志中没有虎记录的是位于湘西一隅的乾州厅和凤凰厅，从分布广度和地域面积上，可以说，明清时期湖南全境曾经广泛分布着老虎。从分布的密度上考察，所梳理的 60 个县的县志中，49 个县的县志均有虎记录，记录的内容中涉及 59 个县。这 59 个县尚是不完全统计，其面积大概占湖南总面积的 70%，说明当时虎的分布密度非常大。

将这些虎记录落到地图上，可得到图 1，其分布之广可窥一斑。因虎记录在时间分布上的零散性和不均匀性，此处的虎记录分布示意图并未区分时间维度。

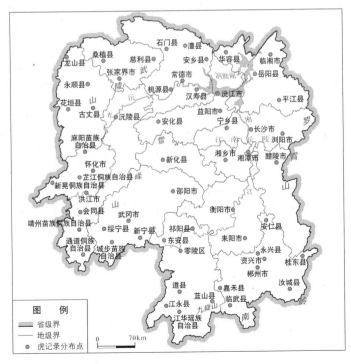

图 1 湖南历史时期虎记录分布点示意图

而将这些虎记录按时间顺序梳理，则又得到以下结果，如表2：

表2　湖南虎记录的时间分布及其数量　　　　单位：条

朝代	年号/在位年数	数量	朝代	年号/在位年数	数量
商周		1		隆庆/6	1
东汉	和帝	1	明	万历/48	8
南北朝	梁/	2		崇祯/17	10
	宋/	1		不确定	6
唐	天宝/	1		顺治/18	25
	熹宗/	1		康熙/61	32
宋	乾德/	1		雍正/13	3
	绍兴/	1		乾隆/60	36
北宋	不明	1		嘉庆/25	12
元	无	无	清	道光/30	10
	建文/4	1		咸丰/11	5
	永乐/22	1		同治/13	60
明	成化/23	4		光绪/34	27
	弘治/18	2		宣统/3	2
	正德/16	1		不确定	8
	嘉靖/45	15	民国		10

需要说明的是，以上数据的统计不是以展示虎资料的齐备为主，而是着重于考察不同时段虎记录的大致特征。明代嘉靖、万历、崇祯年间虎记录较多，清代则顺治、康熙、乾隆、嘉庆、同治、光绪年间居多。

二、实际地形与虎记录分布的匹配程度比较高

根据对华南虎生活习性的研究，华南虎的栖息地主要在森林山地。海拔在300～2 000多米。一般来说，一只老虎的生存领域需要100～200平方千米，至少需要70平方千米的森林。华南虎习惯山地森林的植被环境，这些地区最好人烟稀少，动物资源相对充分，主要捕食对象包括小麂、赤麂、水鹿、毛冠鹿（200只左右）、苏门羚（300只左右）和野猪（150头）等动物。可见华南虎对栖息地的要求是相当高的。

湖南地势属于云贵高原向江南丘陵和南岭山地向江汉平原的过渡地带。湖南

省地形总体上以平原和丘陵为主，南高北低，北部属于长江中下游平原，南部则是丘陵，东西南三面环山，中北部低落，呈蹄形。中部大都为丘陵，多宽广的盆地和谷地，北部为洞庭湖平原，地势低平，海拔大都在 50 米以下。如果按照现代动物学研究认为虎是森林山地动物的说法来看，从湖南总的地势地形分析，除北部地势低平的平原地区不适于华南虎生存外，其他东西南山地和中部丘陵地区都是华南虎生存的适宜地区。然而，历史时期却并非如此。湖南地区，不仅丘陵山地区域有虎分布，平原地区同样有虎生存其间。下文将逐一介绍。

湘西有海拔在 1 000～1 500 米之间山势雄伟的武陵山、雪峰山盘踞，是湖南省东西交通的屏障。雪峰山从城步苗族自治县至益阳县境是资水和沅水的分水岭，是湖南省东、西自然条件的分界线。西南部城步县的二宝鼎，峰顶海拔 2 024 米。对照表 1，湘西地区的永顺府及其下辖的永顺县、龙山县和桑植县，永绥厅，晃州厅，沅州府及其下辖的麻阳县、黔阳县（今洪江市）和芷江县，靖州及其下辖的会同县、绥宁县和通道县，宝庆府下辖城步县等 2 府、1 州、2 厅、10 县都有虎记录。这一地区只有乾州厅和凤凰厅两个地域狭小的厅没有虎记录，这并不意味此二厅实际上不曾有虎分布，可能只是资料疏漏也未可知。

湘南有南岭山脉，峰顶海拔都在 1 000 米以上，向东西方向延伸，是长江和珠江水系的分水岭，山间盆地较多，谷地为交通要道。有道县的韭菜岭，峰顶海拔 2 009 米。对照表 1，湘南地区的永州府及其下辖的零陵县（今零陵区）、祁阳县、道州（道县）、永明县（今江永县）、江华县和东安县，桂阳州及其下辖的临武县、蓝山县和嘉禾县，郴州及其下辖的永兴县、兴宁县（今资兴市）、桂东县和汝城县等 1 府、2 州、13 县都有虎记录。

湘东有幕阜、连云、九岭、武功、万洋、诸广等山，海拔一般为 500～1 000 米，均为东北-西南走向。湘东最高点是炎陵县的斗笠顶，峰顶海拔 2 052 米。东南部有桂东县的八面山，峰顶海拔 2 042 米。对照表 1，湘东地区的岳州府下辖的平江县，长沙府下辖的浏阳县和醴陵县，衡州府下辖的酃县（灵县）4 县都有虎记录，而且非常丰富。位于这一地区的茶陵未见有虎记录。

湘中为海拔 500 米以下的丘陵，台地广布。这些盆地多为河谷沟通，并有河流冲积平地。湘北为洞庭湖及湘、资、沅、澧四水尾闾的河湖冲积平原，海拔多在 50 米以下。对照表 1，湘中地区的宝庆府及其下辖的武冈州、新宁县和邵阳县，衡州府及其下辖的衡山县、常宁县、安仁县、衡阳县、清泉县（今衡南县）和耒阳县，辰州府及其下辖的沅陵县，长沙府及其下辖的长沙县、安化县、湘潭县、宁乡县和湘乡县等 4 府、15 县都有虎记录。

湘北地区以洞庭湖平原为主，全省最高点和最低点都在这一地区。西北部有石门县的壶瓶山，峰顶海拔 2 099 米，是省内最高点。全省地势的最低点，是东北部临湘县的黄盖湖西岸，海拔只有 24 米，与省内最高点相差 2 000 米左右。对照表 1，湘北地区的澧州及其下辖的石门县、慈利县、永定县、安乡县和安福县，岳州府及其下辖的临湘县和华容县，常德府及其下辖的武陵县、桃源县、沅江县和龙阳县等 3 府、11 县都有虎记录，在平原地区有虎分布，这在历史时期的虎地理分布特征上已经不是独有的现象，例如在江西的赣北河湖平原、华北平原等地区同样曾经有虎分布。因此，根据这些记载，我们可以对现代动物学对于虎的生境选择条件的认识做以补充和修正，前提是具有茂密的植被、充足的水源和丰富的食物。

　　湖南全省东、西、南三面山地环绕，逐渐向中部及东北部倾斜，形成向东北开口不对称的马蹄形。省内大于海拔 2 000 米高点的分布与地势总特点基本一致，集中分布在东、南、西三面的山地之中。这一马蹄形的山地区域中包括湘西、湘南和湘东，通过与表 1 中的虎记录对比，匹配度很高。湘中的丘陵、台地地区，通过与表 1 中的虎记录对比，匹配度也很高。而以平原为主的湘北地区，通过与表 1 中的虎记录对比，也有大量虎记录存在。通过实际地形与文献记录两相印证，可以说明三个问题：一是历史时期湖南的地形地貌等自然环境是适宜华南虎生存的；二是文献资料中的虎记录是有客观条件依据的；三是平原地区当时的自然条件优越，尚适宜虎生存。

三、历史时期湖南地区华南虎种群的时代变迁大势及人虎关系

　　湖南因虎分布较多且广，因此历史文献记载颇丰。据目前对相关考古资料、历史文献和湖南明清方志的不完全统计，湖南虎记录合计 289 条，其中商周时期 1 条，东汉时期 1 条，南北朝 3 条，唐代 2 条，两宋 3 条，明代 49 条，清代 220 条，民国 10 条。明清合计占所有虎记录的 93.08%，仅清代就占了总数的 76.12% 之多。

　　就目前整理方志所掌握的资料，从地域覆盖面上可以复原明清时期，尤其是清代湖南虎的分布情况。由于本文所采用资料大都是清代方志，如前所述，追溯明代以前的虎记录只有 10 条，明代比较丰富，清代更相对充分，所以就时间序列而言，可以复原明清两代湖南虎的时代变迁趋势，以及整个清代湖南虎的时代变迁趋势。

　　虽然明代以前湖南虎记录非常有限，几乎不可能复原明代以前漫长历史时期

湖南境内华南虎的变迁情况，但是从有限的资料中还是可以管窥一斑。

1. 元代以前湖南虎记录的逐渐增多与华南虎种群的广泛分布

一万多年前的更新世，在湖南境内已经有虎广泛分布。在位于湘东的攸县背溶洞（位于攸县的洣水流域内）和位于湘北的慈利县笔架山硝洞的晚更新世堆积中，都发现有虎的化石。根据何业恒的研究，这种虎不是更新世以前的剑齿虎，而是后世华南虎的祖先。[1]

商周时期湖南虎数量比较丰富。2001 年 3 月，湖南省永顺县不二门商周遗址出土了十分丰富的动物骨骼和牙齿标本。动物属种包括猪、野猪、豪猪、牛、羊、虎、豹、熊、鹿、獾、獐、大熊猫、猞猁、鼠、竹鼠、鳖以及其他食肉类、禽鸟类、鱼类动物。[2] 由此可推测，首先，商周时期湖南已经有虎生存；其次，又由于虎骨是在人类遗址中发现的，说明当时人与虎已经发生了某种关系，或者是互为猎食对象，或者是人类捡取虎尸、虎骨进行利用等；其三，从出土的猪、野猪、豪猪、牛、羊、虎、豹、熊、鹿、獾、獐、大熊猫等动物骨骼可推知，这些动物与虎生活在同一生态环境之内，而它们正是虎的捕食对象，食物极为丰富，可进一步推知商周时期虎的生存境遇是比较好的；其四，在人类遗址中发现虎的遗存，说明当时虎的分布也是比较广泛的，虎资源也比较丰富，不像现在我们几乎找不到野生虎。何业恒在对湖南安化县、醴陵县、衡阳市出土的虎食人卣、象尊上的虎饰以及牛尊和大钺鋬上的虎饰等器物的研究，认为这些器物具有写实倾向，从上述虎形器物的普遍出土，也反映出商代湖南虎数量之多，分布之广。[3]

春秋战国时期，湖南虎资源也不少。在湘北澧县九里乡发掘的一号大型楚墓的随葬物种，有单座虎和双座虎等虎形漆器。这反映春秋战国时期，湖南北部一带虎资源也不少。

根据上述商周时期湖南虎资源的研究，湖南永顺、慈利等湘南有虎的证据，分析当时人虎冲突的程度，除非发生重大自然事件，否则不至于导致虎资源大量消亡或发生数量上的重大变化，既然以平原为主的湘北地区都有虎存在，那么可由此推测，湘东、湘西、湘南的山地地区以及湘中的丘陵台地等更适宜虎生存的地区更应该有虎存在。

东汉时期湖南也多有虎存在，甚至发生虎患。东汉和帝时（88—105 年）在今湖南省郴州市临武县、两广及越南北部就有虎患发生。"唐羌，字伯游，辟公府，

1 何业恒：《中国虎与中国熊的历史变迁》，长沙：湖南师范大学出版社，1996 年，第 108 页。

2 中国考古学会编：《中国考古学年鉴 2002》，北京：文物出版社，2003 年，第 294-295 页。

3 何业恒：《中国虎与中国熊的历史变迁》，第 108 页。

补临武长。县接交州，旧献龙眼、荔枝及生鲜，献之，驿马昼夜传送之，至有遭虎狼毒害，顿仆，死亡不绝。"[1] 当时甚至连首府长沙附近也有严重虎患发生，"豫章刘陵，字孟高，为长沙安成长。先时多虎，百姓患之，徙他县。陵之官，修德政，踰月，虎悉出陵界，去民皆还。"[2] 这些资料说明东汉时期湖南虎的数量非常丰富，且有一定的人虎冲突发生。

魏晋南北朝时期湖南虎依然丰富，虎患也时有发生。"梁高祖武皇帝天监元年（502 年）夏四月，追封皇弟萧融为桂阳郡王，谥曰简，以兄子象袭爵，后督湘衡诸军、湘州刺史，有善政，弭虎患。"[3] 这件事还记述在《册府元龟》里："桂阳王象为湘州刺史，湘州旧多猛虎为暴，及象任州日，四猛虎死于郭外，自此静息，故老咸称德政所感。"[4] 湘州即今湖南省长沙市地域，当时人认为虎患的发生和消除与为政善恶有关，这一方面是以虎为神兽，有迷信思想；另一方面也有现实缘由，如果当政者残暴，则或生产凋敝，城野荒驰，或民逃逸山林，则虎患发生也是可想而知的，这也正是"苛政猛于虎"的现实根源。虎患也成为衡量为政善恶的一个指标和警预恶政的风向标或前兆。说明当时虎患发生较为频繁，这也是与当时动荡的局势相符合的。

唐代湖南虎资源颇丰，时有重大虎患发生，虎已经深入民间文化。由于安史之乱的影响，百年间的历史，见证了唐代由极盛转衰的过程，人口也随社会政治经济的盛衰而波动，战争正是人口减少的直接因素。天宝初年（742 年）衡山发生重大虎患，"山路既开，寺外虎豹忽而成群，日有所伤不能禁，懒残曰：'授我箠，为尔尽驱之。'众皆曰：'大石犹可推，虎豹当易制。'遂授以荆梃从而观之，方出门一虎唧之而去，虎亦绝迹"[5]。唐代喜宗时期（874—888 年）虎已经深入湖南民间文化，浏阳金刚镇石霜村就有因虎为泉水起名的事件，"虎爬泉，在霜华山，山初开时苦远汲，寺僧夜闻虎吼，诘旦视之，崖有虎迹，泉喷如沸"[6]。佛教以虎为显示自己影响力的一种符号，说明当时虎已经深入民间文化，而重大虎患的发生，尤其是以独居性为显著习性的虎开始成群出现（虽然这条资料的传

1 《后汉书》卷十《谢承后汉书第二》。

2 《太平御览》卷八九一《兽部三·虎上》，引谢承《后汉书》。

3 同治《桂阳直隶州志》卷三《事纪》，《中国地方志集成·湖南府县志辑》第 32 册，南京：江苏古籍出版社，2002 年，第 44 页。

4 《册府元龟》卷六八一《牧守部·感瑞》。

5 弘治《衡山县志》卷四《仙释》，《中国地方志集成·湖南府县志辑》第 38 册，南京：江苏古籍出版社，2002 年，第 110 页。

6 乾隆《长沙府志》卷一二，《中国地方志集成·湖南府县志辑》第 1 册，南京：江苏古籍出版社，2002 年，第 260 页。

说性比较大，但也反映了一定的事实背景），一方面表明虎资源颇为丰富，另一方面说明人虎接触比较多，第三方面说明在某些区域人的活动已经严重侵犯了虎的领地，人虎冲突趋向恶化。通常认为人口的大幅度增加导致人虎接触增多以及人虎冲突加剧，而安史之乱后人口的大幅度减少与上述结论好像是矛盾的，其实不然，因为战乱往往是引发虎患的一种原因（关于虎患问题另文有述，故此不赘述）。

宋代湖南有丰富的虎分布，并且虎资源的利用进入官方渠道，虎患发生的程度已需要官方介入解决。五代到宋元，由于中国历史上第二次大规模人口南迁，湖南人口又发展起来。人口的大幅度增加并没有造成宋代湖南丰富的虎种群的大规模削减。同治《永顺府志》记载宋乾德四年（公元966年）"南州进铜鼓，下溪州刺史田思迁贡铜鼓、虎皮、麝脐"[1]。官方以虎皮作为贡品，而贡品一般会有数量和品质要求，这从侧面反映了虎资源的丰富，同时也反映了人类对虎资源的利用。而该时期虎患发生的剧烈程度已需要官方介入解决，说明人口的大幅增加和农业的进一步开发导致了人虎冲突的加剧。如发生在桃源的虎患："绍兴初，县令姚孳来任，姚孳为县令……邑有虎患，孳为文祷于神三日，虎仆社旁。"[2] 这反映出虎数量的丰富和人虎冲突的加剧。

元代虎记录暂付阙如，但据后文所述明清丰富的虎记录可确知，元代虎的分布依然广泛并且数量丰富。

2．明清以来湖南虎患的凸显与华南虎种群的数量、分布变化

明代湖南虎数量丰富，虎患频繁发生，人虎冲突加剧。通过梳理明清方志，得到明代虎记录49条，这些虎记录涉及4府、21县，遍布湖南，分布广泛（见图2），按记载的内容分，其中虎患就有46条，大多仅以"虎"、"虎患"、"虎乱"、"多虎"、"多虎患"、"群虎"等不确定表达描述虎的数量。根据拙文中的虎患分级标准[3]，这些记录中的虎患为Ⅱ、Ⅲ级，每次虎患出现的虎数量为2～5只，以全部49条资料为统计基数，粗略估算一下虎的数量，至少在百只左右，这还只是所涉及的4府21县的不完全统计，以地域面积推算，湖南全境的虎数量应是这4府21县的数倍。如果每只老虎都能在各自领地顺利繁衍，可以推算，明代湖南全境虎的数量在某一时间断面上至少有数百只之多。

1．同治《永顺府志》卷九《土司》，《中国地方志集成·湖南府县志辑》第68册，南京：江苏古籍出版社，2002年，第335页。

2　光绪《桃源县志》卷七《职官志·政绩》，《中国地方志集成·湖南府县志辑》第80册，南京：江苏古籍出版社，2002年，第246页。

3　曹志红：《老虎与人：中国虎地理分布和历史变迁的人文影响因素研究》，陕西师范大学博士学位论文，2010年，第142-144页。

　　清代湖南虎数量丰富，分布广泛，虎患事件经常发生。结合表 1，整理这一时期的虎记录，其分布绘图 3：

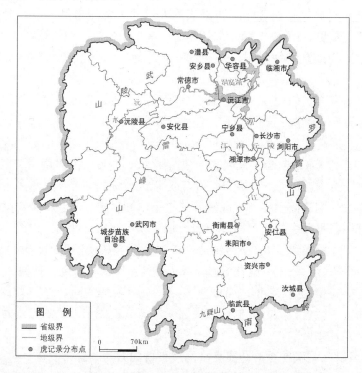

图 2　湖南明代虎记录分布点示意图

　　从前述表 1 和图 3 可以看出，清代湖南 17 个州府中 88% 的州府（15 个）曾经有虎分布，方志中没有虎记录的是位于湘西一隅的乾州厅和凤凰厅，从分布广度和地域面积上，可以说明清时期湖南全境曾经广泛分布着老虎。从分布的密度上考察，所梳理的 60 个县的县志中，49 个县的县志均有虎记录，内容涉及 59 个县。这 59 个县尚是不完全统计，已占当时湖南 84 个县级行政区（包括县、县级州、县级厅、地方长官司）的 70%，而实际比率肯定大于这一数字，说明当时虎的分布密度也非常大。以清代 220 条资料为统计基数，考虑"多虎"、"多虎患"、"群虎"等不确定表述描述虎的数量，粗略估算一下虎的数量应至少在 400 只左右，由于资料所显示的只是当时湖南 84 个县级行政区的 70%，所以清代湖南虎的总数在某一时间断面至少约有 600 只。

　　将明清两代同地虎记录进行统计，可得表 3：

图 3　湖南清代虎记录分布点示意图

表 3　明清相同地域虎患及虎记录数量对比　　　　　　　　单位：条

地域	明代虎患记录	明代其他记录	清代其他记录	清代虎患记录
安化县	1	—	3	10
安仁县	3	—	2	2
安乡县	4	—	1	1
长沙府	4	—	1	3
长沙县	1	—	—	4
常德府	2	—	—	1
兴宁县	3	—	1	5
辰州府	1	—	—	2
城步县	1	1	1	5
桂阳县	1	—	2	—
衡阳县	1	—	3	4
衡州府	2	—	1	1
华容县	1	—	—	—
耒阳县	2	—	2	1
澧州府	3	—	3	3
临武县	1	—	1	3

地域	明代虎患记录	明代其他记录	清代其他记录	清代虎患记录
浏阳县	5	1	2	8
宁乡县	3	—	2	6
清泉县	1	—	1	3
武冈州	1	—	1	4
湘潭县	1	—	1	5
永州府	1	—	—	—
沅江府	2	—	—	4
临湘县	1	—	1	1
新化县	—	1	2	1
合计	46	3	32	82
总计	49		114	

如表 3，对比明清两代虎记录，以明代所有资料覆盖的 4 府 21 县的数据为参数，明代虎记录总共 49 条，而清代是 114 条，清代是明代的 2 倍多；明代虎患记录条数是 46 条，清代虎患记录条数是 82 条，清代是明代的 1.78 倍；其他事项明代是 3 条，清代是 32 条，清代是明代的 11 倍。从以上对比可看出，清代的人虎关系更加密切。

然而不能简单得出湖南清代的虎种群比明代丰富这样的结论。从表 3 可以看出，明代的华容县和永州府各发生一次虎患，而清代这两个地方，却没有虎记录。这恰恰说明明代的虎分布未必没有清代广泛。由于永州府下辖数县，明代记录并未具体显示是哪个县，而清代方志中，虽然永州府志中无虎记录，但是永州府下辖的 6 个县的县志中均有虎记录。那么以华容县为参照地区，乾隆《岳州府志》记载："明嘉靖二十六年，华容城中虎伤人。自五年以来连岁患虎，城中伤人甚众。日暮家为扃户，途不敢行。"[1] 自嘉靖五年至嘉靖二十六年连续 22 年华容县都发生虎患，说明当时华容县虎数量是很丰富的。然而在同本县志中却没有清代任何的虎记录，很明显清代时期华容县的虎可能已经灭绝。不过尚没有更多资料显示，清代时期湖南的虎种群比之明代有大规模消亡。

民国时期湖南仍有丰富的虎广泛分布，虎患事件经常发生。在仔细查阅民国湖南方志后，从前述表 1 可以看出，民国有 10 条虎记录，涉及从最北澧州至最南的汝城、永顺、蓝山四地，说明民国时期湖南的虎资源仍然比较广泛。以蓝山县为例，据成书于民国二十一年（1932 年）的《蓝山县图志》，其"食货"载"虎

---

1 乾隆《岳州府志》卷二九《事纪》，《中国地方志集成·湖南府县志辑》第 6 册，南京：江苏古籍出版社，2002 年，第 406 页。

深山间有"[1]，"事纪"中则记载了 4 条虎患记录，其中 1 条时代不明，其他 3 条发生在民国十六年（1927 年），"南平乡塔水葫芦冲有猛虎三只，噬死蒋某二人"[2]。民国十九年（1930 年），"蓝山虎害人畜，及野猪豺狼，盖所常见，获虎皮颇异，特记之"[3]；"十一月毛俊山庄居民圈获一虎重可二三百斤"[4]。从虎患发生的频率，以及民国十六年（1927 年）一次出现 3 只虎，可见当时蓝山乃至湖南的虎数量还是比较丰富的，当然人虎冲突也相对剧烈。

四、结论

从 1 万多年前的更新世到民国时期，湖南地区的虎资源和人虎关系随着时间的延续、时代的特点而呈现不同的变化。

首先，历史时期的虎记录随人类活动范围的扩展、人虎接触的几率增大而逐渐增多。其中明清最多，合计占全部记录的 93.08%，且明代以嘉靖、万历、崇祯年间较多，清代则以顺治、康熙、乾隆、嘉庆、同治、光绪年间居多。

其次，通过实际地形与文献记录两相印证，证明历史时期湖南的自然环境是适宜华南虎生存的。资料显示，自商周时期至民国，湖南境内虎资源一直是比较丰富的，并且分布广泛。从湖南总的地势地形分析，不仅东西南山地和中部丘陵地区有虎分布，北部地势低平的平原地区同样有虎生存其间。

再次，以明清时期虎患记录的虎数量横向推算，明清时期湖南的虎至少有 600 只左右；纵向回溯推算并顺延，则自商周时期至民国时期湖南全境虎的数量在某一时间断面上都至少保持在数百只之多。由于这段漫长的历史时期内人口的增加，农业开发的力度都没有达到破坏性地压缩虎的生存空间的程度，以及没有出现湖南全境的大规模打虎运动，所以虎种群相对稳定，没有破坏性的损失，其丰富程度变化不大。

最后，人虎关系各时代都有不同的特点，随着历史的发展、人类生产活动的进步，人虎关系越来越密切，人虎冲突有加剧的趋势，越到后来人虎冲突（尤其是虎患）越频繁，烈度越来越大，发生的地域范围也越来越广。由于虎适宜生存

1　民国《蓝山县图志》卷二一《食货》，《中国地方志集成·湖南府县志辑》第 47 册，南京：江苏古籍出版社，2002 年，第 316 页。

2　民国《蓝山县图志》卷八《事纪下》，第 141 页。

3　民国《蓝山县图志》卷八《事纪下》，第 144 页。

4　同上。

在山地和丘陵地区，而人类的农业生产逐渐向坡地、丘陵和山地发展，所以发生虎患的地域地形以山地和丘陵为主，平原地区则虎患较少。

Human-Tiger Relationship and Historical Change of South China Tiger in Hunan Province

CAO Zhihong

Abstract: **Aim**—By reviewing and analyzing the archeological materials and the records of tigers in historical literatures, the quantity and spatial-temporal change of tigers in history in Hunan area was restored, and also the human-tiger relationship was analyzed. **Methods**—Analyzing method on historical literatures, statistic method, using sheets and GIS. **Results**—The quantity of tiger records increased with the regional expanding of people's activity. The South China tiger distributed both in mountain and flat area of Hunan. Each period, the tiger quantity was around several hundreds at least. Tiger disaster happened more and more frequently with the time passed. **Conclusion**—South China tiger distributed in whole Hunan area, with big and steady quantity. Human-tiger relationship got more and more intimate since time passed, while the human-tiger conflict had an anabatic tendency.

Key words: Hunan Province; South China tiger; quantity; distribution; historical change; human-tiger relationship

人类活动影响下福建华南虎种群的历史分布[1]

曹志红

摘 要：目的 利用考古和历史文献资料，探讨福建地区自古以来在人类活动轨迹映射下的华南虎地理分布情况。**方法** 历史文献考证法、统计法、表格法、GIS 制图法。**结果** 虎记录随人类活动轨迹的延展而不断增多、扩散：史前主要在闽西中低山丘陵区和近海的闽东地带；先秦至隋虎记录阙如，但虎有分布并且生存条件优越；唐至五代零星出现于闽北、闽东的山地；两宋至元闽北、闽东虎记录继续增加，并扩展至闽西、闽南，山地、平原都有；明清至民国虎记录遍及福建全境，平原、山地、沿海皆有。**结论** 福建历史上华南虎分布广泛，遍及全省境域。在人类活动轨迹之内的分布涉及当前 9 个地级市及其所辖 14 个县级市、40 个县（区），其中有 12 个市（县）是华南虎的典型栖息地。

关键词： 福建；人类活动轨迹；华南虎；历史分布

福建，东面临海，其余三面环山。全省地貌以山地丘陵为主，占全省总面积的 95%。由于自然条件优越、生态环境良好，自第四纪以来哺乳动物的种类就十分繁盛，其动物地理区划属于东洋界东南亚区系。该地自有史以来就是中国境内华南虎亚种数量最多、活动最频繁的主要分布地区之一，也是现在华南虎最有可能的生存地区之一。纵贯上杭县、龙岩市、连城县三地的梅花山自然保护区至今被称为"华南虎的故乡"和"最理想的栖息地"。1990—2003 年尚有至少 3 个家族 7 只华南虎在此生存繁衍。[2] 本文试图探明本地区人类活动轨迹映射下华南虎种群的历史分布情况。

1 本文原载《西北大学学报（自然科学版）》2013 年第 3 期，第 480-485 页。系教育部人文社会科学研究青年基金项目"老虎与人：华南虎种群历史变迁的人文影响因素研究"（12YJC770006）研究成果。
2 王恺主编：《中国国家级自然保护区》（全 3 册），合肥：安徽科学技术出版社，2003 年，第 505 页。

一、史前时期[1]福建古人类遗址与华南虎的遗存分布

1. 资料来源

以虎化石和虎骨骼为主的虎遗存的发掘和出土是主要资料来源。

2. 虎遗存出土情况

根据学界的考古研究结果，福建地区有据可考的最早虎分布记录以旧石器时代的化石为主要依据。该地区虎化石的类型以大量单个虎犬齿、前臼齿、裂齿为主，其时间主要是第四纪的晚更新世，年代测定为 126 000 年（±5 000 年）至 10 000 年，主要分布在三明市[2]、宁化县[3]、清流县[4]、明溪县[5]、将乐县[6]、石狮市[7]等 6 个市县的 8 个地点。

根据《福建第四纪哺乳动物化石考古发现与研究》的鉴定，这些虎齿化石从更新世中期至全新世的地层中都有发现，分布广泛，为一现生种。就福建的材料来看，牙齿的尺寸显然比北方的要小一些。根据不同地区老虎生物特征的区域差

---

1 本节所使用的虎遗存资料时间断限，上自第四纪晚更新世，下至距今 3 500 年前，依据中国夏商周断代工程的研究结果，夏的年代为公元前 2070—前 1600 年（夏商周断代工程专家组编著：《夏商周断代工程 1996—2000 年阶段成果报告（简本）》，北京：世界图书出版公司北京公司，2000 年，第 86 页），则本节所述应为史前至夏时期的虎记录情况，因夏代中华文明区尚在黄河流域，福建地区尚属蒙荒地带，无历史文献记载，因此，为行文叙述便宜，统而称之"史前时期"。

2 范雪春，郑国珍：《福建第四纪哺乳动物化石考古发现与研究》，北京：科学出版社，2006 年，第 33-39 页。

3 范雪春，郑国珍：《福建第四纪哺乳动物化石考古发现与研究》，北京：科学出版社，2006 年，第 16-17 页；尤玉柱，蔡保全：《福建更新世地层哺乳动物与生态环境》，《人类学学报》1996 年第 4 期，第 335-346 页；福建省地方志编纂委员会：《福建省历史地图集》，福州：福建省地图出版社，2004 年，第 229 页"自然图组·史前时代兽类分布"图组。

4 范雪春，郑国珍：《福建第四纪哺乳动物化石考古发现与研究》，北京：科学出版社，2006 年，第 27-30 页；尤玉柱，蔡保全：《福建更新世地层哺乳动物与生态环境》，《人类学学报》1996 年第 4 期，第 335-346 页；中国考古学会编：《中国考古学年鉴 1992》，北京：文物出版社，1994 年，第 219 页。

5 范雪春，郑国珍：《福建第四纪哺乳动物化石考古发现与研究》，北京：科学出版社，2006 年，第 21-22 页；尤玉柱，蔡保全：《福建更新世地层哺乳动物与生态环境》，《人类学学报》1996 年第 4 期，第 335-346 页。

6 范雪春，郑国珍：《福建第四纪哺乳动物化石考古发现与研究》，北京：科学出版社，2006 年，第 24-26 页；尤玉柱，蔡保全：《福建更新世地层哺乳动物与生态环境》，《人类学学报》1996 年第 4 期，第 335-346 页；中国考古学会编：《中国考古学年鉴 1991》，北京：文物出版社，1994 年，第 192 页。

7 范雪春，郑国珍：《福建第四纪哺乳动物化石考古发现与研究》，北京：科学出版社，2006 年，第 43 页，书中记录："近年来，石狮市博物馆从著名渔乡——祥芝镇祥渔村渔民手中不断收集到从台湾海峡海底打捞出来的脊椎动物骨骼化石。这些化石最先存放于海边的'万阴祠'中。据了解，渔民打捞位置在海峡中线以东北纬 23°30′，东经 119°20′～120°30′的捕鱼作业区。据当地渔民提供信息，最早打捞出的化石数量十分可观，但因定期销毁，故所存材料有限。厦门大学的蔡保全教授最先对石狮市博物馆馆藏标本作了初步鉴定。其中有虎。"

异性，当前分布于华南地区的老虎属于华南虎亚种。根据同一地区同一物种的繁
衍规律，在未发生大的生物突变的情况下，史前时期和历史时期该地区的老虎同
属于华南虎亚种。华南虎亚种的体型特征在所有的虎亚种中是比较小的，尤其与
分布于东北地区体型庞大的东北虎亚种相比。该鉴定研究为历史上福建地区的虎
属于华南虎亚种提供了依据。

新石器时代的虎分布以虎骨的出土为主要依据，主要在平潭县壳坵头[1]、闽侯
县昙石山[2]和霞浦县黄瓜山[3]等古人类遗址中出土。虎骨仍然是以虎齿为主。

3. 史前时期华南虎的地理分布及其生存环境

根据前文所述，我们可以绘制出史前时期华南虎的地理分布图（见图1），共
涉及9个市县的11个地点。

考察各虎遗存地点的地理位置、地貌特征、遗址文化特征和伴生动物种类，
大体可以勾画出史前时期福建地区古人类群体与虎种群的生存环境及其生活面
貌：体型较小的华南虎或者生活在闽西海拔250～528米的中山、低山丘陵区域的
岗阜上，或者生活于闽东沿海地带海拔5～50米的海口、江边的小山丘上，与古
人类相伴相生。它们生活的时代气候温暖，生活的地点群山环绕，森林密布，水
源丰富，食物众多。它们或者到山涧林中、或者到丘陵地带捕食成群的野猪、梅
花鹿、水鹿、斑鹿等有蹄类食草动物，或者偶尔觊觎人类驯养的猪、牛等家畜，
也许哪一次捕食不慎，反倒令它自己成为以渔猎和采集为主要生存方式的人类的
猎物。

1 福建省博物馆：《福建平潭壳坵头遗址发掘简报》，《考古》1991年第7期，第587-599页；福建省地方志编纂委
员会：《福建省历史地图集》，福州：福建省地图出版社，2004年，第229页"自然图组·史前时代兽类分布"
图组。

2 祁国琴：《福建闽侯县昙石山新石器时代遗址中出土的兽骨》，《古脊椎动物与古人类》1977年第4期，第301-306
页；华东文物工作队福建组，福建省文物管理委员会：《闽侯县昙石山新石器时代遗址探掘报告》，《考古学报》1955
年第十册，第53-68页；福建省文物管理委员会、厦门大学人类学博物馆：《闽侯县昙石山新石器时代遗址第二至四
次发掘简报》，《考古》1961年第12期，第669-672、696页；福建省文物管理委员会，厦门大学考古实习队：《福
建闽侯县昙石山新石器时代遗址第五次发掘简报》，《考古》1964年第12期，第601-602、618页；福建省博物馆：
《闽侯县昙石山遗址第六次发掘报告》，《考古学报》1976年第1期，第83-119页；刘诗中：《华南新石器时代遗存与
先越文化》，《南方文物》1995年第3期，第52页；福建省地方志编纂委员会：《福建省历史地图集》，福州：福
建省地图出版社，2004年，第229页"自然图组·史前时代兽类分布"图组。

3 福建省地方志编纂委员会：《福建省历史地图集》，福州：福建省地图出版社，2004年，第229页"自然图组·史
前时代兽类分布"图组；林公务：《黄瓜山遗址的发掘与认识》，《福建文博》1990年第1期；福建省博物馆：《福
建霞浦黄瓜山遗址发掘报告》，《福建文博》1994年第1期。

图 1　福建史前时期虎遗存记录分布点示意图

二、历史时期福建人类活动轨迹与华南虎记录分布

1. 资料来源及虎记录的数量

　　复原和考察历史时期虎的分布变迁主要依靠历史文献中的虎记录。从时间上来分，资料来源为：①先秦至元代，主要通过对传统文献和主要类书的耙梳获得，采用《汉籍全文检索系统》（第四版）和《文渊阁四库全书电子版》进行检索、提取，基本囊括了历代的经史子集文献；②明清和民国，主要搜览由江苏古籍出版社（今凤凰出版社的前身）、上海书店和巴蜀书社协作出版的《中国地方志集成·福建府县志辑》系列共 79 部方志中的虎记录，以及一些清代文集等。

　　经不完全统计，福建地区的虎记录共计 308 条，其时代分布情况如下表：

福建历史时期虎记录分时汇总表　　　　　　　　　单位：条

朝代	记录数量
唐代	6
五代	2
北宋	6
南宋	9
元代	12
明代	83
清代	155
民国	35
总计	308

　　据上表，福建地区的虎记录最早始于唐代，之前未见记载。这与福建地区的社会发展进程有关。福建地区虽然历史悠久，自原始社会就已有人类活动，但是它却是东南地区经济开发较晚的地区。福建历史时期曾长期地广人稀，至唐末五代才开始真正的开发，其文献历史发展比较晚。因此，唐代以前虎记录阙如，至唐、五代、两宋至元代的虎记录也是相对分散且数量较少，合计36条，占全部虎记录的11.65%；明、清、民国三个时期的虎记录较多，其中明代83条，占26.86%；清代155条，占50.16%；民国35条，占11.33%。很显然，虎记录在时间分布上很不均匀。之所以出现这样的情况，与福建地区的社会发展进程有关，也和中国历史文献记述的总体特点相关。

　　2. 先秦—隋：经略不足、虎记录阙如与虎的优越生境

　　先秦两汉时期，福建地区主要是闽、越人的活动空间，这两个群体或为原始蛮种部落、或为败逃至闽的越国王族后裔，均缺乏本民族自身的文献历史。秦汉虽在福建设治立县，但是中原王朝对此地的统治一直是间接的、局部的。自三国，历两晋南北朝，直至隋定天下，福建地区的郡县设置与归属虽时有变更，但总体上，中原对该地的经略依然不足，因此文献著录所涉甚少，即便有所涉及也是重在天下大势，因此，就笔者所及，该时期历史文献中的虎记录暂付阙如。

　　虎记录的阙如，并不表明没有虎存在。前文已述，史前时期华南虎就已在这里生存繁衍，如无特大自然灾异事件，在不受人类活动干扰的前提下，动物种群在其生存环境中的自然繁衍过程是不会中断的。当时人的经略不足恰恰说明当时该地地广人稀，人类活动的范围尚未与虎的生活领地发生直接的、频繁的联系，这反而为华南虎种群的生存繁衍提供了广泛的空间和优越的自然条件。《汉书》记载"（闽）越，方外之地，……越非有城郭邑里也，处谿谷之间，篁竹之中，……地深昧而多水险……行数百千里，夹以深林丛竹，水道上下击石，林中多蝮蛇猛兽"[1]。可见当时福建大部分地区尚处于原始的未开发状态。

人类活动的轨迹所及之处与虎的生活领地少有交接，既是历史文献中虎记录暂付阙如的原因之一，也成为该时期虎的分布地点无法确举的促狭之处。然虎在这一地区的分布是毋庸置疑的，一者，如前文所述，可以据史前有虎可推断此地依然有虎；二者，亦可据后来的记载追溯：据《三山志》描述，在唐初时福建三山地区依然是"穹林巨涧，茂木深翳，小离人迹，皆虎豹猿猱之墟"[2]。确证了在这片没有完全开发的原始林区尚有虎分布，则此前的先秦至隋必定有虎分布，且其生存环境的自然条件极为优越。

3. 唐—五代：开发伊始、虎记录初现及其零星分布

前文已述，至唐初，福建大部地区尚属未开发的原始地区，中央王朝对于福建地区真正意义上的开发始自唐中后期至五代。唐开元二十一年（733年）设"福建经略使"为其经略之始。前文所述自东汉至隋末避乱北来和顺江浙海路而下的汉人已带着先进的农耕技术和铁制农具最先进驻到闽北和闽东、闽南地区，使这些地区首先得到开发。有确切时间记载的虎记录也随着人类活动的轨迹于唐中后期在这些地域开始出现，如唐会昌年间闽北浦城县（今县）的虎迹[3]、唐景福中闽东长溪县（今霞浦县）禅师为虎除哽故事[4]，以及中和四年（884年）闽南安溪安宁父老捕虎的事迹[5]等。人们开始比较具体地记述虎，说明二者开始接触并发生联系。虎记录是随着人类活动的轨迹而出现的。

唐末王潮、王审知兄弟率军入闽，把大批军民安置在福建定居繁衍，勤修政事，发展经济，加上历代因避战乱而大量入闽的中原人民，以及原来人口的自然增长，荒地得到垦辟，人与虎的接触增多，开始出现人虎共处一域的萌芽。如，"建安山中人种粟者，皆构棚于高树，以防虎。尝有一人，方升棚，见一虎，垂头

---

1 班固：《汉书》卷六四上《严助传》，北京：中华书局，1962年，第2778-2779页。

2 （宋）梁克家：《淳熙三山志》，陈叔何校注，福建省地方志编纂委员会整理，北京：方志出版社，2003年，卷三三《寺观类·僧寺》。

3 吕渭英、翁天祐修，翁昭泰纂：《续修浦城县志》卷三一《缁流》，《中国地方志集成》第7册，上海：上海书店出版社，2000年，第586页上。

4 李拔等纂修：《福宁府志》卷三二《方外》，《中国地方志集成》第12册，上海：上海书店出版社，2000年，第507页上。

5 庄成修，沈钟、李畹纂：《安溪县志》卷十《寺观》，《中国地方志集成》第27册，上海：上海书店出版社，2000年，第636页下。

揭尾，过去甚速。"[1] 该记录展现了当时人们开始在山区开展"种粟"等农耕活动的事实，开始进入到虎的生活领地；同时表明人虎接触主要是人防虎，偶有人虎冲突。可见当时虎尚常见，表明虎的种群数量比较丰富，当地应仍保存有丰富的森林资源。[2] 随着人虎接触的开始，至此，人类活动轨迹所及范围的华南虎分布情况尽管不可全景展现，但已崭露冰山一角。

　　根据记载，唐—五代时期，人类活动所及区域的虎记录有 7 条，以"人虎接触"、"有虎"和"虎祥瑞"资料为主，同时出现了 2 条Ⅰ级"虎患"资料（限于篇幅，关于人虎关系和虎患问题的讨论将另文专述）。福建地区多山的地形适合人类生存的区域有限，随着人口的增多，人们生产生活的领域逐渐扩展至老虎生存的地方，人虎共域的现象是不可避免的。唐五代时期既是中央王朝经略开发福建地区的发端之时，也是人虎初共域的萌芽之始。随着人们活动轨迹的扩展，虎记录的分布随之出现在闽北、闽东和闽南的山地区域（图 2）。

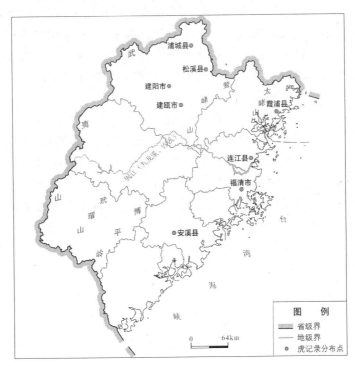

图 2　福建唐—五代虎记录分布点示意图

1（宋）徐铉：《稽神录》卷二《食虎》，《丛书集成初编》，北京：中华书局，1985 年，第 12 页。

2 朱文蓉：《福建历代森林资源变迁》，福建师范大学优秀硕士学位论文，2001 年，第 6 页。

4. 两宋—元：开发扩展、人虎冲突凸显及虎记录的扩散

宋代，经济重心南移，福建偏安东南，北方躲避战乱的人民不断迁入，使福建得到进一步开发。从唐末、五代直到南宋，共三百余年之间，福建一直保持比较高的人口增长率，由原来的"地广人稀"演变为"地狭人稠"。由于福建地貌以中低山丘陵为主，虽河流纵横，但缺少大面积的平原。人口数量的激增使得人均占有耕地更是相当有限。为了解决这个问题，除了宋廷于皇祐二年（1050 年）下诏迁民到北方垦荒之外[1]，当地人最直接和便捷的途径便是向山海要田。一部分人入山进行生产活动，侵入了虎的生活领域，人虎相遇几率增大，人虎冲突和虎患时有发生。在这种人虎接触中，虎的地理分布随之得到进一步彰显和细化。

福建地区的虎物产记录开始出现于南宋，《临汀志》"土产卷"记载其地"地接潮梅，率多旷野，故有虎豹熊象之属。其气候多暖，故花果之种类时序，或似岭南。兽之属：虎。豹"[2]。另有淳熙《三山志》记载物产有"虎、豹、豺、狼、熊、獐、猴、猿、猩猩、鲮鲤、山羊、竹䶄、鼯鼠"，其中虎字后有小字注"山深处有之，异时或忽至城邑"[3]。虎入物产，说明人们已经开始关注虎，虎入城、伤人等事件的发生说明虎也开始较多进入人们的视线和生活领域，人与虎的生活领域开始有越来越多的重合。

元代，人类开发活动继续扩展，人与虎的接触持续增多，尤其是虎患愈发凸显，12 条虎记录涉及了 7 个地点，只有一处（松溪县）没有虎患记录。

据不完全统计，两宋至元，随着人类开发的持续深入，人虎接触越来越多，尤其是虎患的发生，不仅表明了人虎冲突的凸显，同时也记录下虎的活动地点。总体上，两宋至元的虎记录地理特点是：闽北、闽东虎记录继续丰富，并且逐渐向闽西扩展，山地和平原地区都有记录。如图 3 所示。

1　李焘：《续资治通鉴长编》卷一六八，"诏京西转运司晓告益、梓、利、夔、福建路，民愿徙者听之。"

2　胡太初修，赵与沐纂：《临汀志》之《土产》卷，马蓉，陈抗，钟文，乐贵明，张忱石点校：《永乐大典方志辑佚》第 2 册，北京：中华书局，2004 年，第 1239、1240 页。

3　梁克家：《淳熙三山志》卷四二《物产·兽》，陈叔何校注，福建省地方志编纂委员会整理，北京：方志出版社，2003 年。

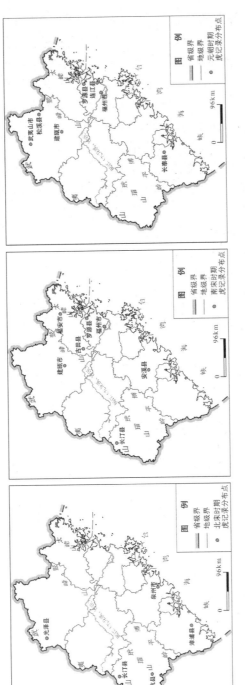

图 3　福建北宋、南宋和元代虎记录分布点示意图

5. 明清—民国：开发高潮、虎患频发及虎记录的全境展现

明清时期是中国历史上较前代而言开发的高潮时期，农业开发的范围和强度都显著提高。在福建这个多山地区，人稠地狭的矛盾自宋元以来一直存在，到明清时期更加尖锐，统治者面对人口压力，仍是在重农务本前提下，以垦辟土地为最基本解决问题的途径、手段，出现"田尽而地，地尽而山，山乡细民，必求垦佃，犹胜不稼"的景象。而番薯、玉米、稻类、麦类、粟类、豆类等作物的引进与推广为人们对山区进行纵深开垦提供了可能。

民国时期，军阀混战，人民避乱继续涌入山区谋生。而近代商品经济的发展，各国对福建地区木材业、造船业、陶瓷业的掠夺也导致山区和沿海的开发达到极限。

纵观明清—民国时期，随着人们对山地的开发，人与虎的生活领域近乎完全重合，人虎接触机会增多，虎记录随着人类活动的范围扩展到福建全境。人类的开发活动不仅破坏了森林植被，更是严重干扰了包括虎在内的动物群生存环境，从而引发频繁的虎对人畜的攻击性虎患事件。在这样频繁发生的虎患事件和其他人虎接触的记录中，虎的地理分布可见一斑，如图4所示。

三、人类活动影响下的福建华南虎种群的分布变迁

1. 历史时期福建虎记录的总体地理分布情况

整理、统计历史时期所有的308条虎记录，不区分时间维度，其所涉及的地域范围涵盖福建全境，涉及的地名达76个，如果将所有的地点落实到现在的行政区划上，将不同时期同地异名的资料合并之后，可得到图5：

这些虎记录的分布点涉及了目前福建全境9个地级城市及其所辖14个县级市、40个县（区）（只有平潭县、金门县、华安县、柘荣县、东山县、周宁县6个县无记录）的地域。其分布之广在图5一览无余，充分证明福建地区自历史时期即是华南虎的主要栖息地之一。虎记录的数量各地有所不同，根据现代区划图上显示的记录，其中光泽县、邵武市、泰宁县、南平市、福安市、霞浦县、宁德市、福州市、连江县、安溪县、长泰县、将乐县等12个市（县）的记录较多，超过了10条。需要说明的是，因虎记录在时间分布上的零散性和不均匀性，此处的虎记录分布示意图并未区分时间维度。

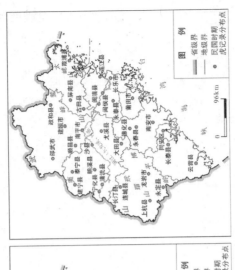

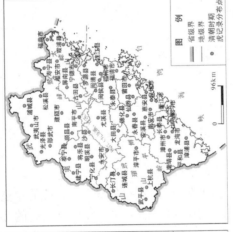

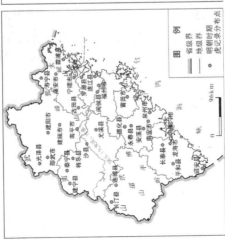

图 4　福建明、清和民国虎记录分布示意图

图5　福建历史时期虎记录数量及分布点示意图

2. 当前涉及华南虎的自然保护区分布

福建地区历史时期虎资源丰富，遍布全境都曾有虎的足迹。然而，近现代以来，由于长期滥捕，以及新中国成立后的"除害兽"运动的开展，现在已很难发现其踪迹。1990年，在龙岩市梅花山发现虎的挂爪。[1] 武夷山自然保护区"60年代初还发现有华南虎"[2]，梅花山、武夷山还有虎分布[3]。《武夷山志》的第二章"动物"中记录有华南虎。[4] 近几年却很难见到华南虎的痕迹。只有梅花山自然保护区（涉及上杭县、龙岩市、连城县）、武夷山自然保护区（涉及邵武县、武夷山市、建阳市、光泽县）[5]以及龙栖山自然保护区（在将乐县）的动物保护种类中还提到华南虎，但到底有没有野生华南虎的分布未可知。

1　福建省地方志编纂委员会：《福建省志·生物志》，北京：方志出版社，2003年，第366页。

2　福建省地方志编纂委员会：《福建省志·生物志》，北京：方志出版社，2003年，第792页。

3　福建省地方志编纂委员会：《福建省志·生物志》，北京：方志出版社，2003年，第806页，附录三"福建省濒危动物分布及其保护等级表"。

4　福建省地方志编纂委员会：《福建省志·武夷山志》，北京：方志出版社，2004年，第71页。

5　马建章，金崑等编著：《虎研究》，上海：上海科技教育出版社，2003年。

四、结论

1. 历史时期的华南虎记录随着人类活动轨迹的延展而不断增多、扩散

复原历史时期的华南虎分布，所能依靠的资料除了考古出土证据外，最根本、最重要的就是历史文献中的记录。其中，虎化石和虎骨的出土以史前时期为主，历史时期几无，因为随着人类对虎的利用价值的发现，虎骨研碎入药导致虎骨不可能被保存下来，因此有文字记载以来的人类历史时期的虎分布只能以文献记载作为最主要的依据。由于历史记录是人所记，所有的虎记录都是随着人类活动轨迹的延展而出现的，并且其数量和分布范围随着人类活动范围的渐次扩展、与虎接触机会的增多而不断增多和扩散。然而，需要明确的是，这些记录所直接反映的并不是华南虎真实的自然分布状态，在人所未及的领域并不一定没有虎分布。尽管如此，这些虎记录依然能够映射出虎在历史时期的分布大势，尤其是虎记录多的地区正好反映出虎的典型栖息地所在，这在前文所述及图幅的展示已可窥一斑。

2. 福建人类活动轨迹与华南虎记录的历史分布

总结全文，福建地区历史时期人类活动轨迹与华南虎记录的阶段性特点如下：福建地区适宜的自然环境本身为虎在该地区的生存繁衍提供了优越条件，所以这里自古就分布着数量丰富的华南虎种群。史前时期，华南虎在闽西中低山丘陵区和近海的闽东地带与古人类相伴相生。先秦至隋，由于长期地广人稀，中央王朝经略不足，人类活动范围有限，导致虎记录缺失，然而这正反证出当时虎的生存较少受到人类活动干扰，其生存环境的自然条件极为优越，虎的分布并不少。唐至五代为中央王朝的经略之始，人类活动范围零星扩展，人虎不时相遇，开始有了零星的虎记录，以闽北、闽东的山地为主。两宋至元，经济重心南移，人口增多，开发力度增大，人类活动范围继续扩展，人们进入虎的生存领域，人虎接触增多，虎记录随之增多，尤以人虎冲突较多，平原山地均有，闽北、闽东虎记录继续增加，并扩展至闽西、闽南。明清至民国时期，是人类开发的高潮时期，山地的纵深垦殖达到极致，人虎领域重合，人虎冲突凸显为虎患，虎记录也因此几乎遍及福建全境，平原、山地、沿海皆有分布。

3. 历史时期华南虎在福建地区分布广泛，遍及全省境域

根据历史时期虎记录的分布特点，可知，在人类活动轨迹之内，看得见的华南虎分布已涉及当前福建全境行政区划中的 9 个地级城市及其所辖 14 个县级市、

40 个县（区）的地域，可谓福建全境各县历史时期都曾经有虎分布。充分证明福建地区自历史时期即是华南虎的主要栖息地之一，其中光泽县、邵武市、泰宁县、南平市、福安市、霞浦县、宁德市、福州市、连江县、安溪县、长泰县、将乐县等 12 个市（县）是华南虎的典型栖息地。那么，在人类活动轨迹之外，看不见的华南虎分布当更广泛和密集。

Tiger and Human：People's Activities Tracks and the Historical Distribution of South China Tiger in Fujian Province

CAO Zhihong

Abstract: Aim—By reviewing and analyzing the archeological materials and the records of tigers in historical literatures，the distribution change of tigers in Fujian was restored. **Methods**—Analyzing method on historical literatures，statistic method，using sheets and GIS. **Results**—The quantity of tiger records increased with the expanding of people's activities tracks. The records of South China tiger were distributed in western mountain area and eastern short-sea area during prehistoric period. In the following different periods，the records expanded from mountain area to flat area and coastal area. **Conclusion**—South China tiger ever distributed in whole Fujian area.

Key words: Fujian Province; people's activities tracks; South China tiger; historical distribution

福建地区人虎关系演变及社会应对[1]

曹志红

摘　要：随着人类开发进程的扩展，人虎关系渐趋紧张：史前至隋，中央王朝经略不足，适宜的自然条件使人虎各安其处；唐至五代经略之始，闽北、闽东山地人虎接触，虎扰人、伤人的一般性冲突事件偶有发生；两宋至元，经济重心南移，因山地开发而出现"人虎共域"的现象，人虎冲突渐次凸显，其范围扩展至闽西、闽南；明清时期，全面开发高潮到来，重、特大虎患频发，人虎关系空前紧张且愈演愈烈。为了应对虎患，民间、官府、军队及官民结合的祭祀祈祷、德政驱虎、个人预防和各种打（捕）杀方式成为主要措施。中国历史上人与动物关系演变，由此可见一斑。

关键词：福建；人虎关系；虎患；社会应对

《庄子·寓言》曰："万物皆种也，以不同形相禅，始卒若环，莫得其伦，是谓天均。"[2] 万物都有共同的始源，以不同的种类形态互相更替，这是天然的平等。《庄子·秋水》又言："以道观之，物无贵贱"，"万物一齐，孰短孰长"。[3] 宇宙万物都有自身的内在价值，任何事物的价值都是平等的，人与其他万物相比，并没有自己的特殊之处，人与万物是没有贵贱长短之别的。这些朴素的中国古代生态思想与当前方兴未艾的史学新领域——环境史的思维与视野不谋而合。

业师王利华先生谈到中国环境史学的建构时提到：在环境史视野中，历史被看作是一个广义的生态过程，人类与所在环境诸因素相互作用、彼此因应。人类无疑是历史的主角，但环境（包括众多的生物和非生物因素）并不仅仅是"背景"——像戏剧中的布景和道具那样，而是活跃在不同故事情节中的"演员"和

---

1 本文原载《南开学报（哲学社会科学版）》2013 年第 4 期，第 98-109 页，系教育部人文社会科学研究青年基金项目"老虎与人：华南虎种群历史变迁的人文影响因素研究"（12YJC770006）研究成果。

2 （清）王先谦：《庄子集解·寓言第二十七》，《诸子集成》第 3 册，上海：上海书店影印出版，1986 年，第 182 页。

3 （清）王先谦：《庄子集解·秋水第十七》，同上，第 102、104 页。

"角色"，人与环境共同演出了"历史戏剧"。[1]

作为环境中最活跃的生物因素成员之一，虎起源于中国[2]，自古即与中华民族相伴相生，与人类在文化、生产、生活方面有着密切的联系，活跃于历史环境变迁的舞台上。本文即以华南虎亚种的典型栖息地之一——福建地区为例，通过梳理考古遗存和历史文献中的虎记录，运用历史文献考证法、动物识别法、EXCEL表格与统计法以及 GIS 制图方法，铺陈一幅特定区域人虎关系演变的图景，勾勒不同人群应对人虎冲突的方式、方法。中国历史文献浩如烟海，仅凭一己之力难免挂一漏万，敬请方家补充、指正，以使中国虎的历史数据库愈益完善。

一、文献来源及虎记录特点

从时间上来划分，文献来源有：①先秦至元代，主要通过对传统文献的耙梳获得，采用《汉籍全文检索系统》（第四版）和《文渊阁四库全书电子版》进行检索、提取，基本囊括历代的经史子集文献；②明清和民国，主要搜览 2000 年由上海书店出版的《中国地方志集成·福建府县志辑》系列共 79 部方志，以及一些清代文集等文献。下文中所有图表的资料来源与此同，不再另注。

根据不同地区人类社会发展进程的差异性，虎记录的历史记载呈现出分散性、不均匀性的特点。因虎与人类生活在各领域的密切联系，其分散性主要体现于：（1）在各种体裁的文献中都可能有记载；（2）在同一文献中的各章节都可能有记载。其不均匀性主要体现在：（1）时间分布上的不均匀性；（2）地域分布上的不均匀性；（3）记述详略与记录口径上的不均匀性。具体到福建地区的虎记录，其不均匀性最明显地体现在时间上的不均匀。

据笔者目前的不完全统计，历史时期福建地区的虎记录共计 308 条，见表 1。

表 1　福建虎记录分时汇总表
单位：条

朝代	唐代	五代	北宋	南宋	元代	明代	清代	民国	总计
虎记录	6	2	6	9	12	83	155	35	308

1　王利华：《浅议中国环境史学建构》，《历史研究》2010 年第 1 期，第 10-14，189 页。

2　关于虎的起源问题，笔者另有专文《虎种中国起源说的学术史述略》进行论述，此处不赘述。另可参见拙作《老虎与人：中国虎地理分布和历史变迁的人文影响因素研究》，陕西师范大学西北历史环境与经济社会发展研究院博士学位论文，2010 年，第 6-12 页，"绪论"。

　　据表 1，福建地区的虎记录最早始于唐代，之前未见记载。这与福建地区的社会发展进程有关。福建地区虽然历史悠久，自原始社会就已有人类活动，但是它却是东南地区经济开发较晚的地区。福建历史时期曾长期地广人稀，至唐末五代才开始真正的开发，其文献历史发展比较晚。因此，唐代以前虎记录阙如。两宋至元代的虎记录也是相对分散且数量较少，明、清、民国三个时期较多。在时间分布上的不均匀是显而易见的。之所以有这样的情况出现，除了与福建地区的社会发展进程有关，也和中国历史文献记述的总体特点相关。

　　将所有的虎记录进行解读，按其记述内容可分为四个大类：虎释名、虎祥瑞、虎物产、虎纪事。其中虎纪事又包括人虎接触、此地有虎和虎患三个方面的内容。[1] 这些记载从不同侧面反映出了历史时期人虎关系的不同表现形式。

二、人虎关系的历史演变

1. 史前—隋：地广人稀与人虎各安

　　福建，古为闽越地，位于我国东南沿海，境内崇峦叠嶂，除沿海地区有一些平原外，其余都是高山和丘陵。"东南山国"向来用以称道其位居东南、境内多山的地形。由于自然条件优越、生态环境良好，自第四纪以来哺乳动物的种类和种群就十分繁盛。

　　据笔者对旧石器时代虎化石和新石器时代虎骨的考古资料进行梳理，在闽西三明市[2]、宁化县[3]、清流县[4]、明溪县[5]、将乐县[6]等地中低山丘陵区的岗阜上，以

---

1 关于中国历史文献中虎记录的文献来源、特点、分类及使用等方面的内容，笔者另有专文《中国虎历史研究的资料与方法》论述，此处不赘。或可参见拙作《老虎与人：中国虎地理分布和历史变迁的人文影响因素研究》"绪论"，第49-66页。

2 范雪春，郑国珍：《福建第四纪哺乳动物化石考古发现与研究》，北京：科学出版社，2006年，第33-39页。

3 范雪春，郑国珍：《福建第四纪哺乳动物化石考古发现与研究》，北京：科学出版社，2006年，第16-17页；尤玉柱，蔡保全：《福建更新世地层哺乳动物与生态环境》，《人类学学报》1996年第4期，第335-346页；福建省地方志编纂委员会：《福建省历史地图集》，福州：福建省地图出版社，2004年，第229页"自然图组·史前时代兽类分布"图组。

4 范雪春，郑国珍：《福建第四纪哺乳动物化石考古发现与研究》，北京：科学出版社，2006年，第27-30页；尤玉柱，蔡保全：《福建更新世地层哺乳动物与生态环境》，《人类学学报》1996年第4期，第335-346页；中国考古学会编：《中国考古学年鉴1992》，北京：文物出版社，1994年，第219页。

5 范雪春，郑国珍：《福建第四纪哺乳动物化石考古发现与研究》，北京：科学出版社，2006年，第21-22页；尤玉柱，蔡保全：《福建更新世地层哺乳动物与生态环境》，《人类学学报》1996年第4期，第335-346页。

6 范雪春，郑国珍：《福建第四纪哺乳动物化石考古发现与研究》，北京：科学出版社，2006年，第24-26页；尤玉柱，蔡保全：《福建更新世地层哺乳动物与生态环境》，《人类学学报》1996年第4期，第335-346页；中国考古学会编：《中国考古学年鉴1991》，北京：文物出版社，1994年，第192页。

及位于海口、江边的石狮市[1]、平潭县[2]、闽侯县[3]和霞浦县[4]等地小山丘的古人类遗址中，伴生着华南虎种群和其他丰富的南方型及森林型哺乳类动物。推断出，当时温暖的气候、密布的森林、丰富的水源和众多的食物，使华南虎自古即与当地古人类相伴相生。[5]

先秦两汉时期，据《周礼·职方氏》《史记·东越列传》《汉书·地理志》等文献记载，福建主要是闽、越人的活动空间，这两个群体或为原始蛮种部落，或为败逃至闽的越国王族后裔，均缺乏本民族自身的文献历史。秦汉虽在福建设治立县，但是中原王朝对此地的统治一直是间接的、局部的。《史记·货殖列传》记载汉时"楚越之地，地广人稀，饭稻羹鱼，或火耕而水耨，果隋蠃蛤，不待贾而足，地执饶食，无饥馑之患，以故啙窳偷生，无积聚而多贫。是故江、淮以南，无冻饿之人，亦无千金之家"[6]。可见当时这里虽"地执饶食"但人们的生产开发方式却相对原始。另有《汉书》记载"（闽）越，方外之地……越非有城郭邑里也，处谿谷之间，篁竹之中……地深昧而多水险……行数百千里，夹以深林丛竹，水道上下击石，林中多蝮蛇猛兽"[7]。可见当时福建大部分地区尚处于原始的未开发状态。至东汉末年，汉人开始自闽江上游进入闽北山区，才带来了北方相对先进的农业生产方式和铁制农具。自三国，历两晋南北朝，直至隋定天下，随着闽浙

1　范雪春，郑国珍：《福建第四纪哺乳动物化石考古发现与研究》，北京：科学出版社，2006年，第43页。书中记录："近年来，石狮市博物馆从著名渔乡——祥芝镇祥渔村渔民手中不断收集到从台湾海峡海底打捞出来的脊椎动物骨骼化石。这些化石最先存放于海边的'万阴祠'中。据了解，渔民打捞位置在海峡中线以东北纬23°30′，东经119°20′～120°30′的捕鱼作业区。据当地渔民提供信息，最早打捞出的化石数量十分可观，但因定期销毁，故所存材料有限。厦门大学的蔡保全教授最先对石狮市博物馆馆藏标本作了初步鉴定。其中有虎。"

2　福建省博物馆：《福建平潭壳坵头遗址发掘简报》，《考古》1991年第7期，第587-599页。福建省地方志编纂委员会：《福建省历史地图集》，福州：福建省地图出版社，2004年，第229页"自然图组·史前时代兽类分布"图组。

3　祁国琴：《福建闽侯县石山新石器时代遗址中出土的兽骨》，《古脊椎动物与古人类》1977年第4期，第301-306页；华东文物工作队福建组，福建省文物管理委员会：《闽侯县石山新石器时代遗址探掘报告》，《考古学报》1955年第十期，第53-68页；福建省文物管理委员会，厦门大学人类学博物馆：《闽侯县石山新石器时代遗址第二至四次发掘简报》，《考古》1961年第12期，第669-672、696页；福建省文物管理委员会，厦门大学考古实习队：《福建闽侯县石山新石器时代遗址第五次发掘简报》，《考古》1964年第12期，第601-602、618页；福建省博物馆：《闽侯县石山遗址第六次发掘报告》，《考古学报》1976年第1期，第83-119页；刘诗中：《华南新石器时代遗存与先越文化》，《南方文物》1995年第3期，第52页；福建省地方志编纂委员会：《福建省历史地图集》，福州：福建省地图出版社，2004年，第229页"自然图组·史前时代兽类分布"图组。

4　福建省地方志编纂委员会：《福建省历史地图集》，福州：福建省地图出版社，2004年，第229页"自然图组·史前时代兽类分布"图组；林公务：《黄瓜山遗址的发掘与认识》，《福建文博》1990年第1期；福建省博物馆：《福建霞浦黄瓜山遗址发掘报告》，《福建文博》1994年第1期。

5　曹志红：《人类活动影响下福建华南虎种群的历史分布》，《西北大学学报（自然科学版）》2013年第3期，第480-485页。

6　司马迁：《史记》卷一二九《货殖列传》，北京：中华书局，1959年。

7　班固：《汉书》卷六四上《严助传》，北京：中华书局，1962年。

海路的逐渐开通，为了躲避战乱，更多的北方汉人纷纷南下，到达闽东、闽南局部区域，晋江两岸的平原开始辟为农田，森林开始被采伐利用。期间，福建地区的郡县设置与归属虽时有变更，但总体上，中原对该地的经略依然不足。

经略不足，文献著录则所涉甚少，即便有所涉及也是重在天下大势，因此，就笔者所及，该时期历史文献中的虎记录暂付阙如。然虎记录的阙如，并不表明没有虎存在。恰恰相反，虎在这一地区的分布是毋庸置疑的：一者，如前文所述，史前时期华南虎就已在这里生存繁衍，如无特大自然灾异事件，在不受人类活动干扰的前提下，动物种群在其生存环境中的自然繁衍过程是不会中断的。据此可推断此地依然有虎。二者，亦可据后来的记载向前追溯。据《三山志》描述，在唐初福建三山地区依然是"穹林巨涧，茂木深翳，小离人迹，皆虎豹猿猱之墟"[1]，确证了在这片没有完全开发的原始林区尚有虎分布，则此前的先秦至隋必定有虎分布。

据此，虎记录的暂付阙如，不仅不会成为该时期人虎关系无法确举的促狭之处，反而可释为当时该地地广人稀，经略不足，人类活动的轨迹所及之处与虎的生活领地少有交接，二者之间尚未发生直接的、频繁的联系。这恰恰为华南虎种群的生存繁衍提供了广泛的空间和优越的自然条件。

2. 唐—五代：人虎接触到虎患偶发

前文已述，至唐初，福建大部地区尚属未开发的原始地区，中央王朝对于福建地区真正意义上的开发始自唐中后期至五代。唐开元二十一年"福建经略使"的设置为其经略之始。前文所述自东汉至隋末避乱北来，以及顺江浙海路而下的汉人已带着先进的农耕技术和铁制农具最先进驻到闽北和闽东、闽南地区，使这些地区首先得到开发。有确切时间记载的虎记录也随着人类活动的轨迹于唐中后期在这些地域出现。人们开始比较具体地记述虎，说明二者开始接触并发生联系。

唐末王潮、王审知兄弟率军入闽，把大批军民安置在福建定居繁衍，勤修政事，发展经济，加上历代因避战乱而大量入闽的中原人民，以及原来人口的自然增长，荒地得到垦辟，人与虎的接触增多，开始出现人虎共处一域的萌芽局面。如："建安山中人种粟者，皆构棚于高树，以防虎。尝有一人，方升棚，见一虎，垂头揭尾，过去甚速。"[2] 这样的记录展现了当时人们开始在山区开展"种粟"等农耕活动的事实，开始进入到虎的生活领地；同时表明人虎接触主要是人防虎，偶有人虎冲突。

---

1 梁克家：《淳熙三山志》，陈叔何校注，福建省地方志编纂委员会整理，北京：方志出版社，2003年，卷33《寺观类·僧寺》。

2 徐铉：《稽神录》卷二《食虎》，《丛书集成初编》，北京：中华书局，1985年，第12页。

据不完全统计，唐—五代时期，人类活动所及区域的虎记录有 8 条（如表 2），以"人虎接触"、"此地有虎"和"虎祥瑞"资料为主，同时出现了 2 条 I 级"虎患"资料[1]，占总记录的 25%。

表 2   福建唐—五代虎记录统计表

朝代	年号	事项	古地	今地	文献
唐	会昌	此地有虎	浦城县	浦城县	光绪《续修浦城县志》卷三"山川"、卷三一"缁流"；康熙《建宁府志》卷四七"释教"
	大中	人虎接触	连江县	连江县	乾隆《福州府志》卷七一"释老"
	中和	虎患 I 级	安溪县	安溪县	乾隆《安溪县志》卷十"寺观"
	景福	人虎接触	松溪县	松溪县	康熙《松溪县志》卷九"人物志·仙释"
			福宁府	霞浦县	乾隆《福宁府志》卷三二"方外"
	不确	虎患 I 级	建安	建瓯市	《稽神录》卷二"食虎"
五代	南梁	虎祥瑞	福清县	福清县	乾隆《福州府志》卷七一"释老"
	不确	此地有虎	建阳县	建阳市	康熙《建宁府志》卷四七"释教"

福建地区多山的地形使得适合人类生存的区域有限，随着人口的增多，人们生产生活的领域逐渐扩展，而这些领域同时也是适宜老虎生存的地域，人虎之间开始发生接触和联系。人与虎一旦相遇难免会有冲突，其一是地盘及其资源的冲突，其二是生活互扰的冲突。唐代的虎患为 I 级虎患，属于一般性的人虎冲突，即虎偶尔扰人、伤人及人的即发性捕虎事件。如唐中和四年，安溪记载有名叫安宁的父老因善于捕虎而被祠于县治东南的灵著庙[2]；又有唐景福元年，松溪县伏虎禅师伏虎的事迹[3]。唐五代时期既是中央王朝经略开发福建地区的发端之时，也是人虎初共域的萌芽之始。开发伊始的虎记录注定伴随着人虎冲突的发生，这充分说明了福建地区的人虎争地问题从人类真正意义上的开发活动伊始就存在。

3. 两宋—元：山地开发与虎患凸显

宋代，经济重心南移，福建偏安东南，北方躲避战乱的人民不断迁入，使福建得到进一步开发。从唐末、五代直到南宋，共三百余年之间，福建一直保持比较高的人口增长率，到绍兴三十二年，福建有户 139 万余，嘉定十六年增加至近

---

1 笔者将历史文献中的虎患记录根据其虎数量、虎患烈度（含伤人畜数量、发生地域范围、持续时长、爆发频次）等不同指标，划分为 4 个等级，I 级程度最轻，IV 级最重。具体的分级标准，笔者另有专文《历史时期的虎患研究刍议——基于历史学、灾害学与动物学的讨论》，此不赘述。或可参见拙作《老虎与人：中国虎地理分布和历史变迁的人文影响因素研究》第 142-144 页。

2 乾隆《安溪县志》卷十《寺观》，《中国地方志集成·福建府县志辑》第 27 册，上海：上海书店，第 636 页下。

3 康熙《松溪县志》卷九《人物志·仙释》，《中国地方志集成·福建府县志辑》第 8 册，第 219 页下。

160 万户，由原来的"地广人稀"演变为"地狭人稠"。由于福建地貌以中低山丘陵为主，虽河流纵横，但缺少大面积的平原。人口数量的激增使得人均占有耕地更是相当有限。元丰年间，福建路官民田平均占有量仅 11.2 亩，为南方人口密集的五路中户均占田最少的。[1] 为了解决这个问题，除了宋廷于皇祐二年（1050 年）下诏迁民到北方垦荒之外[2]，当地人最直接和便捷的途径便是向山海要田。一部分人入山进行生产活动，侵入了虎的生活领域，人虎相遇几率增大，对虎造成侵扰，人虎冲突和虎患时有发生。如宋仁宗时漳浦县就发生"民有死于虎者"[3] 的事件。人稠地狭的问题在北宋中期凸显，恰巧在相同时期也有比较严重的虎"为暴"事件发生。据彭乘记载，当时汀州西山有虎"为暴十余年"才"为射者所杀"[4]，这是北宋时期虎患记录中最为严重的一次虎患。

靖康之乱，金灭北宋，福建地区一方面因人稠地狭下诏迁出人民，同时又断断续续地接纳着北方新移民，人口持续增长。随着开发活动的深入，人类活动对于虎的生活造成更深程度的扰动，甚至对山林深处的虎都有所侵扰，导致虎袭击人的事件增多，甚至"异时或忽至城邑"，形成虎患。朱熹在其所著文集中记载建宁府（今福建建瓯）曾有"猛虎白昼群行，道旁居民多为所食，哭泣相闻，无所赴诉"[5]。人们入山进行生产活动也时常遇虎，发生虎袭人的事件，如绍熙四年（1193 年）春，有村妇在古田县（今福建古田东）的师姑山"采筍（笔者注："笋"的异体字。），为虎搏去"[6]。人虎冲突至此在人虎关系中凸显出来，虎患、虎暴成为人虎关系的主要内容，如，宋宁宗时，怀安（今福建福州西）发生"虎暴"[7]，宋嘉定六年安溪县虎暴[8]，"淳祐间虎入福安城"[9] 等。

福建地区的虎物产记录第一次出现始于南宋：《临汀志》"土产卷"记载："汀在闽西南，山樵谷汲，稻食布衣，故民之丰约，不大相远。籴不出境，故谷价常贱；比屋而绩，故其布多品。地接潮梅，率多旷野，故有虎豹熊象之属。其气候多暖，故花果之种类时序，或似岭南。兽之属：虎。豹。"[10] 另有淳熙《三山志》

---

1 吴松弟：《中国人口史》第 3 卷《辽宋金元时期》，上海：复旦大学出版社，2000 年，第 497 页。

2 李焘：《续资治通鉴长编》卷一六八，"诏京西转运司晓告益、梓、利、夔、福建路，民愿徙者听之。"

3 吴曾：《能改斋漫录》卷一八《虎伏罪媪之子复苏》，上海：上海古籍出版社，1979 年。

4 彭乘：《墨客挥犀》卷三《虎耳如锯》，北京：中华书局，2002 年。

5 朱熹：《朱熹集》，卷二七《与周丞相书》，成都：四川教育出版社，1996 年。

6 洪迈：《夷坚志》支戊卷一《师姑山虎》，北京：中华书局，2006 年。

7 方万里，罗浚：《宝庆四明志》卷八《刘渭传附刘尊传》，北京：中华书局，1990 年。

8 乾隆《安溪县志》卷十《寺观》，第 636 页下。

9 乾隆《福宁府志》卷四三《祥异》，《中国地方志集成・福建府县志辑》第 12 册，第 697 页上；光绪《福安县志》卷三七《祥异》，《中国地方志集成・福建府县志辑》第 13 册，第 802 页下。

10 胡太初修，赵与沐纂：《临汀志》之《土产》卷，马蓉，陈抗，钟文，乐贵明，张忱石点校：《永乐大典方志辑佚》第 2 册，北京：中华书局，2004 年，第 1239、1240 页。

记载物产有"虎、豹、豺、狼、熊、獐、猴、猿、猩猩、鲮鲤、山羊、竹鼺、鼯鼠"，其中虎字后有小字注"山深处有之，异时或忽至城邑"[1]。虎入物产，说明人们已经开始关注虎，虎入城、伤人等事件的发生说明虎也开始较多进入人们的视线和生活领域，人与虎的生活领域开始有越来越多的重合。

元代，人类开发活动继续扩展，人与虎的接触持续增多，虎患记录占据所有虎记录的绝对多数，表明虎患愈发凸显。元代共有 12 条虎记录（见下表 3），涉及 7 个地点，只有一处（松溪县）没有虎患记录，且虎患事件的各种情况都有发生。有人虎共域活动—虎袭人—人打虎事件，如：至大四年，漳州长泰人王初应"从父义士樵刘岭山。有虎出丛棘中，搏义士，伤右肩。初应赴救，抽镰刀刺虎鼻杀之，义士得生"[2]。泰定二年，同县施合德的父亲真祐"尝出耘，为虎扼于田。合德与从弟发仔，持斧前，杀虎，父得生"[3]。"又方宁妻官胜娘者，建宁人，宁耨田，胜娘馌之，见一虎方攫其夫，胜娘即弃馌奋梃连击之，虎舍去，胜娘负夫至中途而死。有司以闻为旌复其家"[4]。有虎主动入城扰人事件，如："（至正）二十三年正月，福州连江县有虎入于县治。"[5] 又，"（至正）二十四年七月，福州白昼获虎于城西。"[6] 还有重大虎患、虎灾事件，如崇安县"时有虎患"[7]，罗源县元至正十四年重大虎灾[8]等。

据不完全统计，两宋至元共有 27 条虎记录，按照内容进行分类统计，可得表 3：

表 3　福建两宋—元虎记录事项统计表　　　　　　　　　单位：条

朝代	虎患	所占%	虎物产	所占%	此地有虎	所占%	人虎接触	所占%	合计
北宋	3	50%	—	—	2	33%	1	17%	6
南宋	7	78%	2	22%	—	—	—	—	9
元代	9	75%	—	—	2	17%	1	8%	12
总计	19	70%	2	7.5%	4	15%	2	7.5%	27

1 梁克家：《淳熙三山志》卷四二《物产·兽》北京：中华书局，1990 年。

2 宋濂：《元史》卷一九七《孝友传·王初应》，北京：中华书局，1976 年。

3 同上。

4《元史》卷二〇一《列女传》；民国《建瓯县志》卷三〇《列女》，《中国地方志集成·福建府县志辑》第 6 册，第 701 页上。

5《元史》卷五一《五行志第三下》；《新元史》卷四四《志第 11》；乾隆《福州府志》卷七四《祥异》，《中国地方志集成·福建府县志辑》第 1 册，第 428 页上；民国《连江县志》卷三《大事记》，《中国地方志集成·福建府县志辑》第 15 册，第 20 页上。

6《元史》卷五一《志第三下》第 198 页；乾隆《福州府志》卷七四《祥异》，第 428 页上。

7 康熙《建宁府志》卷一五《祀典》，《中国地方志集成·福建府县志辑》第 5 册，第 184 页上。

8 道光《新修罗源县志》卷二九《祥异》，《中国地方志集成·福建府县志辑》第 14 册，第 684 页上。

据表 3，北宋共有 6 条虎记录，其中虎患记录占全部记录 50%；南宋有 9 条记录，虎患占 78%；元代有 12 条记录，虎患占 75%。资料显示，这一阶段，所有虎患记录占全部记录的 70%，表明随着人类开发的持续深入，人虎接触越来越多，人虎冲突逐渐凸显，虎患时常发生。将虎患记录进行分级统计，得表 4：

表 4　福建两宋—元虎患等级统计表　　　　　　　　　单位：条

朝代	等级				
	Ⅰ 级	Ⅱ 级	Ⅲ 级	Ⅳ 级	总计
北宋	—	2		1	3
南宋	1	5	1	—	7
元代	3	5	1	—	9
合计	4	12	2	1	19

据表 4 可知，两宋—元发生次数最多的是 Ⅱ 级虎患，占全部虎患记录的 63%，较之唐代的 Ⅰ 级虎患在程度上已有加重，并且更为频繁。除此之外，Ⅲ、Ⅳ 级重、特大虎患虽然数量较少，但已开始出现。如果将所有的虎患记录在空间上展示出来（同一地点出现多次记录只用一个点表示），可得图 1：

由图 1 可看出，虎患发生的地点及其扩展路线，与人类活动轨迹的扩展方向[1]相一致：唐五代时期，人类的初始开发集中于闽北、闽东，到北宋开始向闽西扩展，人虎冲突也在此区域出现；南宋闽北、闽东的开发继续深入，人虎接触越来越多，虎患发生更为频繁，元代继续随之发生。

综上所述，从两宋至元，人虎之间，从最初的接触就伴随着冲突，这种冲突随着人类对当地经济开发的进程而日益凸显。总体而言，唐时并不明显的人虎冲突到两宋开始凸显，至元持续发展。人虎冲突的形式以 Ⅱ 级虎袭击事件居多，Ⅲ、Ⅳ 级的重、特大虎患事件开始发生，但其烈度尚未达到如后世明清时期一般的剧烈程度，因此，可将南宋—元的人虎关系定义为人虎冲突凸显阶段。

---

1 曹志红：《人类活动影响下福建华南虎的历史分布》，《西北大学学报（自然科学版）》2013 年第 3 期，第 480-485 页。

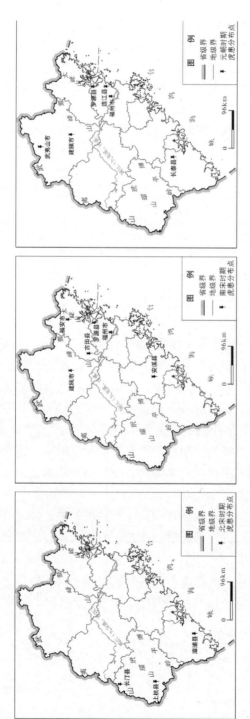

图 1　福建两宋—元虎患记录分布图

4．明清：全面开发与重、特大虎患

明清时期是中国历史上较前代而言开发的高潮时期，农业开发的范围和强度都显著提高。在福建这个多山地区，人稠地狭的矛盾自宋元以来一直存在，到明清时期更加尖锐，迄至清嘉庆年间，福建人口比北宋元丰时增长了 14 倍，人均田地下降到 0.9 亩。人口急剧增长，而生产技术却未能有相应的突破，对土地的需求也就成为表现人口压力的重要内容。人口的压力大大地超过了平原可耕地的生态承载能量，于是出现了严重的流民问题。统治者面对人口压力，仍是重农务本，以垦辟土地为最基本解决问题的途径，出现"田尽而地，地尽而山，山乡细民，必求垦佃，犹胜不稼"的景象。乾隆五年（1740 年）准民间自由开垦内地和边省山头地角的畸零土地，免以升科纳税。此项法令也促使大批流民进入山区老林。而福建山区地广人稀、物产丰富，对流民有很大的吸引力。他们"筑棚而居"，称为"棚民"。同时番薯、玉米、稻类、麦类、粟类、豆类等作物的引进与推广为人们对山区进行纵深开垦提供了可能。

据本文前述表 1 不完全统计，明清时期的虎记录是最为丰富的，合计 238 条，约占全部历史时期虎记录总数的 77%，尤以清代居多，几为明代数据的 2 倍。前文已述及，该时期的记录主要耙梳自地方志文献。出现这样的资料情况，原因有二：一方面，明清时期是中国历史上较前代而言开发的高潮时期，农业开发的范围和强度都显著扩大和提高，在福建这个多山地区，为了缓解人稠地狭的矛盾，山区得到更深入的开发，人类侵入虎的领地，人虎接触明显增多，虎记录因此增多；另一方面，明清时期，地方政府都比较重视地方志的编修，体例完备的方志中自然保留了许多与地方社会生活息息相关的信息，虎记录随之增多。

分项整理明清的虎记录，得到表 5：

表 5　福建明清虎记录事项统计表　　　　　　　　　　　　单位：条

朝代	虎患	虎物产	此地有虎	人虎接触	虎祥瑞
明代	74	1	5	4	3
清代	109	40	7	3	1
总计	183	41	12	7	4

注：如果计算本表中明清虎记录的总和，与前文所述表 1 数据（238 条）并不相同，这是由于虎历史记录的特定统计原则产生的必然结果，是合理的。因篇幅所限，具体统计原则请见拙文《老虎与人：中国虎地理分布和历史变迁的人文影响因素研究》"绪论"部分"资料统计"相关内容。

可见，明清时期，虎患数据占绝对多数，成为人虎关系中最主要的表现形式，而人类对于虎及虎产品的利用也逐渐丰富，由虎物产记录的数量紧随其后可以看出。

如果将虎患记录时间分布再进行细化，可得表 6：

表6　福建明清虎患记录的时间分布及其数量　　　　　单位：条

朝代	年号/在位年数	数量	朝代	年号/在位年数	数量
明代	洪武	5	清代	顺治/18	16
	天顺	1		康熙/61	38
	成化	4		雍正/13	8
	弘治	2		乾隆/60	16
	正德	8		嘉庆	2
	嘉靖/45	22		道光	3
	隆庆	1		咸丰	3
	万历/48	26		同治	2
	崇祯	3		光绪/34	15
	不确定	2		不确定	6
合计		74			109

明清虎患记录共 183 条，除记载不详无法确定具体年号的 8 条记录外，其他记录所涉及的年号明清各 9 个，其中明代虎记录比较多的时间段为嘉靖、万历年间，几乎每两年便有一次虎患发生。清代则是顺治、康熙、乾隆和光绪年间，其中顺治年间几乎每年都有虎患发生，康熙、乾隆、光绪等年间爆发频率几乎每两三年爆发一次。将现有的虎患记录直观展现在地图上，可得图 2 和图 3：

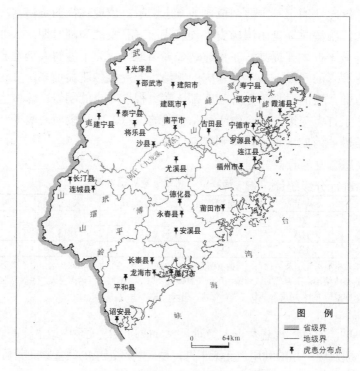

图2　福建明代虎患记录分布图

图3　福建清代虎患记录分布图

据图可知，在地域分布上，明代虎患发生的地点已很广泛，到清代继续扩展。从地貌而言，无论是平原、山地、沿海都有分布，几乎涉及福建整个地区，只有闽南中部的部分区域虎患记录较少。

除了虎患爆发的频次较高、地域较广以外，虎患的烈度也是愈演愈烈。将各等级的虎患进行分级统计，得表7：

表7　福建明清虎患等级统计表　　　　　　　　　　单位：条

时间	等级				
	Ⅰ级	Ⅱ级	Ⅲ级	Ⅳ级	总计
明代	17	29	13	15	74
清代	30	47	17	15	109
合计	47	76	60		183

注：以上数据的统计不是以展示虎患资料的齐备为主，而是着重在于考察不同时段虎患发生的等级特征。

从数量上看，虽然Ⅱ级虎患依然最多，然而，从烈度上衡量，Ⅲ、Ⅳ级的重、特大虎患的数量增长不容小觑，其中蕴含着酷烈的虎患程度和人虎冲突的紧张局面。举例可说明：如，安溪县"康熙中虎害尤剧，始而鼠伏深山茂林，噬樵夫牧叟，继则咆哮村落埠市，犀生刘皇遹死焉。至附郭之地，常沿渡南门外，居民男妇白日悉遭所啖，甚有突入人家，噬害妇女，如崇善里芒洲王姓、长泰里参内黄家，遭毒尤惨，中夜越入邑城，损伤豚畜，邑民不敢夜行，计数年之内十八里男妇老少死于虎者不下千余人，幸关阁二邑令相继示谕民间多方设阱，老虎折损过半于今稍戢"[1]。另有，康熙四十七年春罗源县"群虎夜夜入市"，先后打杀6只老虎，"虎患遂息"[2]。如此可见，明清时期的虎患烈度是明显增强了。

形成对比，在元代以前，较严重的虎患很少发生，总共出现2次Ⅲ级虎患和1次Ⅳ级虎患。而到了明清时期，Ⅲ、Ⅳ级虎患共计60条，合计占到虎患记录总数的33%，可见明清时期福建地区的虎患烈度是呈上升趋势的，也体现出人虎冲突的剧烈程度。明清时期，人类对于山区的开发已到了一个高潮时期，随着人类活动轨迹的扩展，人与虎的生活领域近乎完全重合，人虎共域现象已经普遍存在，从而人虎接触的机会不断增多。人类的开发活动不仅破坏了森林植被，更是严重干扰了包括虎在内的各动物种群的生存环境，从而引发频繁的虎对人畜的攻击性虎患事件，人虎关系空前紧张。

综观历史时期福建人虎关系的演变，展现在我们面前的是一幅人、虎、环境相互作用、相互影响的图景：唐代以前，由于长期地广人稀，中央王朝经略不足，人类活动范围有限，福建地区适宜的自然条件，使当时的人群与虎群各安其处，接触较少。唐至五代，经略之始，人类活动范围零星扩展，闽北、闽东山地人虎不时相遇，偶有一般性虎扰人、伤人事件发生。两宋至元，经济重心南移，人口增多，开发力度增大，人类活动范围继续扩展至闽西、闽南，人们进入虎的生存领域，人虎共域现象逐渐明显，对于生存资源的争夺使人虎冲突逐渐凸显，同时，人们开始将虎及虎产品列入物产。明清时期，人类开发的高潮阶段，山地的纵深垦殖达到极致，人虎领域大部重合，人虎冲突凸显为虎患，人虎关系极度紧张且愈演愈烈。

需要探讨的是，是否笔者目力所及的虎记录及其时空分布能够反映真实的人虎关系演变历程？无论任何历史选题，研究者是否能够占有所有的史料？是否所有的史实都被完全记载？是否所有占有的史料都能完全真实地复原历史上的真相？这对于任何一个历史选题来说都面临同样的系列追问，回答当然不是肯定的。

---

1 乾隆《安溪县志》卷十《祥异》，第650页。

2 康熙《罗源县志》卷十《杂记》，《中国地方志集成·福建府县志辑》第14册，第367页。

任何人不可能穷尽所有的资料，也不是所有的事实都被完整客观地记录下来，因此，任何个人的研究都不可能是对过去事实的精确复原。然而，有两点是每个有责任的研究者必须秉持和做到的，即，尽可能多地占有史料，尽可能运用科学的研究方法，以达到尽可能接近事实真相的目的。如果在这样的前提下，那么，至少已有数据和资料的记录情况与事实的大致趋势是趋同的，再结合其他相关史料的佐证、相关问题的考察，基本上可以给出一个对于事实发展趋势的基本正确的判断。

另外需要强调的一点是，在福建的虎记录中，除了人与虎的直接接触所体现出的人虎冲突资料居于主位之外，虎物产记录位居其次，表明了人类对于虎及虎产品的利用也贯穿始终。

三、人虎冲突的社会应对

根据虎患发生的时间、地点、烈度及受害人的不同，不同的人群做出了不同的应对方式。将现有全部虎患记录中含有应对信息的记录进行统计分析，可得表8：

表8　福建虎患应对记录统计表　　　　　单位：条

应对群体	祷	驱	防	打（杀）	总计
民间	—	2	3	17	22
官府	14	1	—	10	25
军队	—	—	—	4	4
官民结合	—	—	—	4	4
合计	14	3	3	35	55

虎患发生后，一般由直接受害人及其亲属或身边的人做出反应。老虎袭击的区域一般是村庄、城市或寺庙等民间区域，官府和军队很少直接遭受虎患。所以表8中有近一半的虎患应对措施是由民间做出，是符合实际情况的。

在古代，较为严重的虎患被视为地方官员为政不廉、行政不力的灾异现象，因此，当虎患波及的领域较大、人畜损失加剧时，官府就会出面解决。福建明清时期重、特大虎患频繁发生，官府因此出面应对的次数很多，甚至超过民间。

军队的职责是保疆卫土，不是维持地方治安，所以由军队出面解决虎患的次数较少。另外，官民结合应对虎患的方式也占一定比例。[1]

1　关于应对虎患的人群，在其他地区的研究中尚有僧道以德行驱虎的记载，本文中未涉及，故未列入。关于虎患应对的研究笔者亦另有专文详述，此不赘述。

　　从应对方式而言，主要有祭祀祈祷、德政驱赶、个人预防和各种打（捕）杀方式四大策略。

　　当人的生命安全受到来自老虎的威胁时，在人多势众或个人能力超强的情况下，本能的常用应对方式便是打杀。《新元史》载："泰定二年，同县施合德父真祐尝出耘，为虎扼于田。合德与从弟发仔，持斧前，杀虎，父得生。"[1] 又如："（乾隆）二十四年夏，有母子二人采茶，虎噬其母，女呼众搏虎毙之。"[2] 再如嘉庆《福鼎县志》载："（乾隆）五十七年群虎为患，伤人畜甚众，自白琳至霞浦道无行人，乡人设穽捕之，获二十余，始息。"[3]

　　在虎患多发地区、常发时段，预防虎患成为民间常用方式。乾隆《福宁府志》载："有虎数只从古田至宁德西乡二三四五都，白昼横行村落，人被伤者四五十，猪狗无算，行路必数十人，持械乃敢行，入山樵采亦必结众，鸣锣鼓噪乃往。自春徂秋，其患始息。"[4] 用击鼓鸣金的方式预防老虎是一种简单方便且有效的应对措施。民国《莆田县志》载："天顺三年己卯，城北依山诸村落有虎患，伤人畜以数百计，山中数月行人绝迹，虽白昼亦必持杖群行。"[5]

　　官方的应对措施中向神灵祭祀祈祷驱虎是最重要的方式之一，主要以祭祀城隍神为主，另有一些地方祭祀的神灵如南台神、林公大王[6]、伏虎禅师[7]、江武庙神[8]等。据《宝庆四明志》载，宋代就开始用祭祀祈祷的方式消弭虎患，宋宁宗时，怀安（今福建福州西）发生"虎暴"，地方官"祷南台神，一夕去。众皆异之"[9]。到明代时官方仍有采用这种方式，如："（嘉靖）十五年旱。宁德地震。六月两虎往来西南门五日不去，知县程世鹏为文告城隍神，数日遁。"[10] 祈祷的形式多样，有文祷、请醮、祈祷和捕杀相结合。"（嘉靖）甲辰岁歉，大饥。越明年冬，（平和）知县谢明德行和籴法，民赖以济。是岁，并己卯俱有虎患，知县谢明德告祭天地，躬率徭人张机弩射而去之……"[11] "（嘉靖）丙申十五年，沙县五都有八虎为患，白

1 《元史》卷一九七《孝友传》。

2 乾隆《福宁府志》卷四三《祥异》，第 714 页上。

3 嘉庆《福鼎县志》卷七《杂记》，《中国地方志集成·福建府县志辑》第 14 册，第 202 页上。

4 乾隆《福宁府志》卷四三《祥异》，第 707 页上。

5 民国《莆田县志》卷三《通纪》，《中国地方志集成·福建府县志辑》第 16 册，第 63 页。

6 徐文彬：《虎患、环境与民俗——以明清福建为考察中心》，"环境历史与人类文明"全国博士生学术论坛论文，2012 年 10 月，第 6-7 页。

7 康熙《松溪县志》卷九《人物志·仙释》，第 329 页上。

8 康熙《建宁县志》卷十五《祀典》，第 184 页上。

9 方万里，罗濬：《宝庆四明志》卷 8《刘渭传附刘尊传》，北京：中华书局，1990 年。

10 乾隆《福宁府志》卷四三《祥异》，第 703 页上。

11 康熙《平和县志》卷一二《杂览·灾祥》，《中国地方志集成·福建府县志辑》第 32 册，第 259 页下。

日攫人，行者屏迹，知县方绍魁祷于城隍，三虎自投穽死，余率众捕之，患息。"[1]
祭祀祈祷虽然有浓重的迷信色彩，但是也有一定合理性：其一，大型祭祀以后能
普遍提高民众的警惕性，减少虎伤人事件的发生；其二，祭祀时一般都要献牲，
可以暂时解决老虎的食物问题，起到立竿见影的短期效果；其三，祭祀祈祷的同
时或"设机穽捕之"或"召虞人杀之"，这些实际的做法起到的作用往往被祈祷的
形式掩盖了。

官民合作应对虎患是一种有效的方式。"康熙中（安溪）虎害尤剧，始而鼠伏
深山茂林，噬樵夫牧叟，继则咆哮村落埠市，庠生刘皇道死焉。至附郭之地，常
沿渡南门外，居民男妇白日悉遭所啗，甚有突入人家，噬害妇女，如崇善里芒洲
王姓、长泰里参内黄家，遭毒尤惨，中夜越入邑城，损伤豚畜，邑民不敢夜行，
计数年之内十八里男妇老少死于虎者不下千余人，幸关阁二邑令相继示谕民间多
方设阱，老虎折损过半于今稍戢。"[2]"（康熙）四十七年春，（罗源县）群虎夜夜
入市，三月游击陈腾龙二次率枪手杀获二只，南门外人家亦打死一只，小桥乡民
前后打死三只，虎患遂息。"[3] 官民合作应对虎患，可以最大限度地调动各方面力
量，积极有效地应对虎患。

纵观福建地区的虎患应对，元代以前，大多以民间或个人防虎、杀虎为主，
官方参与的以祈祷驱虎居多。明清时期，除了民间各种应对措施之外，大规模的
官方打虎、捕虎活动展开，并且偶有军队参与除患，以及官民结合捕虎。

四、结语

本研究借助环境史的视角，其立意在于探索历史时期人与动物的关系演变，
还原一幅特定区域内人与虎共同演绎的、有关环境变化的历史戏剧。历史上的人
虎冲突问题，并不只是老虎威胁人们的生命安全，从某些角度上说，它是一种人
为现象，是一种由于人类摧毁了山地的自然生态而极大加剧了的问题，它使人类
自身陷入到生命安全问题的漩涡。虎患频发的岁月，对那些带着希望来到山地区
域、并在此地度过了一定时间、取得一定成果（作物种植）的定居者，是一个巨
大的打击。老虎的一次次袭击事件是对这些山地开垦者的一种愤怒和抗议。尽管
时有虎患发生，然而当地居民们学会了驱虎、打虎、捕虎。在近代动物保护意识

1　乾隆《延平府志》卷四四《灾祥》，《中国地方志集成・福建府县志辑》第37册，第854页下。

2　乾隆《安溪县志》卷十《祥异》，第650页上。

3　康熙《罗源县志》卷十《杂记》，第367页上。

觉醒之前的漫长历史时期，抛开精神文化层面上的动物崇拜与祭祀不提，单就人与动物的关系而言，始终存在着两种主要的基本关系，一是人类为了生命的安全，与动物为敌，伤害动物。二是人类为了生活的需要，以动物为物，利用动物。这两种关系随着时代的演进而有不同的侧重。人们所期望的第三种关系，即今日一直倡导的"人类对生命的尊重，与动物为友，保护动物"的理念，则有待更多的实际行动去实现。历史上的人虎冲突，以及老虎种群的濒临灭绝，提醒人们应防止类似悲剧继续扩散延展到其他动物种群。

Study on Historical Change of Human-Tiger Relationship And Its Countermeasures in Fujian

CAO Zhihong

Abstract: As people's development activities expanding, human-tiger relationship became more and more severe in Fujian during historical periods. From prehistoric period to the Sui Dynasty, human and tiger lived separately. From the Tang to the Five Dynasties, human's development leaved people meeting tiger now and then as well as tiger attacking happened. From the Song Dynasties to the Yuan Dynasty, tiger disasters appeared. Up to the Ming and Qing Dynasties, tiger disasters happened frequently and human-tiger relationship became into the most severe situation. In order to keep safe and developing, local people, official and government and military troop took four kinds of countermeasures including sacrificing to deities, establishing benevolent rules to driving tigers off, or taking individual prophylaxis measures avoiding tiger attack as well as hunting and killing.

Key words: Fujian; human-tiger relationship; tiger disaster; social countermeasures

明清陕南移民开发状态下的人虎冲突[1]

曹志红　王晓霞

摘　要：本文着重探讨特定时空条件下典型动物资源变迁中的人文因素影响。明清时期是陕南地区移民、开发的高潮时期，历史记录显示，随着人类开发活动的全面展开和开发地域的渐次扩展，虎资源出现明显的变迁，人虎关系发生明显变化。以乾嘉时期为时间断限，虎的栖息领域出现阶段性萎缩，第一阶段涉及南郑、城固、沔县三地，第二阶段则开始大范围萎缩。人虎冲突逐渐加剧，除一般性人虎冲突事件外，激烈的虎患和打虎活动频繁发生，成为人虎冲突的主要表现形式。从而导致有计划、有组织、高奖励、高力度的政府性防虎、驱虎、打虎活动开始展开，最终导致虎数量剧减，分布范围显著萎缩，栖息地向人类活动影响较小、森林资源保存较为完好的高海拔山地后退。

关键词：明清；陕南；移民开发；人虎冲突；打虎活动；虎的消退

生物多样性是地球上生命经过几十亿年不断进化的结果，是人类社会赖以生存的物质基础，其未知潜力为人类的生存发展显示无法估量的美好前景。然而，自历史时期以来，由于人口增长、人类活动、环境变化等因素影响，使物种不断消失，生物多样性不断遭受破坏。因此，生物多样性保护和持续利用成为国际社会关注的热点。由于人类活动在生物变迁中所起到的加速作用，使生物变迁的人文影响因素研究成为当前一个重要的研究内容，尤其是对于居于较高生态位、具有明显环境指示意义、与人类关系较为密切的大型动物种群的研究，国内外科学界更为关注。

人类活动明显的历史时期是生物变迁人文因素研究的重要时段，本文以虎为例，探讨局部区域内（陕南地区）特定人类活动影响下人与动物的关系，以及人类活动对动物资源的影响。

─────────────

1 本文原载《史林》2008 年第 5 期，第 50-57 页，系国家自然科学基金委员会"中国西部环境和生态科学研究计划"资助项目"历代制度和政策因素对西部环境的影响：途径、方式和力度"（90302002）及陕西师范大学"优秀博士学位论文"资助项目（S2006YB02）研究成果。

一、研究主题说明

虎（*Panthera tigris Linaneus*）是猫科大型食肉动物，在生态系统中居于食物链的顶端，能及时反映生态环境的质量和变化。它的身体部位及其制品具有广泛的利用价值，与人类社会的关系较为密切，同时又是我国龙虎文化的重要组成部分，因此，在历史文献中记载较为丰富，便于我们研究。自人类历史时期以来，虎种群数量规模和地理分布日趋减缩，且其进程随着人类活动规模的扩大、强度的增加而日益迅速，这样显著的变迁明显受到了人类活动的影响，反映出不同阶段的人地关系。

选取陕南作为研究地域，是基于陕南独特的自然地理条件和虎资源在该区域的显著变化。陕南地处我国南北过渡的中间地带，习惯上指秦岭以南的陕西辖区，是陕西省境内从北亚热带向暖温带过渡的一个庞大山地，秦岭平均海拔高度2 000～3 500米，巴山平均海拔高度2 000～2 500米。秦巴山地林莽丛生，历来动物资源丰富。这里河流纵横，水资源丰富，沮水、胥水、洵河、丹水等河流自秦岭发源汇入汉水，温和湿润的气候也为各种动植物的生存、生长提供了条件。历史记载表明，原始优越的自然环境使这一地区自古多虎，分布广泛。然而，明清时期，随着又一次移民高潮的到来，导致人虎冲突不断加剧。

二、移民开发地域的渐次扩展与虎生活领域的逐渐缩小

陕南的开发共经历了5个阶段，即夏商周至战国时期、两汉魏晋时期、隋唐时期、宋元时期、明清时期。[1] 而明代以前的开发活动主要是限于当地土著居民谋求生计的基本农作物种植活动，开发地域主要集中在河谷盆地和低山地区，限于人数和生产的规模，并没有对深山老林进行大规模垦辟，因此，只是一种间断、零星的开发活动，无论从广度和深度上都是有限的，对当地的生态环境并没有造成根本性的冲击。陕南地处秦岭、巴山山区，森林密布，历来多虎。在这种开发状态下，老虎的生活领域没有被频繁侵扰，因此，虎资源还比较可观，人虎冲突只是偶然发生。

---

1 陈良学：《湖广移民与陕南开发》，西安：三秦出版社，1998年。

　　明清两代，陕南地区成为以湖广、闽粤为主体的全国性大移民的焦点，大规模的官方、非官方移民涌入秦巴山地，土地垦殖幅度剧增，生产方式发生巨大变化。人们开山种地，伐林开荒，办厂开矿，使得陕南的生态环境随之发生了剧烈变化，进而破坏了老虎生存、栖息的环境。

1. 移民高潮与开发地域的渐次扩展

　　明代是陕南移民的重要历史阶段，人类生产活动开始逐渐向深山老林扩展。元末明初的战乱纷争，使得社会生产力受到极大的破坏，人口骤减，据元至正二十七年（1367年）的统计，整个兴元路（包括今安康地区全部以及汉中地区之南郑、洋县、城固、西乡、褒城、凤县）在册人户2 149户，人口总计仅19 378人。[1] 针对这种情况，朱元璋采用移民垦荒和屯田的办法调剂人力之不足，即"把农民从窄乡移到宽乡，从人多地少的地方移到人少地多的地方"。于是，一部分南方移民辗转至秦巴山区。明初流民的进入，迅速增加了陕南的劳动力，这些流民进入以后，除了进行农业耕种外，还从事挖煤、采金、烧炭、造纸、制茶等手工业，而这些产业的发展大多依托于深山老林。于是，当时的生产活动开始逐渐向森林扩展，并且人数众多。明代的移民不仅奠定了陕南人口繁衍及社会经济发展的基础，而且为清代大规模向陕南移民开辟了道路。[2]

　　在经历了明代200余年的休养生息和发展之后，陕南经历了空前浩劫，即明末清初的农民起义、空前的瘟疫和灾荒，以及清初平定"三藩"的战争。旷日持久的战乱和空前的灾荒、瘟疫使陕南遭到毁灭性的打击，直接导致了人口的剧减和土地的大量荒芜。为了避免土地荒废，保证田赋收入，摆脱财政匮乏的局面，在战乱刚刚平息不久，清政府即对四川、陕西等省实行招徕流民开垦荒地政策，并放宽征课年限，鼓励农民承租耕地，垦荒播种等措施，招徕外省流民进入秦巴山区垦荒就食。顺治六年（1649年），清政府正式颁发《垦荒令》[3]；康熙年间，又修订了顺治时的《垦荒定例》；乾隆年间，再次对《垦荒令》进行完善。地方政府也积极响应，宣讲中央政府的政策，并积极予以组织，以低廉的地租安置流民复垦，"客民给钱数串，即可租种数沟、数岭"[4]。在优厚条件的吸引下，各省无地流民陆续进入陕南，由此掀开了陕南开发的高潮。

　　时值不久，嘉庆年间又爆发了白莲教起义。剿匪叛乱又一次促成了当地人口

1 《元史》卷六〇《地理志三》"陕西诸道行御史台"。
2 陈良学：《湖广移民与陕南开发》，西安：三秦出版社，1998年，第28页。
3 陈振汉：《清实录经济史资料·顺治-嘉庆朝（1644—1820年）：农业编·第二分册》，北京大学出版社，1989年。
4 （清）严如煜：《三省边防备览》，中国西北文献丛书编辑委员会：《中国西北文献丛书·西北稀见文献丛书》卷四《小方壶斋舆地丛钞》第6帙，兰州古籍书店，1990年。

的急剧减少和生产力的破坏，使得这一地区"并无名村巨镇，亦无平川旷野"[1]。为了抚治战乱，征收赋税，增加人口，清政府再次招徕外省无业游民前来垦殖，再度掀起移民高潮。史念海先生的研究表明，康熙中期，陕南人口大约50万，而100年后的嘉庆年间达到396万，增长率为697.9%。究其原因，均是"移民造成"。[2]

数百万的移民蜂拥而至，且绝大多数进入了山地较多的厅县从事垦殖、伐木、烧炭、木厢制作、造纸、种植木耳等生产，这些生产活动无一不是以山地林木为原料的。为了维持生计，获得巨大的经济利益，流民不惜以砍伐森林、进军山地为代价，从河谷平原到低山丘陵到中山再到高山沟壑层层推进，陕南的全面开发不断展开。掠夺式的开发对当地的生态环境产生了难以恢复的影响，从一些地志资料中可以管窥当时的情景。如，位处秦岭南坡的留坝厅（今留坝县），提及"物产"时，云："木宜松、柏、柳、椿、桑、柘、楸、槐、椵、桐、榆、漆、紫柏、青枫，其他杂木皆所常有，数十年来客民伐之，今已荡然，惟太白河、菜子岭、光化山尚有老林。"[3] 时人作诗道："在昔山田未辟时，处处烟峦皆奇劲。伐木焚林数十年，山川顿失真面目。"[4] 紫阳县，"乾隆中，邑境多老杣荒林，并未开垦，居民绝少"[5]，但不久老林已被垦尽。大量的荒山被开垦种植，流民"其日常食以包谷为主，老林中杂以洋芋、苦荞，低山亦种豆麦、高粱"[6]。

综上所述，明清两代，为了抚治战乱，恢复和发展生产，统治者采用移民垦荒和屯田的办法调剂人力之需。人们为了躲避战乱、赋役、圈地，大批流徙，使陕南成为移民集中地，形成了明清移民开发的高潮。骤增的人口，使平川荒地很快开垦殆尽，随之而来的移民只好向深山老林中寻求生计。伴随着移民活动向"南山老林"、"巴山老林"的深入展开，移民开发的区域渐次扩展，过度开垦山坡、砍伐森林资源导致水土流失加剧，对当地的环境产生了巨大的影响。清代后期陕南地区水旱灾害频频爆发，在很大程度上与山地植被减少导致森林涵养水源的调剂功能弱化有关。此外，流民渐次垦殖山坡、林地，无疑打破了当地的生态平衡，使许多野生动植物丧失了生存、栖息环境，生活领域逐渐萎缩，生态系统中的食物链环被人为破坏。而老虎的生活环境也因此受到了侵扰和破坏，其分布范围逐渐萎缩。

1　嘉庆《白河县志》卷二《建置》。

2　史念海等：《陕西通志·历史地理卷》，西安：陕西师范大学出版社，1998年，第114页。

3　道光《留坝厅志》卷四《物产》。

4　王志沂：《栈道出田》，道光《留坝厅志·文征录》。

5　民国《紫阳县志》卷六《补遗》。

6　道光《宁陕厅志》卷一《风俗》。

2．虎分布区域的逐渐萎缩

在有限的时间内，通过耙梳有关陕南的 55 部地志文献（包括一统志、总志和方志），2 本碑石集录和 4 种相关丛书、文集，作者共搜集到 83 条虎资料，其中 74 条是明清时期的，9 条是追溯前朝的。由于明代地志资料的保存不够完备，所以，我们搜集到的明代虎资料除了很少部分来自为数不多的几部明代地志外，大多摘自清代地志中对于前代虎资源的追溯记载中，数量非常有限（9 条），因此，很难对明代的虎分布进行复原工作。然而，通过这有限资料只言片语的描述，我们还是可以看出自明代至清代，虎的分布范围是渐趋缩小的。

清代地志资料的保存相对完备，虎资料也相对完整，因此，我们可以就目前所掌握的虎资料简单复原清初至清末整个朝代的虎记录分布点图（见图 1）。

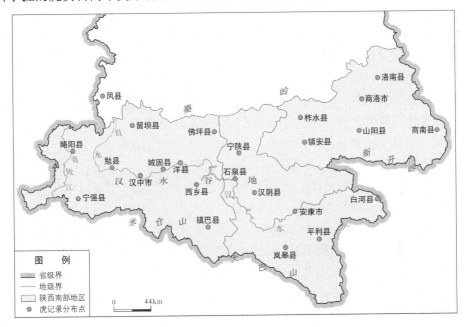

图 1　清代陕南的虎记录分布点

从图 1 可以看出，就整个清代而言，陕南 29 个县（区）中 80% 的县（区）（23 个）曾经有虎分布，而现在的很多地区虎已经消失了。历史文献的记载显示，以清乾嘉时期为断限，陕南虎分布范围渐趋缩小，且其萎缩进程具有明显的阶段性。

第一阶段是乾嘉之前，虎的分布在小范围内萎缩。如历来多虎的城固、南郑、勉县 3 地，在明及明以前还有虎记载，表明有虎分布，甚至发生虎患，到清乾嘉之前，却已不见记载。嘉靖四十五年（1566 年）《城固县志・田赋志》记载，"嘉靖十四年（1535 年），虎踞邯郸村（今城固城关镇杜家槽村，系平川之地）数日，人不能捕，夜不能归其住所。嘉靖二十四年（1545 年），虎上出斗山湾，下游至七星寺。人畏之，昼不敢行。知县范时修牒于城隍之神，三月，遣捕获之，已灭迹。"[1] 描述了虎盘踞城固平川村庄的虎患。然而，康熙五十六年（1717 年）的《城固县志》[2]和民国时期的《城固乡土志》[3]中关于虎的记载都已经只有对于前代的追溯而没有当代有虎的记载。乾隆五十九年（1794 年）的《南郑县志》[4]、民国十年（1921 年）《续修南郑县志》[5]同样只是追溯明天启年间"有虎生角"之事。明万历时文学家张瀚曾从成都去西安旅游蜀道全程，其游记说"过小山至沔县，有百丈峡。褒城乔木夹道，中多虎豹"。[6] 褒城即褒斜道南端出口处古褒中县旧址，距汉中城仅三十里，明代为一大人口聚居区，现其境域划归勉县。由此诗句可以看出明万历年间，现今勉县境域之内还是有很多老虎分布的。然而，康熙四十九年（1710 年），沔县（今勉县）知县钱兆沆纂修《沔县志》[7]时并无任何有关虎的记载，后来的道光《褒城县志》[8]、光绪《沔县志》[9]中也了无虎迹。

第二个阶段是乾嘉之后，虎的分布区域大规模萎缩，主要是在虎资源非常丰富的略阳县、佛坪县、山阳县、孝义厅（今柞水县）、镇安县、安康县、汉阴县、白河县等地区减少分布，甚至消失。主要表现是乾嘉前还有虎记载，乾嘉后却无虎记载，根据文献记载，这些地方"昔年地广人稀，山深林密，时有虎患"[10]，曾经因为虎极多、"虎蹄狼迹交于满山"[11]而使时人"欲杀以善捕法"。然而，随着乾嘉以来最大规模的一次移民垦殖高潮的到来，人类的开发活动扩展至老林深处，使得这些地方的虎自乾嘉以后，或者"客民日多，随地垦种，虎难藏身，不过偶一见之矣"，或者在文献记载中完全消失（以略阳、安康、汉阴、旬阳为著）。此外，我们对虎无载的情况可做出以下三种推测：当地有虎却没有记载；当地确实无虎故没有记载；当地有虎但虎数量不多或对人畜无大碍所以不载。无论是哪一种可能，我们基本可以判断，当地无虎或至少虎已经不多所以资料才没有记载。

1 嘉靖《城固县志》之《田赋志》。

2 康熙《城固县志》。

3 民国《城固县乡土志》。

4 乾隆《南郑县志》。

5 民国《续修南郑县志》。

6 (明)张瀚撰，萧国亮点校：《松窗梦语》卷二《西游记》，上海：上海古籍出版社，1986 年。

7 康熙《沔县志》。

8 道光《褒城县志》。

9 光绪《沔县志》。

10 光绪《镇安县乡土志》。

11 乾隆《汉阴县志》卷六。

　　综上所述，明清时期虎的分布区域经历了一个逐渐萎缩的阶段。清乾嘉以前，"长林丰草，人烟甚稀，虎狼出没，所在皆是"[1]，其分布区的萎缩只是局部的。之后，则出现了一次大范围的萎缩。这从资料的数据统计可以看出，乾嘉时期是一个很明显的时间断限，74 条明清的陕南虎资料中，乾嘉之前的记录有 58 条，占 78%，而之后的则只有 17 条，占 22%。这是因为，清初由于刚刚经历战乱、灾荒，人口剧减，劳动力不够，生产力下降，因此人类的开发活动主要在于平川荒地，距离虎的生活领地较远，对其影响很有限。康熙末年以后，尤其是乾嘉时期，清政府采取政策招徕流民垦荒，数以百万计的流民迁居陕南，不仅使明代以来的大量荒地得到耕种，而且使许多荒山老林也得到了开垦。这大大侵扰了虎的栖息环境，使人虎相遇的机会增多，冲突加剧，导致虎患频繁发生。为了维持开发活动的展开，乾嘉时期，人们开始采用各种方法展开了不同规模、多种形式的打虎活动，使虎的数量和分布范围都大大缩小。

三、人虎冲突的加剧和打虎活动的展开

　　每一种动物的生存，除了需要有与它的习性相适应的生存环境外，还要拥有一定的生活领域。在食物充足和人为干扰少的情况下，活动领域是比较固定的，活动的范围相当大。根据不同地区食物多少的不等、植被面积和种类的不同，领域的面积从数十平方千米到数百平方千米不等。每只成年虎也都有一定的领域，其边缘部分可以彼此重叠。即使是雌雄虎都各有自己的领域，平时互不往来。虎具有很强的区占性，保卫自己的领域极其认真，如果发现其他动物擅自侵入，有意争夺领域，必将拼死搏斗。

　　我们知道，虎的猎食对象不仅包括大中小型食草类动物（包括马、牛、羊等家畜），还包括一些其他动物，甚至豹、熊、狼这类猛兽。因此，可以说，凡是它能制服得了的动物，都可能被它充饥。但虎生性多疑，一般不会主动攻击人。只有找不到足够的野食，或者其生境遭到侵犯与破坏的时候，它才有可能铤而走险，接近居民区，伤及人畜。

　　随着人类开发领域的不断扩展，虎的活动领域受到越来越多的侵扰，当这两个领域的重合范围越来越大时，人与虎的相遇几率也就不断增大，从而加剧人虎冲突。

1　乾隆《镇安县志》卷八《动物·野产》。

人虎冲突主要表现在两个方面，一是人类偶然经过或进入虎的生活领域时，发生"人虎相视"、"虎食人"的突发性事件；一是人类开发活动大规模侵入虎的生活领域或破坏其栖息环境，从而引发频繁的虎对人畜的攻击性虎患事件。一般说来，在人类活动影响微弱的时空条件下，人虎冲突以第一种情况居多。反之，在人类活动影响剧烈的时空里，则以第二种情况居多，也更能反映出人类活动影响的剧烈程度。

1．人虎冲突的加剧

明清时期陕南的人虎冲突事件急剧增多，爆发频繁，同时破坏程度日益剧烈。在 74 条虎资料中，31 条是有关人虎冲突的，其中 11 条为一般冲突，20 条则是有关虎患的。

一般性的冲突，主要有以下几种情况：

一是人类经过深山道路（包括栈道），误入虎的领地，遇虎于途，或人虎狭路争行，或人虎对峙，或虎伤（食）人、或人打虎夺路的冲突，共 5 起，主要发生在留坝柴关岭（康熙初年）[1]、镇安山路（乾隆十三年、十五年，即 1748 年、1750 年）[2]、山阳商道（康熙朝之前）[3]、宁陕山野（明弘治年间）[4]、宁羌黄壩驿（今宁强县西南）[5]境内。

二是人们入山从事采樵、收菽的小型家庭农业耕作活动，偶遇虎出，发生虎伤人、食人事件，共 4 起，主要在略阳（乾隆间）[6]、汉阴（乾隆年间）[7]、宁陕（道光年间）[8]、西乡（康熙年间）[9]。

三是在人类和虎的生活领域相互重合区域，人虎和平共处同一领地的温和"冲突"，共 2 起，发生在乾隆年间的镇安[10]、康熙十八年（1679 年）后的石泉[11]。

---

1 道光《留坝厅志》之《足征录·文征录》。

2 乾隆《镇安县志》卷九《艺文》；民国《镇安县志》卷七《艺文·捐分南社仓详文》。

3 康熙《山阳县初志》卷三。

4 道光《宁陕厅志》卷四《艺文·逸事》。

5 光绪《宁羌州志》卷五《艺文》。

6 道光《重修略阳县志略》卷四《艺文部·记》。

7 乾隆《汉阴县志》卷六。

8 道光《宁陕厅志》卷四《艺文·逸事》。

9 道光《西乡县志》之《古迹》。

10 乾隆《镇安县志》卷十《杂记·拾遗》记载："本境在乾隆时，长林丰草，人烟甚稀，虎狼出没，所在皆是。相传负郭王姓有虎入其家，众骇奔啼，审无害人意，驱之。去数日复来，习为常，或饲之或宿其家，来去无忌，人畜见惯不惊，若忘其为虎也者。可见盛世人物熙皞气象。"

11 道光《石泉县志》卷二《官师志第六》记载涂之尧在康熙十八年以后所做《县堂春草》："抚几南山对白云，阴晴众岭未曾分。汉江水长消春雪，楚泽帆来带夕曛。三里城垣环虎豹，数家烟火傍榆枌。年年客里看青草，今日邻居又鹿群。"

　　较为激烈的人虎冲突主要体现为虎患。而频发的虎患正是这一时期最主要的人虎冲突，程度比较剧烈。

　　首先，据文献记载，虎患发生的频率较高，时间较为集中，主要在明代中后期至清中期。每每记载都以"颇多虎患"、"甚为虎患"、"颇苦虎患"来表明其爆发之频繁。明代共6次大的虎患，分别发生在嘉靖年间的城固县[1]、万历年间的西乡县[2]、成化年间的安康县[3]。清初虎患共有14次，主要集中在康雍乾时期，其中仅乾隆时期就有9次。这恰好与这一时期人类在陕南的开发高潮相始终。

　　其次，参与虎患的老虎数量较多，成群出没者不在少数，虎患发生的范围较广，破坏程度较为剧烈，严重威胁当地人民的日常生活。

　　以西乡县为例。居于子午道南口的西乡山区虎患最剧。见于文献记录的就有两次大规模、高烈度的虎患发生，分别于明万历年间和清康熙五十一年（1712年）先后爆发。嘉庆《续修汉南郡志》卷二六记录了明万历年间汉中知府崔应科悬重金招募杀虎勇士而亲撰的《捕虎文》，对当时的虎患情景作了详细的描述："惟兹汉郡，幅远多山。丛尔西乡，尤处山薮……虎豹成群，白沔山峡，白额恣噬，初掠牛羊于旷野，渐窥犬豚于樊落，底今益横，屡极残人。昏夜遇之者糜、白昼触之者碎。"充分展现了虎患中虎的数量极多，对人的伤害程度愈演愈烈的趋势，从最初在旷野中掠食牛羊，到村庄聚落中偷食猪狗，再到多次残人、伤人，无一不表明了当时人虎冲突的剧烈程度。康熙年间再次爆发的虎患，有过之而无不及，"不特虎迹交于四郊，而且午夜入城伤害人民，殃及牲畜"。为此，时任知县的王穆"于是县重赏募善捕虎者数十人，挟弓矢入林莽……捕者癸巳（1713年）至乙未（1715年）射虎六十有四"[4]，3年之内射杀64只虎也不算小数目，可见当时人虎冲突的剧烈程度。

　　除了西乡县，还有城固、安康、汉阴、略阳、山阳、商洛、洛南、镇安共9个县发生了虎患，每一次虎患都是虎"游于市，惊怖街衢，伤及人畜"，以致"人畏之，昼不敢行"，"居民归家闭门不敢外出"。于是，在此期间，出现了民间或政府的杀虎、捕虎、防虎计划以及有组织的打虎活动。

2. 政府性打虎活动的展开与虎的消退

　　明以前有许多关于打虎事迹的记载，但多属个人行为，诸如秦昭襄王募人打虎的官府行为是非常少的。明清时期，个人的打虎行为依然存在，同时出现了官

1　嘉靖《城固县志》之《田赋志》。

2　嘉庆《续修汉南郡志》卷二六《艺文》。

3　咸丰《安康县志》卷一二《政略》。

4　道光《西乡县志》之《古迹》卷附录之《王穆射虎亭记》。

吏重金悬赏组织打虎、防虎的政府行为，并且成为打虎、防虎活动的主流。在 15 条打虎资料中有 9 条是关于官府人员组织并采取措施打虎、防虎的资料。由此看来，明清时期，消除虎患保一方平安已经成为政府的一项执政内容。同时，这种有计划、有规模、有奖励、讲方法的大型打虎活动也意味着虎数量和分布的迅速消退。

首先让我们来分析政府性打虎活动是如何开展的。康熙五十一年（1712 年），西乡县发生虎患，于是知县王穆悬重赏招募打虎将，进山打虎，三年之内射虎 64 只。事后，王穆于康熙五十四年（1715 年）在城外建亭树碑记载了此事。[1] 至今"射虎亭"碑犹存于西乡县文化馆。在薛祥绥手抄道光本《西乡县志》"古迹"卷中提到射虎石时，附录了《王穆射虎亭记》一文，谨照录其中打虎文字片断于此，以备分析。

> ……始□知山深多虎，每是为怪，然未有如西乡之甚者。不特虎迹交于四郊，而且午夜入城伤害人民，殃及牲畜。夫上帝好生，而生此恶兽，此造物之所不可解者也。余有父母，斯民之职，不得不谋驱除之法以安我兆牲也。于是县重赏募善捕虎者数十人，挟弓矢入林莽，探虎出入必由之径，置毒于矢，伏机于路，虎触，机矢即发，立毙，得一虎辄以百镪数金赏，捕者癸巳至乙未射虎六十有四，亦有中而不死，又有带铩毙于穷岩绝谷者，不知凡几。于是商通于途，民歌于野，四境宁谧，宵行无碍，远迩称乐土焉。余乃建亭于西城门外，勒石以记之，亭成，令虎匠陈大材、胡国辅等酌酒以劳之……

从以上文字记载，我们可以看出，政府打虎活动具有很强的组织性、技巧性和打击力度。首先，它具有很诱人的奖励措施，"县（悬）重赏"、"得一虎辄以百镪（镪，钱串，引申为成串的钱）数金赏"；其次，拥有虎将们丰富的打虎经验和技巧，"探虎出入必由之径，置毒于矢，伏机于路，虎触，机矢即发，立毙"，可见，打虎将对于虎出入活动的路线是较为熟悉的，并且采用了在剪矢上涂毒、在路上埋伏机矢的技巧；再次，协调使用"弓矢"、"机矢"、"铩（古兵器，即铍，大矛）"等多种打虎工具。因此，最终获得"捕者癸巳（1713 年）至乙未（1715 年）射虎六十有四，亦有中而不死，又有带铩毙于穷岩绝谷者，不知凡几"的丰硕成果，以致"害兽几绝"，消除虎患。

秦岭向多虎患。清人聂焘在纂修《镇安县志》"物产"部分时，由于极伤心于当时的虎患，于是专门对当时的打虎活动进行了详尽记载。乾隆十五年（1750 年），

---

1 陈显远：《汉中碑石》，西安：三秦出版社，1996 年，第 204 页。

秦岭多虎，当地官员"丰文拨宜君营兵捕杀，无所获"，于是"制台尹公蒙示以防范之法，即于省城制备短枪火药，捐散四乡，一时打获数虎，释其大者送省呈验。公喜赏给打虎人银两，原虎发还以示鼓舞。时中丞陈公方入武闱监临，闻其事亦喜，驰谕云：'闻打获极大数虎，为地方除数大害，实快心之事，其虎不必送来，此后仍常如此防范，勉之，望之盖。'"[1] 在这次活动中，政府甚至调拨军队（宜君营兵）开展打虎活动，以消除虎患，未果之后，制台和中丞两位官员亲自教民防范之法，并且制备相当先进的打虎工具——短枪火药，捐散四乡，于是"打获数虎"。他们还对打虎人给予了奖赏，以鼓励人们坚持防范。

通过对诸如以上的 9 条政府打虎资料进行分析，我们得出这样一个认识：相对于个人打虎行为而言，政府行为更利于消除虎患，也因此更加速了虎资源的消退。道光《略阳县志》记载，清雍正年间，略阳县城墙坍塌，经常有虎入城，居民不敢出门。时任知县的叶馨"主持筑城墙，树栅栏，严禁夜行"除却了虎患。到嘉庆年间，加之毁林垦荒，以致老虎几乎绝迹。[2] 虎的数量减少，除了体现在历史文献中的这些直接描述以外，还体现在它在历史文献记载中的消失。我们看到在陕南地区 29 个县（区）的地志文献中，自乾嘉以后，仍然有虎记录出现的已经非常少了。

综上所述，明清时期，陕南的人类开发活动不断深入、开发区域不断扩展，使人虎对于生活领地的争夺日益加剧，人虎冲突不断增加且逐渐升级。为了维持人类的生产生活，有组织、有步骤、高奖励的政府性打虎活动逐渐展开，这导致了虎资源的急剧消退。这种消退，不仅是数量上的减少，分布范围上的缩小，更主要的是，虎赖以生存的栖息地不断向人类活动影响较小、森林资源保存较为完好的高海拔山地后退。

四、结论

通过对明清时期陕南地区移民开发全面展开状态下人虎关系的研究，我们可以得出以下认识：

第一，在移民开发活动全面展开的同时，人与自然界之间原来的相对平衡性被逐渐打破，人与虎的冲突逐渐加剧。

明清时期，随着移民的涌入，土地垦殖幅度的剧增，生产方式的巨大变化，

---

1. 乾隆《镇安县志》卷七《物产》。
2. 道光《略阳县志》。

人们在陕南的开发活动，从河谷平原到低山丘陵到中山再到高山沟壑，层层推进以致逐渐侵入虎的生活领地，迫使其生存领地不断缩小，可供猎食的动物不断减少，这使得人虎冲突逐渐加剧，由一般性人虎冲突事件上升到激烈的虎患和打虎活动频繁发生，成为人虎冲突的主要表现形式，从而导致有计划、有组织、高奖励、高力度的政府性防虎、驱虎、打虎活动逐渐展开，在陕南出现了人扰虎、虎伤人畜、人打虎交错进行的局面。

第二，开发活动的展开，人虎冲突的加剧，政府性打虎活动的展开，导致虎资源的阶段性萎缩，栖息地不断后退。

以清代乾嘉时期为界，随着移民开发高潮的逐渐到来，虎在陕南的分布地域逐渐萎缩：乾嘉以前，其分布区只是小范围的局部萎缩，主要涉及南郑、城固、勉县三地；乾嘉之后，则开始大范围萎缩，许多产虎较多的厅县虎记载消失。这不仅意味着虎在数量上的减少，分布范围上的缩小，也意味着其赖以生存的栖息地和生活领域，向人类活动影响较小、森林资源保存较为完好的高海拔山地后退。

Human-Tiger Conflicts Driven by Immigration and Development in Southern Shaanxi during Ming and Qing Dynasties

CAO Zhihong　　WANG Xiaoxia

Abstract: This paper investigate the influence that human socio-economic activities affected on tiger resources in southern Shanxi during Ming and Qing dynasties, focusing on the conflicts between people and tiger. The materials we mainly used are the historical local records and inscriptions on tablets. By categorizing and analyzing the historical records, we found that immigration and their development activities are the main factors that resulted tiger's fadeaway in this region. The materials indicate that as immigrants swarming into and beginning development, the conflicts between people and tigers emerged. Since the last stage of Ming to the middle period of Qing, which is the climax of human activities, the conflicts became more and more acute because of the general and full-scale development activities, especially the estrepement and denudation, which resulted series of governmental tiger-hunting activities which was one important reason resulted tiger resources decreased. And then staggered fadeaway appeared on whole tiger recourses before and after the period of Emperor of Qianlong and Jiaqing of Qing dynasty.

Key words: Ming and Qing Dynasties; Southern Shanxi; emigration and development; human-tiger conflicts; governmental tiger-hunting activities; fadeaway of tigers

明清安康地区虎患探析[1]

王晓霞

摘　要： 借助方志、碑石及家谱资料，着重探析明清时期安康地区虎患发生的原因、为害及其分布和演变趋势，指出虎患既与人类过分开垦山地导致自然环境恶化有关，又与当时战乱动荡和严重的自然灾害有关。

关键词： 明清；安康地区；生态破坏；虎患

虎是凶猛而又危险的动物，人称兽中之王。所谓虎患是指虎对人及家畜的袭击与伤害[2]。地处汉水上游的安康地区历史上由于生态环境相对优越，曾长期生活着大型兽类——华南虎。从战国秦汉时期直至新中国成立初期，虎迹虫影不绝于书。通过梳理史料，发现安康境内的虎患最早出现于战国秦昭襄王时期[3]，之后虎患出现频率较低，直到明清当地又爆发了较为严重的虎患。通过对明清安康地区的虎患进行考述，以期能对我们今天秦巴山区开发提供一些借鉴。

一、明代安康地区虎患

华南虎为中国虎亚种之一，在历史上曾广泛生存于我国境内。汉水上游的安康地区一直是华南虎的重要活动区域之一。史载，明代以前，安康地区社会经济发展相对缓慢，垦殖力度较小，自然生态环境保持较好，华南虎生存环境较为优越故虎患相对较少；从明代开始，大量流民入山垦殖，该区自然生态环境逐渐恶化，老虎栖息地日益被破坏、食物来源日渐减少故而虎患增多。

---

1 本文原载《安徽农业科学》2012 年第 1 期，第 612-613、616 页，系安康学院科研启动专项经费项目"陕南野生动物资源的历史变迁及其成因"（AYQDRW200705）研究成果。
2 刘正刚：《明末清初西部虎患考述》《中国历史地理论丛》2001 年第 4 期，第 98-104 页。
3 华阳国志：《巴志》卷一，重庆：重庆出版社，2008 年。

　　元末明初，秦巴汉水流域迭经战乱，生产力受到极大的破坏，人口锐减。据元至正二十七年（1367年）的统计，整个兴元路（包括今安康地区全部以及汉中地区之南郑、洋县、城固、西乡、褒城、凤县）在册人户2 149户，人口总计仅19 378人，[1] 还不及宋代金州人口的三分之一。因户口凋敝、田地荒芜、赋税无着，朱元璋采用移民垦荒和屯田的变法调剂人力之不足。[2] 在朱元璋的经营下，广东、山西等地流民辗转来到川陕鄂边区从事伐木、烧炭等生产活动，秦巴山区开始得到开发，然而到了成化年间，安康地区仍十分荒凉，虎患十分严重。史载，成化十二年（1476年），深州人郑福就任金州知州后，时州城西七里沟（今安康市江北三桥附近）附近有猛虎时常出没，交通阻断，于是"郑公集众剪荆辟野……寻猎人李广辈杀五虎以献，害泯焉"[3]。七里沟，顾名思义，距州城只有七里之遥，可老虎横行，危害一方，足见虎患之重。这一时期发生虎患主要是由"其乱之后，而居民鲜少，田地荒芜"[4]所致。

　　然而，随着成化年间大量荆襄流民附籍后，秦巴山区的户口大增，较大规模的山区开发也随之开始，该区虽有老虎出没，但鲜有虎吃人事件发生。正德年间伍余福在《莘野纂闻》中就记述了二贾在终南山迷路后得猎户夫妇相救的传奇经历。[5] 小说中只载有虎等大型猛兽，但无虎患发生。此外，嘉靖《陕西通志》云"虎出南北山中"[6]，只字未提虎患。这种事例表明虽有数十万流民依托于秦巴老林从事农业和手工业生产，但老虎的食物链并无中断，因此没有虎因食物断绝而袭击人的恶性事件。

　　迨至明后期，金州人口大增，田土开垦，经济发展，然而遭遇万历十一年（1583年）特大洪水袭击之后，当地虎患更为严重，老虎吃人事件时有发生。万历四十四年（1616年）任兴安州知州的许尔忠面对荒凉的情景忧心如焚，曰"今平利虎鹿为祟"[7]，还说"虎豹歹噬，小民捐生与爪牙之间"[8]，老虎已经威胁到当地人的日常安全。康熙《汉阴厅志》卷五《人物》中载："党孝汝同父党进朝早出刈麦，父为虎噬，孝汝奋力夺父于虎口。虎蹲视大吼，又有复噬势。孝汝愈奋以石击之，虎遁去。负父归治，噬痕阅三月无恙。"汉阴厅位于秦岭与大巴山之间，

1　元史：《地理志三》卷六十陕西诸道行御史台．北京：中华书局，1976年。

2　陈良学：《湖广移民与陕南开发》，西安：三秦出版社，1998年。

3　乾隆《兴安府志》：《艺文志一》《郑公祠记》卷二十五。

4　陈良学：《湖广移民与陕南开发》《唐氏阁族置地碑》，西安：三秦出版社，1998年。

5　道光《宁陕厅志》：《艺文志》逸事卷四。

6　嘉靖《陕西通志》：《民物三》物产卷三十五。

7　康熙《兴安州志》：《沿革志》卷一。

8　康熙《兴安州志》：《土产志》卷三。

这里是明代人口流动最集中的地区之一，大批流民进入后，主要从事农业耕种以及伐木、烧炭、种植木耳等手工业活动。从村民割麦途中遭遇老虎袭击可以看出，当地山区已被开垦成耕地。这在一定程度上，侵占了老虎的栖息地，减少了老虎的食物来源，因此发生了老虎出山伤人、吃人的严重事件。

总的来看，明前期和明后期安康地区虎患较多、危害较重。前期主要是由于元明之际长时间的战乱导致了当地极度破败，地广人稀、榛莽丛生，老虎作祟；虽从明成化至正德年间的移民使金州凋敝的状态得以逐步恢复，然而随着流民对安康垦殖力度的加大，人虎之间的冲突日益加剧，所以老虎伤人、吃人时有发生。

二、清代安康地区虎患

我们知道，虎患的出现与人类对自然生态资源的破坏密切破坏。[1] 清初由于长期兵燹和灾荒，安康境内破败不堪，虎患酷烈。从乾嘉道开始，随着清代更大规模的移民开发高潮到来后，安康地区的秦巴老林迅速被砍伐殆尽，代之而起的便是更大规模的农业垦殖和手工业生产活动，从低山到中山再到高山"开垦既遍"[2]、耕种无余，虎的栖息地荡然无存，老虎逐渐消退，虎患基本绝迹。

在经历了明代200余年的休养生息和发展之后，进入清代后，陕南又经历了空前浩劫，即明末清初的农民起义、空前的瘟疫和灾荒，以及平定"三藩"的战争。旷日持久的战乱和灭绝人寰的灾荒使陕南遭到毁灭性的打击，直接导致了人口的剧减和土地的大量荒芜。由于烟户凋敝、土地大量荒芜，因此，顺康雍三朝虎迹遍布全境，虎群数量众多，虎患十分严重。这一时期的地方志常用"有虎白日噬人"[3]、"（生童）半饱虎腹"[4]、"魑魅虎豹白昼群起[5]"、"猛虎出没为患[6]"等语言来描述虎患的严重。

以上是笼统的对清初安康虎患的记载。如果分地区来看，当时虎患状况就更加明确了。如州北琉璃河一带，"有虎矫，矫白昼噬人，行旅阻绝"[7]。老虎白天吃人，威胁过往商旅的安全，本郡吏目鲁仁垛撰《驱虎文》以告并亲率行伍驱赶

1　刘正刚：《明末清初西部虎患考述》《中国历史地理论丛》2001年第4期，第98-104页。

2　道光《石泉县志》《地理志》卷一。

3　李厚之、张会鉴，郑继猛：《安康历代名人录》，西安：三秦出版社，2010年。

4　李厚之、张会鉴，郑继猛：《安康历代名人录》，西安：三秦出版社，2010年。

5　康熙《兴安州志》《土产志》卷三。

6　康熙《兴安州志》《艺文志》江汉形势记卷四。

7　康熙《兴安州志》《艺文志》驱虎文卷四。

之。[1] 州西的汉阴厅、石泉县虎患也非常严重。康熙二十三年（1684年），辽东人赵世震就任汉阴厅知县后，见厅境荒凉残破，云"军民野处，虎豹充斥"[2]，老虎已从深山老林跑至居民生活区，可见战乱给当地造成的破败萧条窘况。与汉阴厅相邻的石泉县虎患也很严重，康熙十八年（1679年）涂之尧任石泉县知县，时石泉历吴三桂乱后，城市萧条，"其视城野，青磷白骨"[3]，人口大量损耗，"男妇昔年四万三千口，今叠经掳掠，止存二千九十八口"[4]，土地摞荒，"今则耕者如星，垦者如掌"，因此，猛兽潜伏在县城外，人称"三里城垣环虎豹"[5]。这说明清初当地的虎患，已不是单一地发生在深山老林区，而是多发生在城乡居民区。

州南紫阳县，清初战乱之后，"山川荒远，幅员阔绝，屯落萧条，居民贫乏"[6]，"且虎、鹿、熊、豕兽食人食，故深山穷古多半荒凉"[7]，可见紫阳因人烟稀少老虎吃人，老虎吃人又导致人烟稀少的恶性循环。老虎不仅活跃在县境的深山密林中，甚至闯入居民家中吃人，如"康熙五十二年冬十月，夫（尚其志）被虎衔去，（赵）氏呼号奔救，夺夫虎口。时夜，夫亡"[8]。平利县在遭遇康熙三十二年大水袭击后，民逃地荒，时人感叹"今平利虎噬为祟"[9]，老虎吃人已成祸害，足见老虎出入之骄横。州城东部的洵阳、白河等地的虎资源也相当丰富，虎患也有记载。如雍正《洵阳县志》中在记载洵阳县的兽类资源中有"虎"[10]，说明当地有虎。白河县自明成化十二年建县以来，商贾辐辏，俗称"小武汉"，然"遭明季之乱，人烟稀少，草木茂盛，半皆虎狼之薮"[11]，"民与虎豹同居，豺鹿同游"[12]。虎患之重由此可见一斑。

在经历了清初最为严重的虎患之后，进入清中期，兴安府所辖平利、白河、安康、汉阴、宁陕等厅县虎患仍多，但石泉、洵阳、紫阳等县的华南虎数量已呈下降趋势，虎患日渐减少。石泉县，道光《石泉县志·田赋志·物产》云："（石邑）禽兽：鸥鹭、鸳鸯、虎豹、麋鹿、熊罴，旧志有之，今开垦既遍，亦不尽有"，

1　李厚之，张会鉴，郑继猛：《安康历代名人录》西安：三秦出版社。

2　康熙《汉阴厅志》《艺文志》文类修城自序卷六。

3　康熙《石泉县志》户口。

4　康熙《石泉县志》户口。

5　康熙《石泉县志》《艺文》县堂春草。

6　康熙《紫阳县新志》《疆域志》上卷。

7　道光《紫阳县志》《地理志》纪代卷一。

8　道光《紫阳县志》《人物志》节烈卷六。

9　嘉庆《白河县志》《录事志》卷十四。

10　雍正《洵阳县志》《地舆志》物产卷一。

11　陈良学：《湖广移民与陕南开发》，西安：三秦出版，1998年。

12　嘉庆《白河县志》《山川志》飞云山记卷六。

言语中已经道出了老虎等禽兽的萎缩。洵阳县，老虎资源已经枯竭，虎患亦少，云"虎产，近各山乡已尽童，亦鲜虎暴矣……曩尝欲购虎骨，迟之不获"[1]。紫阳县东三十六峰清初"木石巉岩，中多虎豹"，道光年间则"紫境山林乾隆末年尽已开垦，群兽远迹，石骨峻嶒，向之森然蔚秀者今已见其濯濯矣"[2]。这些说明由于山林的日渐开垦，老虎丧失了生存环境，因此，虎的数量减少，虎患鲜有。

　　由于乾嘉时期大规模移民入山垦荒，使得往昔的"南山老林"、"巴山老林"遭到毁灭性的砍伐并得到最大限度的垦种，因此，当地的生态平衡被打破，野生动物数量日渐减少，虎的食物链被人为破坏。所以，继清中叶虎的分布范围逐渐缩小、数量日趋减少后，清后期安康地区的虎或在文献记载中寥寥数语，或完全不载，虎逐渐淡出了人们的视野。查阅光绪年间安康各厅县地方志，《白河县志》[3]、《砖坪厅志》[4]兽类中载有"虎"，而《平利县乡土志》[5]、《洵阳县志》[6]动物中未载"虎"。其他厅县则只字未提。对此，有学者对虎无载的情况作出以下三种推测：当地有虎却没有记载；当地确实无虎故没有记载；当地有虎但虎数量不多或对人畜无大碍所以不载。无论是哪一种可能，我们基本可以判断，当地无虎或至少虎已经不多所以资料才没有记载。[7]另外，分析这一时期方志中相关虎资料，只在当地"物产"或"动物"条下简单记载是否有虎，而没有一条记载虎患的资料，这充分说明清后叶安康地区的虎资源已经十分匮乏，虎患基本绝迹。

　　综上所述，由于经历长期兵燹，清初后安康地区人烟稀少，生产凋敝、林莽丛生，虎资源非常丰富，虎患十分酷烈；到了清中叶，随着大规模的外省流民的进入，包括安康在内的秦巴老林逐渐被砍伐进行农业等生产活动，部分厅县的虎资源已明显萎缩，虎患日渐减少；到了清后期，由于秦巴山地都得到了垦殖和开发，老虎丧失了栖息地，安康地区虎患基本绝迹。

三、结论

　　纵观全文可知，明清时期，地处秦巴山区的安康地区均发生过程度不同的虎

---

1 乾隆《洵阳县志》《风俗》物产附卷十一。

2 道光《紫阳县志》《地理志》山川卷一。

3 光绪《白河县志》《田赋》物产卷七。

4 光绪《砖坪厅志》《土产志》。

5 清末《平利县乡土志》《物产》。

6 光绪《洵阳县乡土志》《物产》动物。

7 曹志红，王晓霞：《明清陕南移民开发状态下的人虎冲突》《史林》2008年第5期，第50-57页。

患，给人的生命财产造成了重大的损失。虎患不仅频率高，而且涉及安康地区各厅县；虎患不仅发生在深山老林，而且发生在城乡居民区；虎患不仅使百姓的生产受到极大威胁，而且也使人的生命遭到残害；虎患不仅让普通百姓饱受侵扰，而且也使地方父母官大伤脑筋。同时，虎患期间，老虎的数量相当庞大，史料中往往用"群虎"、"数虎"加以表述，这在一定程度上也凸显了当时虎患的严重性。

明清虎患的出现，也表明了当时人地矛盾的突出。由于人口压力不断增大，山区的垦殖不断向纵深方向深入，大面积的山林资源被破坏。人们对山地的无序垦殖，不仅影响了动物群的数量，甚至造成某些动物物种的灭绝，老虎的食物链被人为打断。老虎被迫与人为敌，而在这场生存权利的较量中，人类终于制服了危害的老虎。因此，当今天的秦巴山区开发正如火如荼进行之时，我们更应该注意经济发展与生态资源之间的平衡关系，切勿重蹈覆辙。

Analysis of the Calamities of Tigers in Ankang Area in Ming and Qing Dynasties

WANG Xiaoxia

Abstract: According to the local chronicles，steles and genealogical datas，the article focuses on the causes，distribution and evolution trends of the calamities of tigers in Ankang area in Ming and Qing Dynasties. And the conclusion is that the tiger calamities related not only to the environmental deteriorations caused by people's excessive cultivations，but also to the serious society upheaval caused by war and natural disasters.

Key words: Ming and Qing Dynasties；Ankang Area；environmental disruption；the Calamities of tigers

明清商洛地区虎患考述[1]

王晓霞

摘　要：明清时期，地处秦巴山区的商洛发生过程度不同的虎患，并给当地居民的生产和生活带来破坏性的结果。具体地说，有明一代该区老虎活动较为活跃，且明中后期出现了严重的虎患；而清代该区的虎患达到了最为严重的程度，同时也经历了清初酷烈到中期的骤减再到清末绝迹的剧变。通过研究发现，虎患的存在及其严重程度同人类对当地生态环境的作用密切相关。

关键词：明清；商洛地区；虎患；生态环境

虎是凶猛而又危险的动物，人称兽中之王。所谓虎患是指虎对人及其家畜的袭击与伤害。[2] 地处汉水上游的商洛地区历史上由于生态环境相对优越，曾长期生活着华南虎。从战国秦汉时期直至民国时期，虎迹虫影不绝于书，明清时期，该区还发生了程度不同的虎患，并给当地居民的生产和生活带来不同程度的危害。通过对明清该区虎患及所对应的生态环境的勾勒，期望我们今天在开发商洛地区的同时也能关注生态环境的合理保护。

一、明代商洛地区虎患

华南虎为中国虎亚种之一，在历史上曾广泛生存于我国境内。汉水上游的商洛地区也一直是华南虎的重要活动区域之一。通过对商洛地区华南虎的历史变迁过程分析发现，明代以前，商洛地区社会经济发展相对缓慢，人类活动仅仅局限在洛水、丹水流域川道从事农业垦殖并辅以猎山伐木等活动，当地林木茂盛、野

---

1 本文原载《农业考古》2013 年第 3 期，第 110-114 页，系陕西省教育厅科研计划项目"历史时期汉水上游地区野生动物资源分布变迁及其原因研究"（12JK0188）成果。
2 刘正刚：《明末清初西部虎患考述》，《中国历史地理论丛》2001 年第 4 期。

生动物资源非常丰富，大多时间人虎相安无事。从明代中叶开始，流民陆续入山垦殖，当地大量的森林开始被大量砍伐，华南虎栖息地日益被破坏、食物来源日渐减少，人虎冲突增多，虎患时有发生。

元末明初，商州屡经战乱，生产力遭到极大的破坏，人口锐减，因此，洪武七年（1374 年），遂降商州为商县，隶属陕西西安府。[1] 据元至正二十七年（1367年）的统计，整个奉元路（包括今商洛、西安及渭南、咸阳等地区约 26 县）在册人户 33 935 户，人口总计仅 271 399 人[2]，由此推算明初商洛人口应不超过30 000 口。因人烟绝少，林木茂盛，该区成为虎豹出没之薮，故方志中有大机禅师在隐居的净云寺附近驯服虎豹的记载。[3] 为了复兴经济，朱元璋采用移民垦荒和屯田的变法调剂人力之不足[4]，洪武二十一年（1388 年），明廷在山西洪洞县建立移民局，部分移民被迁居商县、丰阳（今山阳）、镇安、商南等地。[5] 移民到达川陕鄂三省交界地区后开始从事农业、伐木等活动，当地生产逐渐得到恢复。

历经 200 多年的休养生息后，到了明代中后期，商洛地区达到了经济发展的第一个小高潮，史载："商於全盛时，穷谷深山，皆闻犬吠；老岩绝壑，亦长菽麦。高高下下，人尽务农。丰不全收，歉不全乏。兼有丝蚕蜡虫、核桃漆药。诸蓄百产，虽多为客商专利，皆足以补衣食之缺而佐赋税之穷。所以郊野之富，号称近蜀。"[6] 从这些记载中，可以看出全境深山穷谷业已开发，而且当地仍以农业生产为主，以商业为辅。不仅如此，人口也有所增加，据嘉靖二十一年（1542 年）的统计，商州及下辖的雒南、镇安、山阳、商南四县达到 21 048 户，121 429 口；[7] 而到了明中叶，秦岭南坡的商洛地区盛产老虎，嘉靖《陕西通志》所载"虎出南北山中"[8]便是例证。一方面，人口大量增殖，需要扩大耕种面积来种植粮食作物；另一方面，商洛地区出产老虎，老虎需要维护自己的生存领地，因此，这一时期就发生了老虎伤人、吃人的虎患。因老虎拦路阻途，袭击铺兵，导致官府公文不能及时送达，使得铺舍铺兵叫苦连连，史载："铺舍之设，取便急递。昼夜限三百

---

1 嘉靖《陕西通志》卷七《土地七·建置沿革上》。

2 《元史》卷六〇《地理志三·陕西诸道行御史台》。

3 民国《增修山阳县志》卷九《艺文志·拾遗》。

4 陈良学：《湖广移民与陕南开发》，西安：三秦出版社，1998 年，第 30 页。

5 商洛市地方志编纂委员会编：《商洛地区志》，北京：方志出版社，2006 年，第 15 页。

6 康熙《续修商州志》卷四《食货志》。

7 嘉靖《陕西通志》卷三三《民物一·户口》。

8 嘉靖《陕西通志》卷三十五《民物三·物产》。

里……每遇夜雨，黑夜多虎，失惧传送，稽查责治，（铺兵）大为苦累。"[1] 到了万历年间，虎患更为严重。如龚錞知商州期间，曾多次"移文驱虎"[2]，祈求境内安宁；王邦俊知商州时，时境虎患再起，致使"绝丁多死于虎，地因荒芜"，王邦俊便颁布告示，鼓励除虎，"命捕虎人鱼鲸等张网于上官坊，得子母虎四只……令上官坊人习捕法，果二日又杀二虎。同日，牧护关亦杀一虎。虎患颇息"[3]。从地方官移文驱虎以及委任猎人短时间内捕捉七只猛虎来看，明中后叶商洛地区虎患之严重确实非同一般。

明末，遭遇李自成部队反复蹂躏后，商洛"户口凋伤，土田榛芜，山泽闭塞，生理鲜稀少，二三子遗"[4]，州境"居民止存七千一十五户"[5]。根据著名经济史学家梁方仲先生的研究结果，即明代一户为 5~6 口[6]，可推算商州总人数在3.5 万~4.2 万。因烟户稀少，农业垦殖仅限于洛南盆地及丹江沿岸的川道，其余地方则被灌丛、茂林覆盖，在这种生态背景下，老虎活动更为猖獗，连崇祯末年陕西巡抚汪乔年巡察到商洛时也感叹"连天荒草驹迷路，翳日深林虎唤群"[7]。

通过对明代商洛地区虎患的考述发现，明初当地烟户稀少，林莽丛生，老虎经常出没，但并无虎患发生。历经了近 200 年的休养生息后，到了明中后期，当地人口较前有极大增加，人类对当地的垦殖力度也越来越大，人虎相遇的几率增大，虎患发生的频率增多，且造成的危害也日益严重。到了明末，商洛地区又遭遇了李自成部队的八次践踏，已恢复的社会经济再次跌入低谷，人民或死或逃，人口损失较重，"千山伏莽"[8]，异常荒凉，老虎活动更加猖獗。

二、清代商洛地区虎患

清代是商洛地区开发史上一个至关重要的转折时期，也是当地华南虎资源发生剧变的一个重要时期。在短短的 200 多年间，华南虎的数量由多到少再到绝迹，

---

1 康熙《续修商州志》卷二《建置志·铺舍》。

2 康熙《续修商州志》卷十《艺文志·碑记》"商守龚公去思碑"条。

3 康熙《续修商州志》卷七《备防志·捕虎》。

4 康熙《续修商州志》卷四《食货志》。

5 康熙《续修商州志》卷四《食货志·户口》。

6 梁方仲：《中国历代户口、田地、田赋统计》，上海：上海人民出版社，1993 年。

7 （明）汪乔年《商山道中》，引自商洛地区地方志办公室编注：《商洛古诗文选注》，西安：陕西人民教育出版社，1990 年，第 212 页。

8 康熙《续修商州志》卷七《备防志》。

生存空间由大到萎缩再到消失，虎患也经历了清初的酷烈到中期的骤减再到清末绝迹的转变，而这些情况的出现与人类对当地自然生态资源的破坏密切相关。以下分阶段来分析有清一代虎患的状况：

1. 清初

如前所述，明代中后期商洛地区迎来了发展史上的第一个小高潮，境内山中土地均被垦种，人民生活日渐丰腴。然而，好景很快被明末清初的战乱和灾荒所打破。先是自崇祯六年（1633 年）至顺治二年（1645 年），李自成军队"八进八出"商洛山[1]，接着是顺康年间严重的地震、水灾、雹灾、旱灾等自然灾害[2]以及康熙朝吴三桂部将在商洛的烧杀抢掠[3]。长期战乱和严重灾荒使商洛遭到毁灭性的打击，人口损失非常惨重，康熙四年（1665 年）"见存三千五百一十二户"[4]，1.7 万～2.1 万人。由于破坏严重，很多地方"土田荒芜，山泽闭塞，生理鲜稀，二三孑遗"[5]、"荆榛不辟"[6]、"地广人稀，荒芜日积"[7]，其残破荒凉景象确实难令人相信。土地荒芜，榛莽丛生，各种禽兽大量繁殖，这一时期所纂修的地方志的《食货志》或《物产》篇就罗列了众多兽类，其中野猪、熊、狍子、林麝等被老虎捕食的动物也频频出现。而稀少的人口、茂密的丛林、丰富的食物来源，恰好为老虎提供了理想的生存条件，该区由此发生了有史以来的最为酷烈的一次虎患，老虎之多，遍布之广，危害之重，前所未有。

通过梳理这一时期的地方志发现，顺康时期，老虎最多，出没最频繁，史料中曾用"虎豹时时过"[8]、"公厩遥连虎"[9]、"虎豹之吮血而磨牙"[10]以及"虎、豹、野猪陕洛间甚多"[11]等话语来描述当时之情景。若分地区来看，清初虎患的严重就更加明确了。如商州西北的牧护关，亦称蓝关，自古为连接关中和商洛地区的重要通道，商贾往来，人烟辐辏，然康熙年间这一带则"猛虎负隅，行人戒途"[12]，

1 余方平：《商山探微：商洛若干历史问题研究》，兰州：兰州大学出版社，2000 年，第 46-50 页。

2 康熙《续修商州志》卷八《异录·灾》。

3 商洛市地方志编纂委员会编：《商洛地区志》，北京：方志出版社，2006 年，第 18 页。

4 康熙《续修商州志》卷四《食货志·户口》。

5 康熙《续修商州志》卷四《食货志》。

6 康熙《续修商州志》卷二《建置志》。

7 乾隆《续商州志》卷二《田赋志·开荒》。

8 康熙《续修商州志》卷十《艺文志·诗》"过花园、富水二关"条。

9 薛所蕴《许菊溪备兵商洛》，引自商洛地区地方志办公室编注：《商洛古诗文选注》，西安：陕西人民教育出版社，1990 年，第 263 页。

10 康熙《续修商州志》卷一《舆地志·形胜》。

11 雍正《陕西通志》卷四三《物产二·兽类》。

12 康熙《续修商州志》卷十《艺文志·序文》"祛虎申文"条。

从老虎在昔日交通要道阻断商旅的记载，反映出清初当地人烟的稀少与老虎的有恃无恐。还有位于州西百里之遥的仙子神湫曾是当地著名的自然景观，到清初已成"虎豹窟穴"[1]，致使人迹罕至。又如州南四十五里的刘岭铺也因"多虎"而"无人家"[2]；再向南的楼山，"今成虎狼之区"[3]。另外，商州统领的各县虎患更为严重，洛南县罗汉洞一带，则发生老虎伤人、吃人事件，"生员何发昆以英英子衿，命丧虎口。未几，而传邮之公差、荷戈之营兵相继告伤"[4]；山阳县，史载"虎极多"[5]、"多虎豹"[6]、"高山峻岭，虎豹出没"[7]，而且老虎伤人致死，该县生员田生芝"适商被虎伤，死"[8]，还有县东里居民薛成寅、薛成才兄弟劳作晚归也险些被虎所食[9]。由于老虎吃人的恶性事件时有发生，令过往行旅胆战心惊，因此，山阳县令秦凝奎"余欲杀，以善捕法"[10]，想办法铲除祸患；镇安县，"康雍之世犹属虎狼出没之区"[11]，常被虎患困扰，"夜来多虎，（人）不敢行，故无窥盗，亦不敢唱夜戏"[12]，因惧怕猛虎，当地人甚至不敢直呼其名，称为"王爷"或"怕怕"，老虎之凶猛由此可见一斑。上述记载表明，清初商洛地区各县都曾有老虎频繁出没，并且都出现了严重虎灾，给当地人民的生活、生产均造成了严重的危害。

2. 清中期

进入清中期，商洛地区迎来历史上经济发展的又一个小高潮，大量川楚流民开始涌入该区进行大规模伐林垦殖活动。通过查阅方志发现，流民进入商洛的时间是在乾嘉时期，而且进入各县具体时间先后不一，其中商州约乾隆十八年[13]（1753 年），镇安县约乾隆十九年[14]（1754 年），商南县为乾隆二十年[15]（1755年），山阳县约乾隆三十年[16]（1765 年），雒南县约乾隆四十三四年[17]（1778、

1　康熙《山阳县初志》卷三《物产·兽类》。

2　康熙《续修商州志》卷二《建置志·铺舍》。

3　康熙《续修商州志》卷一《舆地志·山川》。

4　康熙《续修商州志》卷十《艺文志·序文》"祛虎申文"条。

5　康熙《续修商州志》卷一《舆地志·山川》。

6　民国《增修山阳县志》卷一一《诗集·古体·七言律》"过秦岭谒韩文公祠"条。

7　民国《增修山阳县志》卷九《公牍·申督台求免比详》。

8　康熙《山阳县初志》卷三《节烈》。

9　嘉庆《山阳县志》卷九《人物志·德义》。

10　康熙《山阳县初志》卷三《物产·兽类》。

11　民国《镇安县志》卷六《人物·流寓》。

12　乾隆《镇安县志》卷六《风俗·附革除》。

13　乾隆《续商州志》卷二《田赋志·开荒》。

14　镇安县志编纂委员会编：《镇安县志》，西安：陕西人民教育出版社，1995 年，第 10 页。

15　民国《商南县志》卷二《风俗》。

16　嘉庆《山阳县志》卷一一《事类志·祥异》。

17　光绪《雒南县乡土志》卷三《人类》。

1779 年），因孝义厅于乾隆四十八年（1783 年）设立[1]，流民进入当在设厅之后。流民未到之前，商洛仍属人烟寥落，据统计，乾隆七年（1742 年）商州及镇安、雒南、山阳、商南的人口总数也仅为 119 645 口[2]，时人感叹说"卑州地处山陬，幅员辽阔而居民村落半属零星"[3]，还说"境内崇岗叠嶂，密箐深林，多有人迹罕到之处"[4]。在这种自然环境下，老虎仍然十分猖獗，虎患依然酷烈。史载，乾隆十八年（1753 年）知州罗文思到商州任职时，亲见"穷山深谷丛林密箐，虎狼盘踞，木石纵横[5]"；另外，乾隆十九年（1754 年）冬州境多虎，文思还"悬重赏募民于南北山大小打获五只，并为文以祭山神"[6]，从知州募人打虎并打获五只猛虎来看，川楚移民进入前商州老虎的确很多。山阳县，"乾隆三十年（1765 年）前城堞倾颓，市井寥落，半属蓬蒿，甚则虎豹潜入孥食犬豕"[7]。镇安县，"虎豹最多"[8]，大量老虎频繁出没，严重影响当地人的生活、生产，史载，县境内漆水资源丰富，而且质量最佳，但因"居民畏虎"而不敢采收获利[9]；还有县民艾廷兴在山中采樵时遇虎的惊险经历[10]以及百姓在借粮途中被老虎残害的记载[11]，这些都反映了虎患的严重。更值得一提的是，乾隆十五年（1750 年）镇安还发生了惨烈的虎患，县令聂焘曾亲自主持打虎事宜，最后"打获数虎，为地方除大害"[12]。雒南县的史志也说，乾隆七年（1742 年）"秦岭虎为害"[13]。商南县，仍产虎豹[14]。上述记载表明，在川楚移民进入商洛地区前的乾隆早期，各州县的虎患都很严重，老虎伤人害畜事件时时发生，募民打虎除害成为地方官的首要任务。

　　然这种状况在流民进入后迅速发生了变化。据统计，道光三年（1823 年）商洛总人数已达到 239 000 口[15]，和乾隆七年（1742 年）人口相比，净增近 12 万口，人口如此迅速的增殖速度在商洛历史属首次。数以十万计的流民涌入商洛主要

1　光绪《孝义厅志》卷一《方舆·沿革》。

2　据乾隆《直隶商州志》卷六《田赋志》统计。

3　乾隆《续商州志》卷二《建置·镇寨》。

4　乾隆《续商州志》卷二《建置·镇寨》。

5　乾隆《续商州志》卷二《田赋志·开荒》。

6　乾隆《续商州志》卷四《食货志·物产》。

7　嘉庆《山阳县志》卷三《营建志上·城池》"春日丰阳楼晚眺"条。

8　乾隆《镇安县志》卷七《物产》。

9　乾隆《镇安县志》卷七《物产》。

10　光绪《镇安县乡土志》卷上《耆旧》。

11　乾隆《镇安县志》卷十《艺文·附禀潼商本道原稿》。

12　乾隆《镇安县志》卷七《物产》。

13　乾隆《雒南县志》卷十《事类志·灾祥》。

14　乾隆《商南县志》卷五《物产》。

15　道光《陕西志辑要》卷五《商州》。

从事农业垦种，他们或开垦山头地角[1]，或沿溪傍河筑堤种稻，或听择一山承粮垦种，风餐露宿，万分辛苦。除农事而外，流民还在商洛深山密林中从事伐木、烧炭、制厢、种植木耳、造纸等活动，清代地方志对这些生产活动记载较详细，此处不作赘述。伴随着流民对商洛地区从低山丘陵到中山再到高山的层层垦殖的推进过程，昔日的巴山老林很快消失，这一渐变过程可通过嘉庆山阳县令何树滋的描述得以体现："乾隆二十年（1755 年）以后，始有外来流民，向业主写山，于陡坡斜岭之间，开作耳扒木筏……现在树木将尽，地力将竭，不数年间，新户复去，势必成荒山。"[2] 从乾隆年间开始，伴随着秦巴老林的迅速消失，华南虎也骤然消失，昔日多虎的商州、山阳、雒南、商南等州县则再无虎患记载；连曾经虎患最严重的镇安县，也说"乾嘉以后，客民日多，随地垦种，虎难藏身，不过偶一见之矣"[3]。

3. 清后期

清后期，商洛地区的人口再度增加，光绪末年已达 310 794 人。[4] 随着人口滋长和土地开垦的扩大，商洛近山森林业砍伐殆尽，如雒南县"嘉道间林木繁茂……而今（光绪）则近雒诸山已早于濯濯之牛山相类"[5]，孝义厅"近（光绪）则山木濯濯"[6]。这种变化使华南虎的生存空间进一步缩小，食物来源也日显匮乏，并最终导致虎的数量十分稀少，虎患完全绝迹。查阅这一时期的方志，光绪《镇安县志》说"乾嘉以后……不过偶一见之矣"[7]，光绪《雒南县乡土志》载"然（虎、豹等毛虫之属）雒境甚不多有"[8]，光绪《孝义厅志》载有"虎"，说明清末商洛的镇安、雒南以及孝义厅仍有华南虎存在，但已完全没有虎患；而其他州县已经没有老虎的记载。

民国以后，华南虎在商洛地区已很难寻觅；新中国成立后，当地从未有华南虎的目击证明，由此可以推断，曾在商洛活跃千年之久的华南虎可能已经完全绝迹。

---

1 乾隆《续商州志》卷二《田赋志·开荒》。

2 嘉庆《山阳县志》卷一二《杂集志·禀垦山地免升科》。

3 光绪《镇安县乡土志》卷下《物产·动物》。

4 光绪《陕西商州直隶州乡土志》卷2《户口》。

5 光绪《雒南县乡土志》卷四《物产·植物》。

6 光绪《孝义厅志》卷三《风俗志·总纪》。

7 光绪《镇安县乡土志》卷下《物产·动物》。

8 光绪《雒南县乡土志》卷四《物产·动物》。

三、结论

综上所述，明清时期，地处秦巴山区的商洛地区均发生过程度不同的虎患，给人的生命财产造成了重大的损失。虎患不仅频率高，而且涉及商洛地区各厅县；虎患不仅发生在深山老林，而且发生在城乡居民区；虎患不仅使百姓的生产受到极大威胁，而且也使人的生命遭到残害；虎患不仅让普通百姓饱受侵扰，也使地方父母官大伤脑筋。同时，虎患期间，老虎的数量相当庞大，史料中往往用"打获五虎"、"打获七虎"等表述，这在一定程度上也凸显了当时虎患的严重性。

明清虎患的出现，也表明了当时人地矛盾的突出。由于人口压力不断增大，山区的垦殖不断向纵深方向深入，大面积的山林资源被破坏。人们对山地的无序垦殖，不仅影响了动物群的数量，甚至造成某些动物物种的灭绝，老虎的食物链被人为打断。老虎被迫与人为敌，而在这场生存权利的较量中，人类终于制伏了为害的老虎。因此，当今天的秦巴山区开发正如火如荼进行之时，我们更应该注意经济发展与生态资源之间的平衡关系，切勿重蹈覆辙。

Analysis of the Calamities of Tigers in Shangluo Area in Ming and Qing Dynasties

WANG Xiaoxia

Abstract: In Ming and Qing Dynasties, tiger calamities of different intensity appeared frequently in Qin-Ba mountain area and brought the destructive results to local people's social production and everyday life. Tiger acted specifically actively in Ming Dynasty, especially the tigers calamities happened in the middle and late Ming Dynasty. Up to the Qing Dynasty, the tiger calamities in Shangluo area got to the most serious level and the tiger quantity experienced great changes. This study showed that the tiger calamities and the severities were closely related to the ecological development influenced by local people.

Key words: Ming and Qing Dynasties; Shangluo Area; the calamities of tigers; ecological environment

安康地区华南虎的历史变迁及原因[1]

王晓霞

摘　要： 历史上安康地区曾长期生活着大型兽类——华南虎。但是，随着人类对安康地区的逐渐开发，该区森林植被受到破坏，生态环境逐步恶化，华南虎逐渐走向耗损和灭绝之路。本文主要利用地志、碑刻及家谱资料，复原安康历史上华南虎活动情况，探求其历史分布变迁过程，从而吸取人类开发秦巴山区的经验教训，为现今建立秦巴山区生态经济圈，实现该地区社会经济可持续发展提供借鉴。

关键词： 安康地区；华南虎；历史变迁；原因

现代历史自然地理学告诉我们，一定历史时期野生动物的生栖依赖于相应的自然环境，而野生动物的生存状况的演变又可反映出环境演变的规律。[2] 安康地处我国南北过渡的中间地带，秦岭、大巴山屏障南北，汉江中贯其间，形成十分独特的自然地理环境。通过对该区历史上生活的华南虎分布变迁的研究，我们将更加深刻地认识秦巴山区生态环境变迁和人地关系演进的规律。

一、安康地区华南虎的历史变迁

华南虎为中国虎亚种之一，在历史上很长时期广泛生存于我国境内。汉水上游的安康地区一直是华南虎的重要活动区域之一。

史载，夏商之交，汉水上游出现了巴族建立的巴国。巴国巴人崇尚白虎，以白虎为图腾。史载："（巴人祖先）廪君死，魂魄世为白虎。巴氏以虎饮人血，遂

---

1 本文原载《兰台世界》2011 年 11 月（上旬）第 45-46 页，系安康学院科研启动专项经费项目"明清时期陕南人类社会经济行为对环境的影响和作用研究"（AYQDRW200704）成果。
2 杨伟兵：《长江三峡地区野生动物的历史分布与变迁》，《四川师范大学学报（社科版）》1999 年第 1 期。

以人祠焉。"[1] 以猛虎作为本氏族的图腾对象，显然与巴人在当时、当地所处的生态、生息环境有关，由此推知殷商时代包括安康在内的秦巴山区必然有猛虎生存和活动。巴人崇拜白虎习俗不仅见诸史籍，也已被近年来的考古发现所证实。1974 年出土于安康月河流域的两件虎钮錞和 1986 年在今安康紫阳县白马石新石器遗址中出土的虎纹戈，便是巴人图腾的见证。

战国秦汉时期，川北陕南华南虎数量很大、分布很广，虎患甚烈，史载"秦昭襄王时，有一白虎，常从群虎数游秦、蜀、巴、汉之境，伤害千余人"[2]。因此，秦昭王不得不重募境内善猎者板楯蛮夷进行捕虎。另据《后汉书·南蛮西南夷列传》记载，巴国境内板楯蛮夷罗、朴、督、鄂、度、夕、龚七姓自战国末直至西汉初年都是以猎虎为生，勇猛异常，汉初还曾追随刘邦平定三秦，因功勋卓著，受到封赏。

唐代安康华南虎也十分活跃。唐传奇中《集异记》有篇目讲述唐穆宗金、商、均、房一带老虎的华南虎，云："……于金商均房四郡之间捕鸷兽……虎之首帅在西城郡（今安康）……"[3]传奇虽有神话内容，但在一定程度上反映出唐代汉水流域一带老虎较多，而金州猛虎尤甚的状况。

北宋时期，地处秦巴山区的金州"庐舍弊陋，市肆没落"，连客居诗人陈师道也感慨"实不如秦楚下县"[4]。他在《忘归亭记》中还对当地老虎猖獗的状况记载，"山林四塞，……悍蛇鸷兽（猛虎），卒出杀人……"[5]，老虎害人，足见老虎之猖獗、虎患之严重。南宋时期，安康所属的京西路从内地变成了宋金酣战的前线，人烟凋敝，老虎也经常出没。史载，绍兴甲子年（1144 年）"宋总管杨从义晓行饶峰关，有虎突出，从者皆散去。义独跃马而前，一矢殪之"[6]。杨从义射虎一事，不仅见诸史籍，而且有碑石为证，如现存于城固县文化馆的南宋乾道五年《杨从义墓志》碑[7]有载。此外，南宋金州不仅有老虎出没，而且也时常有老虎伤人事件发生，宋人洪迈记载：金州（今陕西安康）、洋州（今陕西洋县）之间，"驿路萧条，但每十里一置。饶风铺（今陕西石泉县西北）驿卒送文书，已逼暮，值虎从傍来，有攫噬意……明日，回至昨晚处，复相遇虎竟为所食"[8]，这不仅是一只典型的拦

1《后汉书》卷八六《南蛮西南夷列传》。

2《华阳国志》卷一《巴志》。

3《集异记》卷二《永清县庙》。

4 安康市地方志编纂委员会：《安康县志》，西安：陕西人民出版社，1989 年，第 747 页。

5 同上。

6 康熙《石泉县志》不分卷《古迹》。

7 陈显远编著：《汉中碑石》，西安：三秦出版社，1996 年，图 18 页、录文 124 页。

8《夷坚志》丁卷五《饶风铺兵》。

路虎，而且是一只食人猛虎。

　　明代安康华南虎非常活跃，虎患尤甚。明前期的成化年间郑福就任金州知州，时州城西七里沟（今安康市江北三桥附近）附近有猛虎时常出没，交通阻断，于是"郑公集众翦荆辟野……寻猎人李广辈杀五虎以献，害泯焉"[1]。从地方官招募猎人一次射杀五只猛虎的战果来看，明前期安康虎灾确实非同一般。到了明中叶，安康北部秦岭山中老虎数量依然庞大。伍余福《莘野纂闻》记述了两商人在终南山中迷路最后获救的传奇经历[2]。故事虽然有虚构、夸张的成分，但明代秦岭山区十分活跃的老虎，应是小说家创作的重要素材来源。另外，嘉靖《陕西通志》也说"虎出南北山中"[3]，可知明中期秦巴山区老虎的确很多。时至明后期，遭遇万历十一年（1583 年）特大洪水袭击之后，当地虎患更为严重，老虎吃人事件时有发生，如万历四十四年（1616 年）任兴安州知州的许尔忠所感叹"虎豹夕噬，小民捐生于爪牙之间"[4]便是例证。再如明代汉阴厅境党孝汝虎口夺父的事例[5]，充分反映了当地虎患严重，已威胁到当地人的日常安全。

　　清代安康地区华南虎的分布地区和数量发生了巨大变化。由于经历了明清之际长期兵燹和严重的灾荒瘟疫，安康地区人口剧减、土地大量荒芜，因此，清初该区发生了历史时期以来的最为酷烈的一次虎患，老虎之多，遍布之广，危害之重，前所未有。史料中常用"忽有虎白日噬人"[6]、"（生童）半饱虎腹"[7]、"魑魅虎豹白昼群起"[8]等语言来描述虎患之惨烈。如果分地区来看，清初的虎患状况就更加明确了。如州城北部琉璃河一带，"有虎矫，矫白昼噬人，行旅阻绝"[9]。老虎白天吃人，威胁过往商旅的安全，本郡吏目鲁仁埰撰《驱虎文》以告并亲率行伍驱赶之[10]。再如州西的汉阴厅、石泉县境内均有虎出没。史载，康熙年间汉阴厅"军民野处，虎豹充斥"[11]、"虎蹄狼迹交于满山，鹿径豕窝遍于深谷"[12]。与

1　乾隆《兴安府志》卷二五《艺文志一·郑公祠记》。

2　道光《宁陕厅志》卷四《艺文志·逸事》。

3　嘉靖《陕西通志》卷三五《民物三·物产》。

4　康熙《兴安州志》卷三《土产志》。

5　康熙《汉阴厅志》卷五《人物·孝》。

6　李厚之、张会鉴，郑继猛：《安康历代名人录》，西安：三秦出版社，第 155 页。

7　李厚之、张会鉴，郑继猛：《安康历代名人录》，西安：三秦出版社，第 163 页。

8　康熙《兴安州志》卷三《土产志》。

9　康熙《兴安州志》卷四《艺文志·驱虎文》。

10　李厚之、张会鉴，郑继猛：《安康历代名人录》，西安：三秦出版社，第 170 页。

11　康熙《汉阴厅志》卷六《艺文志·文类·修城自序》。

12　康熙《汉阴厅志》卷一《舆地·山川》。

汉阴厅相邻的石泉县虎患也很严重，县城被虎豹包围，人称"三里城垣环虎豹"[1]。此外，州南紫阳县，人称其"在石林水汭、虎貙交迹之乡"[2]，说明老虎之多。老虎不仅经常出没，并时有老虎伤人事件发生，即"兴属惟紫阳多崇山峻岭，……且虎、鹿、熊、豕兽食人食"[3]，更惨烈的虎患记载便是康熙五十二年东明里尚其志殒命虎口[4]。平利县在遭遇康熙洪水后，民逃地荒，时人感叹"今平利虎噬为祟"[5]，老虎吃人已成祸害，足见老虎出入之骄横。另外，州城东部地区的洵阳、白河等地清初虎资源也很丰富，虎患记载也很多。如雍正《洵阳县志》中在记载洵阳县的物产中有"虎"[6]，说明当地有虎。白河县自明成化十二年建县以来，商贾辐辏，俗称"小武汉"，然"遭明季之乱，人烟稀少，草木茂盛，半皆虎狼之薮"[7]，"民与虎豹同居，豺鹿同游"[8]。清初虎患之酷烈可见一斑。

　　在经历了清初最为严重的虎患之后，进入清中期，兴安府所辖平利、白河、安康县、汉阴厅、宁陕厅的虎患仍多，但石泉、洵阳、紫阳等县的华南虎数量呈现下降趋势，虎患日渐减少。石泉县，道光《石泉县志·田赋志·物产》云："（石邑）禽兽：鸥鹭、鸳鸯、虎豹、麋鹿、熊罴，旧志有之，今开垦既遍，亦不尽有"，道出了老虎等禽兽的萎缩。洵阳县，老虎资源已经枯竭，虎患亦少，据载，"虎产，近各山乡已尽童，亦鲜虎暴矣……曩尝欲购虎骨，迟之不获。"[9]紫阳县东三十六峰清初"木石巉岩，中多虎豹"，道光年间则"紫境山林乾隆末年尽已开垦，群兽远迹，石骨崚嶒，向之森然蔚秀者今已见其濯濯矣"[10]。由于山林被开垦，大型猛兽赖以生存的环境遭到破坏，因此，老虎资源日渐减少。

　　清末至民国时期，随着人口滋长和土地开垦的扩大，华南虎的生存空间进一步缩小和恶化，虎的数量已经很少，虎患基本绝迹，但直至民国时期安康地区有虎活动是可以肯定的。查阅光绪年间安康各厅县地方志，仅《白河县志》[11]、《砖

1　康熙《石泉县志》不分卷《艺文·县堂春草》。

2　康熙《紫阳县新志》之《紫阳县志旧序·李楷序》。

3　道光《紫阳县志》卷一《地理志·纪代》。

4　道光《紫阳县志》卷六《人物志·节烈》。

5　嘉庆《白河县志》卷一四《录事志》。

6　雍正《洵阳县志》卷一《地舆志·物产》。

7　陈良学：《湖广移民与陕南开发》，西安：三秦出版社，1998年，第234页。

8　嘉庆《白河县志》卷六《山川志·飞云山记》。

9　乾隆《洵阳县志》卷一一《风俗·物产附》。

10　道光《紫阳县志》卷一《地理志·山川》。

11　光绪《白河县志》卷七《田赋·物产》。

坪厅志》[1]物产中载有"虎"，而《平利县乡土志》[2]、《洵阳县志》[3]物产中未载"虎"。再查民国方志，《续修石泉县志》[4]、《镇坪县乡土志》[5]、《紫阳县志》[6]物产中均未载"虎"。对此，有学者对虎无载的情况做出以下三种推测：当地有虎却没有记载；当地确实无虎故没有记载；当地有虎但虎数量不多或对人畜无大碍所以不载。无论是哪一种可能，我们基本可以判断，当地无虎或至少虎已经不多所以资料才没有记载。[7]民国时期华南虎最后一次出现是在1927年，刘伯承由川入陕时，曾在本县毛坝关路遇到一只华南虎[8]，此后则未见记载。可见清末至民国时期，安康地区的华南虎已经十分稀少，虎迹难寻，虎患基本绝迹。

新中国成立后，在中共的领导下，秦巴山区人民掀起了发展生产的热潮，境内川道、丘陵、高山地区得到了前所未有的垦殖，加之1949年以后大规模的捕猎和打虎运动，安康地区自从1952年在平利县捕杀一只华南虎后[9]，历史上曾是虎类重要活动区域的安康地区再也没有有关虎的目击报道，华南虎已经在该地区完全绝迹。

二、安康地区华南虎变迁原因探讨

从区域历史地理发展角度来看，影响一个区域动植物资源的因素既包括大区域环境变迁如地质运动、全球气候冷暖变化等自然因素，也包括人类经济活动等人为因素。安康地区地处秦岭、巴山之间，这两大山系近5 000年来地质运动较为稳定、变化不大，因此该区华南虎的变迁主要还是人类活动所致。具体地说与历代打虎活动、砍伐森林以及垦殖山地等活动密切相关。

自战国时代开始的历代打虎活动对安康地区华南虎的变迁产生了重要影响。查诸史籍，自战国秦汉一直到20世纪五六十年代该区的打虎运动不绝于史。分析史料，该区的打虎活动包括政府组织的官方打虎和民间的狩猎活动两类。官方打

1　光绪《砖坪厅志》不分卷《土产志》。

2　清末《平利县乡土志》不分卷《物产》。

3　光绪《洵阳县乡土志》不分卷《物产·动物》。

4　民国《续修石泉县志》卷九《风俗志·动物》。

5　民国《镇坪县乡土志》卷二《物产》。

6　民国《紫阳县志》卷一《地理志·物产》。

7　曹志红，王晓霞：《明清陕南移民开发状态下的人虎冲突》，《史林》2008年第5期。

8　紫阳县志编纂委员会：《紫阳县志》，西安：三秦出版社，1989年，第159页。

9　平利县地方志编纂委员会编：《平利县志》，西安：三秦出版社，1998年，第172页。

虎活动往往出现在虎患严重的战国、明代以及清初，政府通常募集猎户或招募勇士来捕杀猛虎，而且每次战果都比较丰硕，如秦昭襄王时杀死群虎、成化年间杀死七里沟五虎以及康熙年间的多次杀虎收获，这些大规模的杀虎行动在一定程度上促成了当地华南虎数量下降和分布地区缩小。然而，比起连绵不断的民间猎虎行动，官府打虎只是沧海一粟。因安康所处的秦巴山地林莽丛生、溪流纵横，虎、鹿、熊、猿、麂、狍、野鸡、斑鸠等野生珍禽众多，因此，在农业生产不甚发达的古代，该区自然成为民间打猎的理想场所，史料中多有当地生产活动和风俗的记载，如东汉班固云："汉中（时安康隶属于汉中），楚分也。水耕火耨，民食鱼稻，以渔猎伐山为业"[1]，可见战国秦汉时期汉中、安康地区既有农业生产，也有渔猎活动。隋唐之际，该区"多事田猎"[2]。北宋金州，"其俗至今尤多猎山伐木"[3]。清代"刀耕火种，兼猎兽类以为食"[4]、"猎山伐木"[5]。从这些记载来看，从战国直到新中国成立后，安康地区一直存在民间打猎活动。再加之老虎身体的各个器官，如虎骨、虎掌、虎皮、虎胆等都有较高的药用价值和欣赏价值，得之则获利不菲，因此，民间猎杀老虎的兴致一直不减。打猎使老虎数量减少、伐山使森林资源减少，正是由于历代官方打虎和民间猎杀，才使安康地区的华南虎等野生动物资源日渐枯竭。

　　明清大规模的流民垦殖给安康地区的生态资源带来了空前严重的破坏，使得该区华南虎遭遇最致命的打击，从此华南虎基本消失在人们的视野中。由于元末明初的战乱，明前期金州人口锐减、田土荒芜，为了抚治战乱，自朱元璋开始，明统治者都采用移民措施开发秦巴山区。明成化年间，大量荆襄"流民"进入陕南地区。流民进入以后，除了进行农业耕种外，还从事挖煤、采金、烧炭、造纸、制茶等手工业，而这些产业的发展大多依托于深山老林，因此，从成化年间开始的流民垦殖使秦巴山区的自然面貌受到较大的冲击，平原土地被开垦殆尽，浅山区的开发业已展开，汉水川道附近的山地自然植被受到了较严重的破坏。到了清中叶，当更大规模的移民开发高潮掀起之后，安康地区的森林植被遭到了前所未有的砍伐破坏，华南虎的生存环境完全丧失，华南虎基本绝迹。乾嘉移民入山后，主要从事垦殖、伐木、烧炭、木厢生产、造纸、种植木耳等生产，这些生产活动无一不是以山地林木为原料的。为了维持生计，获得巨大的经济利益，流民不惜

---

1 《汉书》卷二九《地理志》。

2 《隋书》卷二九《地理志》。

3 《太平寰宇记》卷一四一《山南西道九·金州》。

4 康熙《汉阴厅志》卷六《艺文志·文类·重修县志续》。

5 《大清一统志》卷一八八《兴安府》。

以砍伐森林、进军山地为代价，从河谷平原到低山丘陵到中山再到高山沟壑层层推进，陕南的全面开发不断展开。[1] 流民开发使得秦巴山地的森林资源急剧减少，以紫阳县为例，"乾隆中，邑境多老杁荒林，并未开垦，居民绝少"[2]，但"乾隆五十年后，深山邃谷到处有人，寸土皆耕种，尺水可灌，刀耕水耨之后萌蘖尽矣"[3]、"紫境山林乾隆末年尽已开垦，群兽远迹，石骨崚嶒，向之森林蔚秀者今已见其濯濯矣"[4]。森林大面积减少后，以森林为依托的大型野生动物不断减灭，这也是安康地区华南虎等野生动物消失的主要原因。同时，林地被大量垦殖后，汉水上游地区水土流失不断加剧，生态环境也日益恶化，今人研究成果较多，在此不作赘述。

三、结论

历史上安康地区所分布的华南虎资源，反映了历史上安康气候温暖湿热，森林茂密，生态自然环境保持良好的实际情况。从华南虎的分布变迁的过程可以看出，人类社会过度的经济活动必然导致生态失衡，造成安康森林植被减少、野生动物的大量耗损甚至绝亡。当然，华南虎自身对生存环境要求很高，繁殖力低，适应环境变化的能力低，也是其迅速衰亡的一个因素。但是，人类对大自然的破坏而导致环境变动频繁，是安康地区华南虎资源消亡的最根本原因。因此，我们今天在进行区域经济发展时，一定要速度适度、力度适度，切忌竭泽而渔、焚山而猎，争取早日恢复秦巴山区山川秀美之貌。

The Historical Changes and Causes Of The South China Tiger in Ankang Area

WANG Xiaoxia

Abstract: As one of the large mammals，the South China Tigers had lived for a long time in

---

1 曹志红，王晓霞：《明清陕南移民开发状态下的人虎冲突》，《史林》2008 年第 5 期。

2 民国《紫阳县志》卷六《补遗》。

3 道光《紫阳县志》卷三《食货志·物产》。

4 道光《紫阳县志》卷一《地理志·山川》。

Ankang Area in history. But the tiger decreased gradually on quantity and extincted regionally day by day because of the local forest vegetation was damaged and the ecological environment was deteriorated gradually. According to local chronicles, steles and genealogical datas, this article recoveried the history of the South China Tigers' activities in Ankang Area, and explored the historical change of its distribution and supplied experience for the services of economic and social sustainable developments.

Key words: Ankang Area; the South China Tigers; the historical changes and causes

明清时期山西虎的地理分布及相关问题[1]

吴朋飞　周亚

摘　要：历史时期，山西曾是华北虎的重要栖息地。通过对史料的重新梳理，考证出明清时期山西共计 79 个州县有老虎分布，发生虎患州县共计 33 个。虎患发生的原因应从人类活动、自然灾害和老虎自身的习性等多方面综合考虑。仅根据虎灾分布状况，难以描绘出老虎清晰的消退轨迹。

关键词：山西；明清时期；虎分布；虎患

老虎是大型肉食动物，处于生物链金字塔的塔尖，老虎的生存与变迁代表着其所在区域的自然环境状况，是环境变迁研究常用的生态指标之一。因此，纵向研究虎分布范围的变迁过程，并探讨其背后的人文和自然原因，是目前以虎为中心的环境变迁或环境史研究的基本思路。综合来看，以往的研究成果主要集中在虎的分布变迁、虎患及其生态环境问题等。虎的地理分布，主要根据文献记载的老虎存在及虎患发生地来进行复原。虎是凶猛而又危险的兽类动物，人称兽中之王。人们将虎的出现及其伤人活动视为"虎患"。学者多就自己熟悉的区域进行虎患及其生态环境与社会问题的研究，此类研究较多，也最为盛行。中国幅员辽阔，自然地理环境多样，历史时期大多数省份都曾是虎的故乡。本文关注的山西省，是我国重要的虎分布区，属于我国境内虎的六个亚种之——华北亚种（Panthera tigris coreensis Brass），而且是该亚种分布最多的地区。[2] 时至今日，华北虎野生种群已在山西消失，不过从历史角度而言，这里曾是华北虎的重要栖息地，前人有过相关研究[3]，

---

1 本文初稿成于 2010 年 10 月 19 日，原载《井冈山大学学报（社会科学版）》2013 年第 34 卷第 2 期，第 127-136 页，《人大复印资料·地理》2013 年第 5 期全文转载，收入本书时有修改。系国家社科基金青年项目"黄土高原水利社区的结构与时代转型研究（1949—1982）"（项目编号：11CZS048）和河南大学科研基金重点项目"涑水河流域水资源环境变化的人文因素"（项目编号：2010RWZD08）研究成果。

2 高耀亭：《中国动物志·兽纲》，北京：科学出版社，1987 年，第 358 页。

3 何业恒：《中国虎与中国熊的历史变迁》，长沙：湖南师范大学出版社，1996 年；文榕生：《中国珍稀野生动物分布变迁》，济南：山东科学技术出版社，2009 年；翟旺、米文精：《山西森林与生态史》，北京：中国林业出版社，2009 年，第 462-464 页；程森：《历史时期山西地区虎与虎患的分布变迁》，《唐都学刊》2012 年第 3 期；程森：《清代山西虎患与生态环境问题》，《农业考古》，2012 年第 6 期。

但仍有进一步深究之空间，故重新梳理文献进行探讨，不当之处敬希指正。

一、再考：山西虎的空间分布

山西省，地处我国地貌三大阶梯的第二阶梯上，山西高原地势高昂，太行、中条横亘东部、南部，黄河流穿西部，素有"表里山河"、"襟山带河"之称。省境东部属广义的太行山系，从北到南有恒山、五台山、太行山中段和南段、中条山，以及汾河以东、上党盆地以西的太岳山脉等。省境西部为吕梁山地。北从黑驼山起，向南有管涔山、芦芽山、云中山、黑茶山、紫金山、关帝山、真武山等，直至汾河入黄处的龙门山。雁北的诸山，属广义上的阴山余脉。全省山地共62 480 平方千米，约占总面积的40%；丘陵 62 960 平方千米，占 40.3%；平川阶地 30 816 平方千米，仅占 19.7%。这一山地和丘陵占到80%以上的独特自然环境为喜欢栖息于茂密的森林、浓密灌木丛和草丛的大型肉食性动物——老虎，提供了绝佳的生存空间。

文献记载山西境内是多虎的，关于历史时期山西境内老虎的分布，何业恒《中国虎与中国熊的历史变迁》（以下简称"何氏书"）、文榕生《中国珍稀野生动物分布变迁》（以下简称"文氏书"）等书中有论述，并已描述和绘制出"中国虎华北亚种分布变迁图（山西地区）"。有这样的研究，似乎已经将山西虎的分布情况搞清楚了，相关研究结论可以为其他学者所直接引用。其实不然，如若仔细分析就会发现，两位先生采取的研究路径虽然一样，但研究结论迥异。即主要采用明清地方志资料将载有虎或虎患的省、市、县复原出来，得出山西虎的分布。何氏书中的结论为：山西共有 68 个州县有老虎分布[1]；而文氏书中则指出：历史时期，今山西省的县级区域，除新绛县外，都有文献记载虎栖息。应当说新绛县曾经（如春秋时期）也有分布[2]。同为自然科学工作者（历史珍稀动物变迁研究领域专家），采取的方法和研究路径一样，为何得出如此差距巨大的结论呢？值得深思。我们在翻阅山西地方志过程中也注意搜集虎资料，仔细对勘两书中所用文献资料并查阅核实。何氏书中的政区采用的是山西清代政区，而文氏书中则为山西现代政区，为了便于比较两书的研究情况，此处沿用清代政区来加以说明。但具体的虎记录不仅限于清代，而是以所查阅的记载所涉及的时段，如明清之前及民国时期。

清代山西共领 9 府，10 直隶州，6 属州，85 县，12 直隶厅（均不在今山西境

---

1 何氏书并未给出具体数目，笔者根据其表述和图幅统计。
2 文榕生：《中国珍稀野生动物分布变迁》，济南：山东科学技术出版社，2009 年，第 270 页。.

内）。此处将何氏、文氏书及本文增补的所有虎记录（限于今山西省）在"清代山西老虎分布统计表"（表1）中体现出来。

表1　清代山西老虎分布统计表

府、直隶州	"何氏书"记述	"文氏书"补充	本文增补	未见记述，待定
太原府	太原、文水、兴县、岢岚州	交城	徐沟（清源乡）、岚县	阳曲、祁县、太谷、榆次
平阳府	临汾、岳阳、洪洞、浮山、翼城、汾西、襄陵、乡宁、吉州			曲沃、太平
蒲州府	永济、虞乡		荣河	临晋、万泉、猗氏
潞安府	长治、长子		黎城	屯留、潞城、壶关、襄垣
汾州府	汾阳、介休、孝义、宁乡、永宁州、石楼		临县	平遥
泽州府	凤台、阳城、陵川		沁水	高平
大同府	大同、怀仁、阳高、天镇、广灵、灵丘、浑源州、应州			山阴
朔平府	右玉、左云、朔州（马邑）			平鲁
宁武府	宁武			偏关、神池、五寨
辽州	辽州、和顺、榆社			
沁州	沁州、沁源		武乡	
平定州	平定州、盂县、寿阳	昔阳（乐平）		
忻州	忻州、定襄、静乐			
代州	代州、五台、崞县、繁峙			
保德州			保德州、河曲	
解州	解州、安邑、平陆、芮城	夏县		
绛州	绛州（新绛）、垣曲、闻喜、绛县、稷山、河津			
隰州	隰州、大宁、蒲县			永和
霍州	霍州、赵城			灵石
合计	68	2	9	22

说明：

（1）此表中山西清代政区，据光绪十八年《山西通志》卷四《沿革谱上》、卷五《沿革谱下》整理。为表格文字简洁之便，表中所有县级政区名称，除单字县名（如兴县、临县）备录通名外，其他均未加注"县"字通名。

（2）朔州、榆社等的说明。"何氏书"中附有"中国虎华北亚种分布变迁图（山西地区）"，图中标绘而文字描述无的州县有：榆社、芮城、古县；文字描述有而图中未标的州县有：朔州、崞县、繁峙、定襄、寿阳、大宁、虞乡、长子、石楼。据本文推测，具体原因，除因古今地名转换关系外，有漏落。

（3）清源县，乾隆二十八年降为乡，并入徐沟县。马邑县，嘉庆元年降为乡，并入朔州（今朔州市朔城区）。乐平县，嘉庆元年降为乡，入平定州；1912年复置；1914年改称昔阳县。"文氏书"中标绘的"昔阳（乐平）"，其实为清末平定州的情况。

（4）清代绛州府治为今新绛县，"文氏书"中认为新绛县无老虎。我们查核民国《新绛县志》卷三《物产略》第二动物类，其记载的大型动物只有豹，确无虎的记载。"何氏书"中，绛州的老虎记述可能有误，此处暂存疑，统计时仍看作有虎。

　　根据表 1 可知：何氏书中有文字描述虎分布的州县有 66 个，加上图中标绘有的榆社、芮城，共有 68 个州县有老虎分布。文氏书中补充有交城、昔阳（乐平）、夏县等，其中"昔阳（乐平）"，其实为清末平定州的情况，实际上仅补充 2 县。两书中合计确证有虎分布的州县应为 70 个。

　　我们又根据文献资料记载，继续补充有：

　　武乡。乾隆《沁州志》卷八《物产》"兽属"就记载有"虎、豹、狐、兔、獐"。县志纂修者还指出"以上沁源、武乡同"[1]，说明沁州（今沁县）、沁源、武乡都有老虎分布。

　　沁水。康熙《沁水县志》卷四《版籍·物产》"兽属"有虎豹等记载。

　　黎城。康熙《黎城县志》卷二《物产》兽之属，无老虎记载。光绪《黎城县续志》亦无记载。不过，黎城县有古迹"伏虎"，在郊西二十里岚山之麓，旧有双虎为害，伏虎禅师至，虎驯伏，旁有石，禅师尝憩此。[2]

　　荣河。县治为今万荣县荣河镇，其为黄土台地，较为平坦，无虎类分布。乾隆和民国《荣河县志》卷八《物产》兽属，无"虎"记载。但有邻境老虎闯入本县，如崇祯四年（1631 年），虎入境，为民所获。康熙十年（1671 年）冬，有虎入境，人遇之弗顾，惟啮数犬而去。[3]

　　河曲。同治《河曲县志》卷五《物产类》兽属，无老虎记载，似乎表明本县无虎。但在"祥异"类有两条记载：明弘治三年（1490 年）秋七月，虎狼噬人。弘治十四年（1501 年）四月，有虎入境，杀人被获。[4] 表明明代河曲县是有虎患的，老虎是产自本县或他县，需其他资料佐证。

　　徐沟（清源乡）。乾隆二十八年，降清源县为乡，并入徐沟县。光绪《清源乡志》卷十《风俗·附物产》兽属，无老虎记载。嘉庆二十五年（1820 年），虎至乔武村，人击毙之。[5] 清代清源乡全境共有 72 村，分西、东、中三路，乔武村属于中路。"城南二十里，距县三十里"[6]，距城西南十二里的屠谷山、十八里的神会山、二十里的方山，都不是很远。此虎极可能即活动于此西面诸山中。

　　临县。"境多山少原，而民尽山居"，清康熙三十六年（1697 年）大旱，斗米七钱余，民饥相食。南城外掘男女坑，日填饿殍。时瘟疫大作，虎狼瞰人士。道

1　乾隆《沁州志》卷八《物产》。

2　乾隆《潞安府志》卷十《古迹》。

3　乾隆《荣河县志》卷一四《祥异》。

4　同治《河曲县志》卷五《祥异类》。

5　光绪《清源乡志》卷一六《祥异》。

6　光绪《清源乡志》卷九《都甲》。

光二十二年（1842年）虎狼伤人。[1] 另外有位隐逸名为刘山人，其事迹有碑记在董家壕："刘山人，永吉都人，躬耕食力不茹腥荤。一日有盗乘其在田，欲攘窃之，见虎守门，畏而反走。遇山人，导之至家，虎蹲如故，叱之便去。……年八十余无疾而终，乡邻感泣负土成坟。而虎亦悲号三日，死于墓侧，并埋之，号曰虎邱。"[2] 说明该县有虎无疑。

岚县。雍正《重修岚县志》卷十五《物产》"兽属"有虎、狼等记载。

保德州。乾隆《保德州志》卷三《风土·物产》"兽属"无老虎记载。不过，在同书"祥异"中记有"虎至"一事，即明万历八年（1580年）虎入孙家沟麻池中，民逐至西岭，千户孙光祚射获之。[3]

至此，经过对文献的重新检索，我们又补充了武乡、沁水、黎城、荣河、河曲、清源、临县、岚县、保德州9县有老虎分布的记载。这样，加之何、文两书中的70县，共计79州县肯定有老虎分布。至于其他州县，我们目前尚未发现有老虎分布或发生虎患的相关记载。这些州县为阳曲、祁县、太谷、榆次、曲沃、太平、临晋、万泉、猗氏、屯留、潞城、壶关、襄垣、平遥、高平、山阴、平鲁、偏关、神池、五寨、永和、灵石，共22个。[4]

至此，至少可以确证79州县有老虎分布，约占清代山西州县的78%。[5] 这与"文氏书"中"除新绛县外，山西省都有老虎分布"的结论差距仍很大。为什么会出现三种不同的研究结论？显然，如何收集、整理和运用文献资料记载的虎资料，是摆在拥有不同学科背景研究者面前的重要难题。存在疑惑的地方是：文献记载某府有虎，就表明这个府属的任何州县都存在老虎吗？文氏书中可能即是这样统计的，此举一例：

潞安府，治所在长治县，统辖县有长子、长治、屯留、襄垣、潞城、黎城、壶关等县。文先生在统计该府虎的分布情况时，很可能依据乾隆《潞安府志·物产》"兽属"中有虎、豹、熊之记载，将该府所辖县全部视为有虎分布之区。然而，该志亦曰："三兽不恒有，有则惊以为异，然亦在深山绝壑中，避人迹。"[6] 据此，仅可初步判断老虎在潞安府辖境，处于深山老林中，且不常见，无法判断是否所

---

1 民国《临县志》卷三《大事谱第二》。

2 民国《临县志》卷一九《录·乡贤》。

3 乾隆《保德州志》卷三《风土·祥异》。

4 诚然，没有文献记载并不能表明该地无老虎分布，新资料的发现和解读对我们而言也将是一项不间断的工作，我们也诚挚地欢迎广大读者提供相关信息。

5 清末山西共领九府，十直隶州，六属州，八十五县，十二直隶厅（均不在今山西境内，不作统计），山西境内共计有101个州县。

6 乾隆《潞安府志》卷八《风俗·附礼仪时节物产》。

有辖县都有虎的分布。再查阅乾隆《长治县志》卷八《风俗》物产"兽之属"记载有虎、豹、熊等。此志对这三种动物的附注与乾隆《潞安府志》的撰志者附注内容完全一样，即"三兽不恒有，有则惊以为异，然亦在深山绝壑中，避人迹。"这说明府志记载的老虎情况极有可能仅指长治县，不能理解为潞安府属各州县都有老虎分布。我们再根据其他资料，还可判断长子、黎城有老虎分布，显然不是整个潞安府所辖州县都有老虎分布。根据"论从史出"的研究思路，我们判断共有 79 个州县有老虎分布是确证的，何业恒先生可能是受资料所限，而文榕生先生的统计方法，不免有夸大之嫌。

二、复原：虎患的发生及其特征

老虎作为一种典型的森林动物，它的分布变迁具有很强的环境指向性，历史上虎患与人类活动导致的生态环境变化关联密切。马立博（Robert Marks）甚至把虎患看成是人类入侵和破坏自然环境的晴雨表。[1] 明清时期山西虎患的情况，刘正刚《明末清初西部虎患考述》虽有涉及山西的内容，但仅限于列举数例而已。[2]《山西森林与生态史》一书中根据地方志资料的记载，推理出"山西虎患及其消退轨迹"，是目前所见研究山西虎患较为具体的成果。[3] 我们依据相关资料，对明清时期山西虎患问题进行了再探讨，得出了与之不同的研究结论。

1. 明清山西虎患概貌

老虎的出现及其伤人，常常被称为"虎患"。明清地方志中往往将人虎相遇、虎伤人以及虎作为"道德教化"的工具等事例一并记载下来，资料极为分散和零碎，需要研究者花大量时间收集整理。因而，研究虎患，必须搞清楚虎患的记载情况，这需要从地方志文献中将有关记载摘录整理，并进行统计分析，只有这样才能了解虎患的概貌。如果只根据少数只言片语的记载，来论述虎患、探讨虎的灭绝过程，其结论是不能令人信服的。

明清时期山西虎患情况，现按照山西境内主要山系，将有文献记载的出现老虎或虎伤人事件的州县，论述如下：

（1）北部阴山山脉区。雁北东北部的天镇、阳高、大同东北诸山，属阴山余

1　Marks R. Tigers，Rices，Silk，Silt，Environment and Economy in Late Imperial South China. New York：Cambridge University Press，1998：43.

2　刘正刚：《明末清初西部虎患考述》，《中国历史地理论丛》，2001 年第 4 期。

3　翟旺、米文精：《山西森林与生态史》，北京：中国林业出版社，2009 年，第 462-464 页。

脉。雁北西北部的右玉、左云、大同、怀仁、山阴西部，以及朔县（今朔城区）、平鲁县（今平鲁区）的部分山地为洪涛山脉，也属广义上的阴山余脉。

大同。晋北大同县处于阴山余脉和恒山山脉山区，在乾隆和嘉庆年间出现虎伤人事件。该县南徐堡，位于桑干河畔，乾隆四十八年（1783年）春，南山虎伤堡高姓村民。[1] 嘉庆十三年（1808年），城东艾家庄村有虎害。[2]

雍正《朔平府志》卷七《赋役志·物产》"毛属"有虎记载，并指出"右玉、朔州、马邑有"。朔州南部为明代内长城沿线，明军为防蒙古军队南下，一度禁止砍伐林木，也间接为虎的生存提供了生境。《明经世文编》载雁门关勾注山一线，"东西十八隘口，崇冈复岭，回盘曲折。加以林木丛密，虎豹穴藏，人鲜经行，骑不能入"[3]。清初这里的林木仍大量存在，只是未见虎患记录。

（2）东部广义上的太行山区。恒山山脉，山势地跨今大同县、广灵县、浑源县、灵丘县、繁峙县、应县、山阴县、代县、原平市、怀仁县、宁武等市县。

灵丘。大同府的灵丘县位于恒山和太行山区，在天启六年（1626年）秋九月就发生"猛虎伤人"事件。[4] 到明末清初时，灵丘虎患十分猖獗，清初宋起凤在《稗说》卷一《兽食虎》记载："大同灵丘山中数多虎，相率十数成群，当昼噬人。灵丘驻褊帅，常牧放营马山下，虎时就群中残啗去。军人相戒，捕之不得。"[5] 康熙《灵丘县志》卷二《食货志·物产》"毛属"有老虎记载。同书卷三《山川》记载："野窝岭，县西南三十里，为行旅入铁岭口孔道，……尚积林麓，地多虎，夜常突出。"[6]

代州。明嘉靖七年（1528年）春，代州大疫，秋"南北山多虎豹，噬樵采人"[7]。

五台。该县东北一百三十里有射虎川，康熙二十二年（1683年）康熙帝幸台，御射殪虎而名。另外，县东北五十里深高山区香域沟"夹道山泉，多虎豹"[8]。乾隆《五台县志》卷四《物产》毛属，有虎豹等。同书卷八《艺文志》有巡抚穆尔赛"射虎川碑记"，记载的是康熙二十二年春二月西巡五台射虎之事。

应州。弘治元年（1488年）秋，应州南山有虎患，知州薛敬之为文祭之，据

1　道光《大同县志》卷尾《杂志》。
2　道光《大同县志》卷三《星野·岁时》。
3　胡松《答瞿中丞边事对》，《皇明经世文编》卷二四七。
4　雍正《山西通志》卷一六三《祥异》。
5　中国社会科学院历史研究所明史室：《明史资料丛刊：第2辑[C]》，南京：江苏人民出版社，1982年。
6　康熙《灵丘县志》卷三《山川》。
7　乾隆《直隶代州志》卷六《祥异》，《图书集成·方舆汇编·职方典·太原府部纪事》。
8　雍正《山西通志》卷一五《关隘》。

称旬日间虎死于壑。[1]

繁峙。嘉靖七年（1528 年）春大疫，秋多虎灾。[2]

五台山脉，山势地跨灵丘县、繁峙县、代县、五台县、原平县、定襄县。系舟山脉，地跨五台县、忻州、盂县、阳曲县、太原市等市县。

乾隆《潞安府志》记载康熙年间有一高人名为立禅，俗姓张，名加修，旧平顺人。从小就潜心内典，三十岁多一点在杜公岭出家为僧，"后至五台山石穴中闇修，有虎守门，僧人共异之，迎至寺中供养。……一小僧因取薪为虎所伤，立禅为此面壁三年"[3]。

狭义的太行山脉，山势地跨灵丘县、盂县、寿阳县、阳泉市、平定县、昔阳县、晋中市、和顺县、左权县、榆社县、武乡县、襄垣县、黎城县、潞城市、平顺县、长治市、壶关县、长子县、陵川县、高平市、晋城市等市县。

辽州。雍正《辽州志》卷五《物产》兽属有虎豹记载，说明该县肯定有虎分布。张维榘《瓮洪山记》中记载："……僧骇曰：'是虎目也！逐鹿不得，必恋此弗去。'急移诸门外，以绝其患。"[4]另据同书卷二"山川"记载，"瓮洪山在州东十五里许，山多古柏，岩如瓮悬，两脚不入"，显然是森林茂密，有老虎生存的环境。

寿阳。明天启六年（1626 年）十一月初四日，县西林家坡有雄虎一只，咬伤乡民，被众赶入水洞，用火熏死。[5] 清康熙年间县令吴祚昌撰有《祭边山土地山神驱猛虎文》，记载康熙十年（1671 年）寿阳县有虎伤邑人，于是用"豕一羊一，致祭边山之土地山神……兼谕猛虎，限汝三日，即当远去。汝或不听，张弓毒矢，纠率吏民誓将杀汝……"[6]可见清初寿阳县虎患之严重。不过到清末，寿阳县可能已无老虎了，光绪《寿阳县志》在物产第三"兽属"中列有虎、豹、土豹等，撰志者在"虎"下附记为"今无"。[7]

平顺。平顺县南三十里有打虎岭，传言李克用养子存孝曾打虎于此。[8] 另外在民国《平顺县志》卷六《杂传》中有芊上人和张加修，都是记载遇虎的事情，显然平顺县是有老虎分布。不过民国《平顺县志》卷三《物产略》动物，毛属，无老虎记载。豹，撰志者指出："前代多有，皮最贵。近因到处童山，无地藏身，

1　冯从吾《少墟集》卷二〇。

2　道光《繁峙县志》卷六《祥异》。

3　乾隆《潞安府志》卷二四《仙释》；道光《壶关县志》卷七《方技》。

4　雍正《辽州志》卷八《艺文》。

5　《图书集成·方舆汇编·职方典·太原府部纪事》。

6　光绪《寿阳县志》卷一一《艺文上》。

7　光绪《寿阳县志》卷十《风土志》。

8　民国《和顺县志》卷一一《丛考》、卷十《古迹考》。

悉远遁。"显然，因生存环境遭到破坏，而不得不逃往深山老林了。

长治。潞安府，治所在长治县，统辖县有长子、长治、屯留、襄垣、潞城、黎城、壶关等县。前已论述乾隆年间长治县是有老虎分布的，而光绪《长治县志》卷八《风土记·物产》兽之属，已无老虎记载，说明老虎可能绝迹了。

长子。长子临近上党盆地，有虎为害。康熙《长子县志》卷二《地理志·物产》"兽之属"有豹虎等记载。撰志者进一步指出："虎豹，惟西山中间有之，山居之民时防其害。"另外，乾隆《长子县志》载有《打虎行》诗歌，述该县打虎英雄冯根孩事迹。当时，"根孩年十二，随父樵于山，父忽为虎攫去，根孩以斧斧虎额，虎怒舍其父而奔根孩，瓜批其颊而逸，父遂免"[1]。

凤台，今晋城市。凤台县是多虎的。成化三年（1467年）州（泽州，治所在凤台）虎白日噬人，都御史李侃遣捕之。[2] 乾隆《凤台县志》卷十五《艺文》载明代徐芳《太行虎记》云："崇祯末岁，在县西九十里太行绝顶天井关，……虎一意啮人，往来行旅，伤害甚众。"张晋《太行虎行》同样是讲述这件事情。[3] 康熙年间陈廷敬《樊山射虎记》云："伏弩杀二虎。"[4] 不过，乾隆《凤台县志》卷三《物产》已无虎记载。

陵川。乾隆《陵川县志》卷十六《物产》"毛之属"有虎、豹、犲、狼等动物记载。同书卷二十八《艺文》有明代祝允明《太行歌》"狐兔绕马蹄，虎豹嗥树旁"和王心一《上太行》"只虑虎豹骄，鲜鞍投荒驿"等诗句[5]，说明太行山绵延横跨数十州县，山中有虎。清康熙二十五年（1686年）白蒲掌村有个名为焦聚的孝子，七月十二日夜在郊外看麻，忽被虎驼去，同事者报知其家，遍寻无迹，合家号痛。迄五更虎将聚驼送其家，母惧闭门不纳，虎辄守至天明乃遁去。当聚在虎背时，闻有一老者，随虎呼曰："此孝子，不可伤。"[6] 这又是一个典型的"虎患与道德教化"的故事，从侧面可反映陵川县是多虎的。

太岳山脉，山势地跨太谷县、祁县、平遥县、介休市、武乡县、灵石县、沁县、襄垣县、霍州市、沁源县、洪洞县、古县、屯留县、安泽县、长子县、浮山县、临汾市、襄汾县、翼城县、沁水县、曲沃县等市县。

绵山，在县（陵川）南四十里，递高四十里，隶县境二十五里，东接沁源，南跨灵石，形势绵亘，故名。山上有抱腹岩，由岩而西为铁索岭，自岭五里而

1　乾隆《长子县志》卷一九《艺文·诗》。

2　雍正《泽州府志》卷五○《祥异》，乾隆《凤台县志》卷一二《纪事》。

3　光绪《凤台县续志》卷四《艺文·诗》。

4　乾隆《凤台县志》卷一五《艺文》。

5　乾隆《陵川县志》卷二八《艺文四》。

6　乾隆《陵川县志》卷三○《丛谭》。

东为银空洞，又南七里为摩斯顶，自此而东"虎狼之窟，人迹罕到"，山莫可名矣。[1]

沁水。"环沁皆山也"，虎害甚烈。明代就有虎伤人事件，即崇祯六年（1633年）猛虎食人，瘟疫太行，道殣相望。[2] 康熙《沁水县志》卷四《版籍·物产》"兽属"有虎豹等记载。撰志者指出："山中有虎，近岁屡出伤人，知县赵凤诏作驱虎文，告之神，患稍息。"同书卷十载有赵凤诏"告城隍驱虎文"和"祭黑虎文"详述了清初该县的虎害。另外，光绪《沁水县志·志余》记载："乾隆庚寅（1770年），……虎噙某氏去，……县令集猎户克期捕虎，连杀两虎。"

沁州。今沁县。其山川形势为"绵山镇其北，沁河绕其南，雕巢岭踞其东，霍太山峙其西"，东、西、北三面都有高山，山林茂密，有老虎分布，并且出现老虎伤人事件。崇祯十年（1637年）十月，虎入州北关，捕获之。康熙三十七年（1698年）秋，州多虎。"八九月间西南乡数被虎患，白日至村闾噬人畜，知州刘民瞻遣营兵猎户捕，遂乃止。"[3] 康熙年间的这次虎伤人事件，说明沁州老虎众多，需要军队和猎户才制止了虎患。

沁源。该县"环邑皆山，沁水汇流，峰峦合拱"，森林较多且茂密，有老虎的藏身之所。雍正《沁源县志》物产条"兽类"中有"虎、豹"等大型动物记载[4]，民国《沁源县志》物产表"兽属"仍有虎豹记载。[5] 此处当注意，雍正、民国两种方志中都有"虎豹"记载，一般都可能认为是后者沿袭前志。该县的物产记载则不尽然，民国志中物产记载与雍正志的记载有变化，顺序明显不同，而且民国的撰修者对该县没有的物产会夹注出来，如"鹿"，就指出"旧志载，今无"；"麝"，也指出"今无"。"兔"还指出"家、野二种"。对于"虎豹"，撰修者未提一字，显然该县民国时期还有老虎是肯定的。清代康熙二十六年（1687年）交城人褚国旺跟随邯郸县李祖师学道归来后，途经沁源县北端的涧崖底村，见村东五六里森林茂密，左右周围殆胜境也，于是留下来布化传道。"适野遇虎，遥以手指之，虎即避走。"[6] 沁源县西灵空山有圣寿禅院，由县城通往灵空山，中间必须"道经五龙池，由山北至寺山之前，有虎寓焉，人莫敢行"。成章禅师，号了凡，姓氏里居不详，康熙年间住锡圣寿禅院（县志记载，雍正八年圆寂），其"于寺之东山陡崖辟修曲径，建鼓楼于巅，至则击鼓以闻于寺，师出叱虎而去，行人始便，径之险

1　乾隆《介休县志》卷二《山川》。

2　康熙《沁水县志》卷九《祥异》。

3　乾隆《沁州志》卷九《灾异》。

4　雍正《沁源县志》卷三《田赋·物产》。

5　民国《沁源县志》卷五《物产表》。

6　光绪《沁源县续志》卷三《仙释》。

倍于九折，至今呼为十八盘"[1]。两则仙释故事表明，沁源县西部和北部是有老虎分布的，因当时山林较多而好，故无伤人畜之载。

霍州的霍山，是有老虎藏匿的。长治人宋道人，少孤，为人牧羊霍山中，有一天丢失了羊，"群牧皆彷徨无所措，宋年十三，独入深山中求之。行二日，见一老僧在石窟中修道，……宋忽豁然有省。一日，僧远出，留宋居守，则虎狼蹄迹，交错于庵之前后。……顾视，日已晡，有虎百十余咆哮而至……翁出叱之，群虎皆弭耳去"[2]。

赵城。县治在今洪洞县赵城镇。李能，桂林坊人，正德年间（1506—1520 年）为本县皂隶，人正直有勇。乡有猛虎为患，令能捕之，虎果随之，患遂除。殁后，邑人立庙于城东门外，俗称李将军庙。康熙四十五年（1706 年）十月，仇池里忽有数虎为害，赴庙告祭，获之，虎患顿息。[3] 仇池里，据同书卷六《坊里》记载其位于赵城县北乡，仇池里共有 21 个村，北乡地理形势为"左山右河，地亦辽阔"，因而就有老虎下山。文氏书中，将此虎患资料列于霍州（今霍州市）条下，当误。

岳阳。民国二年（1913 年）改称安泽，1971 年析县西部置古县。安泽"辟居万山中，沁流霍峙，洋洋巨观"，境内有太行山支脉屏凤山、霍山、尖阳山、独耸峰、凤凰山、雪白山、三秣山等数十座山岭崖，是多老虎的县。因而民国《重修安泽县志》卷十四《祥异》灾祥中就指出"安泽僻处深山，旱涝无常，虎豹螟蝗，皆为民害。故书之以告有民事之责者。"显然该县虎患严重。康熙和雍正年间出现猛虎伤人：康熙五十五年（1716 年）六月，猛虎为灾。雍正八年（1730 年）夏，猛虎为灾，伤二十余人。[4] 不过就是这样山林茂密多虎的县，也因为人类活动而导致了虎的消亡。同书卷二《物产》"毛属"在记载虎时已指出："初安多虎患，其时山深林密，猛兽易于潜踪。今则斫伐殆尽，而虎亦无复存矣。"[5]

中条山脉，山势地跨绛县、阳城县、垣曲县、闻喜县、夏县、平陆县、运城市、芮城县、永济市等市县。

阳城。地处中条山和太行山山区，"县地皆山"。乾隆《阳城县志》卷四《物产》兽之属，有豹虎。撰志者指出："西南诸山多虎，尤多豹，或言有驳。《山海经》"而且该县风土节俗，其名有与他方不同者。如"六月六日，村民家家祀山神，

1 光绪《沁源县续志》卷三《仙释》。
2 乾隆《潞安府志》卷二四《方技》。徐珂编撰《清稗类钞》第九册《艺术类》"宋道人人工按摩"条，北京：中华书局，2010 年，第 4132-4134 页。
3 道光《赵城县志》卷三六《杂记》。
4 民国《重修安泽县志》卷一四《祥异》。
5 民国《重修安泽县志》卷二《舆地·物产》。

云即射日之羿，以开门即山祀，以辟虎狼"[1]。不过，到了同治《阳城县志》卷五《物产》在记载"兽"时，云："昔林木蓊密，虎易藏匿，尔年斧斤濯濯，近城五十里鲜虎迹。析城、王屋间，尚有匿者。豹仍不少。"说明随着人类活动范围的扩大，林木遭到砍伐，老虎渐趋消亡，只有析城、王屋等深山老林才有。

绛县，地处中条山区，境内横岭关、青陵山在清初虎患严重。顺治年间知县卢绛连续有"庚辰秋横岭关祭山神文"、"祭紫家青陵山神文""牒城隍驱虎文"等文，告祭神灵驱除虎患。祭文中有"山虎肆虐，伤人众多，……樵采黎庐，屡受虎害"、"横岭关南邻邑，地方多虎为害，不时出入"、"猛虎蹲踞，商贾裹足"等语[2]，可见虎患之烈。乾隆《绛县志》卷二《物产》毛属，仍有虎豹狼记载。

解州运城。嘉靖十一年（1532 年）十一月，南部的解州运城发生饥荒，"虎入禁垣，踞池神庙"[3]。1932 年 12 月 5 日凌晨，解县北约 40 里的白坊村，民众猎杀到一只虎，"这只虎是背毛有 5 公分的长毛虎，色美且体形大，头体长 7 尺，尾长也近 3 尺"[4]。可见，民国时期解州及中条山区仍有老虎存在。

平陆。乾隆《解州平陆县志》卷二《物产》和光绪《平陆县续志》卷上《赋役·土产》的记载体例，如撰志者所言"惟以足供服食之用者，书之常畜，则不必尽纪也"，因而不见虎豹记载。不过，平陆县应该有虎的，其境北四十五里有中条山，"西起蒲州雷首，延袤数百里，迤逦而东，直接太山行"，如此广袤的山林生境能满足老虎活动。同书"艺文"篇，有康熙二十三年刚赴任的知县冯遵祖《喻虎檄》[5]，内有"告尔猛虎为害，不啻再三"等语，显然平陆境内虎患严重，为消弭虎患而请求神灵。

闻喜。民国七年（1918 年）《闻喜县志》卷五《物产》"山兽类"虎，雨后高山脊上时有爪印，大五六寸，人云虎迹。撰志者并进一步指出："狒狒、虎，二种未必土产，中条连山极远，知从何来，第近既经见，亦不敢云，必非土产。"[6]

垣曲。垣曲县境内有太行山、王屋山等数十座山脉，是有老虎分布的。光绪《垣曲县志》卷二《物产》，无老虎记载。不过，同书卷一二《艺文》载有乾隆初年垣曲县知县王今远《驱虎文》，内有"西乡一路灾警时闻，采樵绝迹，刍牧惊心，咸谓数年来于斯为极，遭其害者，惨不堪言"，说明该县虎患严重。

（3）西部吕梁山地。吕梁山脉，山势地跨朔州市、偏关县、河曲县、保德县、

1　乾隆《阳城县志》卷一六《志余》。

2　顺治《绛县志》卷末《艺文》。

3　乾隆《解州安邑县运城志》卷一一《祥异》。

4　王福麟：《山西省野生动物资源调查报告》，《山西大学学报（自然科学版）》1979 年第 1 期。

5　光绪《平陆县续志》卷下《艺文》。

6　民国《闻喜县志》卷五《物产》。

宁武县、原平市、神池县、五寨县、岢岚县、忻州市、静乐县、岚县、兴县、阳曲县、太原市、清徐县、古交市、娄烦县、方山县、临县、文水县、吕梁市、柳林县、汾阳市、孝义市、交口县、中阳县、石楼县、灵石县、汾西县、隰县、永和县、蒲县、大宁县、吉县、乡宁县、襄汾县、新绛县、稷山县、河津市等市县。

河曲。位于山西、陕西与内蒙古交界的河曲地区，明弘治三年（1490 年）秋七月，虎狼噬人。弘治十四年（1501 年）四月，有虎入境，杀人被获。[1] 表明河曲县是有虎患的。

保德州。明万历八年（1580 年）虎入孙家沟麻池中，民逐至西岭，千户孙光祚射获之。[2]

宁武。在"九边"沿线上的山西宁武县，史载其境内"多虎，村民被噬者甚众"[3]。管涔山，据李燧《管（涔山）游日记》云："山径多虎，往往为其所伤"，是有老虎的。

岢岚州。位于吕梁山的岢岚州地处万山中，"最多虎。故居民能以一人杀一虎"[4]。光绪《岢岚州志》卷十《风土志·土产》兽之属，无老虎记载，可能此时虎已逃往深山中。

兴县。据明末清初笔记《印雪轩随笔》记载，山西兴县距太原四百余里，山路崎岖，素多虎患，而癸巳（1653 年）之冬犹甚。

乡宁。康熙时"深山虎豹多"、"多虎患"等。康熙《乡宁县志》卷五《赋役·土物志》兽属，记载有虎、豹等。乾隆《乡宁县志》仍有记载，光绪《续修乡宁县志》照录。民国《乡宁县志》卷七《风土记·物产》兽之属，有虎、豹、狼、狐等。撰志者指出："花、畜、禽、兽，山中甚伙，有不能举名者，兹约计之，备一格耳。"乾隆四十七年（1782 年）乡宁县令葛清大规模猎杀虎豹，几近杀绝。他在《新建山神土地庙记》云："邑虎竟白昼啮人于路……选猎户七、干役三，人日给银七钱，获一虎赏银三十两，劳以花酒，受伤者月米三斗调养，不幸遇害，棺木银四两……统计两年，共获虎十，虎子六，豹十二。"[5] 足见乡宁县老虎众多，葛清因组织打虎有功，县志将其列为"名宦"。

大宁。光绪九年（1883 年）《大宁县志》记载，"康熙二十五年虎俦行至城邑、

1 同治《河曲县志》卷五《祥异类》。

2 乾隆《保德州志》卷三《风土·祥异》。

3 （清）陆长春《香饮楼宾谈》卷一《肉身土地》。

4 （清）赵翼《檐曝杂记》卷三《镇安多虎》附记。

5 乾隆《乡宁县志》卷九《名宦录》。

村落，捕噬人畜。"[1]

蒲县。蒲县的形胜为"南北山环、东西川绕，崇冈错列、曲径纡廻"，是有老虎分布的。乾隆《蒲县志》物产"毛属"有老虎记载，并指出老虎所具有的药用功能"虎骨入药，壮筋骨，能杀犬咬毒"[2]。显然出于打虎获取虎骨的实践认知。此外，同书卷十《艺文》有巫慧"上额总镇打虎书"一文，该文指出："禀者敝邑孽虎肆虐，惨极人天。慧亲历围场，未能加遗一矢，是以飞檄宪辕，代民请命，仰祈假之灵，宠赐以劲卒，则猛兽无逃亡之所，人民有更生之庆矣。"[3]表明该县虎患之甚。

孝义。山西孝义县是多老虎的。嘉靖年间汾州孝义县"郭外高唐、狐岐诸山多虎。一樵者朝行丛菁中，忽失足堕虎穴。……日落风生，虎啸逾壁入，口衔生麕，分饲两小虎，……樵遂骑而腾上"[4]。县城西门外有义虎亭，"相传明时，有樵夫堕深岩虎穴中，虎负之出。樵夫与虎约时日刲豚西门外以谢，至期虎如约攫豚以去云"[5]。明末清初笔记《三冈识略》中指出"郭外诸山多虎"。另外，乾隆《孝义县志》"物产"条更是明确记载："猛兽则有虎、豹、豺、狼。西山多虎，七十里之外虽通衢，不敢夜行。"[6]

隰州。康熙《隰州志》卷五《物产》兽类，有虎豹记载。光绪《续修隰州志》"杂记"中记有一事：嘉庆间知州赵宜本，公出经神峪沟，遇虎啮人避之，公出轿长揖，虎遁去。遂建山神庙于此并祠公焉。[7]

（4）峨眉台地。荣河。崇祯四年（1631 年）虎入境，为民所获。康熙十年（1671 年）冬，有虎入境，入遇之弗顾，惟啮数犬而去。[8]

至此，明清时期山西发生虎患的州县按照山脉山系分布为：北部阴山余脉有1 个县，东部广义太行山区有 24 个州县，西部吕梁山地有 10 个州县，峨眉台地有 1 个县，共计 36 个州县，约占老虎分布州县的 46%。

2. 虎患的特征和原因

据动物专家研究，老虎伤害人类的原因主要有：老虎受伤、年老；被猎人所伤，与人拼命，或当时逃脱，以后蓄意报复；被人逼迫过紧，自觉没有生路，横下一条心，坚决反扑；在进食时或休息时，突然被人撞见，因惊慌失措而扑人；

---

1 光绪《大宁县志》卷七《灾祥集·灾异》。

2 乾隆《蒲县志》卷一《地理》。

3 乾隆《蒲县志》卷十《艺文》。

4 张山来《虞初新志》卷四《义虎记》，见民国《笔记小说大观》。

5 乾隆《孝义县志》卷一《胜迹·祥异》。

6 乾隆《孝义县志》卷一《物产·民俗》。

7 光绪《续修隰州志》卷四《杂记》。

8 乾隆《荣河县志》卷一四《祥异》。

在逐偶时和抚育幼仔时，脾气不正常，等等。[1] 不少学者在研究虎患出现的原因时，主要认为明清时期不断上升的人口压力导致人地矛盾空前尖锐，近乎疯狂的垦山运动极大地压迫了老虎的生存空间，从而造成明清时期虎患严重的局面。现根据前文对山西虎患概貌复原的论述，制作了"明清山西虎患分布统计表"（表2）：

表2　明清山西虎患分布统计表

朝代	州县	共计
明代	河曲、灵丘、宁武、孝义、岢岚州、解州、沁水、繁峙、荣河、赵城、寿阳、应州、代州、凤台、陵川、保德州	16
清代	大同、寿阳、荣河、赵城、绛县、兴县、五台、凤台、沁水、沁州、沁源、乡宁、大宁、平陆、蒲县、孝义、灵丘、五台、长子、垣曲、大同、闻喜、阳城、安泽、陵川、隰州、平顺、岢岚州	28

根据表2所示，明清山西虎患的分布具有以下特征：①山西虎患由来已久，明代的虎患经初步统计明确记录的共有16个州县，全省南北都有分布。到了清代，遭受虎患的州县明显增多，共计28个；在明代有虎患的州县，清代基本上仍有虎患，而且虎患范围进一步扩大，有向中、高山发展的趋势。②根据打虎事件及驱虎文等判断，五台山、霍山、太行山以及吕梁山等山区，老虎众多。五台、乡宁、蒲县、孝义、沁水、绛县、平陆、垣曲等州县的虎患例子可佐证。

有研究者指明：虎主要栖息于山地林间，在海拔2 000米以下丘陵起伏的山林、灌丛中，野草丛生处或茂密、潮湿的热带雨林，皆有其行踪。发情期多在11—12月。[2] 其生存环境：必须具备足够的动物资源，供它们猎食；必须具备足够的水源，供它们热时洗浴和饱食之后痛饮；必须有足够的林木或丰草，供它们隐藏。尤其是对草木的要求非常高。[3] 可见老虎对生存环境的要求比较高，一旦环境有所改变，老虎很难适应。明清山西虎患的发生，也能很好的证明这一点。从虎患发生的时间来看，春天发生虎患有大同；夏天有陵川（七月十二日）、安泽（六月）；秋天有灵丘（九月）、沁州（八、九月间）、代州（秋）；冬天有寿阳（十一月四日）、沁州（十月）、赵城（十月）、解州（十一月）。从仅有的有明确时间的虎患州县来看，显然发生在干旱的秋季、寒冷的冬季的虎患占有相当大的比例。在秋冬水草干枯或冰雪霜冻天气的影响下，老虎处于发情期、性情暴躁且虎的猎食受到了极大的威胁，迫于饥饿，最终走上冒险攻击人类的道路。明嘉靖七年（1528年）春，代

---

1 谭邦杰：《虎》，北京：科学普及出版社，1979年，第32、35页。

2 文榕生：《中国珍稀野生动物分布变迁》，济南：山东科学技术出版社，2009年，第254页。

3 谭邦杰：《虎》，北京：科学普及出版社，1979年，第15页。

州大疫，秋"南北山多虎豹，噬樵采人"和嘉靖十一年（1532年）十一月南部的解州运城发生饥荒，"虎入禁垣，踞池神庙"。这两条史料表明：代州和解州运城因发生疫灾和饥荒，老虎食物链断裂，为了生存才导致了冒险下山和攻击人类的事件。

三、商榷：山西老虎消失之轨迹？

《山西森林与生态史》中研究虎患及其消退轨迹，得出的结论为：明中期前，显然减少，已不成贡品；因食物不足，也偶伤人畜。清前期，渐更稀少，但多半山区县还有少许虎豹。清中期，已近濒危。清后期，又有不少山区县虎豹绝迹；光绪《通志·物产》也不载虎豹，仅偶有之。民国初，在五台县南台之南打死一虎，此后虎在山西省完全绝灭。[1]

从上文的分析研究来看，事实并非如此。据表1和表2及上文研究：

（1）明清民国时期，山西有老虎分布的府州县占绝大多数，共有79个县有老虎分布的记录，约占山西全省州县的78%；其中，发生虎患的州县为36个，约占老虎分布州县的46%。不见老虎记载的州县只有马邑、左云、大宁、洪洞、襄汾、乡宁6个县。

（2）因人类活动范围的扩大，使老虎赖以生存的森林资源被破坏而导致其退缩，这样的例子有代州、平顺、阳城、长治；同样原因，导致老虎消亡的例子有长治、凤台、寿阳、安泽等。

因此，我们认为仅根据虎患分布状况（多数研究者资料挖掘不够，仅根据片段资料进行举例描述），得出似是而非的结论，恐怕难以描绘出老虎在山西清晰的消退轨迹。此问题，可另撰文继续探讨，此处只述其大略：

中华人民共和国成立初期，山西也毫不例外地经历了那场轰轰烈烈的"打虎运动"[2]，把老虎当成"四害"动物，组织猎户进行捕杀，致使山西老虎大规模消亡，这应该才是山西老虎消亡的重要时期。此时，山西老虎的生存空间再一次遭到挤压，但仍未完全消失。

到了20世纪70年代末，据山西省野生动物资源调查报告，在恒山、管涔山、

---

1 翟旺、米文精：《山西森林与生态史》，北京：中国林业出版社，2009年，第462-464页。

2 "打虎运动"是指新中国成立初期，当时人们将老虎列为害兽之一，政府出台相关法令，进行扑杀，掀起了一场全国范围的"打虎运动"。1959年2月，中华人民共和国林业部颁发批示，把华南虎划归到与熊、豹、狼同一类的有害动物之列，号召猎人"全力以赴地捕杀"。而东北虎被列入与熊猫、金丝猴、长臂猴同一类的保护动物，可以活捕，不能杀死。这场"除害兽运动"一直持续了近20年之久，导致虎种群数量的毁灭性萎缩。尽管东北虎一开始就进入了政府的保护名单，但在这次运动中在有些地区也同样遭殃。

中条山及五台山一带，群众强烈地反映有虎，且了解到虎多次捕食马驹、牛犊和羊的事例，有人捕到过仔虎，也发生过几起打伤虎的事。调查组多次访问打伤虎和见到虎的人，并且核实了张全才交售 7.2 斤虎骨的事。尽管如此，山西虎的数量已相当少了。根据调查访问，经反复分析，目前仅有数只到十余只虎了。[1] 80 年代后期 90 年代新编的山西各地方志中，仍有不少州县记载有老虎分布，文氏书中编制的"历史时期虎分布地点变迁"表中，列有现存地点为：阳曲、广灵、灵丘、浑源、朔州、应县、右玉、沁源、忻府、原平、五台、代县、繁峙、宁武、静乐、神池、五寨、岢岚、灵石、盐湖、永济、芮城、夏县、平陆、垣曲等[2]，共计 25 个县。然而，这一时期方志中虎记录的分布市县是否系实地考察所得？尚待核实。90 年代末新修《山西通志》将山西省国家重点保护野生动物——虎的分布地点仅列有五台山、中条山、管涔山三处，但当地是否存有野生虎还不得而知。[3] 因此，关于 20 世纪 80—90 年代山西地区的虎分布情况尚不可定论。

时至 21 世纪，山西老虎已经消失殆尽。2008 年三晋都市报发表有戴晓杰"山西虎迷踪之史迹篇——人虎相争，晋地曾经多虎踪"、"山西虎迷踪之文化篇——背影渐远，空留俊骨耀人文"、"山西虎迷踪之心灵篇——传说犹在，雄姿不倒撼心灵"等系列文章[4]，使人们认识到山西曾经是老虎的故乡，山西虎故事和虎文化留存丰富。如今虎啸声似乎已经远去，我们在创造高度工业文明的同时，是否善待过自己身边的朋友——那些渐逝的野生物种！

Distribution and Related Research on Tiger in Shanxi Province in Ming and Qing Dynasties

WU Pengfei   ZHOU Ya

Abstract: Shanxi province was once an important habitat of Panthera tigris coreensis. Based on historical records，this paper finds out that in Ming and Qing Dynasties 79 prefectures and

1 王福麟：《山西省野生动物资源调查报告》，《山西大学学报（自然科学版）》，1979 年第 1 期。

2 文榕生：《中国珍稀野生动物分布变迁》，济南：山东科学技术出版社，2009 年，第 368 页。

3 山西省史志研究院：《山西通志·地理志》，北京：中华书局，1996 年，第 320 页。

4 http://www.daynews.com.cn/sjdsb/bban/B4/520347.html[EB/OL]. 山西新闻网、三晋都市报，2008-04-12（01）：41.

counties of Shanxi witnessed distribution of tigers, of which 36 witnessed tiger attacking accidents. The reasons for tiger attacking should be analyzed in terms of human activities, natural disasters and tiger habits. The distribution of tiger attacking accidents alone can hardly clearly tell why tiger disappeared gradually in the history.

Key words: Shanxi; Ming and Qing dynasties; tiger distribution; tiger attacking accidents

"兕"非犀考[1]

黄家芳

摘 要: 我国古籍所记载的"兕"究竟为何种动物,历来多有争议。本文通过对历史文献资料的分析,认为晋朝及晋以前的文献对"兕"的描述是客观可信的。综合遗存实物以及犀牛的生理习性等各种资料,不赞同"兕"为犀牛说这一主流观点,并总结了"兕"与犀的角、皮以及生活习性等方面的区别,认为"兕"是一种大独角、皮厚、外形似牛的群居动物,这种动物在晋朝已经消失。

关键词: 兕;犀牛;区别

历史文献中有大量关于"兕"的记载,如《山海经·中山经》:"美山,其兽多兕、牛。"《竹书记年》卷下:"昭王十六年,伐楚,涉汉,遇大兕。"《孟子》卷一七:"巴浦之犀、牦、兕、象其可尽乎?"但是不同历史时期的文献资料对"兕"的解释各不一样,归纳一下可以得出以下两种主要的观点:第一种观点认为"兕"是犀牛[2],此种说法占大多数,如《尔雅翼》卷一八:"兕似牛,一角,青色,重千斤,或曰即犀之牸者。"《渊鉴类函》卷四三〇:"大抵犀、兕是一物。"第二种观点没有具体说明"兕"为何种动物,只是称"兕"外形像牛,如《尔雅·释兽》:"兕似牛。"《说文解字》卷十下:"兕如野牛,青色,其皮坚厚,可以制铠。"现代辞书中对"兕"的解释也不能达到统一,如《汉语大字典》:"古代犀牛一类的兽名,一说即雌犀。"而《汉语大词典》:"古代兽名,皮厚可以制甲。"由此可以看出,无论是古代还是现代对"兕"的解释都没有统一的说法,但是认为"兕"是犀牛的观点占据了主要位置。

---

1 本文原载《乐山师范学院学报》2009 年第 3 期,第 81-84 页,系陕西师范大学 211 工程建设重点项目"中国古代文明研究"资助成果。
2 犀牛分为五种,非洲有两种:黑犀、白犀;亚洲有三种:苏门答腊犀、爪哇犀、印度犀。本文所说的犀牛为亚洲犀。

一、"兕"为犀牛的质疑

多年以来，学者在做研究的过程中多认为"兕"为犀牛，如文焕然先生等《中国野生犀牛的灭绝》一文中写道："古籍记载的野犀，在不同的时期和产地用字往往不同，大约自《本草》问世以前，人们对北方野犀，常用'兕'称，而自东汉的《神农本草》以后多用犀角字样代表南方的野犀牛。"[1] 孙机先生《古文物中所见之犀牛》也把甲骨卜辞中的"兕"认定为犀牛。[2] 王振堂先生等《犀牛在中国灭绝与人口压力关系的初步分析》："周昭王十六年（前 984 年）'伐楚涉汉遇大兕'，汉水中上游仍有犀牛生存。"[3] 可见王振堂先生也认为"兕"是犀牛。很多学者把"兕"为犀的观点进行了细化，主要有以下几种：独角犀，雌、雄犀，古今、南北称呼差异。其实这些说法还有继续讨论的必要，现简述理由如下：

1. 独角犀说

文焕然等《中国野生犀牛的灭绝》认为："《尔雅·释兽》：'兕似牛'，郭璞注：'一角，青色……'显系指此。"[4] 文焕然先生引用郭璞的观点认为"兕"是小独角犀，即现在的爪哇犀。古代学者把"兕"解释为"一角"开始于《山海经·海内南经》："兕在舜葬东，湘水南。其状如牛，苍黑，一角。"西晋郭璞在总结前人的观点基础上，在为《尔雅》作注时提出："兕似牛，一角，青色，重千斤。"[5] 他还著有《尔雅音图》《山海经注》等，在这些著作中都提出了相同的看法。这种说法并没有说明"兕"就是犀牛，但是随着时间的推移，一些学者逐渐把一角"兕"和一角犀联系在一起，把"兕"认为是犀牛的一种或直接称为"兕犀"，如唐刘恂《岭表录异》："一（角）在额上为兕犀。"[6] 明李时珍《本草纲目》："南番、滇南、交州诸处有山犀、水犀、兕犀三种。"[7] 清陈大章《诗传名物集览》："兕犀止一角在顶。"[8]

---

1 文焕然，何业恒，高耀亭：《中国野生犀牛的灭绝》，载文焕然等《中国历史时期植物与动物变迁研究》，重庆：重庆出版社，2006 年，第 216-225 页。

2 孙机：《古文物中所见之犀牛》，《文物》1982 年第 21 卷第 8 期，第 80-84 页。

3 王振堂等：《犀牛在中国灭绝与人口压力关系的初步分析》，《生态学报》1997 年第 17 卷第 6 期，第 640-644 页。

4 文焕然，何业恒，高耀亭：《中国野生犀牛的灭绝》，载文焕然等《中国历史时期植物与动物变迁研究》，重庆：重庆出版社，2006 年，第 217 页。

5 郭璞注：《尔雅》，上海：商务印书馆，1927 年。

6 刘恂：《岭表录异》卷下，广州：广东人民出版社，1983 年。

7 李时珍：《本草纲目》卷五一上，北京：人民卫生出版社，1982 年。

8 陈大章：《诗传名物集览》卷四，丛书集成本。

其实在郭璞眼里"兕"和犀还是有区别的：

兕：似牛，一角，青色，重千斤。

犀：猪头大腹，庳脚。脚有三蹄，黑色。三角，一在顶上，一在额上，一在鼻上，鼻上者即食角也，小而不橢，好食棘，亦有一角者。

"兕"是有一角的，犀也有一角，郭璞在解释一角犀时并没有说明"兕"和犀为同种动物，这就说明"兕"和犀还是存在区别的。后人在不明白"兕"为何种动物的情况下，误解了郭璞的意思，利用"兕"和犀的相似之处做了错误的解释。

2. 雌、雄犀说

这种说法始于唐代。陈藏器在《本草》中把"兕"解释为："犀之雌者是兕"。[1]到了宋、明时期这种说法就比较流行了，如宋张世南、李心传《游宦纪闻旧闻证误》："兕是犀之雌者。"[2]明何楷《诗经世本古义》："熊为羆之雄而称熊，犹羖为羭之羖而称羖，兕为犀之牸而称兕也，盖皆相类。"[3]

清钱澄之《田间诗学》："熊为羆之雄而称熊，犹羖为羭之羖，兕为犀之牸而称兕，盖相类。"[4]引文中透露出作者在做解释时，他们不确定"兕"究竟为何种动物，而作出的一种推测。还有少数学者认为"兕"是雄性犀，如赵宗乙著《淮南子译注》。

认为"兕"是雌或雄犀牛的观点是有待商榷的。甲骨文中没有记载捕到犀牛而只记载捕获到"兕"，如果"兕"是雌犀牛或者是雄犀牛，也就意味着只捕获到了雌犀牛或雄犀牛。这种情况是不太可能的，因为甲骨文记载商王一次狩猎就获"兕"好几十头，否则只是捕获到单一的雌性或者雄性犀牛了。因此，可以认为"兕"不可能是雄性犀牛或雌性犀牛中的一种。

3. 古今、南北称呼差异说

古今、南北差异说为已故历史地理学家文焕然先生所倡导。文焕然先生认为："古籍记载野犀牛，在不同时期和产地用字往往不同，大约自本草著作问世以前，人们对北方野犀常用'兕'称之，而自东汉的《神农本草经》以后多用犀角字样代表南方的野犀。"[5]作者注明这个观点主要来自于李时珍在《本草纲目》对"兕"的解释，而李时珍又是引用了《尔雅翼》的观点："郭又云：'犀亦有一角者也。'

---

1 陈藏器：《本草拾遗》，文渊阁《四库全书》本。

2 张世南、李心传：《游宦纪闻旧闻证误》卷二，北京：中华书局，1981年。

3 何楷：《诗经世本古义》，文渊阁《四库全书》本。

4 钱澄之：《田间诗学》卷十，文渊阁《四库全书》本。

5 文焕然，何业恒，高耀亭：《中国野生犀牛的灭绝》，载文焕然等：《中国历史时期植物与动物变迁研究》，重庆：重庆出版社，2006年，第218页。

但古人多言兕，今人多言犀，北人多言兕，南人多言犀，为不同耳。"[1] 的确，从造字法上来讲"兕"是象形的初文，而犀是后起的形声字，也就是说"兕"字先于犀字而存在，这也就可以说明最初进入人们视野的是"兕"而不是犀，因此在甲骨文中有大量的对"兕"的记载而没有关于犀的记载。但也并不像他们所说的"古人多言兕，后人多言犀，北音多言兕，南音多言犀"。我们见到的先秦时期文献，就有不少是犀、兕并列记载的。《山海经》中在五个不同的地方记载犀就有四处是并列记载的，如《山海经》卷二《西山经》："女床之山……其兽多虎、豹、犀、兕。"《国语·晋语上》：楚国有"巴浦之犀、牦、兕、象，其可尽乎"。这就可以看出犀和"兕"的差别并不是所谓的南北、古今称呼上的差异。

二、支持"兕"非犀的其他佐证

古代学者在认知"兕"的过程中，"兕"为犀牛的观点占据了主要地位，所以现代学者在做研究的时候也就认为"兕"是犀牛，并提供了"兕"为犀牛的实物作为佐证。许多学者将 1927 年殷墟出土了一块刻有"于倞田口口获白兕"的大兽头骨（这块兽骨现存于"台湾中央研究院"）认为是犀牛骨，并且作为"兕"是犀牛的主要证据，但是根据研究院多位专家的科学鉴定认为该兽骨为牛骨，但尚不确定具体是哪一种牛骨。

现代学者认为"兕"是犀牛的另外一个例证就是商朝时候的青铜器——小臣艅犀尊。小臣艅犀尊出土于山东省寿光县梁山，它底部的甲骨文清楚地记载了铸造的原因：小臣艅是商王的奴隶总管，在一次讨伐夷方的战役后，商王赏赐他夔贝，他感到非常高兴，于是铸造了犀尊作为纪念。后来学者就将此犀尊作为"兕"是犀牛的实物证据，但是这与文献资料不相符，因为此犀尊为双角犀，在已知的所有文献中都没有"兕"为双角犀的记载。因此，以此例作为"兕"为犀牛的证据是不准确的。

三、"兕"为犀之因解

为了进一步了解学者认为"兕"为犀的原因，我们首先将各个不同历史时期

---

1 罗愿撰，洪焱祖释：《尔雅翼》卷一八，格致丛书刻本。

对"兕"为犀牛的认知做一个总结，如表1所示。

表1　不同历史时期对"兕"为犀牛的认知

观点	时间	引文	文献
独角犀说	唐	一在额上为兕犀	《白孔六帖》卷九七
		岭表所产犀牛大约似牛而猎头，脚似象，蹄有三甲，首有二角：一在额上为兕犀；一在鼻上较小为胡帽犀	《岭表录异》卷下
	宋	一在额上为兕犀	《太平广记》卷四〇三
	明	其山多兕犀、野马、巨鼍、异蛇	《海语》卷下
		一在额上为兕犀	《普济方》卷四二六
		鼻角者，胡帽犀；额角者，兕犀也	《本草乘雅半偈》卷四
		南番、滇南、交州诸处有山犀、水犀、兕犀三种又有毛犀似之山犀居山林人多得之……兕犀即犀之牸者，亦曰沙犀，止有一角在顶文理细腻，斑白分明，不可入药	《本草纲目》卷五一上
	清	东壁曰：凡三种山犀、水犀有鼻额二角，兕犀止有一角	《通雅》卷四六
		兕犀止有一角在顶	《竹书统笺》卷八
		兕犀止有一角在顶，鼻角即鼻骨也	《诗传名物集览》卷四
		兕犀即犀之牸者，亦曰沙犀，止有一角在顶	《骈字类编》卷三八
雌、雄犀说	唐	犀之雌者是兕	《本草拾遗》
	宋	兕似牛，一角，青色，重千斤，或曰即犀之牸者	《尔雅翼》卷一八
		兕是犀之雌者	《游宦纪闻旧闻证误》卷二
	明	兕即犀之牸，牸牝也，牝毛色青，皮坚可以为铠	《本草乘雅半偈》卷四
		熊为罴之雄而称熊，犹羖为羱之牸而称羖，兕为犀之牸而称兕也，盖皆相类	《诗经世本古义》卷一七
		时珍曰：犀字篆文，象形，其牸名兕，亦曰沙犀	《本草纲目》卷五一上
古今、南北称呼差异说	宋	郭又云：犀亦有一角者也。但古人多言兕，今人多言犀，此人多言兕，南人多言犀，为不同耳	《尔雅翼》卷一八
	明	引《尔雅翼》云：大抵犀兕是一物，古人多言兕，后人多言犀；北音多言兕，南音多言犀，为不同耳	《本草纲目》卷五一上
	清	大抵犀、兕是一物古人多言兕，后人多言犀，北音多言兕，南言多言犀，为不同耳	《渊鉴类函卷》卷四三〇

从表 1 可以看出，对"兕"的各种认知或是一种猜测，或是建立在对前人文献解释的基础之上，缺乏以实物为依据的客观描述，观点分歧较大，因此这些对"兕"的认知缺乏一定的可信度。在历史文献中也存在大量对"兕"的客观记载，如表 2 所示。

表 2　不同历史时期对实体"兕"的客观记载

时间	引文	文献
先秦	祷过之山，其上多金玉，其下多犀、兕	《山海经》卷一《南山经》
	嶓冢之山……兽多犀、兕、熊、罴	《山海经》卷二《西山经》
	女床之山……其兽多虎、豹、犀、兕	《山海经》卷二《西山经》
	口阳之山……其兽多犀、兕、虎、豹、牦、牛	《山海经》卷二《北山经》
	众兽之山……其兽多犀、兕	《山海经》卷二《北山经》
	敦薨之山……其兽多兕、旄、牛	《山海经》卷三《北山经》
	美山，其兽多兕、牛	《山海经》卷五《中山经》
	崌山……其兽多夔、牛、羚、口、犀、兕	《山海经》卷五《中山经》
	兕在舜葬东，湘水南。其状如牛，苍黑，一角	《山海经》卷十《海内南经》
	昭王十六年伐楚，涉汉，遇大兕	《竹书记年》卷下
	昔吾先君唐叔射兕于徒林，殪以为大甲	《国语·晋语》
	巴浦之犀、牦牛、兕、象，其可尽乎？	《国语·楚语》
	旌旗蔽日，野火之起也，若云霓、兕、虎嗥之声，若雷霆。有狂兕……车依轮而至，王亲引弓而射，壹发而殪，王抽旃旄而抑兕首	《战国策》卷一四
	发彼小豝，殪此大兕	《诗经·小雅·南有嘉鱼之什·吉日》
	匪虎匪兕，率彼旷野	《诗经·小雅·鱼藻之什·何草不黄》
汉	犀、象、兕、虎南夷之所多也	《盐铁论》卷八
晋	兕出九德，有一角，角长三尺余，形如马鞭柄	《交州记》

从表 2 可以看出，在晋以前有大量关于"兕"的客观记载，而晋以后就没有相关的客观记载，我们可以推断，"兕"这种动物可能在晋朝已经消失。因而导致了后人在不知道"兕"为何种动物的情况下，对前人所记载的"兕"加以猜测，从而出现了对"兕"的不同认知。

另外，晋之前的文献对"兕"的描述存在一个共同点："似牛""一角"。
《山海经》卷十《海内南经》："兕在舜葬东，湘水南。其状如牛，苍黑，一角。"
《尔雅·释兽》："兕似牛。"

《交州记》："兕出九德，有一角，角长三尺余，形如马鞭柄。"[1]

犀也有一角，外形看起来也像牛，在"兕"消失后，学者在为"兕"做注时就直接引用了前人的观点，或是根据前人的描述把"兕"的特征和犀的特征联系起来，认为"兕"是犀牛。因此，到了唐宋时期就有了独角犀说，古今、南北差异说，雌、雄犀说等，但是这些说法既没有以实物为依据，也忽视了"兕"的独特性。为了考证"兕"为何种动物以及"兕"与犀的区别，还需从更早时期的文献出发，即有"兕"存在时文献对"兕"的解释出发。

四、"兕"与犀的异同

从表 2 中可以看出，晋以前中国是存在"兕"的，在有实物为依据的情况下，对"兕"的描述是比较真实、可靠的。因此，利用晋以前的资料来分析"兕"与犀的异同是可行的。文章的第三部分在分析古人为何把"兕"认为是犀时已经谈到"兕"与犀的相同之处是都有一角而且外形像牛，就不再加以累述，在这里主要分析"兕"与犀的不同之处。

1. "兕"角与犀角的区别

在前期文献中，所有的著作都记载"兕"为一角，其中很多著作强调"兕"的角很长，如《急就篇》："兕似野牛而色青，重千斤，一角，角甚大。"[2]《交州记》："兕出九德，有一角，角长三尺余，形如马鞭柄。"但是犀牛的角却因种类不同其特点也不尽相同，如表 3 所示："兕"的角很大很长，甚至可达"三尺余"，按照晋时的度制，"三尺余"相当于现在的 70~80 厘米；而具有最大角的印度犀（即大独角），其角也不过 40 厘米。这就再次说明"兕"不可能为犀，而是一种大独角动物。

2. "兕"皮与犀皮之比较

在铁铠甲没有出现以前，古人时常以兽皮为甲，其中犀皮和"兕"皮是很受欢迎的。周代有专门"司甲"的官员管理皮甲生产，由"函人"来监管制造。这些皮甲是将兽皮分割成长方块横排，以带绦穿连分别串接成与胸、背、肩部宽度相适应的甲片单元，每一单元称为"一属"。最后将甲片单元一属接一属地排叠，以带绦穿连成甲衣。《周礼·考工记·函人为甲》载："犀甲七属，寿百年；兕甲六属，寿二百年。"犀甲用犀皮制造的，犀甲用七属即够甲衣的长度；兕皮切块较

1　刘欣期：《交州记》，岭南遗书本。

2　史游：《急就篇》卷四，长沙：岳麓书社，1989 年。

犀甲大，用六属即够甲衣的长度。"兕"皮比犀皮厚，兕甲比犀甲优质，因而兕甲比犀甲的保存期长。现代对犀牛皮的研究表明，犀牛皮厚 16～18 毫米，各类犀牛皮在厚度上差异不大，皮的厚度只是在长幼上有区别。[1] 但是制作皮甲的工匠认为"兕"甲优于犀甲，因而可以看出犀和"兕"是存在区别的。

3．"兕"与犀生活习性的差异

甲骨文中记载了很多捕获"兕"的事件，这些记载说明了"兕"与犀不是同种动物。如《小屯南地甲骨考释》2857 片载："囗卯卜，庚辰王其狩……允禽隻兕卅又六。"《甲骨文合集》37363 载："戊午卜贞：'王田朱，往来亡灾？'王占曰：'吉，兹御。'获兕十，虎一，狐一。"37375 又载："擒兹获兕四十，鹿二，狐一。"在《甲骨文合集》中还有商王焚林而猎的记载，一次就捕获"兕"达 71 头。

从这些关于"兕"的记载中，可以得出以下三个结论：

（1）"兕"在当时的数量非常多。因为在捕猎中，捕获的"兕"数量以十数计，而其他的动物如狐、虎的数量相对就很少。

（2）"兕"是一种群居动物。如果"兕"不是群居的生活方式，虽然它们的数量多，但是要大量地捕获它们，就只有扩大捕猎的范围，如果商王捕猎的范围大，就不可能出现像上文所提到的，当捕获数十头"兕"的时候，其他动物才一只或两只。

（3）"兕"是一种不难捕杀的动物。从当时的工具来看，可以大量捕杀这种动物，可见它很容易遭到人类的捕杀。

根据上面的分析可以看出"兕"在当时是一种数量较多的群居动物，并且经常遭到人类的捕杀，这些特点说明"兕"不可能是犀牛。首先，根据现代动物学的研究表明，在所有的亚洲犀牛中没有一种犀牛是喜欢群居的。犀牛爱好独居生活，喜欢用自己的排泄物来划定自己的生活范围，在此范围内其他犀牛不许进入，除非是母犀牛在养育它的孩子的时候，或者犀牛处于发情期的时候，两只犀牛才可能在一起生活。其次，犀牛的生活范围非常大，一头犀牛在野外的生活范围为 40 平方千米左右[2]，如果商王捕到的 71 头是犀牛，那么整个捕猎范围至少在 1 420～2 840 平方千米，焚烧那么宽广的林地是不太可能的。再者，犀牛的听觉和嗅觉非常灵敏，可以在较远距离发现活动的目标；并且它的奔跑速度非常快，在短距离内速度可以达到 54 千米/时[3]，有时甚至超过马奔跑的速度。最后，犀牛具有很大

1 Khan，M.K.b.M. et al.，*Asian Rhino Specialist Group Report*，Pachyderm，2004，pp.37-126.

2 Groves & Kurt.，Dicerorhinus Sumatrensis. *Mamm. Spec.* 21. 1972.

3 Laurie，E.M. et al.，Rhinoceros Unicornis. *Mamm. Spec.* 21. 1983.

的力气和尖锐的角，在受到刺激的时候具有很强的攻击性和冲击力。这些因素都表明捕获一只犀牛的难度是非常大的，捕获大量的犀牛就更加困难。而从甲骨文记载捕获大量的"兕"可知，"兕"是相对易于捕杀的。

综上所述，将"兕"认为犀的观点是不准确的。"兕"和犀是存在区别的，即"兕"是一种外型似牛、大独角、皮厚、易捕杀的群居动物。由于人类的大量捕杀等原因，这种动物于晋朝时在中国境内已经消失。[1]

A Discrimination between Rhinoceros and the Character "Si（兕）" in Ancient Chinese Language

HUANG Jiafang

Abstract Scholars have debated for a long time about which kind of animal the character "Si（兕）" in ancient Chinese documents really meant. Many of them think it meant some kind of rhinoceros，but others do not agree. This paper analyzed some ancient Chinese records，and believe that the ancient records about "Si" which were written before the Jin Dynasty should be more authentic. If consider all the clues including animal bones，fossils and the habit of rhinoceros together，we can find that the animal "Si" is quite different. This paper suggests that "Si" should be some kind of gregarious，ox-like，big animal with especially pachydermia and a huge single horn on its nose. Perhaps，this kind of animal had already extincted at the Jin Dynasty.

Key words "Si"；rhinoceros；discrimination

---

1 动物的消失有三种情况：（1）消失于地质时期；（2）消失于人类历史时期，虽然史书中有很多关于某种动物的记载，由于不能形成化石而无法判定史书中记载的该动物为哪一种动物，因而人们只能知道它的生理习性等状况；（3）消失于近代。本文所研究的"兕"属于第二种情况，类似这样的情况需要大量的实例来证明，本文为这样的研究提供了一种可能性。

历史时期熊类认识及利用情况初探[1]

滕　鼐

摘　要：熊是利用价值较大的动物，毛皮可用，肉、掌能食，胆、脂作药，幼小的熊崽，易于驯养。千百年来人们对熊的认识逐渐加深，并对其进行了有效的利用。历史动物研究是历史地理学的一个重要组成部分，以熊为例探究历史时期人们对熊类的认识和利用情况，初步探讨导致历史环境变迁的人类需求这一驱动力因素。

关键词：历史时期；熊类；认识和利用

熊类，作为一个有着较强适应能力的动物类别，历史时期几乎在我国各地都有分布，东北、西北比现代分布地区要广泛得多，而且在华北、长江流域、岭南及西南各个地区都有分布。[2]

古代劳动人民在长期的生产生活实践中，与熊建立了比较广泛的联系，对熊的了解经历了一个从少到多、从浅到深日益丰富的认识过程，最早从熊的体态、习性等方面开始认识熊，进而发展为对熊的图腾崇拜，最终将其纳入到完整的文化体系当中。

史料中既有对熊的静态描述，如"项下有白毛，如新月"[3]；又有动态的观察，如"熊与虎斗，必先辟战场，拔尽周匝树木，蹲伺不少动"[4]，"熊升树，知上不知下，直及树杪而跌。跌复上，上复跌，一若练习其憨健之体力者"[5]。还有"熊喜穴居"，"熊兽藏于山穴"，"熊能攀缘上高树，见人则颠倒自投地而下，冬多入穴而蛰，始春而出"等关于熊类生活习性的记录。可以想见，这些生动而详细的记录，应当是古人对熊细致而深入观察的结果。

---

1 本文原载《思茅师范高等专科学校学报》2008 年第 24 卷第 4 期，第 80-84 页，收入本书时有增补。

2 何业恒：《中国虎与中国熊》，长沙：湖南师范大学出版社，1996 年。

3 （清）徐珂编撰：《清稗类钞》，北京：中华书局，2003 年。

4 同上。

5 同上。

目前，世界上的熊类主要有 8 种。通过将历史文献记录和现代动物知识进行对比，对于熊的类别归属进行划分，可以判断我国历史时期的熊有 3 种，即棕熊、黑熊、马来熊。

一、从文字角度探源古人对熊的认识

古人对熊的各个方面特征的认识，应该会在文化当中有所体现，首先可以与熊相关的字、词、名称为突破口，来考察古人是从怎样的角度来观察和认识熊类的。

1. 熊的字形

"熊"字在甲骨文中的写法是 🐾，该字为一个象形字，四爪着地，昂首翘望，正是熊"长首高脚纵目能缘"特征的形象刻画。

能是熊的本字，本义即指熊，金文中的能字，巨口弓背，粗爪短尾，正是熊的形象特征。逐渐能字多用为能力、才能等引申义，于是在"能"字下加火，另造一个熊字，来代替了它的本义。

表 1　熊、罴、魋等字的字形表[1]

名称	甲骨文、金文、篆文等字形										
熊											
罴											
魋											
麕											
醜											

与熊相关的还有罴、魋、猴等几个字。罴，古文 🔲、🔲、🔲，本字为罴。罴，篆文为 🔲，会意字。从网，从能，会用网捉熊之意。

1　本表中的甲骨文字形取自专业甲骨文查询网站：http://www.chineseetymology.org/。

豭的本义指公猪，甲骨文、金文的豭字，从豕，像猪之形，猪的腹部加一短画，象征公猪的雄性生殖器，整个字非常形象，表意明确。篆文书豭字则属后起的形声字。《说文解字》：豭，牡豕也，叚声。又泛指猪，或雄性牲畜。

貔，原为传说中的一种毛浅而赤黄、形似小熊的神兽，后被转用为赤熊（棕熊）的别名。

羱，又作羬，本义是大羊。《说文》："山羊而大者"，《尔雅·释兽》："羊六尺为羬"。后来却用来指那些气力大的熊虎类野兽，《尔雅·释兽》中在对熊解释时说："熊虎魖、其子狗，绝有力，羱"，就将其作为熊罴的代称。

2. 熊罴之分

古人主要将熊类分成熊、罴两种，认为"有熊有罴"，"熊罴确是二物"。熊"虎魖、其子狗，绝有羱"，而罴"似熊而长头高脚猛憨多力，能拔树木，关西呼曰貑罴"。这里的熊应当是狗熊或马来熊，古人对其描述为"似豕"、"黑色"、"而竖目人足"，这些都是狗熊、马来熊这种小型熊的体貌特征。而对于罴的认识则是，"罴如熊，色黄白也"，"罴有黄罴、有赤罴，大于熊"，似熊而大，为兽，亦坚中，长首高脚纵目能缘，能立，遇人则攀而攫之，俗云熊罴，眼直恶人横目"，从罴如熊、大于熊、有黄有白这几点可以看出，罴所指的即为棕熊。

此外，人们有时将它们混淆在一起，认为"罴亦熊类"，"熊是其雄，罴则雄之雌者"，这种划分虽不准确、具体，但将其看作一类，还是比较正确的。

3. 熊的其他名称

古籍中对熊的记载比较驳杂，名称众多（表2），对于熊的不同种类时有混淆，但又并非无迹可寻。

表2 文献中熊的名称

古代名称	文献出处	古代名称	文献出处
黄罴	《诗经》	赤罴	《毛诗陆疏广要》
羱（音闲）	《尔雅》	猪熊	《本草纲目》
貑罴（音假）	《尔雅注》	马熊	《本草纲目》
赤熊	《孝经援神契》	子路	《搜神后记》
白熊	《尔雅翼》	铁熊	俗称
人熊	《本草纲目》	黑瞎子	俗称
狗（熊子）	《尔雅》	登仓	俗称
貔（音域）	《尔雅》	狗驼子	俗称
黄熊	《左传》		

古人首先观察到的是熊的外貌，因而在对熊命名时往往也首先关注感性认识的方面，即体型和颜色，如白熊、赤熊、黄熊、赤罴、黄罴、青熊，这些是根据其颜色命名的；人熊、猪熊、马熊、铁熊、狗（熊）子、黑瞎子则是根据其外形而定的。这些命名都比较生动、形象地反映了熊的体貌特征。除此之外，还有麢、豭罴、子路、魋、铁熊等名称，来历不同，但分别反映了人们不同的认识角度。

“子路”一名，典出晋陶潜所撰《搜神后记》一书，云：“熊无穴，居大树孔中，东土呼熊为子路，以物击树云：‘子路可见’，龄是便下，不呼则不动也。”陶渊明所说“东土”指现在的江浙一带，从方言上判断，“子路”当为猪之谐音。

“豭罴”出自《尔雅注》，“豭”为一象形字，本义指公猪，“豭罴”之名可以理解为形似公猪的罴，“豭”当为修饰之意。

魋，即今之马来熊[1]，为古书上说的一种毛浅而赤黄、形似小熊的野兽。《说文》：“魋，神兽也。”《尔雅》：“魋如小熊，窃毛而黄。”郭璞注《尔雅》：“此兽，状如熊而小，毛粗浅赤黄色，俗呼为赤熊，即魋也。”

此外，明代的李时珍认为“熊、罴、魋三种一类也”，他在《本草纲目·兽部》总结到：“熊如大豕，而性轻捷，好攀缘”，“罴为黄熊是矣，罴头长、脚高，猛憨多力”，“小而色黄者，魋也”，这是当时对熊的认识的最高水平。

二、熊、罴的历史文化意义

熊在中国的古籍中出现很早，我国最早的诗歌总集《诗经》中，引用有大量的动物名称，在《小雅·斯干》中有“吉梦维何，维熊维罴”。又“维熊维罴，男子之祥”。可知，华夏先人曾以“熊罴入梦”作为祝福养儿生子的吉祥语。在文化方面，人们对于熊的理解也不尽相同，最早可以追溯到上古时代的“熊图腾”崇拜，而当时华夏民族的祖先们就以黄熊为图腾。最早的记载往往与神怪有关，通过梦境，来阐释其象征的意义。古人说“人之精神与天地阴阳流通，故梦之吉凶各以其类至”[2]，因而他们会用梦中的所见所闻来阐释现实生活中的事物。

---

1 何业恒：《中国虎与中国熊》，长沙：湖南师范大学出版社，1996 年。

2（清）夏炘：《诗经集传》，上海：上海古籍出版社，1995 年。

表3　文献记载熊事件四例

文献记录	出处
"吉梦维何，维熊维黑"、"维熊维黑，男子之祥"	《诗经》
晋平公梦见赤熊窥屏，恶之，而有病	《琐语》
昭帝时，昌邑王贺闻人声曰熊，视而见大熊，左右莫见，以闻郎中令龚遂，遂曰："熊，山野之兽，而来入宫室，王独见之，此天戒大王，恐宫室将空，危亡象也"，贺不改悟，后卒失国	《汉书·五行志》
栗䃌武艺过人，太祖田于白登山，见熊将数子，顾谓栗䃌曰，卿勇干如此，宁能搏之乎？对曰，天地之性人为贵，若搏之不胜岂不虚毙一壮士，自可驱至御前，坐而制之，寻皆擒获，太祖顾而谢之	《魏书·于栗䃌传》

我们发现，古人对梦熊的理解有好有坏，时而将其当作"男子之祥"，时而又当作是"亡城空国"之象。总体上讲，可以将其分为以下三个方面讨论。

1. 认为它是一种刚猛象征，将它用来形容勇猛的将士

熊体大力强，遇事不惊，即使是与虎斗，也"蹲伺不少动，一若矜其力之大猛者"[1]，其强力可见一斑。《诗》曰："维熊维黑，男子之祥。"[2] 熊黑阳物也，强力壮毅，故为男子之祥。开辟之初，黄帝和炎帝作战，争夺华夏统治权，在阪泉之野，黄帝帅虎、豹、熊、黑，三战而胜。熊黑之猛武不亚于虎豹。因此，人们常以熊、黑比喻勇士、骁将。

2. 认为它是吉祥、正义的象征

在古代也以熊、黑为瑞，有"吉梦维何，维熊维黑"[3]，"伏熊枕宜男"[4]的说法。汉代傩戏中有方相氏披熊皮驱鬼；周文王夜梦黑熊直入，昼在滑水遇吕尚，得尚为良相。

又有"圣王化熊"之传说：鲧治水无功，被尧处死在羽山，死后化为黄熊。鲧之子禹，平治水土也曾化为黑熊拱土扒石，以至牺牲了妻子堡山氏之女娇。古人以见黄熊、黑熊来怀念鲧禹父子，熊自然也应是瑞兽。

"维熊维黑，男子之祥"意即孕妇在睡梦中梦见狗熊之类是生男孩的预兆；"多子多孙"更是古人的原始生育观的体现，希望多子多福、儿孙满堂，自然也希望所生子孙都像熊、黑一样猛武有力。

1（清）徐珂编撰：《清稗类钞》，北京：中华书局，2003年。

2《诗经》，太原：山西古籍出版社，2006年。

3 同上。

4（后晋）刘昫等：《旧唐书》，北京：中华书局，1997年。

3．认为它是不祥的象征

史籍中多有"熊入城"、"入田舍"的记载，古人认为熊的出现带来的异兆往往是多方面的，总结起来有以下几个方面。

（1）示火。"熊"字从火，所谓"熊熊"者，言火势之猛也。宋弘治十一年六月，有熊自西直门入（北京）城，郎中何孟春曰："当备盗，亦宜慎火。宋绍兴间，熊抵永嘉城，州守高世则以熊字从火从能，郡中当慎火，果延烧庐舍，此其兆也。"[1] 顺治七年正月朔，衢州黑熊入城，是年多火灾。"[2]

（2）丧身。如梁武帝中大同元年，邵陵王纶在南徐州卧内，方昼，有狸斗于楹上，堕而获之。太清中，遇侯景之乱，将兵援台城，至钟山，有蛰熊无何至，啮纶所乘马，毛虫之孽也。纶寻为王僧辩所败，亡至南阳，为西魏所杀。[3]

（3）失国。据《汉书》记载，"昭帝时，昌邑王贺闻人声曰'熊'，视而见大熊。左右莫见，以问郎中令龚遂……"龚遂做出的解释就是："熊，山野之兽，而来人宫室，王独见之，此天戒大王，恐宫室将空，危亡象也。"结果是"贺不该痊，后卒失国。"

在中国传统的观念中，任何重大的事故在发生之前，无论吉凶均会先有预兆，只要小心留意，便可趋吉避凶。古人重视预兆，早在商代，中国人就开始了甲骨卜筮。且不说预兆之说是否科学、合理，但它确实是一种内涵丰富的文化现象。

三、人们对熊的利用

熊是利用价值较大的经济动物，毛皮可用，肉、掌能吃，胆、脂作药。我国人民对熊的猎捕利用有悠久的历史，古籍文献中同样多有记载。约公元前 3 世纪成书的《周礼》说："穴氏掌政蛰兽，各以其物火之，以时献其珍皮革"，对熊的捕捉有专人管理，而且注意选择捕捉的最佳季节，足见当时利用的规模。熊的利用主要有以下几处：

1．医药用途

熊类全身是宝，其各个器官都可被人利用。熊的医药药用价值，首推熊胆。熊胆是一种名贵的中药，自古就被广泛地应用于医药之中，人们根据其色泽、外形、品质的不同，将其分成了很多种类。

1（清）张廷玉撰：《明史》，北京：中华书局，1974 年。

2 同上。

3（唐）魏微等撰：《隋书》，北京：中华书局，1973 年。

表4　历史文献中胆的分类

胆名	又名	胆的品质
毛胆	毛熊胆	为带膜皮的熊胆。即内有胆汁块的完整熊胆囊
胆仁	熊胆仁	为破开熊胆囊后取出的干燥胆汁块
金胆	铜胆	胆仁的一种。金黄色，透明光亮，质松脆，易压碎，碎粒呈玻璃样光泽。品质最优
墨胆	铁胆、黑胆	胆仁的一种。乌黑色，质坚而脆，或呈稠膏状。品质稍次
菜胆	菜花胆	胆仁的一种。黄绿色，呈菜青色，光亮较差。质较脆
油胆		胆囊内胆仁呈稠膏状的熊胆
扁胆		产于西北和西南地区的熊胆
东胆	吊胆	为吉林、黑龙江所产之熊胆
云胆		为云南所产之熊胆

熊胆"味苦，寒，无毒"[1]，具有清心、平肝、明目、杀虫、解毒、止痛等功效。胆囊呈长扁卵形，上部狭细下部膨大，一般于冬季捕捉，捕获后，剖腹取胆。割时先将胆口扎紧，割取后小心剥去胆囊外附着的油脂，用木板夹扁，悬挂于通风处阴干，或置石灰缸中干燥，不宜晒干或烘干，以防腐臭。干燥胆汁，习称"胆仁"，呈块状、颗粒状、粉末状或稠膏状。有光泽，颜色不一，金黄色透明光亮如珑珀，质松脆，味苦回甜者习称"金胆"或"铜胆"；黑色、质坚而脆或呈稠膏状者，习称"墨胆"或"铁胆"；黄绿色、光亮较差、质亦较脆者，习称"菜花胆"。气微清香或微腥，入口溶化，味极苦，清凉。以个大、胆仁金黄色、明亮、味苦回甜者为佳。

熊掌，古称"熊"，不但味美，且食之"御风寒、益气力"，自古以来视为珍品。熊脂崐作药，能治"风痹、筋骨不仁"，熊胆入药，籍载较晚，最早见于唐代的《新修本草》。陶弘景解释，脂即熊白，乃背上肪色白如玉，味甚美，寒月则有夏月则无，其腹中肪及身中脂煎炼过亦可用作药而不中瞰。

2. 食物

熊能人立而行，前掌特别灵活，冬眠的时候，用一只前掌抵住谷道，另一掌就专供舐吮，一只掌天天舐之不停，唾液精华日夜浸润，此掌肥胶厚润是自然的了。书上记载，古人讲究吃炙熊掌，然而炙法早已失传，现在只有炖之一途了。另熊"当心有白脂如玉，味甚美，俗呼熊白"[2]，熊白亦即熊脂，古人皆取而食之。

隋代人谢讽曾在炀帝时担任过"尚食直长"一职，在其所著《食经》中曰：

1（明）李时珍：《本草纲目》，北京：人民卫生出版社，2004年。

2（宋）陆佃：《埤雅》，北京：中华书局，1985年。

"蒸熊法：取三升肉，熊一头，净治，煮令不能半熟，以豉清渍之一宿。生秫米二升，勿近水，净拭，以豉汁浓者二升渍米，令色黄赤，炊作饭。以葱白长三寸一升，细切薑（姜）、橘皮各二升，盐三合、合和之，着甑中蒸之，取熟。蒸羊肫、鹅、鸭悉如此。一本用猪膏三升、豉汁一升合洒之，用橘皮一升。"这是古人对熊肉进行烹饪时各个步骤的细致描述，可以看出其做法是相当讲究的。

3．熊皮利用

皮革制造有着相当久远的历史，古代人和现代人一样，视皮革为利用价值极高的东西，打从远古时代，人们就已经掌握了相当成熟的制革技术，我们对于古代国家的了解有许多便是来自写在羊皮或小牛皮上的纪录得知。不但如此，古代士兵还以皮革为头盔、盾牌、短上衣；水手则将其皮革用于帆、船篷；而瓶子、毯子甚至货币都有皮制成的。

古籍中多有关于熊鞹的记载，"鞹"指的是去毛的皮，熊鞹即为熊皮，熊皮厚重质坚，是制革的好材料，人们自然不会放弃对它的利用。《新唐书》就保存有河东道、蔚州、平州北平郡等地的以熊鞹作为厥赋记录。古人已懂得许多保存皮革之道，如用树皮鞣制，以盐处理或用油摩擦，油处理过后，再用烟熏的皮革，质量特别好。

四、小结

可以想见，古人对熊的认识和利用相当广泛，既熟悉其生理生态状况，也将其抽象出来，纳入文化体系之中。在古时，熊类资源是比较丰富的，这为人们对它的有效利用提供了先决条件。有关人熊冲突，人们如何捕猎熊，如何利用熊类资源等问题还可以做进一步研究。

Chinese Historical Acknowledgement and Utilization on Bears

TENG Kui

Abstract: Bear is such a kind of valuable animal that all of their body parts including meat, skin and paw can be well utilized by people. And little bear can be domesticated easily. For hundreds of years, people's acknowledgement on bears expanded gradually, as well as its utilization. Research about animals in historical period is important, so that this paper studied the acknowledgement, understanding and utilization about bears by ancient Chinese people.

Key words: historical periods; bears; acknowledgement and utilization

文化行为与动物生存

——明代西域贡狮与亚洲狮消亡的关系探讨[1]

康 蕾 刘 缙

摘 要：本文利用历史文献记录梳理了明代西域贡狮的情况，理清了中国狮文化产生和发展的历程，进而分析亚洲狮消亡的原因，认为亚洲狮消亡的自然因素是由于栖息地丧失和狩猎种群的数量减少，人文因素则除了城市的扩张和农牧业的发展导致狮子栖息地的丧失之外，16 世纪以后西域向中原贡狮的活动也是其消退的主要原因之一。从环境史的角度探讨了文化需求对环境的影响。

关键词：明代；西域贡狮；文化；环境史

引言

亚洲狮曾经是一种徜徉于中亚、西亚的草原上的猛兽，他们在那里生活了数千年，可是今天我们只能在印度吉尔的保护区里见到亚洲狮了。1908 年最后的 13只亚洲狮被印度政府捕捉进行人工饲养，威风凛凛的兽中之王就这样淡出了辽阔的亚洲草原。现在虽然还有 200～260 只亚洲狮生存在印度，但它们都是那 13 只狮子的后代，面临着近交衰退的危机，同时栖息地的减少、食物和水源的短缺也给这些可怜的猛兽们带来很大的威胁。

本文想探讨的不是如何保护亚洲狮，而是想探究亚洲狮作为古代中国和中、西亚古国交往中的一重要元素，在西域贡狮和中国狮文化蓬勃发展的同时，对狮子生存带来的威胁。亚洲狮在短短的一二百年内迅速消亡，在自然环境没有大的

---

1 本文原文为英文，标题为 The Cultural Behavior and Animals' Life—The relation between the tribute and Asiatic lions' crisis, 1400-1600, 为第一次世界环境史大会（1st World Congress of Environmental History, Copenhagen, Denmark & Malmoe Sweden, August 4-8, 2009）会议报告论文，作者康蕾。中文译者康蕾和刘缙。

改变的情况下，致使它们消失的主要原因便是人类和人类活动。而从汉代到明代几千年间，这些中西亚的国家都会向中国进贡狮子，而捕狮、驯狮、养狮在当时已形成一种职业，可见其规模之大。动物是生态环境不可或缺的组成部分，也是人与环境互动过程中的媒介之一，对动物与人类文化关系的考察也属于环境史研究的任务之一。

一、中国的狮子——来自西域的贡品

狮子，在中国是一种妇孺皆知的动物，要对他们说，中国不是狮子的原产地，他们一定会摇摇头、摆摆手说："这怎么可能呢？"可事实就是如此，任何一个动物学者都知道，由于自然条件限制，中国是不产狮子的。据考证，"狮子"一词并不是汉语系统内的词汇，而是源于吐火罗 A 方言（sisak）。那狮子是怎样进入中国人的视野中呢？自古狮子大多作为贡品来自西域，其中多在今天的中亚、西亚一带。中国古代的狮子，准确地说绝大部分属于亚洲狮，与我们今天在动物园里见到的非洲狮有一定的区别。遥遥万里的路程，历经各种不同文化特色的城市，又没有很发达的交通，人们不畏艰辛将这样一种庞大的动物运往中原，且历经千年不断，这不仅是一种坚持，也许真存在某种文化信仰的需求。

在浩如烟海的中国史料中，对于西域贡狮的记载几乎每朝都有。最早的从西汉武帝（公元前 2 世纪左右）开始，最晚可确定的贡亚洲狮的时间为明嘉靖四十三年（1564 年）。这一过程在唐代（7—8 世纪）达到一个高潮，在明代（15—16 世纪）达到最高峰。明代史料中对贡狮的记载非常多，进贡的频率和国家也较前代有了增长，但可以确定的是贡狮的国家和地区分布于今天西亚两河流域、伊朗高原南部、阿富汗中南部、印度和中亚两河流域，这些地区存在热带草原气候和植被，符合亚洲狮的生境要求。

明代贡狮的地区和国家的数量很多，但其位置也相对比较集中，几乎涵盖了前朝贡狮且出产亚洲狮的所有地区（见下表）。而且不是只贡一次，每隔几年就会来朝贡。不仅反映了当时明朝政府和西域诸国的往来较为频繁，同时也得知，至少在 16 世纪时，在亚洲的热带草原上还是可以看到亚洲狮的身影。而这些地方，今天已经没有野生亚洲狮了。

贡狮地古今地名对照表

古地名	今地判定	原产地/中转地
竹步	非洲东北海港，今索马里境内[1]	原产地（非洲狮）
木骨都束	竹步东北海港，位于今索马里境内[2]	原产地（非洲狮）
鲁默特	待考	原产地
阿丹	古代阿拉伯半岛南部小国，位于今也门共和国亚丁省（Aden）一带[3]	原产地
土鲁番	"火州城西百里，旧隶其部，唐交河县池也。"[4]（火州旧高昌国地），位于我国新疆境内	中转地
撒马儿罕	中亚著名古国，今位于乌兹别克斯坦撒马儿罕（Samarkhand）省撒马儿罕市一带[5]	原产地
迭里迷	古代中亚城市，当时隶属于撒马尔罕，今位于乌兹别克斯坦苏尔汉河省（Surhanddar）首府铁而梅兹市（Termez）南[6]	原产地
哈烈	又称"黑鲁"，北魏时称洛那，隋唐称苏对沙那，石国。位于今阿富汗哈烈省赫特拉市（Heart）沙哈鲁一带[7]	原产地
黑娄	"小国也。宣德七年朝贡，地近土鲁番，世相结好。山川禽兽皆黑，男女亦然，故名。"[8]	原产地
把丹沙	又作"八苔黑商"或"八苔商"，阿富汗巴达赫尚（Badakhshan）省法札巴德（Fayzabad）市东北[9]	原产地
失剌思	西亚古城，位于今伊朗法尔斯（Fars）省会设拉子（Shiraz）市一带[10]	原产地
亦思弗罕	又称"亦思把罕"，西亚古城，位于今伊朗伊斯法罕（Esfahan）一带[11]	原产地
忽鲁谟斯	西亚著名占城，元代城忽里模子或虎六母思，皆是 Ormuz 或 Hormuz 的对音。是古代印度洋上的重要港口，位于今伊朗霍尔木兹甘（Hormozgan）省会阿巴斯港（Bandar Abbas）市一带[12]	原产地

---

1 向达整理《郑和航海图》所附插图《郑和下西洋图》，第 45 页后，北京：中华书局，2006 年。

2 同上。

3 《西洋番国志》，第 35 页，《咸实录》，第 102 页中的"阿丹"条。

4 （明）严从简著，余思黎点校：《殊域周咨录》卷一三，第 432 页，北京：中华书局，2000 年。

5 参考《殊域周咨录》卷一五，第 483 页；《西域番国志》，第 81-85 页；《异域志》下，第 33 页；《咸实录》卷三，第 71 页等著作中的"撒马尔罕"条。

6 《西域行程记》，第 90-91 页，具体城市判断参照王颋：《芦林吼兽——以狮子为"贡献"之中、西亚与明的交往》（收录于其专著《西域南海史地研究》，第 313 页，上海：上海古籍出版社，2005 年）。

7 《西域番国志》，第 65 页；《咸实录》，第 98 页；《殊域周咨录》卷一五，第 497 页。

8 《咸实录》，第 104 页。

9 《西域番国志》，第 86-87 页"八剌黑"条注释[一]；

10 《咸实录》，第 105 页。

11 《咸实录》，第 159 页。

12 《异域志》，第 23 页；《殊域周咨录》，第 318 页；《咸实录》，第 158 页；《西洋番国志》，第 41 页。

古地名	今地判定	原产地/中转地
鲁迷	疑与前代的"芦眉"国同，在今土耳其境内科尼亚一带[1]	原产地
天方	阿拉伯半岛著名古国，位于今沙特阿拉伯麦加及其周边地带[2]	原产地
默德那	"回回祖国也。地接天方"[3]即今沙特阿拉伯麦地那城	原产地
暹罗国	中南半岛上的著名古国，位于今泰国境内[4]	中转地[5]

二、中国狮文化的产生和发展

作为一种文化载体，狮子早在先秦时就传入中原，带有鲜明的希腊化色彩。随后佛教文化中的狮子形象随着佛教在中国的传播与盛行，为广大中国人所接受，并融入各种中国元素，逐渐形成有中国特色的狮文化。长期以来狮子都是皇权或者宗教的象征，直到明代狮文化才从官方扩展到民间，并成为中国民俗文化中不可或缺的一个动物形象。狮子在中国文化中一直是一种瑞兽的代表，这与在自然界同样凶猛的虎、豹等不同。中国民间俗语有"龙生九子，狮居第五"之说，俨然已经将这个外来的动物纳入中国传统文化，并将其神灵化。这些的确值得深思，究其原因可能有以下三点：

1. 中国人对动物的崇尚心理

中国人对动物的崇尚不逊色于世界上任何一个民族，从人类文明开始之初，中国人就有对各种动物形象崇拜的记录，从现今发掘的各类新旧时期时代遗址中都有这样的证据出土。随着文明的进展，对动物的崇尚日益正规化，从有形的建筑到无形的文化习俗中都有体现：从古代建筑的雕饰到官服上绣的各种动物，以及许多与动物有关的祥瑞的成语。即使在今天我们身边也处处都有动物崇尚的精神体现，每个人的生肖属相，各种现在流行的卡通形象等。狮子更成为中国传统文化中占有一席之地的动物，是大型祥瑞动物中有具体形象的物种之一。门前的石狮子更是威猛镇宅的首选瑞兽，舞狮与舞龙同样在中国民俗运动中占有不可或缺的地位。从中国人的传统心理看，习惯将动物神话，习惯赋予某种动物一种象

1　具体城市判断参考王颋：《芦林吼兽——以狮子为"贡献"之中、西亚与明的交往》（第316页），《诸番志校释》，第116页。

2　《西洋番国志》，第44页；《咸实录》，第95页。

3　《咸实录》，第94页；《殊域周咨录》卷一一，第389页。

4　《异域志》，第23页；《西洋番国志》，第13页；《殊域周咨录》卷八，第278页。

5　虽然有史料中记述该地区产狮子（仅见于《西洋番国志》，同时期其他史料未见），但今泰国境内并没有分布热带草原。

征或是精神寄托。因此，有这样的心理存在，才使狮子这样的外来物种为中国人接受成为可能。

2. 狮子的自然象征意义

狮子是一种群居动物，有一定的社会性，可能正是这种与生俱来的自然属性，让它与其他动物相比，更像人类。人们通常认知的狮子形象多是公狮，其形象威猛，又不参与捕食和看护幼狮的工作，只是参与保护狮群的工作。同时，由于是集体捕食，狮子能制伏比它们大很多的动物，其中也包括人们眼中的恶兽，这样看来颇有些王者的感觉。所以，作为象征意义而言，更多的是一种皇权和王者的内涵在其中。在明代初年国家禁止民间雕饰狮子等形象，而且狮子自古进贡而来都是在皇家的兽苑中生活，所以身上已无形中被人们盖上了皇家御用的印章。也许就是这样的生物属性，中国皇帝才会对这样的动物深爱有加。另一个原因就是中国本土是不出产狮子的，所以自然有一种物以稀为贵的心理，使得中国皇室很稀罕圈养这样的珍奇动物。

3. 狮子的宗教意义

我国中原和新疆地区曾出土先秦时期和西汉时的有翼狮子形象的艺术品，这是中亚希腊化时代典型代表器物，说明了狮子形象最早传入中国是受中亚希腊化的文化影响的。这虽是一种被动的接受，但至少让中国人意识到有这样一种中国没有的动物，但同时又给其带来神话的光环。

同样是一种被动的文化接受，狮子更广泛地被中国人认识接受，是由于佛教的传入，这一宗教文化的影响力远远超出了前者。狮子在印度梵语中，被称作"僧伽彼"，即众僧的意思，在佛教中有着特殊的象征意义。伴随着佛教的传入，狮子随之进入中国人的生活中。但这也是有一个过程的。狮子作为佛祖释迦牟尼的象征动物，在佛经《大智度论》曰"佛为人中狮子"，《释氏要览》引《治禅经后序》云"天竺大乘沙门佛陀斯那天才特技，诸国独步，内外综博，无籍不练，世人咸曰人中狮子"[1]。人只有接受一种文化才可能接纳与这种文化相关的动物，印度是狮子主要产地，印度的宗教也离不开动物，印度和中国长期以来都有僧侣往来交流。通过佛教的传播，印度的风物、文化、艺术等就传入了中国，同时也将狮子的形象带入了中国的宗教、文化、民俗等之中。

---

1 乔继堂：《吉祥物在中国》，第43—45页，台北：台湾百观出版社，1993年。

三、亚洲狮的消亡原因分析

1. 自然因素和经济发展因素

自然环境的变化是我们不能忽略的，中亚和西亚出产狮子的地方多在干旱地区的河流周边，沙漠中的绿洲地带。由于沙漠化进程的加快和全球气候变暖等原因，这些原本生态就很脆弱的地区就更容易遭受打击，绿洲数量减少、河流干涸都给野生动物的生存带来了极大的威胁。

但对于中亚、西亚的历史气候变化，我这里借用《中亚简史》的观点："由于阿拉伯地理学家之功，我们得以能够否定那种把中亚气候条件的变化说成是由于干燥化过程所致的理论。关于10世纪中亚的详细记载表明，当时的耕地和草原的分布情况大致和现在一样。这一点说明，即使干燥化过程存在，但它进行得如此缓慢，以至于千年之内看不出什么影响来。"[1] 环境的影响是存在的，但比起当地农牧业、工商业的发展和城市规模的扩大速度而言，就显得十分缓慢了。所以说，对于野生动物而言，所面临的威胁更多的是来源于人类。狮子在亚洲的消亡很大程度上是由于栖息地丧失和狩猎种群的数量减少，因为狮子是吃肉的，它不能靠吃草生活。现在我们人类因为发展牧业，很多天然的草原开始变成牧场，草食动物就没了自由生活的空间，日益成为人们圈养的动物。由于野生草食动物数量下降，狮子的食物开始减少，而对于这样一个大胃口的动物而言，食物的缺失是致命的。

2. 文化因素

这里就其人为原因进行分析，即除了城市的扩张和农牧业的发展导致狮子栖息地的丧失之外，是否还存在其他因素。亚洲出产狮子的地区除了印度外，从公元7世纪起都是穆斯林国家，在他们的教义中是不允许砍伐树木，不允许人们捕杀野生动物的，而在印度，作为有宗教象征意义的动物是不容侵犯的。这或许是狮子能在这些地方安然生存数千年的原因之一吧！

穆斯林是先天的优秀商人，他们懂得如何获得更多的利益。捕狮是为了外交的需要，不是自己食用或利用毛皮，这并不违反教义。进贡一头狮子得到中国皇帝的回赠是进贡一匹好马的十倍，大概有30箱的珍贵物品，这比进贡同样是稀有动物的猎豹和猞猁狲还要多一倍。[2] 在利益的驱使下，捕狮、驯狮、养狮也成为

---

1 [俄]维·维·巴尔托里德著，耿世民译：《中亚简史》，第15页，北京：中华书局，2005年。

2 [法]阿里·马扎海里著，耿昇译：《丝绸之路——中国—波斯文化交流史》，乌鲁木齐：新疆人民出版社，2006年。

一门技巧很强职业。在中国的文献中时常有这样的记载："狮生于阿术河芦林中，初生目闭，七日始开。土人于目闭时取之，调习其性，稍长则不可驯矣。"[1] 这样的记述不能不引起我们的注意，进贡给中原皇帝的狮子一定是经过驯服的，这就需要经常性地捕幼狮，这样的行为对于一个狮群而言是一种什么样的灾难可想而知。何况，狮子是群居动物，幼崽都是由专门的母狮共同看护的。幼狮的捕获，意味着首先要对付这些成年的狮子，他们也许就被捕杀了。频繁地捕狮献贡，致使成年狮子和幼狮的数量同时减少，对于一个物种而言带来的就是生存危机。

此外，不仅中国的皇帝喜爱圈养这种动物，在中亚、西亚、南欧、北非和南亚等地区的君主也有在皇家园林里饲养狮子的喜好。这些地区的狮子也都来自中亚、西亚和南亚，因此捕狮的活动和规模应该是不小的，而且是职业的。狮子数量的迅速减少，应该是 16 世纪以后西域向中原贡狮活动消退的主要原因之一。在人类活动范围日益扩大的同时，给野生动物带来的威胁也越来越深。

四、文化需求对环境的影响

今天狮子已经在中亚、西亚消失了，不仅是一件悲惨的事，更是一个值得人们思考的问题。这其中不仅仅是人类的政治、经济活动，还包括了文化的因素。让我们假设一下，如果古代中国人不喜欢或是根本不认识狮子，西域诸国也就不会源源不断地向中原贡狮，也就不会频繁地捕狮子。其实想想，我们日常的生活中不免接触到很多与环境有关的习俗、文化活动。这样的行为给环境带来的危害，比起政治和经济因素对环境的影响显得很微不足道，我们也很难意识到，这毕竟不是主动性的，但其影响却能延续很长时间。

正如马凌诺斯基所言："文化即在满足人类的需要当中，创造了新的需要。"[2] 对于中国人来说，狮子的传入是偶然的，狮文化的发展与佛教文化有一定关系，但是这种文化的传承和发展所带来的新的需求就使得聪明的中亚、西亚人开始大量捕狮献贡。狮子是一种在世界大多数文化中都有几乎相同象征意义的动物，其形象得以保留在各国的文献和建筑之中，被人们奉若神兽，但是这样的文化需求对于狮子这一物种而言，是可悲的，野生亚洲狮已经消亡，非洲狮的数量也在逐年下降，使这一生物本身却不得不面临着生存危机和种群的衰退。虽然不能说亚洲狮的消亡是由于狮文化造成的，但这样的文化需求至少是导致这个结果的原因之一。

1（清）张廷玉等《明史》卷三三二，第 8612 页，北京：中华书局，1997 年。
2 [英]马凌诺斯基著，费孝通译：《文化论》，第 100 页，北京：华夏出版社，2002 年。

　　文化的产生与环境有一定关系，环境在一定程度上决定了人们的生活习惯、生活和生产方式，同时不同的环境给人类不同的资源，也就产生了不同的文化和风俗，才有了今天世界各地不同的风土人情。人们在适应环境的同时形成了相应的文化，包括习俗和信仰等；同时人是活动的，随之文化也是流动的，在与不同文化的交流过程中产生新的内容和需求。人们的文化同时也在影响着环境，有的是会与环境冲突的，亚洲狮的消亡就是一例。人们捕捉狮子并不是为了食用或毛皮，只为了满足某种文化需求，同时却忽略了物种或是其他环境要素的存在和延续，导致了不良的后果。亚洲狮的消亡不仅是一个物种的衰退，作为食物链的上游生物，他们的消失会导致食草动物数量的增加，从而对草原和植被带来破坏，影响整个生态系统。

　　这一切不良后果，人类事前是不知道，而且也不是一朝一夕就形成的。文化的力量是无形的，又是最难以改变的，在潜移默化中影响着周边的事物，当然也包括与其相关的环境。也就是说，最初的环境造就了文化的雏形，文化随着人类的进步而发展，反过来又影响着环境，其中既有对环境有利的文化因素，也有与环境相冲突的。我们在研究环境史的过程，需要考虑文化的影响，毕竟文化是把人类提高于其他动物之上的关键所在。"地理学家和人类学家已开始不再把人类看作是环境可以任意塑造的东西，而是看作如一个地理学者所说的'改变地貌的力量'，人类不是消极地住在世界各地，而是改变环境的积极因素。任何民族，不论野蛮的还是文明的，都曾在某种程度上改造过环境。"[1] 在这样改变环境的过程中文化的力量有多大，如何缓解文化与环境的矛盾等问题，都需要我们更加深入的研究。

The Cultural Behavior and Animals' Life
—The relation between the tribute and Asiatic lions' crisis，1400-1600

Kang Lei　　Liu Jing

Abstract: The Asiatic lion once lived in the Turkey，Iraq，Iran，Afghanistan，India and south of middle Asia. Today only 200 to 260 of these magnificent animals survive in the wild. We can only find them in a single location in the wild，the Gir forest in India. Why? The reason is very

---

1 [英]雷蒙德·弗斯著：《人文类型》，北京：华夏出版社，2002 年，第 33 页。

complex，including natural factor，the people's action and some cultural influence. My paper will probe one of history factors which results in the impact of that some countries in middle and western Asia assorted with China upon the lions that ever lived there.

Key words：Ming Dynasty；the tribute of lions from the west area；culture；environmental history

牛背梁区域的野生动物——羚牛[1]

侯甬坚

摘　要：西安（古长安）南面近而高的终南山（2 604 米）、牛背梁（2 802 米）等山体，均位于东西绵延约 1 500 公里的秦岭山脉的中间部分，国家 I 级保护动物羚牛的栖息地就在这一区域。本文简述了牛背梁的位置及前人对羚牛秦岭亚种的基本认知，主要对羚牛何以历久而能生存下来的原因进行了分析。认为羚牛以高海拔地带为生境的特点十分重要，清代牛背梁区域民众以农业生产为基本生活来源，没有过于干扰野生动物正常的生活，海拔 1 000～2 800 米的栖息地似乎也没有遭到民众明显的毁坏。秦岭山脉高大绵延，大自然提供的高山气候、高寒灌丛草甸诸多条件，可供羚牛等野生动物在这里繁衍生息，为其中最基本的原因。

关键词：羚牛；牛背梁；秦岭中部山脉；聚落高度

古长安城所坐落的关中平原，南面不远即为高大而绵亘不绝的秦岭山脉，这是自古至今沿存下来的自然实体及其景观，值 1988 年 5 月国务院批准建立牛背梁国家级自然保护区（陕西省人民政府 1980 年 10 月批准设立），位于西安市长安区、柞水县交界处的保护区主峰牛背梁，既为秦岭东段最高峰，又是野生珍稀动物羚牛的一处栖息地，其名声逐渐外传。[2] 值 2008 年，经国家林业局批准，在商洛市柞水县境内的营盘镇朱家湾村建立了管理委员会，专门负责总面积为 2 123 公顷的牛背梁国家森林公园管理工作，再一次将牛背梁之名推到广大媒体和公众面前。

为了细致了解上述自然保护区和森林公园已有的自然资源和人文资源，尤其是建立初期所具有的历史地理基础，本文尝试通过野生动物羚牛的历史内容，提

1 本文原载罗卫东、范今朝主编《庆贺陈桥驿先生九十华诞学术论文集》，杭州：浙江大学出版社，2014 年，第 141-150 页。

2 据有关资料介绍，该保护区总面积 16 520 公顷，是西安市和陕南地区的重要水源涵养地，是我国唯一一处以保护国家 I 级保护动物羚牛及其栖息地为主的森林和野生动物类型的国家级自然保护区。它的建立使"秦岭自然保护区群"向东延伸了 90 千米，对加强秦岭山脉生物多样性的全面保护有着十分重要的战略意义。

出一些看法，供有兴趣者了解和讨论。

一、牛背梁的位置

在道光《宁陕厅志》之"厅境全图"中[1]，秦岭分水脊一线从西向东有光头山、秦岭、终南山诸地名，在秦岭与终南山之间绘制的一座较高的山体却没有给出山名（这是今牛背梁的位置）。在现存《光绪孝义厅志》所"厅全境图"里（即今柞水县）[2]，也没有牛背梁这样的地名，在相对于今牛背梁的位置处，没有标示地名。对此有两种推测，一是百年前限于时人之行踪，还没有对牛背梁所在山体给出名称；二是当地人的社会生活中已经有了牛背梁这样的名称，具体被绘入地图，则为时较晚，见下图。

《光绪孝义厅志》卷首之"厅境全图"

1（清）林一铭纂修：《道光宁陕厅志》卷首，见《中国西北文献丛书·西北稀见方志文献》第17卷，第548-549页。
2（清）常毓坤修，李开甲等纂：《光绪孝义厅志》卷首，清光绪九年（1883年）刻本之钞本，《中国地方志集成·陕西府县志辑》第32册，第418页。

1976 年，在陕西省内部出版的《陕西省地图集》第 158～159 图幅《柞水县》中[1]，东经 109°00′和北纬 33°50′形成的夹角里，有一处"牛背"山名，标其高度为 2 802 米，这就是秦岭山脉中作为国家级自然保护区之名的牛背梁的位置所在。当然，在前述牛背梁自然保护区和森林公园建立以后，牛背梁的名称也随之扩大，若就山体而言，则仍限于海拔高度为 2 802 米的牛背梁本身。

二、前人对羚牛秦岭亚种的认知

现代动物学家对羚牛秦岭亚种（*Budorcas taxicolor bedfordi*）的记录文字如下：它是秦岭山脉的特产动物，其分布沿秦岭主脊冷杉林以上。主产县有周至县，一般产县有太白、宁陕、洋县、佛坪和柞水 5 县，宁强、凤县、略阳、留坝、勉县、城固、镇安、户县、眉县、蓝田、长安 11 县亦有分布，总计有 17 个县有分布。[2]

在历史上的秦岭山地，羚牛有过什么样的分布？尤其是在明清时期外来移民和当地居民逐渐增多的情况下，这里的羚牛分布有什么变化呢？许多论著都介绍说当地人对秦岭山地的羚牛有"白羊"、"金毛扭角羚"之称，这可能是口头调查的一种结果。据清代诸种地方志记载，秦岭山地诸县对羚牛的称呼各有不同，有山牛、鬃羊、野牛等名称，具体见表 1。

表 1　秦岭山地诸县文献有关羚牛记载的判读

县名	文献记载名称	注文	判读结果	文献出处	文献刻本
宁陕	山牛		羚牛	《宁陕厅志》卷一，舆地志，物产	道光九年（1829 年）刻本
柞水	鬃羊	似牛	羚牛	《光绪孝义厅志》卷三，物产	光绪九年（1883 年）刻本之抄本
留坝	野牛	山牛	羚牛	《光绪留坝乡土志》不分卷，厅属各类产物	光绪三十三年（1907 年）修之抄本
佛坪	野牛		羚牛	《光绪佛坪厅乡土志》不分卷，物产	光绪三十四年（1908 年）抄本
洋县	山牛		羚牛	《洋县乡土志》卷一，物产	抄本，记事止于光绪三十一年（1905 年）

1　陕西省革命委员会民政局测绘局编制：《陕西省地图集》，1976 年。
2　汪松主编：《中国濒危动物红皮书·兽类》第 95 种，羚牛秦岭亚种，北京：科学出版社，1998 年，第 299-302 页。据引用标注，上段文字来源于吴家炎等著：《中国羚牛》一书（北京：中国林业出版社 1990 年版）。

对于羚牛的栖居状态，《光绪留坝乡土志》编纂者在"厅属各类产物"部分，明确说出羚牛在"厅属森林多有之"，这样的口吻是以一种客观事实为记载依据的，道出了该厅高山之上有森林、羚牛这两种事实，及羚牛对森林的依赖关系。这种依赖关系主要体现在羚牛栖身、玩耍、冬季觅食方面，而其他季节的觅食主要是在高山灌丛草甸和山坡草地上进行的。

羚牛是有天敌的，首先是那些活跃凶猛的豹子，历史上则为当地的老虎（华南虎）[1]。《光绪留坝乡土志》记载"厅产多金钱豹，亦有毛白文（纹）黑者，俗名'铁钱豹'，厅属各山俱有之，惟光化山较多"，只是文献中并没有羚牛如何遭遇天敌那样具体的记载。

历史动物研究专家何业恒教授曾撰写过《扭角羚》一文，文章说道：扭角羚垂直迁移的高度，在喜马拉雅山北侧，夏季栖居高度在 3 900～4 500 米间，四川夏季为 2 200～3 300 米间，秦岭夏季在 2 200～2 800 米间。[2]

在新修《佛坪县志》中，撰稿人这样写道：羚牛"栖于境内岳坝、龙草坪、长角坝、栗子坝、西岔河等乡的干沟、大龙沟、天华山、大南沟、朝阳寨、大色梁、鳌山等处的 1 000～2 800 米中山、高山针阔叶混交林或针叶林中。群栖，多者一群可达百余头，全县 450 头左右"[3]。这里存在的疑问是，羚牛有可能下到海拔 1 000 米的高度吗？

1993 年，成英支曾据 20 世纪 80 年代安康、汉中地区的调查情况，写出《秦岭羚牛频繁下山，栖息活动范围扩大》为题的专门报道[4]，涉及的重要内容是"1986 年以来，秦岭南坡浅山、川道有七头羚牛光顾，并且都下到海拔 700 米以下"。报道人对此给出的解释有二：一是保护区建立后山地环境好转，羚牛数量回升，栖息活动范围扩大；二是有人扰动了羚牛的正常生活，致使其在逃跑时，迷路下了山。

长期以来，动物学者对羚牛秦岭亚种的调查研究几乎没有中断过，对佛坪自然保护区羚牛的研究表明，"羚牛活动于海拔 1 300～2 900 米之间，每年经历 4

---

1 中国科学院宋延龄研究员谈论羚牛的种群与生态平衡的问题时认为，秦岭羚牛的问题可以说就是老虎的问题，秦岭原来是有老虎的，真正能捕杀羚牛的只有老虎，其余如豹子、黑熊，因个体小，只能捕杀羚牛的幼崽，一旦羚牛成年，就能称霸秦岭（《陕西秦岭羚牛因受保护数量激增反成兽害之首》，四川新闻网据《成都商报》2008 年 2 月 20 日消息）。

2 何业恒：《中国珍稀兽类的历史变迁》，长沙：湖南科学技术出版社，1993 年，第 258-263 页。扭角羚是 1955 年之前对羚牛的一种名称，之后动物学界已改称为羚牛。

3 佛坪县地方志编纂委员会编：《佛坪县志》，西安：三秦出版社，1993 年，第 88 页。

4 成支英：《秦岭羚牛频繁下山，栖息活动范围扩大》，《野生动物》1993 年第 4 期，第 50 页。该报道包括 1 个"1986 年至 1990 年安康地区'羚牛下山'统计表"。

次沿海拔梯度的迁移，春秋两季是羚牛的迁移季节；一般地，秦岭羚牛夏季主要活动于高海拔区域（2 200～2 900 米），冬季栖息于中海拔地区（1 900～2 400 米），而在春秋两季均会下迁到低海拔区域（1 300～1 900 米）停留一些时候。"[1] 因此，按照羚牛的习性和季节变化因素，羚牛在春秋两季下山属于正常情况，牛背梁保护区的情况也与此相同。

对于下到低海拔位置的羚牛，动物学者提出建议："每年春季及秋季羚牛在向下迁移过程中，有部分个体是老弱病残的。在随后的向上迁移中，他们有可能跟不上群牛的移动而掉队，往往滞留在低海拔区域单独活动。由于单独活动，这些羚牛个体的防范意识会增加，对周围的异动较敏感"[2]，羚牛伤人事件多半就是在这种情况下发生的，因此需要严密防范。

三、羚牛何以历久而能生存下来

由于历史动物知识的深度发掘及其传播，不少动物已消失在历史上了，并成为今天历史动物学研究的题目，这其中有中国的新疆虎、台湾云豹、直隶猕猴、白头鹳鹴、豚鹿、冠麻鸭等，有外国的欧洲原牛、墨西哥灰熊、非洲斑驴、澳洲袋狼等。在北京麋鹿苑内有一座"世界灭绝动物公墓"，其中铭刻着灭绝动物名称、年代的一个个"灭绝多米诺"石块，最引人注目。

值得长久庆幸的是，在秦岭山脉居住的野生动物羚牛，却从历史上幸存下来，这其中有什么特别的原因呢？一个最为直接的判断是，羚牛属于山地野生动物，而且居住在海拔较高的山坡上，就成为羚牛远离其他野兽、远离人群，而得以保存下来的最基本原因。

我们已知秦岭羚牛一年四季内，在牛背梁的栖居高度是不同的，夏季在2 200～2 800 米间，冬春季限于高处食物缺乏，羚牛就要下到海拔较低的位置上了（有时下到 1 000～2 200 米间）。在明清时期及其以前，应该说，最令羚牛担心和提防的是华南虎、金钱豹等大型野生动物，至明清时期，包括近代和现代，随着当地居民的愈益增多（外来移民和当地人口的自然增长），出现了华南虎、金钱豹逐渐减少的现象，到现今许多人认为华南虎在秦岭山地已经灭绝了，这样一来，最令羚牛担心和有所顾虑的对象，似乎就变成我们人类了。所以，我们在这里需要考察一下牛背梁周边居民的生存和居住状况。

---

1 曾志高，宋延龄：《秦岭羚牛的生态与保护对策》，《生物学通报》2008 年第 43 卷第 8 期，第 1-4 页。

2 曾志高，宋延龄：《秦岭羚牛的生态与保护对策》，《生物学通报》2008 年第 43 卷第 8 期，第 1-4 页。

据 2011 年 12 月公布的《陕西基本地理省情白皮书》，全省最高位置、秦岭山脉最高点（海拔 3 771.2 米），是在宝鸡市太白县鹦鸽镇南塬村近旁最高处，这是现今太白山的情形，那么，牛背梁周边居民点的情况如何呢？我们已知羚牛在山地所习惯的海拔高度，还需要知道当地居民及其聚落所处的海拔高度，这对于了解和掌握当地人群是否对羚牛的正常生活形成了干扰，会有一些帮助。

这里以清代有"终南首邑"之称的孝义厅（今柞水县）为例。据《光绪孝义厅志》之凡例，该厅于交通方面的叙述，虽然"各志多有驿递一条。孝义除武营、塘站外，驿马仅二匹，又有名无实，一切往来公事，皆系派役赴省自行投领，故未列"[1]。于方志类书籍常见的仙释方面，虽然"各志又有仙释一条，列祠祀内。孝义虽处深山，而寺庙皆火居道士，缁衣黄冠绝少有，亦无求真谛者，故仙释阒寂无人未列"[2]。作为最基本的社会群居形式——聚落，则见于厅志中的保甲记录，其前的概括性文字云："厅治僻处万山之中，悬崖深谷乏平川，无村堡，民人皆山居野处，零星四散。所谓保者，多数百户，少仅数十户耳，然保名亦不可没，用列之于左"，兹据此种资料制作成表 2。

表 2   清光绪九年孝义厅各保名称及基本情况

方向	保名	距城	乡约	甲长	辖村
东路十保	黑虎庙	30 里	1	2	9
	租子川	40 里	1	3	5
	蔡御窑	90 里	1	3	4
	九间房	190 里	1	5	10
	红崖寺	160 里	1	1 客头	1
	红岭	180 里	1		
	康家湾	100 里	1		
	康家栲栳	130 里	1		
	皂河沟	130 里	1	1	
	北沟	90 里	1		
南路十保	义兴	30 里	1	7	10
	太白庙	120 里	1	2	
	僧儿凹	130 里	1		
	红山洞	130 里	1	3	

1（清）常毓坤修，李开甲等纂：《光绪孝义厅志》卷三，物产，清光绪九年（1883）刻本之钞本，《中国地方志集成·陕西府县志辑》第 32 册，第 412 页。

2（清）常毓坤修，李开甲等纂：《光绪孝义厅志》卷三，物产，清光绪九年（1883）刻本之钞本，《中国地方志集成·陕西府县志辑》第 32 册，第 412 页。

方向	保名	距城	乡约	甲长	辖村
南路十保	葛条沟	130 里	1		
	沙沟河	150 里	1	2	
	月河口	160 里	1	1	7
	崇家沟	160 里	1	1	6
	贾家坪	200 里	1	2	2
	延安坪	240 里	1		
西路十保	蔡家庄	100 里	1	1 保正	5
	高川河	140 里	1	2	5
	东川	120 里	1	3	5
	西川	130 里	1	3	4
	六条岭	160 里	1	1	5
	黑山	240 里	1	1	7
	菩萨殿	240 里	1	1	4
	柿子沟	200 里	1	1	8
	甘岔河	240 里	1	1 保正	6
	晓仁河	280 里	1		3
北路十保	车家河	20 里	1	2	
	药王堂	30 里	1		
	营盘	50 里	1	3	6
	楼子石	100 里	1	4	4
	鄠家河	90 里	1	5	6
	陈家沟	90 里	1	2	5
	本城		1	5	
	石嘴子		2 客头	1	

资料来源：（清）常毓坤修，李开甲等纂：《光绪孝义厅志》卷一，保甲，清光绪九年（1883 年）刻本之钞本，《中国地方志集成·陕西府县志辑》第 32 册，第 428-431 页。

说明：（1）上述资料叙述孝义厅"东西南北共三十六保"，又曰每一路为"十保"，而所记"北路十保"，实际上只有八保，多有不相契合之处，具体情况见表 2。（2）客头之设，是为维持集场秩序，职责在于"禁酗酒、赌博，逐往来游匪"，属于官府认可的地方人员[参见（清）林一铭纂修：《道光宁陕厅志》卷二，建置志，里甲，见《中国西北文献丛书·西北稀见方志文献》第 17 卷，第 649 页]。

柞水县北面一路，距城 30 里的药王堂保，相当于今药王堂村位置，海拔高度为 1 000 米左右；之上 50 里为营盘保，相当于今营盘街的位置，海拔高度为 1 100 米左右；营盘之上还有鄠家河（距城 90 里）、陈家沟（距城 90 里）、楼子石（距城 100 里）诸保，与今地名不太对应，估计海拔高度在 1 100～1 300 米之间，这实际上是清末当地聚落所能达到的较高海拔位置。

考察现今牛背梁周边的聚落分布及其相应的海拔位置，可借助 Google "地球在线—卫星地图"上的等高线资料加以判断。在秦岭分水脊北面海拔位置偏高的聚落，有冉家坪（高于 1 400 米）、大板岔（约 1 200 米）、学堂坪和门坎砭（1 200～1 400 米间）、仙人岔（1 400～1 600 米间）、罗汉坪村（高于 1 200 米）、燕儿岔（1 200～1 400 米间）、老龙沟（1 000～1 200 米间）、小马枸村（同前）、王家沟村（同前）、黑沟口（同前）、冬瓜坪（1 400～1 600 米间）、北石槽村（约 1 400 米）、南石槽（约 1 600 米）、大坪（1 600～1 800 米间）、炉子石（约 900 米）、四方沟（约 1 100 米）、太白寺（约 1 100 米）、银洞沟（约 900 米）、工草沟（800～900 米间）、老凹岔（约 900 米）、同岔沟（约 1 100 米）、木竹坪村（约 1 200 米）等，从中可见今日聚落有的已在海拔 1 100～1 400 米的高度，而高于 1 500 米的聚落还是相当少的。

长安西面的沣河是很有名气的，沣河系从沣峪口流出，其源头即在今长安区、柞水、宁陕县交界的秦岭分水脊北侧。沣河从山中流出，河流切割较深，其流路所经却成为前人建立聚落时的一种很特意的选择。也就是说，沣河一线是通向汉江边安康的重要通道（历史上的子午道利用过沣河上游的丰谷段），沣河沿线不仅多有聚落分布，而且其海拔位置是随着河床抬高而升高的。同样根据秦岭山地等高线资料加以识别，从喂子坪乡所在约 1 000 米的海拔位置看起，上行所见聚落的高度大致是逐渐增加的，有九龙潭（高于 1 000 米）、黑龙口（1 000～1 200 米间）、观寺坪村（同前）、黄土梁（约 1 200 米）、红岩子（同前）、北石槽村（约 1 400 米）、关石村（同前）、青岗树村（高于 1 400 米）、穆家山（约 1 600 米）、天佛岩（同前）、龙窝子（约 1 800 米）、蒿沟口（同前）、凤凰咀（1 800～2 000 米间）、下鸡窝（约 1 800 米）、鸡窝子村（1 800～2 000 米间）、张家坪（同前）、东富儿沟（约 2 000 米）等。因为顺沣河而上行的道路要逾越秦岭分水脊，所以沿路形成了一些人口越来越少的聚落，这些聚落虽然不大，在海拔位置上却达到了相当的高度。

在牛背梁区域的周边，至清末有少量聚落分布在海拔千米左右的垂直地带上，聚落居民的生活范围似乎会同冬春季羚牛下山的采食区域产生一定的重合，估计会产生的影响不大，主要是因为山上人少、所依赖的生计同羚牛的关系不大。越到现今，牛背梁周边聚落及其人口出现上移的趋势，但又是限于交通沿线，所以，这些居民对羚牛的影响是不大的。

这里需要较为细致地介绍一下宁陕厅民众的生计情况，以助于展开当地居民与羚牛等野生动物之间关系的认识。清道光年间宁陕厅的实际情况是人少土地辽阔，道光《宁陕厅志》卷一舆地志之"风俗"篇记述："川楚各省民人源源而来以附其籍，有赀本者买地典地，广辟山场，无赀本者佃地租地，耕作谋生。……山中赋税不多，种植亦易，所以本省视为荒山，外省转视为乐土。"百姓的一般生活情形是这样的："厅境山地多水田少，岁涝则低山有获，岁旱则高山有秋，故恶岁颇无虑也。布衣板屋，民多艰苦力作。"农业之外的生计，如《光绪佛坪厅乡土志》所记，当地"木材除烧炭外，青枫木可以作耳扒，生长木耳。漆树可以割漆，俱在本地行销"，也是可以补充的内容。也就是说，当地人主要精力是用在各种生产活动方面的，对于山地野生动物资源的利用较为有限。

或许会有人提出当地人的打猎行为[1]，会对羚牛等野生动物造成严重的伤害，可是，《光绪佛坪厅乡土志》对此却有另外的记述，其"物产下"记曰："山中鸟兽众多，羽毛齿革之属，本足以供生人之用，只以山深而多阻，猎户稀少，以故不获享其利。"佛坪一带猎户稀少，是这一文献资料段透露出的一个非常重要的信息，可能又不限于佛坪一带。倘若再考虑一下其他方面的原因，我们判断清代迁移至秦岭山地的多系外省农人，他们擅长垦殖活动及与此相关的劳动技能，在到达佛坪这样的山地环境后，也是以农业生产作为主要的谋生手段。另外，在深山中从事狩猎活动不仅有相当的危险，而且还有一些实际困难，如打猎武器是否有效、打猎中如何克服艰难险阻等。假如打猎不能给猎户家庭带来可观的收入，进而解决家人的衣食之忧，或者说在对猎物及其产品进行买卖经营甚少的时候，加入到猎人行列中的人就会减少。

据《光绪留坝乡土志》记载，光绪十五六年（1889—1890年）的留坝县，境内的野猪相当活跃，它们四处出没，捣毁了许多人家的庄稼地，从而惊动了当地的政府和官员。陈文黻时为留坝厅同知，悬出重赏以招募猎人，许多猎人应召而来，使用铁铳击杀野猪，前后点检下来，击毙的野猪多达数千头，才使得野猪猖獗之势得以遏制。及至光绪三十三年（1907年），即《光绪留坝乡土志》编纂时，境内的野猪又开始大量繁殖和四处活动了。很明显，大批野猪在海拔千米以下的农田里啃食庄稼，是招致猎人击杀它们的缘由。

我们判断，当地猎人对羚牛等野生动物也会有杀戮行为[2]，但对其生存状况产生最大影响的行为，可能还是对于原始森林砍伐后所带来的负面影响。《光绪孝义厅志》编纂人说："南山夙称宝山，厅属实平平耳。材木之利已尽，即些微药材，

1　秦岭山地的狩猎活动自古有之，参见詹宗祐《隋唐时期秦岭山区庶民的经济生活及其特色》（载陕西师范大学西北历史环境与经济社会发展研究中心编：《历史环境与文明演进——2004年历史地理国际学术研讨会文集》，北京：商务印书馆，2005年，第207-226页），詹氏博士学位论文《隋唐时期终南山区研究》（台北：中国文化大学，2003年）亦值得参考。
2　参见胡锦矗、魏辅文合作的《四川扭角羚的今昔》论文（载夏武平，张洁主编：《人类活动影响下兽类的演变》，北京：中国科学技术出版社，1993年，第115-117页），文中有川西山区经济上落后的村民及猎人如何狩猎扭角羚过程的论述。

采者皆裹粮冒雪，犯险以求，故微利亦甚难得焉。""材木之利已尽"，说的应该是砍伐森林的事情，但不具体，尤其是伐木的海拔高度是多少，伐木后植被的自然恢复情况如何，还需要寻找更详细的资料加以查询和研究。

综上所述，一方面野生羚牛在长时期同天敌的较量中，逐渐退至海拔较高的地带作为自己的生境，养成了耐寒的体质和连续的爬坡能力，成为自身从历史上保存下来的最重要的因素；另一方面得益于牛背梁周边民众以农业生产为基本生活来源，没有过于干扰野生动物生活（包括海拔 1 300 米以上的栖息地）的行为。这其中一个最重要的地理背景，在于秦岭山脉高大绵延，地域广大，大自然提供的高山气候、高寒灌丛草甸诸多条件，可供羚牛等野生动物繁衍生息。而陕西牛背梁国家自然保护区的建立，更从制度上保证了国家珍稀动物羚牛及其栖息地的安稳，这是羚牛之幸，更是时代之幸。

Budorcas taxicolor bedfordi：A Kind of Wild Animal Living in the Niubeiliang Natural Protection Area

HOU Yongjian

Abstract: Niubeiliang，a high mountain with a height of 2 802 m，is perched in the middle section of the Qinling mountain range. *Budorcas taxicolor bedfordi*，a kind of wild takin which now under the First Grade State Protection in China，is living in this area. This paper makes a brief introduction of the position of Niubeiliang，and the cognition about *Budorcas taxicolor bedfordi* of Chinese people in the past hundreds of years. It is very lucky for this animal to survive in this mountain. From Qing Dynasty to today，the people around this mountain are mainly living on farming，not hunting. Also，the hight of living space of *Budorcas taxicolor bedfordi* is a bit far away for men. So，there has been few human disturbing in the animal's living environment. Nature of the high Qinling Mountain provides plentiful resources to such lucky animals like *Budorcas taxicolor bedfordi* to eat，drink and hide. This area is the just suitable place to protect such endangered animal species like takins，so we must try our best to keep the regional ecological security of this mountain away from any possible threaten.

Key words: *Budorcas taxicolor bedfordi*；Niubeiliang mountain；middle section of Qinling mountain range；height of human beings' settlement

市场位置与环境问题：以清朝台湾野生鹿的减少为例[1]

陈海龙

摘　要：台湾原住民和野生鹿保持共生和谐状态，捕捉行为不会造成毁灭性的伤害。但岛外市场的存在，使台湾岛鹿的输出成为追逐经济利益的一个方式，刺激了滥捕的发生，原住民的生活也随之发生变化。对于环境破坏的人文因素分析要引入主体行为的地理位置，否则就会发生学者"研究的负外部性"问题。

关键词：市场位置；环境；野生鹿；台湾

　　明清时期台湾地区曾有大量的野生鹿资源，但随着 1956 年台湾岛最后一头鹿的绝迹，不得不从岛外引进了鹿种进行繁殖。学者也就极为关注台湾岛野生鹿消失的成因。有学者认为台湾原住民的直接捕猎导致了鹿的急剧消失[2]，笔者认为这有失偏颇，参与捕猎的民众以及鹿产品的消费者不仅仅是原住民群体。也有学者认为：市场的刺激造成人类为追求经济利益而过度捕杀，人类为了生存而开垦土地，从而导致了鹿的消失。[3] 这种观点有其合理性，但考虑消费市场的地理位置，就发现还有进一步分析的余地。台湾鹿的产品并不仅限于台湾岛内使用，还大量向岛外输出。台湾原住民和鹿的关系以及岛外使用者和鹿的关系形成了对比，这就使得用"人类"一词作为人文因素的主体所指并不明确。

　　本文将采用台湾原住民和鹿的关系，与岛外人员与鹿的关系进行对照，来揭示这个问题的答案。本文的逻辑是：首先是确定台湾原住民和鹿的关系，通过鹿在原住民生活中的作用以及原住民对他族捕鹿的态度来分析；其次对原住民捕猎

---

1 本文原载《原生态民族文化学刊》2012 年第 1 期，第 18-23 页，收入本书时有修改。

2 刘昭民：《台湾先民看台湾》，台北：台原出版社，1992 年，第 191 页。

3 刘正刚，孟超：《经济行为与环境变化：清前期台湾野生鹿消失探析》，《中国历史地理论丛》2006 年第 1 期，第 150-157 页。

方式进行分析，确定原住民是否对鹿的消失担负历史责任；最后引入消费市场的地理位置来分析野生鹿消失的原因。不当之处，请方家批评指正。

一、原住民和鹿的关系

1. 鹿与台湾原住民的生活

台湾原住民和鹿的关系非常密切，原住民社会生活各方面都有鹿的影子。周鸣鸿在《鹿在台湾》[1]中描述了原住民众多利用鹿的方式，他自己说这只是"略志"。今姑且就具体利用方式做一个概括：鹿角矛、鹿皮棺、鹿血漆、鹿脂膏、鹿角钗、鹿皮鞋、烟筒袋等、咒器、鹿角梳、鹿皮衣、鹿皮席、鹿皮雨衣、鹿皮褥、鹿角冠、鹿尾胫饰、礼品、贡货、滋补品。这些方式当中，有原住民一直使用的方式，也有在外界的刺激下形成的新的使用方法，比如，贡货，荷兰占据台湾时，逼迫原住民缴纳鹿皮作为赋税。台湾原住民还用各种鹿产品与大陆民众进行交换以获得所需的生活用品。

食物是人维持生命的基础，历史时期，台湾原住民食鹿的记载很常见。明末《东番记》记载："冬，鹿群出，则约百十人即之，穷追既及，合围衷之，镖发命中，获若丘陵，社社无不饱鹿者。"[2] 对陈第所见到的原住民来说，鹿是食物来源之一。即使在荷据时代、郑成功光复台湾以及清朝控制台湾之时，鹿成为原住民的食物是一种常态。《台海使槎录》载："内山之番，不拘月日，捕鹿为常；平埔诸社，至此烧埔入山，捕捉獐鹿，剥取鹿皮，煎角为胶、渍肉为脯，及鹿茸筋舌等物，交付赎社，运赴郡中，鬻以完饷。"[3]《小琉球漫志》也说："番以射猎为生，名曰出草。"[4]《治台必告录》亦说："水沙连各社生番，向以抽藤、吊鹿为生，不谙耕耨。"[5] 这些记载虽不能说明原住民完全以捕鹿作为生存之源，但可以看出捕鹿在原住民生活的重要地位，完全可以如是说：鹿是台湾原住民的食物之源。

除此之外，鹿皮还是台湾原住民的服饰材料之一，这样的记载不绝于书，请见表1。

---

1 周鸣鸿：《鹿在台湾》，台湾经济史（九），台北：台湾银行经济研究室编印，1963年，第104-116页。

2（明）陈第：《东番记》，沈有容：《闽海赠言卷2》台湾文献丛刊第56种。

3（清）黄叔璥：《台海使槎录》卷三，台湾文献丛刊第4种。

4（清）朱仕玠：《小琉球漫志》卷八《海东腾语（下）》，《台湾文献丛刊》第3种。

5（清）史密：《奏开番地疏》，（清）丁曰健：《治台必告录》卷三，《台湾文献丛刊》第17种。

表1　台湾地区原住民利用鹿皮的方式

利用方式	文献出处
土番初以鹿皮为衣，夏月结麻枲缕缕，挂于下体	《台海始槎录》卷五《番俗六考·北路诸罗番一》
猫雾捒、岸裏以下诸社，俱衣鹿皮	《台海始槎录》卷五《番俗六考·北路诸罗番八》
父母死，服卓衣，守丧三月。尸痤厝边，富者棺木，贫者草席或鹿皮襯土而殡	《台海始槎录》卷五《番俗六考·北路诸罗番三》
家无被褥，寝以鹿皮	《凤山县志》卷七《风土志·番俗》
无棺椁茔域，裹以鹿皮	《诸罗县志》卷八《风俗志·番俗·杂饰》
鹿皮：春皮浅而薄，冬皮深而厚。土番用以为席	《凤山县志》卷七《风土志·物产·货之属》
捕鹿时，以鹿皮搭身，皮帽、皮鞋，逐驰荆棘中	《重修台湾府志》卷一五《风俗·番社风俗·彰化县》
鹿皮，春毛浅薄，番人以为席；冬毛深厚，汉人以为褥	《福建通志台湾府》之《物产》

　　不仅如此，鹿还作为文化要素嵌入到台湾原住民的社会生活中，台湾原住民的歌曲就是一个普遍存在的形式。在留下来的众多原住民的民歌中，涉及最多的动物就是鹿，如《重修台湾府志》所载的《新港社别妇歌》："马无艾几唎，唷无晃米，加麻无知各交。麻各巴圭里文兰弥劳，查美狡呵呵孛沉沉唷无晃米；奚如直落圭哩其文兰，查下力柔下麻勾。"[1] 翻译成汉文的意思是："我爱汝美貌，不能忘，实实想念。我今去捕鹿，心中辗转愈不能忘；待捕得鹿，回来便相赠。"关于鹿的歌曲绝不止这一首，这里仅列一例以示说明。作为生活来源之一的鹿，成为原住民文化的一种素材，这种素材的形成必定和鹿是原住民生活中的重要部分相关联。

2. 原住民捕鹿行为的排他性

　　台湾原住民有自己的鹿场，所需要的鹿就直接从自然环境中捕猎获取。成书于光绪二十六年（1900年）的《台湾三字经》说："鹿与獐，生山里；少饲养，自栖止。"[2] 原住民饲养鹿的行为是较少发生的。既然是从自然环境中获取，就涉及了原住民对捕猎的态度。人对物的态度，既可以从一直拥有时来看待，也可以从即将失去时来看待。那么面对别人前来捕鹿时，台湾原住民流露出什么样的态度呢？史载："汉人有私往场中捕鹿者，被获，用竹杆将两手平缚，鸣官究治，谓为

1（清）范咸等：《重修台湾府志》卷一六《风俗·番曲·新港社别妇歌》，《台湾文献丛刊》第105种。

2（清）王石鹏：《台湾三字经》，《台湾文献丛刊》第162种。

误饷；相识者，面或不言，暗伏镖箭以射之。若雉兔，则不禁也。"[1]

一旦发现不认识的汉人私自前往鹿场捕鹿，原住民就交官处理，缘由是误饷，即导致原住民不能按时纳饷。即使是认识的人，原住民也会暗中用弓箭射杀此人。原住民对鹿的重视可见一斑，他人随意捕鹿就是触犯原住民的利益。高其倬在奏折中也说："番人焚杀一节，此事情节中有数种：一则开垦之民侵入番界及抽藤吊鹿，故为番人所杀。"[2]汉人越过界限前往原住民鹿场捕鹿，成为番人凶杀案发生的缘由之一。文献中还有很多这样的案例，《清代台湾大租调查书》中记载乾隆二十五年（1760 年）的案例："自招之后，埔交垦耕为业，永供额租。佃要将业出退，亦任查明诚实之人承退供租，但不得越界抽藤吊鹿，窝匪奸盗，赌博行凶，私宰拖租等项；如有违犯，听垦户会同庄佃鸣逐出庄；再有越界抽藤吊鹿，致有不测，不干垦户之事。"[3]

在众多被禁止的汉民行为中，有抽藤吊鹿一项。同书还记载乾隆三十八年（1773 年）禁止垦民越界抽藤吊鹿的案例[4]。《宫中档奏折中台湾原住民史料》中记载了雍正年间的一些案例，雍正帝在给《巡视台湾工科掌印给事中臣奚德慎巡视台湾兼理学政兵科掌印给事中高山谨奏为据实奏闻事》的朱批中说："钦遵照会该道转行所属，一体遵照在案。今台湾道刘藩长藐视功令，故违定例藉，采办军工船料名色标发谕单……闻所用盐布等物交结番众以借路径，而狡猾通事刘琦黄炳匠头詹福生等利欲熏心，许而不与，更倚藉公差抽藤吊鹿，肆行骚扰，致番忿恨，积成杀机，是以锯匠陈勋等八人出界，到力力溪地方，陈勋被番杀死，余众逃回……"[5]进入原住民的生活区内"抽藤吊鹿"容易引起冲突，在这个案例中，不是民众而是通事等借公差的名义前去"抽藤吊鹿"，激起原住民的愤怒，最终导致惨案发生。

原住民对汉人越界捕鹿行为持排他性的态度，那么原住民之间的关系又怎么样？刘其伟认为各个番族都有自己的猎场，彼此不得侵犯。[6]史密在《筹办番地议》中说："内山番社从无结党相攻，即彼此成仇，亦止吊鹿、抽藤触遇斗杀，更

---

1 （清）黄叔璥：《台海使槎录》卷八《番俗杂记·捕鹿》。

2 （清）高其倬：《浙闽总督高其倬奏闻事折，雍正朝朱批奏折选辑》，《台湾文献史料丛刊》（第 4 辑），台北：大通书局，1987 年，第 141 页。

3 孔昭明：《清代台湾大租调查书》，《台湾文献史料丛刊》（第 7 辑），台北：大通书局，1987 年，第 347 页。

4 孔昭明：《清代台湾大租调查书》，1987 年，第 363 页。

5 奏报台湾地方事务（汉番立界）折，雍正九年二月初二日，宫中档奏折中台湾原住民史料。http://museum02. digitalarchives.tw/dmp/2000/pingpu/library/fulltext/npmdatabase/。

6 刘其伟：《台湾土著文化艺术》，台北：雄狮图书出版社，1979 年，第 84 页。

不报仇，再遇再斗而已。"[1] 原住民间的仇恨也多是来自吊鹿、抽藤，就是说原住民之间也会因为野生鹿资源而发生冲突。

综上，可以得出一个推论：原住民对捕鹿具有排他性，不允许他人前往捕捉。很有意思的是，在同一块鹿场中，如果捕捉的是鸟类和兔子，则不禁止他人的捕猎行为，即上面所提到的"若雉兔，则不禁也"[2]。通过原住民对不同动物私有性态度的比较，可以确定原住民将鹿看作为非常宝贵的财富，不容许他人染指。从动物与人类社会的关系来说，原住民社会可以说是"鹿的社会"。

二、台湾原住民捕猎方式的分析

台湾原住民有多种捕捉鹿的方式，其中火猎、陷阱猎被认为是竭泽而渔的方式。[3] 细细咀嚼，恐怕还有商榷之地。康熙《诸罗县志》记载："出草先开火路，以防燎原。诸番围立如堵，火起焰烈，鹿獐惊逸；张弓纵狗，小大俱殚，见之恻然。先王戒焚林竭泽，有以也。"[4]

这种捕猎方式的猎获量很大，清朝官员见此捕猎情景，也感叹竭泽而渔。在捕鹿现场，即使有火协助，还是有鹿逃出。原住民拥有丰富的经验，"鹿捷于犬，每奔尽一湾，必反而顾；故犬及之。然亦狡，视火势最烈处，冲跃以过；诸番先伺其所而殪焉，番又狡于鹿也"。捕猎方式的效率加上原住民的经验，使得捕捉鹿的效率比较高。同书引用陈小崖的《外纪》对于陷阱猎的记载："昔年地旷人稀，麇鹿蚁聚。开大阱，覆以草，外椓杙，竹篾疏维如栅。鹿性多猜，角触篾动，不敢出围，循杙收栅而内入；番自外促之，至阱皆坠矣，有剥之不尽至腐者。今鹿场多垦为田园；猎者众，乃禁设阱以孽种类。"[5] 陷阱猎的捕捉效率也很高。这样的记载自然是火猎、陷阱猎具有灭绝性的证明，将我们引入到原住民采用灭绝性的捕猎方式的认识中去，误为是引起鹿在台湾消失的因素之一。

情况似乎并非如此简单。考察这些文献记载的诞生时间，乃是在荷兰人占据台湾之后。在荷兰占据期间，基于商业利润需要，荷兰人对鹿的需求巨大。这就

1（清）史密：《筹办番地议》；（清）丁曰健：《治台必告录》卷三。

2（清）黄叔璥：《台海使槎录》卷8《番俗杂记·捕鹿》。

3 雷学华：《高山族的狩猎业》，中南民族学院学报（哲社版），1989年第5期，第93-99页；刘正刚、孟超：《经济行为与环境变化：清前期台湾野生鹿消失探析》，《中国历史地理论丛》2006年第1期，第150-157页。

4（清）周钟瑄等主修，陈梦林总纂：《诸罗县志》卷八《风俗志·番俗》，《台湾文献丛刊》第141种。

5（清）周钟瑄等主修，陈梦林总纂：《诸罗县志》卷八《风俗志·番俗》。

使我们无法分辨出这两种捕鹿方式是原住民本身就存在的，还是外界输入的。明末《东番记》载："山最宜鹿，鹿鹿俟俟，千百为群……冬，鹿群出，则约数百人即之。穷追既及，合围衷之。镖发命中，获若丘陵，社社无不饱鹿者。"[1] 在荷兰占据台湾初期，也有不少的有关台湾岛野生鹿的记载。《鹿在台湾》一文引用《巴达维亚城日记》1625 年 4 月 9 日条的内容："每年可获鹿皮二十万张，干燥的鹿肉和鱼肉亦为数可观，故可获得相当多量的供给……在大员中，约有 100 艘戎克船是从中国来此从事渔业，并收购鹿肉，输至中国。"[2] 如此我们可以推测一种可能性，所谓灭绝性的捕猎方式并不是原住民本身所特有，乃外界输入的。《东番记》是荷兰占据台湾之前的史料，其中丝毫没有灭绝性捕猎方式的记载。我们还可以这样分析，如果一直都存在这些捕猎方式，鹿岂不是早就该消失了，根本不需要等到荷兰人的到来。只是这一点还需要做更进一步的调查。由于鹿场的广阔，原住民的捕猎不会引起鹿的生存压力。但是在荷兰占据台湾之时，因为滥捕，确实造成了野生鹿数量的锐减，所以才禁止陷阱猎。[3] 宋光宇计算，1638 年输出 15万张鹿皮，到了 1659 年时输出 6 万张鹿皮。[4]

翻阅史料可以发现，原住民采取了一系列防止鹿灭绝的措施，比如火猎时要防止燎原。在捕鹿的频次上，也不是随时随地就去捕猎。原住民在捕鹿之前有占卜过程，"将捕鹿，先听鸟音占吉凶。鸟色白，尾长，即荜雀也（番曰蛮任），音宏亮，吉；微细，凶"[5]。将是否捕鹿交由鸟的声音的随机性决定，占卜的结果也就有随机性，好则猎，坏则停，无疑是降低了捕鹿的频率。《东番记》又记载："居常，禁不许私捕鹿；冬，鹿群出，则约百十人即之，穷追既及，合围衷之，镖发命中，获若丘陵，社社无不饱鹿者。"[6] 要等到适合捕鹿的季节到来时，方才可以捕猎。这些习性的存在，说明原住民和野生鹿之间保持和谐共存的状态。不管是台湾原住民利用野生鹿的广度，还是有较高效率的捕猎方式，都不至于导致鹿的消失。如果继续使用"人类"一词作为台湾野生鹿消失的人文行为因素的主体，就势必将原住民的和谐捕猎包括在内，就产生学者"研究的负外部性"问题。

1（明）陈第：《东番记》，沈有容：《闽海赠言》卷二。

2 周鸣鸿：《鹿在台湾》，《台湾经济史第九集》，台湾银行经济研究室编印，1963 年，第 113 页。

3 周鸣鸿：《鹿在台湾》，《台湾经济史第九集》，1963 年，第 115 页。

4 宋光宇：《台湾史》，北京：人民出版社，2007 年，第 55 页。

5（清）黄叔璥撰：《台海使槎录》卷七《番俗六考·南路凤山番》。

6（明）陈第：《东番记》，沈有容：《闽海赠言》卷二。

三、台湾岛外的鹿产品市场及其生态效应

台湾原住民是大量使用鹿产品的人群之一，但明清时期使用台湾岛野生鹿的人不仅仅限于台湾的原住民，鹿还被大量运输到其他地区。台湾鹿产品向岛外输出之举早已存在，《东番记》记载："居山后，始通中国，今则日盛，漳、泉之惠民、充龙、烈屿诸澳，往往译其语，与贸易；以玛瑙、磁器、布、盐、铜簪环之类，易其鹿脯皮角。"[1] 荷兰人到来后，将台湾鹿产品商业化，控制原住民的捕鹿行为，强迫其缴纳赋税。鹿产品除了原住民利用外，还要供给荷兰人。如此一来，原住民捕鹿行为的动机就受强迫而加上商人的利益诉求。当荷兰人发现这个市场后，继承已有的鹿产品外运历史，并且将台湾鹿产品的市场扩大了。更为重要的是，荷兰殖民者获得鹿产品的代价微乎其微，几乎是无本经营，促使其大肆捕杀。《台湾旅行记》记载了 1662 年的台湾鹿的情况："鹿都强壮肥胖，每年被中国人及台湾土人打死的和活捉的不计其数。他们把鹿肉腌起来，在阳光中晒干，满船的运到中国沿海去，鹿皮则运到日本制成皮货。"[2] 鹿肉运到大陆，鹿皮运入日本。《巴达维亚城日记》载，台湾"地多鹿皮，日本人向土番采购之"[3]。荷兰人说："在大员，每年有日本商贾乘帆船而至，在当地购买大量鹿皮，特别是与中国的海上冒险商做大宗丝绸生意，这些冒险商从泉州、南京及中国北部沿海各地运出大批生丝和绸缎。日本人买下运往日本。"[4] 鹿皮在日本很有市场，可参见中村孝志等对鹿皮市场的统计[5]。

郑成功时期，"台湾王完全独占砂糖、鹿皮及台湾所有土产，加以若干中国货物，与日本从事贸易，获利颇丰，年年均有十四五艘大船前往彼地，所以公司之船长无法载满此等货物于英船上。实际上在砂糖及鹿皮之贸易吾人能与郑氏共享利益之希望甚小"[6]。郑氏政权需要控制鹿产品的销路以获最大的利益。清朝控

1（明）陈第，《东番记》，沈有容：《闽海赠言》卷二。

2 [瑞士]哈波德：《台湾旅行记》，《台湾经济史三集》，1956 年，第 125 页。

3 郭辉译：《巴达维亚城日记》（第一册），1970 年，第 11 页。

4 程绍刚译：《荷兰东印度公司在福摩萨 1624-1662》，1995 年，第 155 页。转引自李蕾：《十七世纪中前期台湾地区对外贸易网络的展开》，《中国社会经济史研究》2003 年第 1 期，第 57-64 页。

5 [日]中村孝志，《十七世纪台湾鹿皮之出产及其对日贸易》，《台湾经济史》（第八集），台北：台湾银行经济研究室编印，1959 年，第 24-42 页。

6 Paske Smith. Western Barbarians in Japan and Formosa. p.85. 转引自赖永祥：《台湾郑氏与英国的通商关系史》，《台湾文献》，1965 年第 2 期，第 1-50 页。

制台湾后，台湾鹿产品的输出仍然没有停息。"海船多漳、泉商贾贸易，于漳州则载丝线、漳纱……泉州则载磁器、纸张，兴化则载杉板、砖瓦，福州则载大小杉料、乾笋、香菇，建宁则载茶；回时，载米、麦……鹿肉售于厦门诸海口。"[1] 彰、泉商人的货物运到台湾销售后，则满载鹿肉回程，运至厦门诸等地销售。

岛外鹿产品市场的存在，促使了台湾捕鹿的频繁。《诸罗杂识》说："日本之人多用皮以为衣服，包裹及墙壁之饰，岁必需之；红夷以来，即以鹿皮兴贩。"[2] 日本人生活之需刺激了鹿皮市场的繁荣，因而也就促使对台湾岛鹿皮需求的增加。对于岛外的使用者来说，所看中的是物品质量及其对自身需求的满足程度，对鹿的生境则不会去考虑，对台湾野生鹿和原住民的社会关系不知晓，原因在于岛外的使用者周围没有原住民那样的生存环境。

商人是地区之间联系的纽带，台湾岛与中国大陆和日本之间都有海域相隔，货物流转只能靠商人。鹿产品市场的存在，就为商人获得利润提供了条件。从事台湾鹿产品跨海域运输的商人并非台湾原住民，原住民充其量只是原材料的提供者。获得利益的是统治者和商人。荷兰人占据台湾后压迫原住民缴纳鹿皮作为赋税，大量的利润被东印度公司所获取。但原住民的贡纳远远满足不了追逐利润的需要，荷兰人很自然地就采取滥捕行为，以便获得更多的鹿产品。商人看到的是产品的市场和利润，对生态问题不屑一顾。岛外市场也就刺激了台湾岛内捕鹿的频次、捕猎人群增加。追求经济利益的效果就是采取连续性的捕猎，使动物没有喘息之机，这和原住民的捕猎方式大相径庭。

菲律宾地区也出现过与台湾岛相类似的、岛外市场影响岛内生态环境的历史事件。1590 年马尼拉官员 Antonio de Morga 说："日本人和中国人竞相带走许多鹿皮作为商品，从群岛到日本，他们为此捕猎，或向原住民甚至向神职人员买，此一交易必须被中止，因为这对国家的伤害非常大，只为皮革而杀这些动物，猎物将灭绝。"[3] 马尼拉地区的鹿也因为外商介入而大量的减少。外域商人只为追求利益，带有经济利益目的捕捉行为看重捕捉数量，不考虑捕猎行为对当地生态的影响。基于商业利润的捕捉行为和原住民的生存捕猎行为是绝对不可以相提并论的。

---

1 （清）黄叔璥：《台海使槎录》卷三《赤崁笔谈·商贩》，《台湾文献丛刊》第 4 种。

2 （清）黄叔璥：《台海使槎录》卷八《番俗杂记·社饷》。

3 Emma H. Blair and James A. Robertson, eds., The Philippine Islands 1493-1898, Vol. 10, p.84. 转引自陈宗仁：《"北港"与"pacan"地名考释：兼论十六、十七世纪之际台湾西南海域贸易情势的变迁》，《汉学研究》，2003 年第 2 期，第 249-278 页。

四、结论和思考

鹿是原住民群体的财产，外人前来捕猎就会侵犯其利益，必然要遭受打击。鹿在原住民社会生活中的影响极大，原住民社会可以堪称是一个"鹿的社会"。台湾原住民的捕猎行为具有其节制性，绝不至于导致鹿的灭绝。实际上台湾原住民和鹿之间保持和谐共存的状态。《增长的极限》一书引用科曼第《生态学概念》说："鹿或者山羊，在没有天然敌人时，常常在它们分布地区吃草过多，以致当地的植被受到侵蚀或破坏。"[1] 台湾岛的鹿不存在多少天敌，原住民的捕猎可以看作是人和鹿之间的一种平衡，原住民充当了捕猎者的角色。

学者使用"人类"一词作为破坏行为发生的主体，这不仅发生在研究台湾地区的野生鹿消失的问题上，其他的动物变迁研究也存在这样的用法。"人类"一词过于广泛。在本文的案例中，如果使用"人类"一词，就将台湾原住民也包括在内，将历史的责任扩大化，产生"研究的负外部性"问题。虽然在鹿消失的过程中，台湾原住民仍在捕鹿，原住民也为外界所胁迫去捕鹿以缴纳赋税。考虑到原住民长期的捕鹿史，将野生鹿的灭绝的历史责任归咎于原住民身上，则有失偏颇。

岛外市场主导着追求经济利益的捕猎行为，这和原住民的生存捕猎不可同日而语。岛外鹿产品的使用者周围没有岛内原住民与鹿共存的环境，只追求自我需求的满足，所形成的市场促使了滥捕的发生。对于今天的物种保护事业而言，如果只从受到破坏的地区着手保护，则可能没有实效。正确的做法需要从运输、最终消费市场去加以遏制，方能获得实效。在这一问题上，台湾野生鹿消失的教训可以提供历史的见证。

---

1 [美]丹尼斯·梅都斯等：《增长的极限》，北京：商务印书馆，1984年，第66-67页。

On Market Locations and Environment Issues：A Case Study of the Decrease of Wild Deer in Taiwan during the Qing Dynasty

CHEN Hailong

Abstract: Market locations affect environment to a great extent. With the harmony between Taiwan aborigines and wild deer, the hunting would not cause catastrophic damage to the anmials. However, the existence of market out of Taiwan Island compelled the export of wild deer for economic interests, stimulating heavy hunting and changing the life of Taiwan aborigines. Attention should be paid to the geographic location of markets in the analysis of environmental destructions by human factors; otherwise, negative externality will emerge to the research.

Key words: market location; environment; wild deer resource; Taiwan

唐宋辽金时期对猎鹰资源的利用和管理

——以海东青为例[1]

聂传平

摘　要： 唐宋辽金时期，海东青在人类历史舞台上扮演了重要角色。唐宋时，东北民族向中原王朝进贡海东青，体现了当时东北民族对中原王朝的归附，海东青的得名当与此有关。辽朝皇帝在春捺钵中对海东青的利用，反映了契丹民族以游牧射猎为主的生活方式。辽代之所以产生鹰坊与外鹰坊（稍瓦部）的区别，是由该国蕃汉分治的二元政治体制造成的。辽金之交，辽朝对海东青的过度需求成为引发完颜部反辽的口实。

关键词： 海东青；春捺钵；鹰坊；鹰路

海东青是历史上带有神秘色彩的一种名贵猎鹰，在唐宋辽金时期，被人为地引入到当时不同政权和民族间的交往中，并与当时部分人群的生产生活发生互动联系。当前，学界对海东青的研究主要集中在唐宋辽金这一时段，关于海东青的生物种属，是学界首先要解决的一个问题，经研究已基本确认是当今的矛隼，除此学界还对海东青的分布、驯养及鹰崇拜意识等相关问题做了较有成效的研究。[2]

尽管学界对海东青的研究已经取得比较丰硕的成果，但也留有进一步开拓的空间。本文拟在前人研究的基础上，对唐宋辽金时期海东青的得名，不同民族对海东青的利用情况，及海东青与当时民族关系和生态环境的相互影响做一新的探讨。

---

1 本文原载于《原生态民族文化学刊》2013 年第 3 期，第 28-32 页。收入本书时有修改。

2 学界相关研究成果有：张嘉鼎：《关于海东青》，《满族研究》1987 年第 3 期；徐学良、谷风：《海东青的分布与产地》，《黑河学刊》1988 年第 1 期；张守生：《海东青考》，《理论观察》1996 年第 5 期；李璐璐：《海东青探秘》，《黑龙江民族丛刊》，2003 年第 4 期；徐学良：《海东青是什么鸟》，《大自然》，1994 年第 4 期；谭邦杰：《也谈海东青兼话鹰雕隼》，《大自然》，1994（6）；彭善国：《辽金元时期的海东青及猎鹰》，《北方文物》2002 年第 4 期；王颋：《辽金元猎鹰"海东青"考》，《文史》2001 年第 1 期；聂传平：《辽金时期的皇家猎鹰——海东青（矛隼）》，陕西师范大学硕士论文，2011 年；等。

一、东北民族向中原王朝贡鹰与海东青得名

文献中最早出现关于海东青的记载是在唐玄宗开元年间（713—741 年），苏颋《双白鹰赞》并序载："开元乙卯岁（715 年），东夷君长自肃慎扶余而贡白鹰一双，其一重三斤有四两，其一重三斤有二两，皆皓如练色，斑若彩章，积雪全映，飞花碎点。"[1] 此处，虽没有明确提到"海东青"之名，但其体重与体色均与今日矛隼一般无二，故被认为是海东青。[2] 唐玄宗时，大诗人李白《高句丽》诗云："金花折风帽，白马小迟回。翩翩舞广袖，似鸟海东来。"[3] 这里提到来自海东的"鸟"，应是海东青，并且此时极有可能已经产生了"海东青"之名。这从宋人对该诗的注释中可以看出，宋人张齐贤《分类补注李太白诗》卷六曰："金花帽、白马、广袖者，当时乐舞之饰，即所见而咏之，东海俊鹘名海东青，此喻其舞之快捷如海东青之快健也。"[4]

肃慎、扶余是见于先秦至北朝时期史籍记载的东北地区两个古老族群，唐时已不见史册，苏颋《双白鹰赞》并序中所提到的"肃慎扶余"应是以古代今，指代当时居于肃慎故地，被认为是肃慎后裔的靺鞨人。7 世纪末 8 世纪初，靺鞨人的一支粟末部在其首领大祚荣的领导下建立民族政权"震国"。大祚荣为获取唐廷认可和支持，主动派次子大门艺入侍，以示臣服。先天二年（713 年），唐玄宗册封大祚荣为"渤海郡王"，加授忽汗州都督，震国亦改国号为渤海国。

渤海国是唐朝羁縻控制下的属国，承担着向唐朝纳贡的职责，双方朝聘也比较频繁。但由于契丹等势力的阻隔，双方交往多取海道，由辽东半岛渡海至胶东半岛。对唐朝来说，渤海国位于东北方，并且从大海以东渡海而来，故渤海国又被称为"海东盛国"。《双白鹰赞》并序中所记的"开元乙卯岁（公元 715 年），东夷君长自肃慎扶余而贡白鹰一双"，极可能就是渤海国向唐廷进献海东青。因其来自"海东盛国"，体色多为青色[5]，故被内地汉人命名为"海东青"。

北宋立国之初，亦有女真向宋廷进献海东青的记载，《宋史》卷一《太祖本纪

---

1 （唐）苏颋：《双白鹰赞》，《全唐文》卷二五六，北京：中华书局，1982 年。

2 彭善国：《辽金元时期的海东青及猎鹰》，《北方文物》2002 年第 4 期，第 34 页。

3 （唐）李白：《李太白全集》卷六《乐府三十八首》，北京：中华书局，1977 年，第 346 页。

4 （唐）李白撰，（宋）张齐贤补注，（元）萧士赟删补：《分类补注李太白诗》卷六，四部丛刊景明本，第 106 页。

5 海东青（矛隼）体色变化较大，有灰色型、暗色型和白色型，其中以青灰色为主，白色较少，是比较优异的品种。

一》载：乾德元年（963 年）九月"戊辰，女直国遣使献海东青名鹰"[1]。《宋史》虽为元人所作，但《宋史·太祖本纪》部分取材于北宋官方所作的实录和国史，朝贡乃国之大事，史官将其记录在册具有比较高的可信度。宋初的官方记载中出现"海东青"，说明"海东青"之名的产生不晚于宋太祖建国之初，这也从侧面反映了"海东青"之名产生于唐代是可信的。而女真向宋廷进贡海东青，应是承袭唐以来东北民族向中原王朝进贡猎鹰的传统。然而，女真向宋廷进贡海东青持续的时间不会太长，宋太宗时当已废止，"帝（宋太宗）雅不好弋猎，诏除有司行礼外，罢近甸游畋，五坊所畜鹰犬并放之，诸州不得以鹰犬来献。已而定难军节度使赵保忠献鹘一，号'海东青'，诏还赐之"[2]。宋太宗罢诸州进献鹰犬，并将赵保忠所献海东青赐还，女真理应于此时停献海东青。

女真人是由隋唐时的黑水靺鞨发展而来，分布在今天的松花江、黑龙江流域，在辽代受到契丹统治者的不断侵逼，女真诸部逐渐臣服于辽朝。宋初，女真人为结援于宋朝，同时发展双方的贸易，时常向北宋进贡，在贡品中就包括当地出产的名鹰——海东青。但后因宋太宗罢废诸州进献鹰犬，女真停贡海东青，不久辽朝在辽东沿海置寨栅，严禁宋与女真的贸易和朝贡，淳化二年（991 年），"契丹怒其朝贡中国，去海岸四百里下三栅，栅置兵三千，绝其贡路"[3]。宋与女真的贸易与朝贡被阻绝后，女真归附辽朝，海东青转而成为女真向辽廷进献的贡品。

二、海东青与春捺钵

契丹族是以游牧射猎为主要生产活动的草原民族，他们长期过着逐水草而居，迁徙不定的生活。辽朝皇帝在本民族游牧习俗的基础上，"秋冬违寒，春夏避暑，随水草就畋渔，岁以为常"[4]，形成了"四时捺钵"制度，辽朝皇帝一年四季大部分时间都在捺钵活动中度过。一年之际始于春，辽朝皇帝一年的活动也是从春捺钵开始的。辽代前期，春捺钵的地点在南京（今北京）附近的延芳淀（在今北京通县），每年春季，辽朝皇帝都要带领大批侍从、臣僚、斡鲁朵户等到此进行春捺钵活动。海东青因矫健迅猛而最受契丹人珍爱，在契丹人的捕猎活动中扮演了重要的角色，春捺钵中最重要的一项活动就是放海东青捕鹅雁。《辽史·地理志四》

1（元）脱脱：《宋史》卷一《太祖本纪一》，北京：中华书局，1977 年，第 15 页。

2（元）脱脱：《宋史》卷一二一《礼志二十四》，北京：中华书局，1977 年，第 2840 页。

3（清）毕沅：《续资治通鉴》卷一六，太宗淳化二年条。

4（元）脱脱：《辽史》卷三二《营卫志中》，北京：中华书局，1974 年，第 373 页。

记载："潞阴县，本汉泉山之霍村镇。辽每季春，弋猎于延芳淀，居民成邑，就城故阴镇，后改为县。在京东南九十里。延芳淀方数百里，春时鹅所聚，夏秋多菱芡。国主春猎，卫士皆衣墨绿，各持连锤、鹰食、刺鹅锥，列水次，相去五七步。上风击鼓，惊鹅稍离水面。国主亲放海东青鹘擒之。鹅坠，恐鹘力不胜，在列者以佩锥刺鹅，急取其脑饲鹘。得头鹅者，例赏银绢。"

辽国君臣放海东青捕鹅雁既收获了野味，也愉悦了身心，是其乐此不疲的一项活动。这给出使辽国的北宋使臣也留下深刻印象。大中祥符六年九月，翰林学士晁迥等出使辽国，返朝后上奏："迥等使还，言始至长泊，泊多野鹅鸭，辽主射猎，领帐下骑击扁鼓绕泊，惊鹅鸭飞起，乃纵海东青击之，或亲射焉。辽人皆佩金玉锥，号杀鹅杀鸭锥。每初获，即拔毛插之，以鼓为坐，遂纵饮。最以此为乐。"[1]

辽朝后期，因东北地区的民族事务成为当时国内矛盾的焦点，春捺钵地点随之改在长春州附近的鸭子河泺，此地靠近挞鲁河（今洮儿河）和混同江（今第一松花江），湖沼星罗棋布，水草畅茂，雁鸭翔集，有丰富的渔业资源和各种水禽，是一渔猎的好场所。

"春捺钵曰鸭子河泺，皇帝正月上旬起牙帐，约六十日方至。天鹅未至，卓帐冰上，凿冰取鱼。冰泮，乃纵鹰鹘捕鹅雁。晨出暮归，从事弋猎。鸭子河泺东西二十里，南北三十里，在长春州东北三十五里。四面皆沙坞，多榆柳杏林。皇帝每至，侍御皆服墨绿色衣，各备链锤一柄，鹰食一器，刺鹅锥一枚，于泺周围相去各五七步排立。皇帝冠巾，衣时服，系玉束带，于上风望之。有鹅之处举旗，探旗驰报，远泊鸣鼓。鹅惊腾起，左右围骑皆举帜麾之。五坊擎进海东青鹘，拜授皇帝放之。鹘擒鹅坠，势力不加，排立近者，举锥刺鹅，取脑以饲鹘。救鹘人例赏银绢。皇帝得头鹅，荐庙，群臣各献酒果，举乐。更相酬酢，致贺语，皆插鹅毛于首以为乐。赐从人酒，遍散其毛。弋猎网钩，春尽乃还。"[2]

《辽史·营卫志中》中的这段记载详细刻画了辽朝皇帝春捺钵时纵放海东青捕鹅雁的情景，对捕猎地点的环境、捕猎队伍的装备及捕猎时的程序、方法都有细致的描述，其中放海东青捕鹅雁是春捺钵的重头戏，海东青由五坊进呈给皇帝，然后由皇帝亲自纵放。为什么辽国君臣在捕猎鹅雁时，要由皇帝亲自纵放海东青呢？这是因为海东青是猎鹰中的名品，俊健异常，南宋王称《东都事略》记载："女真有俊禽，曰海东青，次曰玉爪俊，俊异绝伦，一飞千里，非鹰鹘雕鹗之

1（宋）李焘：《续资治通鉴长编》卷八一，大中祥符六年九月乙卯条。

2（元）脱脱：《辽史》卷三二《营卫志中》，北京：中华书局，1974年，第373-374页。

比。"[1] 海东青因其优异且难得，逐渐成为辽朝皇帝的专宠，道宗清宁七年（1061年）"夏四月辛未，禁吏民畜海东青鹘"[2]。可见，畜养海东青成为权力和身份的象征，辽朝皇帝通过对海东青资源的独占，以显示其至高无上的尊崇地位。

契丹族生活在长城以北的草原大漠之间，自然条件决定了其不可能大规模地从事农业生产，而只能依靠游牧和射猎为生。如《辽史·营卫志中》所言："大漠之间，多寒多风，畜牧畋渔以食，皮毛以衣，转徙随时，车马为家。此天时地利所以限南北也。辽国尽有大漠，浸包长城之境，因宜为治。秋冬违寒，春夏避暑，随水草就畋渔，岁以为常。"[3] 契丹本土具有丰富的野生动物资源，契丹人在此基础上射猎打围，获取衣食之资。每年春季，鹅雁等候鸟北返，成为契丹人捕猎的理想猎物。辽国皇帝在春捺钵中放海东青捕鹅雁正是在本民族传统捕猎习俗基础上形成的一种寓乐于猎活动，因为皇帝的尊贵地位及其对海东青的独占性，使这项活动脱离了其原本的生产目的，带有很强的礼制仪式色彩，类似于中原王朝皇帝每年春季举行的亲耕大典。

三、辽朝对海东青的管理和获取

猎鹰是契丹人狩猎的助手，深受契丹人喜爱，辽朝皇帝设有专门管理猎鹰的机构——鹰坊。鹰坊设置时间应在辽朝初期，《辽史·太祖本纪下》记载：天赞四年（925年）十一月，太祖"幸安国寺，饭僧，赦京师因，纵五坊鹰鹘"[4]。鹰坊是五坊的一个子机构，辽太祖时既已设置五坊，那么作为五坊子机构的鹰坊理应同时设立。《辽史》中首次出现"鹰坊"是在太宗会同元年（938年），是年辽太宗改"鹰坊、监冶等局长官为祥稳"[5]。可见，辽代鹰坊的设立时间不会迟于会同元年。鹰坊的职官有：鹰坊使、鹰坊副使、鹰坊详稳司、鹰坊详稳、鹰坊都监等[6]，负责对猎鹰（包括海东青）的管理和养护。

然而《辽史·营卫志下》却记载："稍瓦部。初，取诸宫及横帐大族奴隶置稍瓦石烈。'稍瓦'鹰坊也，居辽水东，掌罗捕飞鸟。圣宗以户口蕃息置部。节度使

1（宋）王称：《东都事略》，《中国野史集成》（第7册），巴蜀书社影印光绪淮南书局刊本，1993年，第478页。

2（元）脱脱：《辽史》卷二一《道宗本纪一》，北京：中华书局，1974年，第258页。

3（元）脱脱：《辽史》卷三二《营卫志中》，北京：中华书局，1974年，第373页。

4（元）脱脱：《辽史》卷二《太祖本纪下》，北京：中华书局，1974年，第21页。

5（元）脱脱：《辽史》卷四《太宗本纪下》，北京：中华书局，1974年，第45页。

6（元）脱脱：《辽史》卷四六《百官志二》，北京：中华书局，1974年，第730页。

属东京都部署司。"[1] 根据引文字面意思理解，稍瓦部就是鹰坊，设立于辽圣宗时期，位于辽水以东，负责罗捕海东青等飞鸟。如此，鹰坊的设立时间岂不相互抵牾？笔者以为，之所以出现记载不一致的现象，是由辽代的二元政治体制造成的。辽朝立国时，在官制设置上仿承唐制，然而，契丹为草原民族，在机构设置上又保留了游牧部落的色彩，故辽朝实行两面官制，"官分南北，以国制治契丹，以汉制待汉人"[2]。辽初设立的鹰坊显然属于中央汉制机构的分支，稍瓦部则属契丹"国制"，采用部落组织形式，而"稍瓦"很可能是契丹语"鹰坊"的汉语译音。

辽圣宗为派人去执行罗捕海东青的任务，而析出部分地位比较低下的诸宫及横帐大族奴隶，设置稍瓦部，安置在辽水以东，其主要职能是就近到当时的海东青主产地五国部捕捉海东青。稍瓦部因安置在外，因此它很可能就是文献中记载的"外鹰坊"。南宋徐梦莘《三朝北盟会编》卷三载："海东青者，出五国。五国之东接大海，自海而来者谓之海东青，小而俊健，爪白者尤以为异。必求之女真，每岁遣外鹰坊子弟趣女真，发甲马千余人入五国界，即海东巢穴取之，与五国战斗而后得。"[3] 可见，外鹰坊获取海东青的代价是很大的，所以辽朝设置一批专职人员来负责此事。

尽管海东青是辽朝君臣射猎时必不可缺的助手，然而辽朝本土却并不出产海东青，海东青的来源地主要是五国部。据《辽史·营卫志下》载："五国部。剖阿里国、盆奴里国、奥里米国、越里笃国、戴里吉国，圣宗时来附，命居本土，以镇东北境。"[4] 五国部是位于辽朝东北边境的五个部落，分布在今天松花江下游河谷地带，与女真诸部联系密切。辽圣宗时向东北地区扩张势力，统和二年（984年），辽朝兵分数路大举征讨女真。约于此时，五国部被辽国征服，统和二年二月，"乙巳，五国乌隈于厥节度使耶律隗以所辖诸部难治，乞赐诏给剑，便宜行事，从之"[5]。这当是辽朝势力刚开始管控五国部，引起五国部民的反抗，因此辽主赐耶律隗宝剑，授予其"便宜行事"的自主权。此后，《辽史》中屡现五国部长来贡的记载，开泰七年（1018年）三月，辽廷"命东北越里笃、剖阿里、奥里米、蒲奴里、铁骊五部岁贡貂皮六万五千，马三百"[6]。海东青是五国部出产的代表性的贡品，为何辽廷只规定进贡貂皮和马匹的数量，而没有进贡海东青的数量规定呢？笔者以为这与海东青数量稀少，且不易捕捉和驯养有关，而并不能说明五国部没

1（元）脱脱：《辽史》卷三三《营卫志下》，北京：中华书局，1974年，第389页。

2（元）脱脱：《辽史》卷四五《百官志一》，北京：中华书局，1974年，第685页。

3（宋）徐梦莘：《三朝北盟会编》卷三《政宣上帙三》，上海：上海古籍出版社，1987年，第23页。

4（元）脱脱：《辽史》卷三《营卫志下》，北京：中华书局，1974年，第392页。

5（元）脱脱：《辽史》卷十《圣宗本纪一》，北京：中华书局，1974年，第113页。

6（元）脱脱：《辽史》卷一六《圣宗本纪七》，北京：中华书局，1974年，第183页。

有向辽朝进贡海东青。

辽朝在五国部设节度使进行管理，实际上是一种羁縻统治，五国部只是辽朝间接控制的属国属部，其职责就是替辽国镇守东北边境和进贡地方特产，海东青是五国部向辽朝进贡的最具特色的贡品。五国部在朝贡辽朝皇帝时，形成了一条连接五国部和辽朝本土的交通线，这条交通线因贡海东青而知名，故被称为"鹰路"。鹰路是当时松花江、黑龙江诸部族与南部契丹、汉族交往的重要渠道，具有重大意义。[1] 但是鹰路上的诸部对辽朝时叛时附，影响鹰路交通安全，如"辽咸雍八年（1072 年），五国没拈部谢野勃堇叛辽，鹰路不通。景祖伐之"[2]。五国没拈部首领谢野勃堇反叛，阻断鹰路交通，辽朝扶持的完颜部首领乌古乃（阿骨打祖父，庙号"景祖"）率兵讨伐，维护鹰路交通。

辽朝末年，鹰路上的完颜部强大起来，辽朝皇帝为更多更便利地获取海东青，常遣捕鹰使者（即所谓"银牌天使"，应为稍瓦部官吏），到完颜部境内，驱使完颜部民到五国境内捕捉海东青，"辽每岁遣使市名鹰海东青于海上，道出境内，使者贪纵，征索无艺，公私厌苦之。康宗尝以不遣阿疎为言，稍拒其使者。太祖嗣节度，亦遣蒲家奴往索阿疎，故常以此二者为言，终至于灭辽然后已"[3]。完颜部不堪其扰，以此为口实，起兵反辽，最终灭亡辽朝。一种禽鸟成为两国交兵的导火线，并最终导致一个王朝的覆灭，不能不发人深思。

四、结论

海东青本是一种无言的禽鸟，却因各种机缘在唐宋辽金时期登上人类活动的舞台，参与到当时人类利用自然界野生动物资源及不同族群和集团的交往中，甚至在一定程度上对国家政权的兴亡产生影响。如果不是被人类驯养和利用，作为野生动物，海东青对人类是产生不了多大影响的，但是人类对海东青的利用不但影响了人类自身，也波及海东青及其他野生动物。

唐宋时期，东北民族向中原王朝进贡海东青，扩大了不同民族和政权间的交往形式，加强了各民族间的政治、经济、文化交流；辽代对海东青的利用体现了草原民族以游牧射猎为主的生产生活方式；辽金鼎革之际，海东青不自觉地充当了改朝换代的引线，成为女真人起兵反辽的口实。

1　参见景爱：《辽代的鹰路与五国部》，《延边大学学报（社会科学版）》，1983 年第 1 期。

2　（元）脱脱：《金史》卷一《世纪》，北京：中华书局，1975 年，第 6 页。

3　（元）脱脱：《金史》卷二《太祖本纪》，北京：中华书局，1975 年，第 23 页。

People's Utilities and Management of Falcons During the Dynasties of Tang, Song, Liao and Jin
—A Case Study on Haidongqing as Tribute

NIE Chuanping

Abstract: During the dynasties of Tang, Song, Liao and Jin, Haidongqing played an important role to human being's history. At the dynasties of Tang and Song, northeastern nation tributed Haidongqing to central government to show their subordinating and so that Haidongqing got the name by this. Emperor of Liao use Haidongqing for hunting at Chunnabo (a series of imperial hunting activities in spring), responding to Qidan nation's life style of hunting. At Liao Dynasty, according with the dual political system, Yingfang and WaiYingfang emerged. As Liao asked for undue tribute of Haidongqing, Jin took it as an rebelling excuse and finally replaced Liao.

Key words: Haidongqing; Chunnabo; Yingfang; The Eagle Way

唐宋时期黄土高原的兽类与生态环境初步探讨[1]

曹志红

摘　要：本文通过对唐宋时期历史文献中的动物资料进行统计、整理和分析，结合相关研究成果，对唐宋时期黄土高原地区的野生兽类动物数量状况及地理分布特征进行了恢复和分析，初步探讨了这一时期该地区野生兽类资源状况和生态环境状况。结论为：当时黄土高原地区较现在所分布的兽类种类丰富、数量可观、区域广泛。黄土高原地区平原与山地边缘地带的植被遭到一定程度破坏，森林变迁较前显著；山地深处区域植被保存较为良好，生态环境为良性。根据史料中动物资料的具体记载情况，讨论了历史时期人们关注和记载动物的原因。

关键词：唐宋时期；黄土高原；野生兽类；地理分布；生态环境

新中国成立以来，我国历史地理工作者对于黄土高原地区[2]历史时期自然环境变迁问题进行了多方面的研究，主要是针对历史时期该地区的天然植被分布及其变化、河湖水文状况及其变化、黄土地貌变化、沙漠的形成及扩展、土地利用方式的变化、人类活动与生态环境演变、气候变迁与土壤干层的形成、黄土高原综合治理方向与根治黄河等问题[3]进行了深入研究，为研究这一地区的生态变迁史提供了良好的基础。迄今为止，关于这一地区历史时期野生动物种群及其分布历史变迁的研究却显得比较缺乏，只是在一些关于动物历史地理研究的论著中作为其中一个局部地区有若干片段论说，关于这一专题的系统论述与深入探讨还是很有必要加强，因为动物是自然地理环境中最活跃的要素，能敏感地反映环境的质量及其变化，是生态环境变迁研究中不可缺少的组成部分。本文愿就历史文献所见

---

1 本文原载《历史地理》第 20 辑，上海人民出版社，2004 年 7 月，第 116-127 页，系中国科学院西部行动计划/中国科学院知识创新工程重大项目"西部生态环境演变规律与水土资源可持续利用研究"（KZCX1-10-02）资助成果。
2 本文"黄土高原地区"的概念主要根据吴传钧主编《中国经济地理》，北京：科学出版社，1998 年，第 309 页。
3 朱士光：《建国以来我国黄土高原地区历史自然地理研究工作的回顾与展望》，《西北大学学报（自然科学版）》1994 年第 3 期。

唐宋时期黄土高原地区的兽类状况及其反映的生态环境这一问题稍作探讨，为开展这一专题的生态综合研究整理一点基础资料。

　　纵然我国的历史文献异常丰富，人类出于各种原因也一直比较关注动物，但在唐宋时期，很少有关于动物状况的专门记录资料，这使得与本专题有关的资料多散见于方志文献、历代正史、杂史、政书、类书、笔记、小说及诗文集的只言片语中。本文就目前的工作情况，尽量汇集各类文献中的零碎记载，对该时期黄土高原地区的兽类状况进行分析。需要说明的是，本文论述的时段从唐初（公元618 年）到宋末（1279 年）近 700 年的时间，从地域范围和时间角度来看，涉及唐、五代、北宋、南宋、西夏、辽、金等王朝，为了叙述方便统称为"唐宋时期"；论述的对象主要是野生兽类动物。

一、主要兽类数量状况及其分布

　　自先秦时代，黄土高原地区就生存着数量众多、种类丰富的动物种群，依据本文讨论的区域、时段、对象概念等标准，对所收集的资料进行整理和初步分析，根据《中国大百科全书·生物学》中动物学的分类，归纳出唐宋时期黄土高原地区的主要野生兽类（哺乳纲）至少有 7 目 16 科 21 属（种）[1]。其中，鹿类动物的记载较其他动物多，能在一定程度反映出它的属种较丰富，数量较大，分布较为广泛。

　　野生兽类种属如此丰富，无法一一加以考述，比较可取的做法是选择那些具有生态标志性的动物，尤其是人类出于不同原因曾经较为关注、记载较多的动物做重点考察，进行可能的具体研究。据现有资料，笔者对以下几种动物及其分布进行初步分析：

1. 虎

　　虎（*Panthera tigris*），主要栖息在森林山地，常偷袭或追捕鹿、狍、野猪或其他兽类，也时常对人类有一定的威胁。因此关于虎的资料多零散出现在正史的本纪、列传部分，或者是笔记小说当中，以叙事的形式描述虎伤人或入城的情景。史前时期以来即有虎在黄土高原生存，[2] 唐宋时期更是不乏其踪，数量丰富，分布广泛。

---

1 历史文献中关于动物的记载资料极为零碎，并且对于动物的种属时常记载模糊，叙述起来相当困难，更无法从统计学上做出细致的数量说明，所以，本文根据不同记载的实际情况，只能将记载所见不同动物的分类基本确定到属或种，很难确定到属的则不列入讨论范围。后文中列表亦同。

2 周明镇：《蓝田猿人动物群的性质和时代》，《科学通报》1965 年第 6 期。

　　《新唐书》卷三五《五行志》记载："大历四年（公元 769 年）八月己卯，虎入京师长寿坊宰臣元载家庙，射杀之。……建中三年（公元 782 年）九月己亥夜，虎入宣阳里，伤人二，诘朝获之。"据杨鸿年《隋唐两京坊里谱》[1]考证"京师长寿坊"和"宣阳里"（即宣阳坊）当时都属于居民区，分别位于今陕西省西安市高新区赵家坡附近和雁塔区李家村一带，这条记载表明唐代时常有虎闯入京城居民区。《太平广记》记载永泰（唐代宗时年号）中华州（今陕西华县）虎暴。所谓虎暴，应该是指数量较多或出现次数频繁的虎对人及其家畜的袭击和伤害事件。这表明当时该地区虎的数量是比较多、遇见率是比较频繁的。还记载了凤翔府李将军为虎所取事件[2]；《唐阙史·虎食伊璠》记载泾阳令伊璠夜行蓝关（今陕西蓝田县），为猛虎搏而食之。[3] 张读《宣室志·淮南军卒》记载军卒赵某奉命前往京师送文书，道至华阴县（今陕西华阴县）一岳庙，见庭中虎豹麋鹿狐兔禽鸟近数万。这些描述可以推测唐宋时期在陕西关中地区有相当数量的虎分布。

　　唐玄宗天宝年间（742—756 年），河南缑氏县令（今河南偃师市）张羯忠大猎于该县太子陵东，格杀数虎。[4]《新唐书》记载虢王凤"喜畋游，遇官属尤嫚。使奴蒙虎皮，怖其参军陆英俊几死，因大笑为乐"[5]。虢州为今河南灵宝地，据《唐会要》卷六十七记载："东都西南联邓、虢，山谷旷远，多麋鹿猛兽，人习射猎，不务耕稼。"看来这个地区自古就森林茂密，猛兽极多，唐时依然如此，那么，此处虢王凤用来恶作剧的虎皮自然是就近猎获无疑。五代时期后周广顺元年（951 年）八月"癸巳，虎入西京修行寺伤人"[6]，当时的西京即为今河南洛阳，北依邙山。《太平广记》卷九七记载陆浑山（位于今河南嵩县）中有野猪与虎相斗。《宋史》记载李继宣奉命往陕州捕虎，杀二十余，并且生擒二虎、一豹[7]，这些具体的数字可以告诉我们陕州今河南陕县有数量较多的虎分布，似乎是虎类一个比较合适的栖息地。以上这些记载都发生在豫西北地区，大致位于秦岭山脉的东段，有数量较多的虎生存于此，推测当时这些地区林木相当茂密（这将在后文讨论），生境良好，局部地区还成为虎的栖息地，今天河南北部山地（晋豫边界）仍有华北

1　杨鸿年：《隋唐两京坊里谱》，上海：上海古籍出版社，1999 年。

2　宋·李昉：《太平广记》卷二八九《明思远》、卷四三二《虎恤人》，北京：中华书局，1961 年。《太平广记》及其他类似的小说体文献中某些故事情节虽有神异志怪之嫌，不可轻信，但其中对于许多动物的形态及生活习性的描述基本符合事实，因此我们可以断定，至少所述地区存在过或者存在这些动物才使得这些描述基本准确，可以在某种程度上反映当时动物的一些具体情况。因此，将其列入资料提取的文献范围。

3　李健超：《秦岭地区古代兽类与环境变迁》，《中国历史地理论丛》2002 年第 4 期。

4　《太平广记·博异记》。

5　《新唐书·虢王凤传》。

6　《旧五代史·周书二》。

7　《宋史·李继宣传》。

亚种虎分布。《旧唐书·唐文宗本纪》记载太和元年（公元 827 年）十一月丙申，河中虞乡县有虎入灵峰观，河中虞乡位于今山西永济地区。《宋史》卷二七零记载秦州（今甘肃天水）有"贱市狨（金丝猴）毛虎皮"的现象，看来这两种动物的皮毛并不难得，不然也不会以低贱的价格买卖了，由此可推断它们的数量并不算少。

　　根据以上记载，我们可以看出在今陕西关中、河南省西北部、山西南部以及甘肃中部等地有相当数量的虎存在，主要分布于靠近山脉或丘陵的地区（见图 1），而且通过对虎暴及虎入城、低价买卖虎皮等记载的分析，我们可以看出当时虎在所分布地区的遇见率、捕获率是比较高的，因此推测它的数量也是相当可观的。然而，现在虎在本区的分布范围已大大缩小，只在河南北部山地（晋豫边界）、山西北部山地及甘肃会宁有所分布[1]，数量也急剧下降，遇见率极低，这是由于人类经济活动的不断扩展，森林植被的不断破坏造成的。

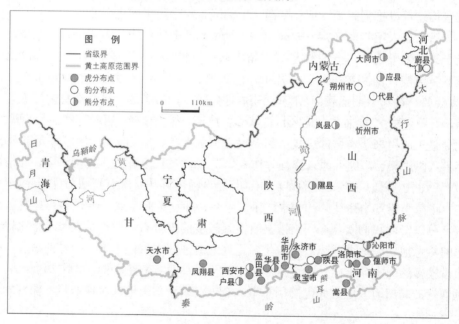

图 1　唐宋时期黄土高原地区虎、豹、熊分布图

该图根据吴传钧主编《中国经济地理》（科学出版社，1998 年版）第 309 页"黄土高原"的概念范围，以《中国地图集》"河北省"、"山西省"、"陕西省"、"宁夏回族自治区"、"甘肃省"、"青海省"、"河南省"图幅（北京：中国地图出版社，2013 年，第 50-51、60-61、212-213、229-231、218-219、224-225、141-143 页）为底图，将相关文献记录进行统计、整理和分析，利用 Mapinfo 绘图软件绘制而成，主要体现动物资料中所见的分布地点。

1　高耀亭等编著：《中国动物志·兽纲》，北京：科学出版社，1987 年，358 页。

2．豹

豹（*Panthera pardus*；*leopard*），又名金钱豹，体形似虎，但比虎小，尤喜茂密的树林或大森林。人类很早就对豹有所认识和利用。虎豹向来被并举为凶猛的野兽，《诗·郑风·羔裘》有一句话："羔裘豹饰，孔武有力。"人们认为将衣服缘以豹皮可以使人勇武有力。另外，在古代，豹是一种崇高荣誉的标志，《易·革》曰"君子豹变，其文蔚也"，表示人的行为有很大变化，像豹纹那样显著。后来用以比喻伟大的人物行动变化莫测，出人意料地上升到显贵的地位。在此基础上豹尾被附会了一层特殊意义，也因此有了一种特殊的用途，即装饰车驾，宋罗愿《尔雅翼·释兽二》对此有详细的解释："豹尾车，周制也，象君子豹变。以尾言者，谦也。古者军正建之。汉大驾属车八十一乘，作三行，尚书、御史乘之，最后一乘具豹尾。"可见，豹尾最初用来装饰战车，豹象征军队的作战勇武、变化莫测，尾表示一种谦谨的作风；汉代则用于尚书、御史所乘之车，在最后一乘悬挂豹尾表示；自晋以后逐渐用作普通官员的冠饰与舆饰[1]。关于豹尾车制的演变在《通典》卷四十八《器服略二·车辂之制》中有详细的记载。豹尾还用来比喻建立伟大的功业，古人有"男儿不建豹尾，不能归也"之语。[2]

正是因为豹，特别是豹尾，在人们观念上和使用上的特殊意义，《新唐书·地理志》《元和郡县图志》《通典》《元丰九域志》《通志·地理略》《太平寰宇记》等保存有较完备的唐宋时期各地土贡豹和豹尾的记载。所谓土贡，一般是指某地区获取比较容易的数量较多、质量较好的土特产品，因此能以豹或豹尾作为土贡的地区多数有豹生存，并且数量不少。故我们以此为依据，不需太费力气，就可以比较清楚地确定当时豹的主要分布区域，即忻州（今山西忻州市）、代州（今山西代县）、朔州（今山西朔县）、蔚州（今河北蔚县）等地。另外《宋史》卷三〇七记载李继宣奉命往陕州捕虎，杀二十余，并且生擒二虎、一豹，陕州位于今天的河南陕县，看来也有豹分布。《宣室志·淮南军卒》记载军卒赵某奉命前往京师送文书，道至华阴县一岳庙见庭中鸟兽近数万，其中也有豹的出现，华阴即今天的陕西华阴县。从以上分析来看，豹的分布范围似乎比虎的范围小得多，可以推测出主要在山西北部的吕梁山地附近的森林地带以及陕西中部秦岭北麓地区。然而，据现代动物学研究，豹的适应性是很强的，可生存于多种多样的环境，包括森林、灌丛、山地、丘陵、平原、干旱地、湿地甚至荒漠等，分布范围应该是相当广泛的，今天除了台湾、辽宁、山东、宁夏和新疆外，各省区皆有分布[3]。由此我们可

---

1 晋·崔豹：《古今注》卷上《舆服第一》。

2 《晋书·沈充传》。

3 高耀亭等编著：《中国动物志·兽纲》，北京：科学出版社，1987年，第348页。

以推断历史时期豹的分布范围应该广泛得多。那么，出现以上情况是由于史料记载缺失导致，抑或实际情况即如此，尚待进一步考证。从我们所搜集到的资料看，至少在以上所述地区当时有豹分布（见图1）。

3. 熊

熊（*Ursidae*；bears）科动物是食肉兽中属杂食性的大型动物，栖息于山林中。史籍中所见之熊实为黑熊、棕熊两种，它们具有较高的经济价值，其毛皮、肉、脂、胆、掌均可利用。然而，有时熊也给农业、畜牧业、果树业和养蜂业带来不同程度的危害，尤其是棕熊，在某些地方还有主动伤害人畜的事例。因此，不仅在各正史与小说中对熊有描述性记载，在各地理总志中也有关于熊胆、熊掌等贡赋的详细记录。

《旧唐书》记载太和四年（830年）冬十月"己酉，京师有熊入庄严寺"[1]，庄严寺位于长安城和平坊内，[2] 属于居民生活区，相当于今天的陕西西安市高新区木塔寨一带。《太平广记》卷二三八记载唐宁王曾猎于鄠县获一熊，鄠县即今陕西户县；《旧五代史》卷一一〇后周太祖诏书说道华州有熊胆入贡，华州即今陕西华县。看来这两地也有熊的分布。以上记载推断熊在陕西关中一带有所分布。

《旧五代史》卷四八记载后唐末帝清泰三年（936年）夏四月有熊入京城搏人，此处京城即位于今河南境内北依邙山的洛阳。《辽史》卷七记载辽穆宗应历十九年（969年）三月己巳，到怀州（今河南沁阳）狩猎获熊，欢饮方醉的事件。可推测当时豫西北也有熊分布。

晋北及晋西吕梁山地是唐宋时期熊在黄土高原的主要分布地区，也是数量较多的地区。《新唐书·地理志》《太平寰宇记》[3]记载岚州楼烦郡进贡熊鞟（鞟，去毛的兽皮）；岚州楼烦郡，今山西岚县北。《元和郡县图志》记载河东道隰州开元间贡熊皮[4]，隰州，今山西隰县。辽兴宗猎于应县黄花山，日获熊36只；金代时大同府等地还贡有鹿茸、麝香和熊胆。[5] 这些都间接说明当时晋北及晋西吕梁山地熊数量比较多，其毛皮、胆脂等足以成为这些地区进贡特产，同时说明这些地区的林木相当茂密，生境良好，否则也无法有这么多的熊潜踪其中。

另外与晋北邻近的河北北部也有熊零星分布。《新唐书·地理志》《元和郡县图志》《宋史·地理志》、宋乐史《太平寰宇记》分别记载唐宋两朝蔚州（河北蔚

1 《旧唐书·文宗本纪》。

2 杨鸿年：《隋唐两京坊里谱》，上海：上海古籍出版社，1999年。

3 宋·乐史：《太平寰宇记》卷四一一，金陵书局本。

4 唐·李吉辅：《元和郡县图志》卷十四，北京：中华书局，1983年。

5 山西省地图集编纂委员会编制：《山西历史地图集》第144-146页"自然图组·历代兽类"中文字部分。

县）所贡物品有熊皮、熊胆等。

从以上资料我们可以推断出唐宋时期黄土高原的陕西关中、豫西北、晋北及晋西吕梁山地、河北北部等地区均有熊分布，其中晋北及晋西吕梁山地是其主要分布地区，也是数量较多的地区（见图1）。然而，现在的动物研究表明，由于森林的砍伐和人类经济活动的影响，熊的分布范围已大大缩小，棕熊在黄土高原地区已绝迹，黑熊在该地区也仅见于陕西、甘肃两省。[1]

4. 鹿

鹿（*Cervidae*；*cervids*）类动物[2]，是大型陆地野生食草动物的典型种类，共包括16属约52种。鹿类动物栖息于苔原、林区、荒漠、灌丛和沼泽，吃草、树皮、嫩枝和幼树苗。鹿类动物也是重要的经济动物，鹿茸是名贵的中药材，为大补珍品，鹿肉是野味，中古及上古时代，鹿肉曾是重要的肉食之一，鹿皮可制革。

在历史上，鹿类曾对当地居民的经济生活产生了非常重要的影响。由于与人类之间的这种密切关系，唐宋时期历史文献中属于黄土高原的地区的鹿类直接记载很多，但对于其种属却记载模糊，根据现有资料并参考有关文献及论著，我们大体可以分辨出主要有梅花鹿、麝、獐和少量的麋鹿[3]几种，至于其他属种，则无法断定。因此仅将可分辨的这四种动物的资料进行整理并列成表1。

表1　唐宋时期黄土高原梅花鹿、獐、麋鹿和麝的文献记载

动物	古地记载	今地转换	记载方式	史料来源及卷次
梅花鹿	京师	陕西西安	叙事描述	TH 卷二九
	骊山	陕西临潼	叙事描述	C 卷二四、一一五
	同州	陕西大荔	叙事描述	C 卷二四、一一五
	麟州	陕西绥德	叙事描述	C 卷二四、一一五
	岚州	山西岚县	叙事描述	TP 卷六六
	秦州	甘肃天水	叙事描述	X 卷三五
獐	虢州	河南灵宝	叙事描述	JT 卷一九四
	京师	陕西西安	叙事描述	JT 卷一七下
	邠州	陕西彬县	物产贡赋	TP 卷三四
	宁州	甘肃宁县	物产贡赋	TP 卷三四

---

1 高耀亭等编著：《中国动物志·兽纲》，北京：科学出版社，1987年，第76-89页。

2 所谓鹿类动物，确切地说是指反刍亚目鹿上科动物，包括麝科和鹿科动物；但一般也将鼷鹿上科的鼷鹿算入鹿类。我国现存有鹿类动物21种，其中鹿上科动物20种，鼷鹿上科的鼷鹿1种，占全球鹿种总数的41.7%，是世界上鹿类动物分布较多的国家，其中麝属和鹿属的大部分种类，以及獐、毛冠鹿、白唇鹿等均系中国特有和主要分布于中国境内。参盛和林：《中国鹿类动物》，上海：华东师范大学出版社，1992年版，第1页。

3 此处四种鹿类动物种的辨别主要参考王利华《中古华北的鹿类动物与生态环境》（刊于《中国社会科学》2002年第3期）一文的有关论述，尤其是梅花鹿种的辨别。

动物	古地记载	今地转换	记载方式	史料来源及卷次
麋鹿	虢州	河南灵宝	叙事描述	X 卷一六三
	朔方	陕西靖边	叙事描述	JT 卷九三
麝	虢州	河南灵宝	物产贡赋	X 卷三八；YH 卷六；S 卷八七；TP 卷六；YF 卷三；TZ 卷四〇；W 卷三二
	陕州	河南陕县	物产贡赋	TP 卷六
	隰州	山西隰县	物产贡赋	YH 卷一二
	石州	山西离石	物产贡赋	YH 卷一四；TP 卷四二
	岚州	山西岚县	物产贡赋	X 卷三九；S 卷八六；YF 卷四；TZ 卷四〇；W 卷二二
	宪州	山西静乐	物产贡赋	S 卷八六；YF 卷四；W 卷三一六
	忻州	山西忻州	物产贡赋	X 卷三九；YH 卷一四；S 卷八六；TP 卷四二；YF 卷四；TZ 卷四〇
	代州	山西代县	物产贡赋	X 卷三九；YH 卷一四；S 卷八六；TP 卷四九；YF 卷四
	华州	陕西华县	物产贡赋	YH 卷二；JW 卷一一〇
	同州	陕西大荔	物产贡赋	X 卷三七；TP 卷二八
	鄜州	陕西富县	物产贡赋	S 卷八七
	丹州	陕西宜川	物产贡赋	X 卷三七；YH 卷三；TP 卷三五；YF 卷三；TZ 卷四〇；W 卷三二
	延州	陕西延安	物产贡赋	X 卷三七；YH 卷三；S 卷八七；TP 卷三六；YF 卷三；TZ 卷四〇；W 卷三二
	保安军	陕西志丹	叙事描述	S 卷一八六
	泾州	甘肃泾川	物产贡赋	TP 卷三二
	渭州	甘肃平凉	物产贡赋	X 卷四〇；YH 卷三九；TP 卷一五一；TZ 卷四〇；W 卷二二
	秦州	甘肃天水	物产贡赋	TP 卷一五〇
	巩州	甘肃陇西	物产贡赋	S 卷八七；YF 卷三
	洮州（熙州）	甘肃临洮	物产贡赋	X 卷四〇；S 卷八七；YF 卷三；W 卷二二
	河州	甘肃临夏	物产贡赋	X 卷四〇；YH 卷三九；S 卷八七；YF 卷三；TZ 卷四〇；W 卷二二
	兰州	甘肃兰州	物产贡赋	X 卷四〇；TZ 卷四〇；W 卷二二
	庆州	甘肃庆阳	物产贡赋	X 卷三七；YH 卷三；S 卷八七；TP 卷三三；YF 卷三；TZ 卷四〇；W 卷三二
	灵州	宁夏灵武	物产贡赋	X 卷三七；YH 卷四；TP 卷三六；TZ 卷四〇；W 卷三二

注：JT—《旧唐书》；X—《新唐书》；YH—《元和郡县图志》；TH—《唐会要》；JW—《旧五代史》；S—《宋史》；TP—《太平寰宇记》；YF—《元丰九域志》；TZ—《通志》；C—《册府元龟》；W—《文献通考》。

　　由表 1 可以看出鹿类动物是唐宋时期黄土高原地区分布的优势动物种群，数量繁多，陕西关中盆地、陕北高原，山西北部，河南西北，甘肃中、东部，以及宁夏灵武、内蒙古准格尔旗都有分布（见图 2）。其中关于麝属（*Moschus*；musk deer）的资料最多，主要以物产贡赋的方式记载，我们可以断定当时黄土高原的麝类资源丰富，主要分布在陕西关中地区、陕北高原大部、山西西部、北部、甘肃中部、东部以及宁夏灵武、河南西北部等地区，由于麝性喜栖居山林，因此可推知当时这些地区的林区保护较好。

　　从鹿类资料的记载情况中，我们可以初步分析历史时期人类关注和记载这些动物主要出于以下原因：

　　首先，鹿类动物数量极多，历来为狩猎的主要捕获对象。据研究者统计，见于现有甲骨文卜辞中的鹿类猎获数量，仅武丁时期就达 2 000 头之多，每次捕猎鹿类常在百头以上，其中有一次"获麋"的数量竟多达 451 头！[1] 殷墟动物骨骼的出土情况证实了甲骨卜辞记载的真实性。《逸周书·世俘解》记载武王狩猎曾经捕获了 13 种野兽计 10 235 头，其中包括麋、麈（鹿群重之雄性头鹿）、麝、麇（即獐）和鹿（应主要为梅花鹿）等在内的鹿类动物 8 839 头，占全部猎物数量的76.5%；而麋又占鹿类之中的大多数（超过 59%）。到了唐宋时期鹿类虽然狩猎所获的数量没有以前那么多，但依然是狩猎的常见动物。如唐高宗龙朔元年（公元661 年）十月五日，狩于陆浑县（今河南嵩县东北）附近的飞山顿，获四鹿；[2] 唐张读《宣室志》记载振武军都将王含之母金氏常驰健马入深山猎获熊、鹿、狐、兔甚多，等等。

　　其次，鹿类动物具有巨大的经济利用价值，猎鹿的目的就是获得所需的鹿产品。鹿类动物遍身是宝，比如鹿茸、麝香、鹿角、鹿骨、鹿尾、鹿筋、鹿胎、鹿肾等都是名贵的中药材，鹿皮可以加工制成各种服饰，鹿毛可以制成鹿毛笔，鹿肉和獐肉具有很高的滋补营养价值。早在春秋战国时期，鹿肉就是人们的主要肉食来源之一，到唐宋时期，鹿肉不仅在上层社会的饮食中是相当常见之物，在百姓中也有食用。《旧唐书》卷一七七记载河内济源（今河南济源）人裴休年少时拒绝同学邀请他一起食用烹煮的鹿肉。这时鹿类产品已被广泛开发利用，丰富的鹿类资源使各州郡有多种鹿类产品上贡朝廷并被记载下来。

　　此外，鹿很早就在古人的意识里占据了重要的地位，"鹿"、"禄"同音，古人视之为吉祥动物，尤其是白鹿。所谓"白鹿"，不过是梅花鹿隐性白化基因的表现型，是一种罕见的变异现象，发生概率极小，因此被封建统治阶级推崇为帝王圣

1 孟世凯：《商代田猎性质初探》，载胡厚宣主编：《甲骨文与殷商史》，上海：上海古籍出版社，1983 年。

2 宋·王溥：《唐会要》卷二十八。

明仁德所感而致。《瑞应图》曰："天鹿者，纯善之兽也。道备则白鹿见，王者明惠及下则见。"[1] 因之，地方一旦发现或捕获白鹿必定要报知朝廷，上献皇帝，因此关于白鹿的记载甚多。

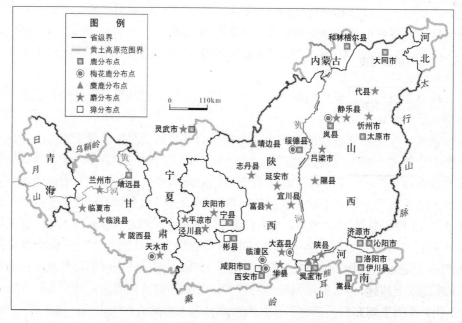

图2　唐宋时期黄土高原地区鹿类动物分布图

该图与图1所采用的底图及绘制方法相同，结合了对文献所见鹿类资料的统计、整理和分析，其中可以辨别属种的鹿类以其属种名称标示其分布地点，无法辨别其属种的统一以"鹿"名称标示其分布地点。

5. 其他兽类分布状况

在所见兽类资料中，涉及的种类很多，根据资料情况，已将记载相对较多的动物，如虎、豹等的数量、分布状况进行了详细的论述，对于其他记载较少的动物资料根据情况进行以下两种方式的处理：对于那些至今在黄土高原地区依然分布较多，但史料记载只是偶然提及、不能确定当时具体数量和分布特征的动物资料，暂不列入分析范围，留待以后研究；而对于那些虽然史料来源单一、记载较少但却能一定程度反映其分布特征的动物资料，整理其中五种列表2如下，以备全文分析。

---

1 唐·欧阳询撰，王绍楹校：《艺文类聚》卷第九十九《祥瑞部下》，上海：上海古籍出版社，1982年。

表 2　其他兽类分布状况

兽类名称	记载方式	分布地区	文献来源
牦牛	贡赋牦牛尾	山西大同、甘肃天水	《元和郡县图志》《通志》
羚羊	贡赋羚羊角	陕西华县、府谷西北、志丹	《太平寰宇记》《新唐书·地理志》
野马	贡赋野马皮	陕西府谷、甘肃靖远、兰州、宁夏灵武和内蒙古和林格尔	《元和郡县图志》《新唐书·地理志》《太平寰宇记》
金丝猴（古称狨）	买卖及贡赋狨皮	陕西蓝田、陇县、甘肃天水	《宋史·列传二九》《太平寰宇记》
大熊猫（古称貘）	赐赠大熊猫皮或活体	陕西西安	《旧唐书·薛万彻传》胡锦矗：大熊猫之最，《野生动物》，1984.4

二、从兽类资料初步推测黄土高原的生态环境

通过以上叙述，我们对唐宋时期黄土高原的兽类种群及分布情况，已经取得了一个大致的了解和推测。就总体情况概略地说，当时黄土高原地区有不少地方存在数量可观的兽类，其分布地则主要在豫西山地丘陵地区、晋西吕梁山地、中条山地、晋北山地、陕西关中秦岭北麓、陕北黄龙山地、陇中高原等多山高原区及其附近，平原地区分布较少。作出这样数量和分布上的估计，一方面是因为以上所述的文献中有不少关于各种动物及动物产品出现地和产地的直接记载；另一方面是在关于狩猎活动的记载中，时而出现相当大的捕获数字。

我们知道，生态系统是生物群落及其地理环境相互作用的自然系统，包含四个基本组成成分，即无机环境、生物的生产者（绿色植物）、消费者（草食动物和肉食动物）和分解者（腐生微生物），其最基本的功能和特征是以生物为核心的能量流动和物质循环。生态系统内的生物种类组成、种群数量、种群分布同具体的地理环境的联系，构成各自的机构特征。[1] 而动物作为其中最活跃的要素，能敏感地反映环境的质量及其变化。反过来说，任何一种野生动物的生存和繁衍，都是与一定的生态环境，包括无机环境和生物环境相适应的。[2] 就生物环境而言，各种生物之间存在食物链（或食物网）的相互联系，不同动物的分布范围、种群

1　辞海编辑委员会编：《辞海》，上海：上海辞书出版社，1989 年（缩印版），第 1948 页。

2　陈鹏：《动物地理学》，北京：高等教育出版社，1986 年，第 6 页。

大小和密度高低，既取决于食物资源的分布及其丰富程度，又一定程度上受到它们之间复杂的竞争、共生与捕食关系的影响。而经济动物，则与人口密度、经济生产方式之间有着极为密切的关系。因此，动物种群数量的增长与减少，分布区域的扩大与缩小，绝对不是一种孤立的现象，而是对生态环境及其变化的综合反映。相应地，特定区域中动物、特别是某些典型动物的种群大小及其分布情况，也就成为判断该区域整体生态状况的重要指标。这为我们就所述各种动物的描述及分布情况对唐宋时期黄土高原地区的生态环境稍作推测提供了科学依据。

首先，从动物与环境的角度来讲，任何动物都会选择最适宜的环境生存，并繁衍其后代。对某一种类来说，不适宜的或受到侵扰的环境，常常成为动物生存、分布的限制。如果哪一种动物脱离了适合它生存的环境或者出现异常行为，那么，必然是生物环境或无机环境发生了非常态变化。在我国古代历史上相当长的时间内，黄土高原原面、基岩山地及沟谷地带曾经分布有不同类型的植被，"山川林谷美，天材之利多"，种类丰富、数量众多的动物徜徉其间。然而，前面的叙述中提到，唐宋时期出现了一些特别现象，那就是经常会有虎、豹、熊等动物闯进居民区，甚至形成虎暴等灾害，主动伤人，就此我们可以对动物的生存环境稍作分析。

分析闯入这一时期长安、洛阳两都城的虎、熊等动物可能有以下两种来源：一是来自营建于都城内外、豢养百兽供帝王弋猎的皇家苑囿。自汉代以来，封建帝王就形成了在京城内外营建苑囿以供弋猎之娱的惯例。就长安城而言，城内即有东、西两内苑，城外皇城之北则有面积最大的禁苑，[1] 是皇帝游猎的地方。至于东都洛阳城，则城内东北隅有修造于汉魏的华林园，"树松竹草木，捕禽兽以充其中"，历来为射猎娱乐之所。城西又有禁苑东抵宫城，西临九曲，北背邙阜，南距飞仙，也是很好的弋猎之所。[2] 因此，这些苑囿中所豢养的各种动物完全有可能误闯入城内的居民区。二是来自秦岭关中山脉及邙山之麓，因为长安城与洛阳城分别位于这两山脉的山麓，生存于这两山脉边缘地区的野生动物也有可能出现在京城附近。无论上述哪种来源，有动物出现都不足为奇。然而它们入城或伤人的频繁则不可视为平常现象，这既有环境的关系，也有人为的因素。如果自然生态系统完好，野生动物数量丰富，动物觅食容易，一般不敢去攻击人；尤其是虎天性多疑，只有在找不到野食的情况下，才会冒险去接近居民生活区。因此，推测当时或者皇家苑囿遭到破坏，或者秦岭及邙山等山地边缘地带自然环境，尤其是植被受到某些程度的破坏，才会导致野生动物走出树林。根据记载，发现有野生动物伤人或入城事件发生的地区多位于平原地区或山地边缘向平原地区过渡的

1　北宋·宋敏求：《长安志》卷六，长安县志局印本；《旧唐书》卷三八《地理一》。

2　《水经注》卷一六《谷水注》；《旧唐书》卷三八《地理一》。

地带（如前文所述及的陕西华县、河南陕县等地虎暴伤人事件），因此，我们可以推测唐宋时期黄土高原地区的山地边缘地带与平原地区的生态环境受到一定程度的破坏。

栖息地退化是动物脱离原来环境的可能因素之一，植被是动物栖息地的一个重要组成部分，也是生态系统中的生产者，因此，植被状况是影响动物生存的一个重要因素。森林的破坏和消失，有其自然的原因，也有人为的原因，如农牧业的发展，以木材作为燃料，修筑宫室苑囿、进行军事行动等都会破坏森林。史念海先生曾对黄河中游地区的森林问题进行了系统的研究，认为历史上黄土高原地区有大量的森林、草原及荒漠植被存在，森林地带不仅在山地存在，即使平原地区，如泾渭下游的关中平原，也有大片的森林。然而，随着人类历史和农业经济的不断发展，该地区森林遭到阶段性的破坏，经历了西周春秋战国、秦汉魏晋南北朝两个时期的破坏后，自隋唐时期以来，人口密度逐步提高，封建社会经济高度发展，使得平原地区的林草地被开垦为农田，丘陵山地的林木也由于各种需求的扩大而遭到砍伐，各种人为因素的破坏，致使平原已无林区，森林的破坏开始移向更远的山区。因此，这时，仅豫西山地丘陵、晋西吕梁山、中条山、陕西关中秦岭、陕北黄龙山、陇山等山地高原区的森林植被保存较好[1]，这使得可供动物活动的空间渐趋减缩，栖息地有所退化，又由于受到森林破坏的生境影响，使动物可能脱离原来的环境闯入新的境地。

狩猎也是动物及其生境受到侵扰的因素之一。自远古时代，人类便以采集和捕猎为主要的经济活动，唐宋时期，狩猎依然是人们的一项重要的经济及娱乐活动。封建帝王动辄出行狩猎，平民百姓也常以骑射田猎为乐趣，"杀获甚多"，某种程度上破坏了动物生存环境的原始状态及生态系统的良性循环和平衡，使山地边缘地带及平原地区的动物逐步后退至山地深处。

其次，判断一个地区自然生态环境好坏的一个重要标准是生物多样性，包含物种丰度（species richness，即一个地区内生物物种的数量）和物种多度（species abundance，即某单一物种的多度，有相对多度和绝对多度，多度可用数量或生物量来测量）两方面。生物多样性是维持生态系统稳定性的重要因素，生物多样性可以提高系统对扰动的抵抗力或增加生态系统的可靠性。植物和动物是生物多样性中的两个重要的基本组成部分，也是生态系统中最重要的两个组成部分。生态系统越简单就越不稳定，物种丰富的群落较物种贫乏的群落具较高的稳定性；物种的灭绝和多样性的消失，就会带来生物圈链环的破碎，使生物多样性不断减少，

---

1 史念海：《历史时期黄河中游的森林》，载《黄土高原历史地理研究》，郑州：黄河水利出版社，2001 年，第 433-478 页。

改变或损伤生态系统的稳定性，导致环境恶化，也就瓦解了人类的生存基础。[1]

根据资料统计分析，唐宋时期黄土高原地区的主要野生兽类至少有 7 目 16 科 21 属（种）（见表 3），既有森林动物如虎、豹、熊、猕猴、貘（大熊猫）、野猪、狼、狐、鹿等，也有草原动物如野马、牦牛等，还有草原及森林草原动物如羚羊、野兔和鼠类等，另有现在仅属于热带地区的动物，如犀牛和象[2]等。这首先说明了这一地区的物种丰度较高。另外，由于动物的移徙活动和史料记载中文字描述的局限，我们很难就某个地区野生动物的分布密度获得一个精确的数据，只能采用统计捕获率、遇见率等，取得一个大致的了解，可以得出该地区同样具有较高的物种多度。这说明当时虽然平原地区的森林遭到破坏，但一些山地深处区域，特别是吕梁山区的森林保存还是比较好的，所以才可能有数量如此丰富的野生动物生存其间。在各种高等食草动物中，鹿类是对生境，特别是林草地的要求比较严格的一类，它的种群数量和分布区域对生态环境的改变反应比较灵敏，其历史变化乃是人类活动改变生态环境的直接后果之一，是生态环境变迁的重要历史表征。较多的鹿类存在，即意味着山地深处的植被覆盖尚称良好，生态环境还没有遭到很大程度的破坏。

表 3　唐宋时期黄土高原的主要野生兽类（哺乳纲）

目	科	属（种）	目	科	属（种）
灵长目	疣猴科	金丝猴	偶蹄目	鹿科	鹿属（梅花鹿）
	长臂猿科	长臂猿			麋鹿
兔行目	兔科	野兔			獐
啮齿目	鼠科	鼠		麝科	麝
	鼯鼠科	鼯鼠		牛科	牦牛
食肉目	犬科	犬属（狼）			羚羊
		狐		猪科	猪属（野猪）
	熊科	黑熊、棕熊	奇蹄目	马科	马属（野马）
	猫科	豹属（虎）		犀科	犀牛
		豹属（金钱豹）	长鼻目	象科	亚洲象
	大熊猫科	大熊猫			

1　王国宏：《再论生物多样性与生态系统的稳定性》，《生物多样性》2002 年第 10 卷第 1 期。
2　关于犀牛和象的资料虽然较少，但能说明唐代在黄土高原地区有它们的存在，各举其中一例：《新唐书·百官志》"开元初，闲厩马至万余匹，骆驼、巨象皆养焉"；《全唐词·吕渭·忆长安·八月》"忆长安，八月时，阙下天高旧仪。衣冠共颁金镜，犀象对舞丹墀。更爱终南瀍上，可怜秋草碧滋"等。

除此之外，我们还可以从生态系统中生物之间存在的食物链（或食物网）关系分析，因为食物链（网）是保持生态系统结构和功能相对稳定性的重要因素。拥有连续而稳定的食物链（网）的生态系统才是一个优良的生态系统。在生态系统中，绿色植物为生产者，鹿类等各种草食动物为初级消费者，虎、豹、狼、狐等肉食动物为高级消费者。通过前面的论述我们知道，数量众多的鹿类及其他食草动物的存在可以说明绿色植被的状况很好，同时，如此丰富的食草动物为大型食肉动物提供了食物条件，因此，相应地，后者必定也有一定的种群数量，这在前面所提到的相关史料的描述与论述中也可以得到体现。如此看来，这个地区总体说来食物链（网）是基本连续和稳定的，因此我们也可以推断当时黄土高原地区山地深处的生态环境是较好的。

物种多样性分布格局的影响因子之一是气候，适宜的气候允许较多的物种生存，这可以从野生兽类的丰富种类证实当时该地区气候适宜。关于这一时期的气候状况及其波动已有很多研究成果[1]，这里不再赘述。

三、初步结论

在以上的论述与分析中，我们可以对唐宋时期黄土高原地区的野生兽类在历史文献中的记载情况及其反映出的数量及分布状况有一个初步的了解，并且对当时的生态环境稍作推测，可以初步得出如下结论：

（1）各种史料记载动物的方式和内容各不相同，反映了当时人类关注和记载动物的主要出发点

一是从实用的角度出发，多记载有用于人类的动物，如狨（即金丝猴）的毛皮可制作狨座，麝香可做药及香料用、熊胆及熊掌亦可药用及滋补、羚羊角则可做装饰用等。

二是从生存的角度出发，多记载有威胁于人类的动物，如虎暴、狼暴、鼠害等。

三是从符瑞思想出发，多记载具有某种符瑞意义的动物，如发生几率较小的各种隐性基因白化动物——白虎、白鹿、白兔、白狐、白熊、白鼠等，其中以白鹿较为多见。

---

1 竺可桢：《中国近五千年来气候变迁的初步研究》，《考古学报》1972 年第 1 期；满志敏：《唐代气候冷暖分期及各期气候冷暖特征的研究》，《历史地理》1990 年第 8 辑；费杰等：《基于黄土高原南部地区历史文献记录的唐代气候冷暖波动特征研究》，《中国历史地理论丛》2001 年第 4 期等。

（2）唐宋时期黄土高原地区的野生兽类数量与分布状况，以及这一时期该地区生态环境的推测

当时黄土高原地区有不少地方存在数量相当可观的兽类，其分布地主要在豫西山地丘陵地区、晋西吕梁山地、中条山地、晋北山地、陕西关中秦岭北麓、陕北黄龙山地、陇中高原等多山高原区及山地深处地区，平原地区分布较少。无论从动物种类丰富程度方面，还是从种群数量多寡的角度来看，唐宋时期黄土高原地区的兽类资源状况都比现在要好。

随着人类历史和农牧业经济的不断发展，人口密度逐步提高，向来作为主要燃料的木材需求量日益增加，宫室苑囿及一般居住的修筑和营建也对于木材的需求逐渐增加，大量的砍伐对森林造成了破坏，到唐宋时期，黄土高原地区的森林状况已有所变迁，平原地区的林草地被开垦为农田，丘陵山地的林木也由于各种需求的扩大而遭到砍伐，山地边缘地带的植被也遭到一定破坏，这使得可供动物活动的空间渐趋减缩，加之狩猎活动的侵扰，使这些地区的野生动物或者后退至山地深处的森林区，或者误闯入附近的居民生活区，因此，当时黄土高原地区的山地边缘地带与平原地区的生态环境遭到一定程度破坏，森林变迁显著。而从生态系统的生物多样性和食物链（网）连续性与完整性的评判标准来看，山地深处区域的植被状况尚称良好，其中豫西山地丘陵、晋西吕梁山、中条山、陕西关中秦岭、陕北黄龙山、陇山等山地高原区森林植被保存较好，山地区域的整体生态环境与今天相比可称良好。

A Preliminary Study of Beast Resources and Ecologic Environment in Loess Plateau during Tang and Song Dynasty

CAO Zhihong

Abstract: With the counting, sorting out and analyzing of the animal data recorded in the historical documents during Tang and Song Dynasty, the quantity and distribution characteristic of wild beast resources in Loess Plateau during that time are resumed, also the ecologic environment there are explored. The varieties and quantity of wild beasts that distributed more widely then were both larger than those at present. And the forest cover in the area of flatlands and borders of mountains was destroyed a certain extent and changed obviously, which was well preserved in the mountainous regions where the ecologic environment was better than now. Moreover，the reason that people recorded the animal and the relationship between people and them during historical period is also talked about，according to specific recording conditions.

Key words: Tang and Song Dynasty;　Loess Plateau;　wild beasts;　geographical distribution; ecologic environment

唐宋时期黄土高原地区的兽类[1]

曹志红

摘　要：本文通过对唐宋时期历史文献中的动物资料进行搜集、整理、统计和分析，结合相关研究成果，对唐宋时期黄土高原地区的野生兽类动物种类、数量及地理分布进行了恢复，初步探讨了这一时期该地区野生兽类状况。结论为：唐宋时期黄土高原地区所分布的兽类见于文献记载的至少有 8 目 19 科 25 属（种），与 2003 年动物分布资料相比，唐宋时期种类比较丰富，数量相当可观，分布区域比较广泛。

关键词：唐宋时期；黄土高原；兽类；地理分布；数量状况

　　20 世纪 80 年代以来，环境变迁研究在全世界受到广泛的重视，动物作为环境系统中的一个重要组成部分，能够敏感地反映环境的质量及其变化，是环境变迁的一个重要指示因子。因此要反映环境的完整概念，研究人类历史时期地理环境的变迁，建立具有现代科学意义的历史地理学，研究历史时期动物的变迁，就是不可缺少的重要环节。我国拥有世界上数量最多、内容最丰富、涉及范围最广的文献资料，为历史时期动物变迁研究提供了广阔前景和可能性。然而，动物变迁的研究却是环境变迁研究中最为薄弱的一个环节，因此有必要加强这方面的研究。基于此，笔者根据课题需要和资料情况，以唐宋时期为时间片断，选取环境变迁显著的黄土高原地区的兽类为研究对象进行断代性专题研究，以期丰富历史自然地理学和环境变迁研究的学科内容，同时为西部大开发战略中生态恢复、保护以及动物资源的保护与合理利用提供理论指导和历史借鉴。

---

1 本文原载陕西师范大学西北历史环境与经济社会发展研究中心编《历史环境与文明演进——2004 年历史地理国际学术研讨会论文集》，北京：商务印书馆，2005 年，第 158-180 页。系中国科学院知识创新工程重大项目"西部生态环境演变规律与水土资源可持续利用研究"（KZCX1-10-02）第二子课题"近 2000 年来西部环境变化研究"第三专题"历史时期的土地利用/土地覆盖格局变化及其影响机制"资助成果。

一、研究主题及资料说明

本文研究的是"黄土高原地区",关于这一地区的界线和范围问题,不同学科的观点一直都有分歧。本文同意张维邦先生的观点[1],认为黄土高原是一个地理区域,就其名称的含义来说是一个地貌概念,所以,它的划分应以地面岩性和地貌形态特征为主要依据。根据科学的划分依据,可以勾勒出位于黄河中上游和海河上游地区的黄土高原的界线,即东起太行山,西到日月山,南界秦岭,北抵鄂尔多斯高原。其范围包括山西省全部(107 市县),陕西省中、北部(秦岭以北 69市县)、甘肃省东南(乌鞘岭以东、甘南自治州以北 41 市县),宁夏回族自治区东南部(固原地区和盐池、同心县),青海省东北部(14 市县)河南省西北部(熊耳山以北 18 市县),内蒙古自治区南部三旗县(准格尔、和林格尔、清水河)及河北省西北四县(阳原、怀安、宣化、蔚县),共跨 8 个省区,合计 264 市县(区)。

本文论述的时段是"唐宋时期",指唐初(公元 618 年)到宋末(公元 1279年)近 700 年的时间,从地域范围和时间角度来看,涉及唐、五代、北宋、南宋、西夏、辽、金等王朝,为了叙述方便统称为"唐宋时期"。选取这一时段作为本文研究的时间断限,是基于该时期历史文献数量丰富、内容广泛,利于搜集动物资料进行研究的基础之上。

本文的研究对象是"兽类",主要就野生兽类而言,因为野生兽类的生存与分布受到人类活动的影响较小,能够更准确地反映环境的质量与变迁。大多数人类豢养的家畜,如马、牛、羊、猪等,对于环境指示作用不明显,不列入本文讨论范围之内。犀牛和象等对气候有明显指示作用的动物,虽属豢养但能明显反映气候状况的根据需要有选择地运用。

本文就研究对象而言,属于历史动物地理学范畴,归于历史自然地理学系统之下。历史动物地理学是研究历史时期动物在地球表面的分布及其生态地理规律的学科,其研究的资料来源主要是孢粉、化石、考古发现、历史文献等。由于本文所研究的时限是唐到宋近 700 年的时间,距今不过 1 000 多年,动物的骨骼在如此短的时间内还不可能形成化石。而唐宋时期由于社会经济、文化的高度发展,殉葬制度也已经由先前的实物殉葬改为动物模型殉葬,所以在考古发现中鲜有动物骨骼的出土。孢粉资料只能是作为讨论植被状况时引作旁证。因此该研究所能

---

1 张维邦:《黄土高原整治研究——黄土高原环境问题与定位试验研究》,北京:科学出版社,1992 年,第 5-9 页。

够运用的资料主要就是历史文献中的动物记录资料。

本文的研究目的主要是在一定程度上复原唐宋时期黄土高原地区兽类的种类、数量和分布状况，因此，搜集动物资料时，每条资料必须具备三个要素——时间（尽可能明确到年或年代，不能达到者至少明确到朝代）、地点[尽可能确定到县级政区，不能达到者至少到州府一级（以其治所所在地为地图标示点）]、对象即动物种类（主要是兽类，尽可能确定到种，不能达到者至少确定到科或属），然后对资料进行整理、统计、分析和解释。

二、唐宋时期的兽类状况

自先秦时代，黄土高原地区就生存着数量众多、种类丰富的动物种群。到了唐宋时期，随着黄土高原地区农业经济逐渐恢复并取得进一步发展，人口密度逐步提高，一度荒闲的林草地被复垦为农田，丘陵山地的林木也由于各种需求而大片地遭到砍伐，可供动物活动的空间渐趋减缩，其种群数量有所减少，但与现在相比数量还是相当丰富的。依据本文讨论的时段、区域、对象概念等标准，对文献中所收集到的 280 条兽类资料进行整理和初步分析，根据动物分类学知识，归纳出这一时期生存于黄土高原地区的主要野生兽类（哺乳纲）见于文献记载的至少有 8 目 19 科 25 属（种）[1]（见表 1），并且数量都很可观，此时的动物组成与分布特征体现为种类丰富、分布广泛、数量可观，尤以鹿类动物为著。

表 1　唐宋时期黄土高原的主要野生兽类（哺乳纲）

目	科	属（种）	目	科	属（种）
食虫目	猬科	普通刺猬	食肉目	大熊猫科	大熊猫
灵长目	疣猴科	金丝猴		鼬科	鼬属（黄鼬）
					水獭
	长臂猿科	长臂猿属	偶蹄目	鹿科	鹿属（梅花鹿）
兔行目	兔科	兔属（草兔）			麋鹿
啮齿目	松鼠科	旱獭属（旱獭）			獐
	仓鼠科	鼢鼠		麝科	麝
	鼠科	家鼠属		牛科	牦牛

---

1 历史文献中关于动物的记载资料极为零碎，并且对于动物的种属时常记载模糊，叙述起来相当困难，更无法从统计学上做出细致的数量说明，所以，本文根据不同记载的实际情况，只能将记载所见不同动物的分类基本确定到科属或种，很难确定到科属的则不列入讨论范围。列表亦同。

目	科	属（种）	目	科	属（种）
食肉目	犬科	犬属（狼）	偶蹄目	牛科	羚羊
		狐属（赤狐）		猪科	猪属（野猪）
	熊科	黑熊、棕熊	奇蹄目	马科	马属（野马）
	猫科	豹属（虎）		犀科	犀牛
		豹属（金钱豹）	长鼻目	象科	亚洲象

　　具体说来，既有森林动物如大熊猫、虎、豹、熊、金丝猴、野猪等，又有森林草原及荒漠草原动物如羚羊、鹿类、野兔、鼠类、野马等，同时有对自然环境无所选择的广栖性狼、狐、黄鼬等犬科动物，农田动物以啮齿类为主，此外，还有现在属于热带地区的动物，如犀牛和象。在所有的动物资料中，偶蹄目和食肉目的资料最多，其次为兔形目、啮齿目，其他动物的资料数量相对较少（见图1）。动物资料反映出的分布范围与现在相比要广阔，并且数量规模也较大。整体说来，无论从动物种群丰富程度方面，还是从种群数量多寡的角度来看，唐宋时期黄土高原地区的兽类资源都比现在丰富。

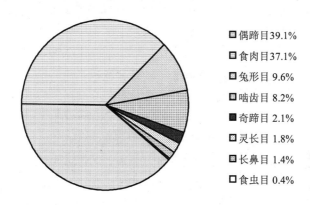

图1　唐宋时期黄土高原兽类资料比例

偶蹄目39.1%
食肉目37.1%
兔形目9.6%
啮齿目8.2%
奇蹄目2.1%
灵长目1.8%
长鼻目1.4%
食虫目0.4%

1. 常见兽类的地理分布

　　动物的空间分布特征是反映动物资源状况的一个重要方面，唐宋时期黄土高原地区的野生兽类种属较为丰富，一一加以考述的话，将会资料罗列，占用很大的篇幅，比较可取的做法是选择那些记载较多、具有生态标志性的动物做重点考察，进行可能的具体研究。据现有资料状况，记载较多的主要是食肉类动物、鹿类动物和啮齿类动物（主要是兔形目和啮齿目）三大类群，恰好是动物系统中居于不同能量等级的代表性兽类，对于环境的要求、适应能力和指示作用各不相同，因此，对其进行考察是很切合实际和具有重要意义的。

（1）食肉类动物。食肉类动物位于能量等级的顶端部分，要维持其生存必须有非常适宜的环境和数量丰富的肉类食物来源，因此，通过对于这些动物的考察，可以帮助我们分析当时的环境质量。食肉类动物的资料共 104 条，占全部资料的 37.1%，其中记载较多的是虎、豹、熊、狼、狐五种动物，它们的分布情况分别论述如下：

①虎、豹、熊。这三种动物都是体型较大、生性凶猛的食肉类动物，史前时期以来这三种动物就在黄土高原生存，历史时期更是不乏其踪。《逸周书·世俘解》记载武王狩猎曾经捕获了 13 种数量众多的动物，其中"禽（擒）虎二十有二……熊百五十有一，罴（棕熊）百一十有八"，西汉扬雄《长杨赋》和东汉班固《西都赋》等文献记载的动物中也提到了这三种动物，[1] 这些都证明了早期它们在这一地区的存在。唐宋时期，它们还是广泛分布的。

虎（*Panthera tigris*，tiger），食肉目猫科豹属的一种。资料显示，虎被记载下来主要有两种情况。一方面，虎豹向来被并举为凶猛的野兽，虎的躯体壮硕，齿尖爪利，对人类安全构成一定的威胁，因此大部分资料以叙事描述的形式记载虎伤人、入城、食人等具有伤害性的行为和活动。如"建中三年（782 年）九月己亥夜，虎入宣阳里，伤人二，诘朝获之"[2]，宣阳里位于今陕西西安市雁塔区李家村一带。另一方面，虎也是仁义的象征，主要通过白虎——驺虞体现出来的。《毛诗鸟兽草木虫鱼疏》云："驺虞，即白虎也，黑文，尾长于躯，不食生物，不履生草，君王有德则见，应德而至者也。"可见，驺虞即白化虎，并非全身白毛，而是白质黑纹，是仁义之兽，它的出现是王者仁德的祥瑞之征，因此，地方一旦有白虎发现必定会被记录下来报知朝廷，如"武德二年（619 年）六月泽州（今山西晋城）驺虞见"[3]。所以关于白虎的祥瑞记载也比较多。总体说来，关于虎的资料主要来源于正史、类书、笔记小说和政书等文献，都以叙事描述的方式出现，并且比较零散。通过对这些资料进行整理（见表 2：唐宋时期黄土高原虎分布资料），对历史文献所见虎在黄土高原地区的分布范围有一个初步的了解，即主要在山西省中部和南部，陕西省关中地区，河南省西北部，甘肃天水、庆阳和河北北部的宣化等地，这些地点多是位于丘陵山地附近的州郡。随着人类历史时期经济活动的扩展，森林植被不断地被破坏，虎的分布范围也日益缩小，数量急剧下降，如今许多地方虎已绝迹或濒临绝灭。在我国，目前仅见于秦岭山区的佛坪、宁陕、

1 李健超：《古代秦岭地区的兽类》，《中国历史地理论丛》2002 年第 4 期，第 33-44 页。

2《新唐书》卷三五《五行志二》。

3（宋）王钦若等：《册府元龟》卷二四《帝王部·符瑞第三》，北京：中华书局，1960 年。

太白等县以及东北、华南、西南、新疆等省区，可见其在黄土高原的分布范围已大大缩小（见图2）。

表2　唐宋时期黄土高原虎分布资料

古地记载	今地转换	史　料　来　源
定襄	山西忻州	《朝野金载》卷六，《太平广记》卷一九一
晋阳	山西太原	《太平广记》卷一二九
汾阳	山西静乐	《古今图书集成·博物汇编·禽虫典》卷六二
太原盂县	山西盂县	《古今图书集成·博物汇编·禽虫典》卷六二，《山右石刻丛编》卷一六
河中虞乡	山西永济	《旧唐书》卷一七上，《唐会要》卷二九，《册府元龟》卷二五 《资治通鉴》卷二四六，《古今图书集成·博物汇编·禽虫典》卷五八
泽州	山西晋城	《册府元龟》卷二四
长寿坊	陕西西安	《旧唐书》卷一一、三七，《新唐书》卷三五，《太平广记》卷四二六 《南部新书》卷丙，《古今图书集成·博物汇编·禽虫典》卷六二
终南山	陕西西安 长安区	《广异记·笛师》，《铁围山丛谈》卷五，《太平广记》卷二八九、四二八 《古今图书集成·博物汇编·禽虫典》卷六五
华州	陕西华县	《太平广记》卷二八九
凤翔府	陕西凤翔	《广异记·虎伥人》，《太平广记》卷四三二
华阴	陕西华阴	《宣室志·淮南军卒》，《太平广记》卷三〇四
蓝关	陕西蓝田	《唐阙史》卷下
梁泉县	陕西凤县	《宋史》卷六六，《古今图书集成·博物汇编·禽虫典》卷六三 《敕修陕西通志》卷四六
陕州	河南陕县	《宋史》卷三〇八，《古今图书集成·博物汇编·禽虫典》卷六三、六六
缑氏	河南偃师	《太平广记》卷四二八，《古今图书集成·博物汇编·禽虫典》卷六二
孟州	河南孟县	《太平广记》卷四三八
汝州	河南临汝	《太平广记》卷四二八，《古今图书集成·博物汇编·禽虫典》卷六二
虢州	河南灵宝	《新唐书》卷七九
登封	河南登封	《新唐书》卷一六二，《古今图书集成·博物汇编·禽虫典》卷六二
西京	河南洛阳	《旧五代史》卷一一一
庆州	甘肃庆阳	《册府元龟》卷二四，《古今图书集成·博物汇编·禽虫典》卷五八
秦州	甘肃天水	《宋史》卷二七〇
炭山	河北宣化	《辽史》卷二七

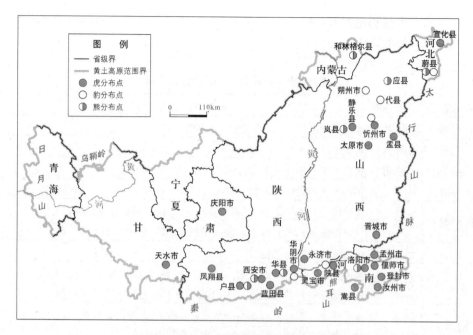

图 2   唐宋时期黄土高原虎、豹、熊文献记录分布点

　　豹（*Panthera pardus*；leopard）又名金钱豹，食肉目猫科豹属的一种。人类
很早就对豹有所认识和利用。在中国文化中，豹是威武勇猛的象征，《诗·郑风·羔
裘》有一句话："羔裘豹饰，孔武有力。"认为将衣服缘以豹皮可以使豹子的威武
勇猛交感传播到人的身上，从而增加阳刚之气。另外，在古代，豹是一种崇高荣
誉的标志，《易·革》曰"君子豹变，其文蔚也"，表示人的行为有很大变化，像
豹纹那样显著。后来用以比喻伟大的人物行动变化莫测，出人意料地上升到显贵
的地位。在此基础上豹尾被附会了一层特殊含义，也因此有了一种特殊的用途，
即装饰车驾，宋罗愿《尔雅翼·释兽二》对此有详细的解释："豹尾车，周制也，
象君子豹变。以尾言者，谦也。古者军正建之。汉大驾属车八十一乘，作三行，
尚书、御史乘之，最后一乘具豹尾。"可见，豹尾最初用来装饰战车，象征军队的
作战勇武、变化莫测和往而能返，尾表示一种谦谨的作风；汉代用于尚书、御史
所乘之车，在最后一乘悬挂豹尾表示；自晋以后逐渐用作普通官员的冠饰与舆饰。[1]
关于豹尾车制的演变在《通典》卷四十八《器服略二·车辂之制》中有详细的记
载。正是因为豹尾被悬挂在王侯的车驾上，后来它又成为爵禄、功业的象征，古

1（晋）崔豹：《古今注》，四库全书本，卷上《舆服第一》。

人有"男儿不建豹尾，不能归也"[1]之语。

正是因为豹，特别是豹尾，在人们观念上和使用上的特殊意义，《新唐书·地理志》《元和郡县图志》《通典》《元丰九域志》《通志·地理略》《太平寰宇记》《文献通考》等文献保存有较完备的唐宋时期各地土贡豹和豹尾的记载，另外《宋史》和《宣室志·淮南军卒》也都有关于豹的记载，我们以此为依据，不需太费力气，就可以比较清楚地确定当时豹的主要分布地点（见表3），即今山西忻州市、代县、朔县，河北蔚县，河南陕县，陕西华阴县等地。由此看来，豹的分布范围似乎比虎的范围小得多。然而，据现代动物学研究，豹的适应性是很强的，可生存于多种多样的环境，包括森林、灌丛、山地、丘陵、平原、干旱地、湿地甚至荒漠等，分布范围是相当广泛的，今天除了台湾、辽宁、山东、宁夏和新疆外，各省区皆有分布。[2] 由此我们可以推断历史时期豹的分布范围应该广泛得多。那么，出现以上情况是由于史料记载缺失导致，抑或实际情况即如此，尚待进一步考证，目前看来，第一种原因的可能性稍大一些。从我们所搜集到的资料看，至少在以上所述地区当时有豹分布（见图2）。

表3　唐宋时期黄土高原豹和熊分布资料

名称	古地记载	今地转换	史　料　来　源
豹	忻州定襄郡	山西忻州	《新唐书》卷三九，《通典》卷六，《太平寰宇记》卷四九，《通志》卷四〇，《文献通考》卷二二，《古今图书集成·博物汇编·禽虫典》卷六六
	代州雁门郡	山西代县	《新唐书》卷三九，《太平寰宇记》卷四九 《古今图书集成·博物汇编·禽虫典》卷六六
	朔州马邑郡	山西朔县	《新唐书》卷三九，《太平寰宇记》卷五一，《文献通考》卷三一六 《古今图书集成·博物汇编·禽虫典》卷六六
	华阴	陕西华阴	《宣室志·淮南军卒》《太平广记》卷三〇四
	陕州	河南陕县	《宋史》卷三〇八，《古今图书集成·博物汇编·禽虫典》卷六三、六六
	蔚州兴唐郡	河北蔚县	《新唐书》卷三九，《通典》卷六，《元和郡县图志》卷一四 《太平寰宇记》卷五一，《文献通考》卷三一六
熊	岚州楼烦郡	山西岚县	《新唐书》卷三九，《通典》卷六，《太平寰宇记》卷四一
	黄花山	山西山阴	《辽史》卷一八，《古今图书集成·博物汇编·禽虫典》卷六七
	京师	陕西西安	《旧唐书》卷一七下

1 《晋书》卷九八《沈充传》。

2 高耀亭等：《中国动物志·兽纲》，北京：科学出版社，1987年，第348页。

名称	古地记载	今地转换	史 料 来 源
熊	鄠县	陕西户县	《太平广记》卷二三八，《古今图书集成·博物汇编·禽虫典》卷六七
	华州	陕西华县	《旧五代史》卷一一〇
	京城	河南洛阳	《旧五代史》卷四八、一四一
	振武军	内蒙古和林格尔	《宣室志·王含》，《太平广记》卷四四二
	蔚州兴唐郡	河北蔚县	《新唐书》卷三九，《元和郡县图志》卷一四《太平寰宇记》卷五一，《文献通考》卷三一六

　　熊（*Ursidae*；bears），食肉目的一科，通称熊，是食肉兽中属杂食性的大型动物。史籍中所见之熊实为黑熊、棕熊两种，它们具有较高的经济价值，其毛皮、肉、脂、胆、掌均可利用。然而，在某些地区，熊也给农业、畜牧业、果树业和养蜂业带来不同程度的危害，尤其是棕熊，在某些地方还有主动伤害人畜的事例。因此，不仅在各地理总志中有关于熊胆、熊掌、熊鞹（鞹，去毛的兽皮）等贡赋的详细记录，在各正史与小说中还有对熊的伤人行为的描述性记载，如清泰三年（936年）夏四月"有熊入京城（今河南洛阳）搏人"[1]等。因此，熊的分布地点也很容易确定。资料整理后（见表3）表明，当时熊在黄土高原地区主要记载见于今山西岚县、应县，陕西西安、户县、华县，河南洛阳，内蒙古和林格尔，河北蔚县等地（见图2），其中陕西关中地区分布较为集中。然而，现在的动物研究表明，由于森林的砍伐和人类经济活动的影响，熊的分布范围已大大缩小，棕熊在黄土高原地区已绝迹，黑熊在该地区也仅见于中条山、子午岭、陇山（六盘、关中）等林区海拔高度1 900～2 600米，数量甚少，很难遇见，在平原地区更不可能有分布。

　　②狼、狐。犬科（Canidae）动物，是食肉目中的中小型猛兽，一般体形矫健而细长，四肢也甚细长，善于急驰。多数均昼夜活动，捕食小型动物或杂食性。犬科是鼠类的主要天敌之一，在自然界中的生态平衡中起着不容忽视的作用。它们的栖息范围广，适应性强，凡山地、林区、草原、荒漠、半沙漠以至冻原均可生存，以狼和狐最有代表性。正是由于它们的普遍分布性和常见性，在历史文献中关于狼和狐的记载也不算少，尤其是狐，主要是作为祥瑞（白狼、白狐、玄狐等）以叙事方式记载。

　　狼（*Canis lupus*；wolf），栖息范围广，适应性强，凡山地、林区、草原、荒

1《旧五代史》卷四八《唐书二四·末帝本纪下》。

漠、半沙漠以至冻原均有狼群生存。在冬季，北方的狼可集成大群，猎杀大型动物，狼扑食病弱个体，在客观上对维持生态平衡有一定作用。资料（见表4）显示，唐宋时期黄土高原地区今青海化隆、西宁，甘肃秦安，内蒙古和林格尔，山西孝义、新绛，河南陕县、洛阳等地有狼分布的记载。根据狼这种动物本身的习性与生态我们很容易断定当时它在黄土高原地区应该是广阔分布的，今天在我国除台湾、海南岛以外，各省区均产。资料反映出的分布地点之所以非常有限，是因为文献记载的局限性[1]所致，因此，这里只将这些地点作为文献记载分布点来理解。

表4　唐宋时期黄土高原狼和狐分布资料

名称	古地记载	今地转换	史　料　来　源
狼	秦州	甘肃秦安	《新唐书》卷三五，《古今图书集成·博物汇编·禽虫典》卷七〇、七五
	陕州	河南陕县	《册府元龟》卷二四，《金史》卷一五、二三，《敕修陕西通志》卷四六
	东都建春门外	河南洛阳	《太平广记》卷九七
	廓州	青海化隆	《册府元龟》卷二四
	河源军	青海西宁	《旧唐书》卷三七，《新唐书》卷三五，《朝野佥载》卷六《太平广记》卷一四三，《古今图书集成·博物汇编·禽虫典》卷七〇
	绛州	山西新绛	《广异记·正平县村人》，《太平广记》卷四四二
	汾州孝义	山西孝义	《宣室志·王洞微》，《太平广记》卷一三三
	振武军	内蒙古和林格尔	《宣室志·王含》，《太平广记》卷四四二
狐	长安城	陕西西安	《旧唐书》卷一七上，《新唐书》卷七、三四、三五、二〇八、二一八，《宣室志·李揆（一）》《宣室志·李林甫》，《朝野佥载》卷六，《唐会要》卷二九，《广异记·王偼》，《广异记·长孙无忌》，《广异记·大安和尚》 《广异记·杨伯成》，《广异记·辛替否》，《太平广记》卷一三二、一三七、三〇二、三六一、四四七、四四八、四五一，《资治通鉴》卷二四三、二五六，《古今图书集成·博物汇编·禽虫典》卷一、七一、七二、七八，《敕修陕西通志》卷四六

1 曹志红：《唐宋时期黄土高原地区的兽类资源》，陕西师范大学西北历史环境与经济社会发展研究中心硕士学位论文，2004年5月，第9-13页。

名称	古地记载	今地转换	史 料 来 源
狐	坊州 中部县	陕西黄陵	《广异记·长孙甲》，《太平广记》卷四五一 《古今图书集成·博物汇编·禽虫典》卷七二
	岐	陕西岐山	《广异记·刘众爱》，《太平广记》卷四五一
	鄂北	陕西户县	《玄怪录》卷四
	华阴	陕西华阴	《宣室志·淮南军卒》，《太平广记》卷三〇四
	韩城	陕西韩城	《宣室志·韦氏子》，《太平广记》卷四五四 《古今图书集成·博物汇编·禽虫典》卷七二
	蓝田	陕西蓝田	《太平广记》卷四五五，《古今图书集成·博物汇编·禽虫典》卷七二
	邠州	陕西彬县	《宋史》卷二八七，《涑水记闻》卷三，《东斋记事·辑佚》 《渑水燕谈录》卷九，《古今图书集成·博物汇编·禽虫典》卷七一
	阳曲	山西阳曲	《续夷坚志》卷二
	垣曲	山西垣曲	《古今图书集成·博物汇编·禽虫典》卷七二
	雁门郡	山西代县	《宣室志·江南吴生》，《广异记·林景玄》，《广异记·代州民》 《太平广记》卷三五六、四四九、四五〇 《古今图书集成·博物汇编·禽虫典》卷七二
	太原	山西太原	《宣室志·尹瑗》，《河东记·李自良》，《广异记·僧服礼》 《太平广记》卷四五三、四五四 《古今图书集成·博物汇编·禽虫典》卷七二
	汾州孝义	山西孝义	《宣室志·王洞微》，《太平广记》卷一三三
	绛州	山西新绛	《广异记·李苌》，《广异记·上官翼》，《太平广记》卷四四七、四五二 《古今图书集成·博物汇编·禽虫典》卷七二
	河中	山西永济	《旧唐书》卷一一、三七，《册府元龟》卷二五 《古今图书集成·博物汇编·禽虫典》卷七一
	廓州	青海化隆	《册府元龟》卷二四
	振武军	内蒙古 和林格尔	《宣室志·王含》，《太平广记》卷四四二
	河南缑氏	河南偃师	《朝野金载》卷六，《太平广记》卷四四 《古今图书集成·博物汇编·禽虫典》卷七二
	洛阳	河南洛阳	《广异记·严谏》，《广异记·薛迥》，《太平广记》卷三二、九七、四四八、四五〇、四五一、四五五，《古今图书集成·博物汇编》卷七二

赤狐（*Vulpes vulpes*）又名狐狸、红狐、草狐。在食肉目动物的资料中，狐的记载资料是最多的，占食肉目动物资料的 42.3%，这和狐在中国古代文化中的特殊意义有关。

　　狐狸是一种体态优美、天性狡猾的动物。由于其在身体和智力方面所具备的才能，使它在中国民俗文化史上，扮演了十分重要的角色，它不仅是古人所推崇的图腾神兽、德兽、瑞兽，还是古人既恐惧、驱避又依赖、供奉的物魅和大仙，尤以白狐、玄狐为著。《宋书·符瑞志》云"白狐，王者仁智则至"，在这意义上，白狐的出现无疑是上天对君王贤德、政治清明的肯定和褒奖，而"玄狐"，即黑狐，也因"治致太平而黑狐见"的祥瑞思想成为瑞兽，被记载下来。除此以外，44条狐狸资料中大部分（占狐狸资料的 52.3%）是记载狐狸物魅的，主要来源于笔记小说和类书。这些史料的情节虽然荒诞，但并不能否认它所反映出的狐狸的分布信息，如果它多次在同一地点被引用来构思情节，那么可以说明它是该地区的常见动物；如果在各个不同地点的故事情节中被多次引用，则可以说明它在当时是一种广泛分布的动物。此外，狐是生态能力强的广栖性动物，可以在森林、草原、荒漠、苔原等不同的生境中栖息生活，因此广布于其分布区内是符合它的生态习性的。

　　资料（见表 4）显示唐宋时期狐狸在黄土高原地区是分布非常广泛的一种常见动物，主要在陕西关中地区，山西吕梁山、中条山、云中山等附近地区，河南西北部以及青海化隆、内蒙古和林格尔等地（见图 3）有文献记录，范围非常广泛，这与其广栖性环境适应能力有关，当时的数量规模也是比较大的。现在狐的分布范围依然广泛，在黄土高原各省区均有分布。

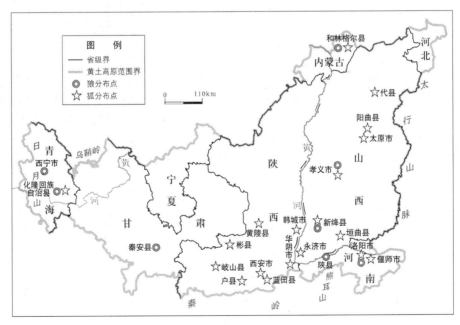

图 3　唐宋时期黄土高原狼和狐文献记录分布点

（2）鹿类动物。鹿类动物[1]，是大型陆地野生食草动物的典型种类，也是重要的经济动物，遍身是宝，比如鹿茸、麝香、鹿角、鹿骨、鹿尾、鹿筋、鹿胎、鹿肾等都是名贵的中药材，鹿皮可以加工制成各种服饰，鹿毛可以制成鹿毛笔，鹿肉和獐肉具有很高的滋补营养价值，曾是中古及上古时代重要的肉食之一。在历史上，鹿类曾对人类的经济生活产生了非常重要的影响。此外，鹿很早就在古人的意识里占据了重要的地位，往往被视为祥瑞之物。"鹿"、"禄"同音，古人视之为吉祥动物，又传说神话中仙人多乘鹿，故又称为"仙兽"，其中白鹿更被看作祥瑞。《瑞应图》曰："天鹿者，纯善之兽也。道备则白鹿见，王者明惠及下则见。"[2] 现代动物学研究表明，所谓白鹿，不过是梅花鹿隐性白化基因的表现型[3]，是一种罕见的变异现象，发生几率极小，因此被封建统治阶级推崇为帝王圣明仁德所感而致，因此关于白鹿的记载甚多。

由于鹿本身的经济价值和与人类密切的关系，历史时期对鹿类动物的记载历来很多，唐宋时期也不例外，资料显示，在黄土高原地区的全部动物资料（280条）中，鹿类资料（100条）占了35.7%，是比例最大的一类动物，这也说明了当时鹿类动物是黄土高原分布的优势动物种群。史料的主要来源一部分是方志文献中的土产贡赋记录，一部分是正史、政书中祥瑞部分的记载，还有较少一部分是笔记小说中关于"仙鹿"的记载。在这些记载中，对于鹿类动物的种属记载模糊，根据现有资料并参考有关文献及论著，我们大体可以分辨出梅花鹿、麝、獐和少量的麋鹿几种，至于其他属种，则无法断定。因此将能断定种属的鹿类动物和不能断定者分别整理（见表5）并将其分布状况绘制于图4。由图可见，鹿类动物的分布异常广泛，除宁夏未见记载外，其他地区都有分布，是黄土高原的优势种群。其中麝属（*Moschus*；musk deer）动物的分布最广，《通典》《新唐书·地理志》《元和郡县图志》《宋史·地理志》《元丰九域志》《通志》等文献主要以各地土产或贡赋麝或麝香的方式记载了麝类资源的分布地区，即陕西关中地区、陕北高原大部，山西北部，甘肃中、东部以及河南西北部，青海东部的化隆、乐都等地区。随着环境的变迁，植被面积的减少，现在鹿类动物在黄土高原地区已大大减少，不再是广布种，在动物资源的变迁中，鹿类动物的变迁最为显著，目前除麝和狍有一定数量分布外，其他如梅花鹿、麋鹿、獐等动物在黄土高原地区或者数量甚微或者完全绝迹。

1　盛和林：《中国鹿类动物》，上海：华东师范大学出版社，1992年，第1页。

2　（唐）欧阳询：《艺文类聚》卷九九《祥瑞部下》，王绍楹校，上海：上海古籍出版社，1982年。

3　王利华：《中古华北的鹿类动物与生态环境》，《中国社会科学》2002年第3期，第188-200页。

表5　唐宋时期黄土高原鹿类动物分布资料

名称	古地记载	今地转换	史 料 来 源
鹿	鱼龙川	陕西凤县	《旧唐书》卷三,《册府元龟》卷一一五
	含元殿	陕西西安	《旧唐书》卷一二、三七、一八七,《新唐书》卷三五、一九一,《大唐新语》卷五,《太平广记》卷三〇七,《古今图书集成·博物汇编·禽虫典》卷七五 《敕修陕西通志》卷四六
	麟州	陕西神木	《新唐书》卷三七,《通典》卷六,《文献通考》卷二二,《古今图书集成·博物汇编·禽虫典》卷七五
	咸阳	陕西咸阳	《明皇杂录》下,《宣室志·唐玄宗》,《太平广记》卷三〇、卷四四三 《古今图书集成·博物汇编·禽虫典》卷七五
	华阴县	陕西华阴	《宣室志·淮南军卒》,《太平广记》卷三〇四
	岐州	陕西岐山	《太平广记》卷四四三,《古今图书集成·博物汇编·禽虫典》卷七五
	邠州	陕西彬县	《太平寰宇记》卷三四
	虢	河南灵宝	《旧唐书》卷一二四、一五四、一九四上,《新唐书》卷一六二、二一五上 《唐会要》卷六七,《资治通鉴》卷一九四、二三九
	济源	河南济源	《旧唐书》卷一七七,《新唐书》卷一八二,《唐会要》卷二八,《太平御览》卷九〇六,《册府元龟》卷一一五,《古今图书集成·博物汇编·禽虫典》卷七五
	京	河南洛阳	《旧五代史》卷三九、四三,《册府元龟》卷一一五
	伊阙	河南伊川	《旧五代史》卷三二,《册府元龟》卷一一五
	汝州	河南临汝	《太平寰宇记》卷七
	会州 会宁郡	甘肃靖远	《新唐书》卷三七,《通典》卷六,《太平寰宇记》卷三七 《古今图书集成·博物汇编·禽虫典》卷七五
	宁州	甘肃宁县	《太平寰宇记》卷三四
	振武军	内蒙古和林格尔	《宣室志·王含》,《太平广记》卷四四二
	胜州 榆林郡	内蒙古准格尔旗	《新唐书》卷三七,《通典》卷六,《太平寰宇记》卷三八 《古今图书集成·博物汇编·禽虫典》卷七五
	雁门郡	山西代县	《宣室志·江南吴生》,《太平广记》卷三五六
	卢氏	山西卢氏	《太平广记》卷四四三,《古今图书集成·博物汇编·禽虫典》卷七五
	汤山	山西闻喜	《辽史》卷六八
	蔚州南山	河北蔚县	《辽史》卷六八
	炭山	河北宣化	《辽史》卷六八

名称	古地记载	今地转换	史 料 来 源
梅花鹿	秦州	甘肃秦安	《新唐书》卷三五，《古今图书集成·博物汇编·禽虫典》卷七〇、七五
	寿昌殿	陕西西安	《唐会要》卷二九，《册府元龟》卷二四、二五 《古今图书集成·博物汇编·禽虫典》卷七五，《敕修陕西通志》卷四六
	麟州	陕西神木	《册府元龟》卷二四，《古今图书集成·博物汇编·禽虫典》卷七五《敕修陕西通志》卷四六
	九成宫	陕西麟游	《册府元龟》卷二四，《古今图书集成·博物汇编·禽虫典》卷七五《敕修陕西通志》卷四六
	丹州	陕西宜川	《册府元龟》卷二四，《古今图书集成·博物汇编·禽虫典》卷七五《敕修陕西通志》卷四六
	华阴郡	陕西华阴	《册府元龟》卷二四，《古今图书集成·博物汇编·禽虫典》卷七五
	同州沙苑监	陕西大荔	《册府元龟》卷二五，《古今图书集成·博物汇编·禽虫典》卷七五《敕修陕西通志》卷四六
	昭应县	陕西临潼	《册府元龟》卷一一五，《古今图书集成·博物汇编·禽虫典》卷七五《敕修陕西通志》卷四六
	富平万寿原	陕西富平	《册府元龟》卷一一五
	泽州	山西晋城	《册府元龟》卷二四
	壶关	山西壶关	《古今图书集成·博物汇编·禽虫典》卷七五
	岚州	山西岚县	《宋史》卷六六，《古今图书集成·博物汇编·禽虫典》卷七五
麋鹿	朔方	陕西靖边	《旧唐书》卷九三
	华阴	陕西华阴	《宣室志·淮南军卒》，《太平广记》卷三〇四
	振武军	内蒙古和林格尔	《宣室志·王含》，《太平广记》卷四四二
	雁门	山西代县	《宣室志·林景玄》，《太平广记》卷四四九 《古今图书集成·博物汇编·禽虫典》卷七二
	虢	河南灵宝	《新唐书》卷一六二、二一五上，《唐会要》卷六七，《资治通鉴》卷二三九
獐	太庙	陕西西安	《旧唐书》卷一七下，《新唐书》卷三五，《唐会要》卷四四《敕修陕西通志》卷四六
	虢州	河南灵宝	《旧唐书》卷一九四上，《新唐书》卷二一五上，《资治通鉴》卷一九四
	邠州	陕西彬县	《太平寰宇记》卷三四
	宁州	甘肃宁县	《太平寰宇记》卷三四

名称	古地记载	今地转换	史　料　来　源
麝	同州 冯翊郡	陕西大荔	《新唐书》卷三七，《元和郡县图志》卷二，《太平寰宇记》卷二八 《古今图书集成·博物汇编·禽虫典》卷七七
	丹州 咸宁郡	陕西宜川	《新唐书》卷三七，《通典》卷六，《元和郡县图志》卷三 《太平寰宇记》卷三五，《通志》卷四〇，《元丰九域志》卷三 《文献通考》卷二二，《古今图书集成·博物汇编·禽虫典》卷七七
	延州 延安郡	陕西延安	《新唐书》卷三七，《通典》卷六，《元和郡县图志》卷三 《宋史》卷八七，《太平寰宇记》卷三六，《通志》卷四〇 《元丰九域志》卷三，《文献通考》卷二二
	凤州 河池郡	陕西凤县	《新唐书》卷四〇，《太平寰宇记》卷一三四 《古今图书集成·博物汇编·禽虫典》卷七七
	华州	陕西华县	《旧五代史》卷一一〇
	鄜州	陕西富县	《宋史》卷八七
	陕州	河南陕县	《太平寰宇记》卷六
	虢州 弘农郡	河南灵宝	《新唐书》卷三八，《通典》卷六，《元和郡县图志》卷六，《宋史》 卷八七，《太平寰宇记》卷六，《通志》卷四〇，《元丰九域志》 卷三 《文献通考》卷二二，《古今图书集成·博物汇编·禽虫典》卷七七
	廓州 宁塞郡	青海化隆	《新唐书》卷四〇，《元和郡县图志》卷三九 《古今图书集成·博物汇编·禽虫典》卷七七
	鄯州 西平郡	青海乐都	《古今图书集成·博物汇编·禽虫典》卷七七
	河东道 隰州	山西隰县	《元和郡县图志》卷一二
	河东道 石州	山西离石	《元和郡县图志》卷一四，《太平寰宇记》卷四二
	岚州 楼烦郡	山西岚县	《新唐书》卷三九，《通典》卷六，《宋史》卷八六，《通志》卷四〇 《元丰九域志》卷四，《文献通考》卷二二 《古今图书集成·博物汇编·禽虫典》卷七七
	忻州 定襄郡	山西忻州	《新唐书》卷三九，《通典》卷六，《元和郡县图志》卷一四，《宋史》 卷八六，《太平寰宇记》卷四二，《通志》卷四〇，《元丰九域志》 卷四 《古今图书集成·博物汇编·禽虫典》卷七七
	代州 雁门郡	山西代县	《新唐书》卷三九，《元和郡县图志》卷一四，《宋史》卷八六，《太 平寰宇记》卷四九，《元丰九域志》卷四，《古今图书集成·博物汇 编·禽虫典》卷七七
	宪州	山西静乐	《宋史》卷八六，《元丰九域志》卷四
	秦州	甘肃天水	《太平寰宇记》卷一五〇

名称	古地记载	今地转换	史　料　来　源
麝	渭州	甘肃平凉	《太平寰宇记》卷一五一，《通志》卷四〇，《元丰九域志》卷三
	秦州	甘肃秦安	《重修政和证类本草》卷一六
	庆州 顺化郡	甘肃庆阳	《新唐书》卷三七，《通典》卷六，《元和郡县图志》卷三，《宋史》卷八七，《太平寰宇记》卷三三，《通志》卷四〇，《元丰九域志》卷三《文献通考》卷二二，《古今图书集成·博物汇编·禽虫典》卷七七
	河州 安昌郡	甘肃临夏	《新唐书》卷四〇，《通典》卷六，《元和郡县图志》卷三九，《宋史》卷八七，《通志》卷四〇，《元丰九域志》卷三，《文献通考》卷二二《古今图书集成·博物汇编·禽虫典》卷七七
	渭州 陇西郡	甘肃陇西	《新唐书》卷四〇，《通典》卷六，《元和郡县图志》卷三九，《宋史》卷八七《文献通考》卷二二，《古今图书集成·博物汇编禽虫典》卷七七
	兰州 金城郡	甘肃兰州	《新唐书》卷四〇，《通典》卷六，《通志》卷四〇，《文献通考》卷二二《古今图书集成·博物汇编·禽虫典》卷七七
	洮州 临洮郡	甘肃临洮	《新唐书》卷四〇，《通典》卷六，《宋史》卷八七，《元丰九域志》卷三《文献通考》卷二二，《古今图书集成·博物汇编·禽虫典》卷七七
	泾州	甘肃泾川	《太平寰宇记》卷三二

图 4　唐宋时期黄土高原鹿类动物文献记录分布点

（3）啮齿类动物。啮齿类是哺乳动物中种类数目最多而且生命力最强的一个类群，能适应各种环境，以啮食植物为生，同时又是食肉动物赖以生存的条件，因而对保持生态平衡有重要作用。但是啮齿类对人类的危害也是多方面的，它们的挖掘活动使地表的植被遭到破坏和覆盖，引起土壤沙化。历史时期人类对于啮齿类动物的关注主要是它们在文化上的祥瑞意义。

在古代白兔被视为帝王仁德、国家兴盛的祥瑞之征。《册府元龟》云："白兔，王者嘉瑞和平之应。"因此地方官们常有进奉白兔之举，借以歌颂君王贤德、政治清明，史学家们也往往"有而书之，以彰灵验"。此外，白兔的出现还常被视为孝行引起的感应，如两《唐书》的《梁文贞传》记载他结庐父母墓侧三十年的孝行使得"有甘露降茔前树，白兔驯扰，乡人以为孝感所致"。另外，赤兔，即红毛兔，也被古人视为祥瑞之兽，其意义甚至超出白兔之上。《瑞应图》云："赤兔者瑞兽，王者德盛则至。"这是由于兔赤毛者极为罕见，所以史书中献赤兔之举的记载就显得尤为罕见和珍贵，还有玄兔也是极其少见的。在兔类动物的资料中，关于这三种毛色的祥瑞兔的记载超过了半数以上（见表6），主要来源于正史中的五行志和政书中的符瑞部分。

表6　唐宋时期黄土高原兔分布资料

名称	古地记载	今地转换	史 料 来 源
玄兔	延州	陕西延安	《册府元龟》卷二五，《古今图书集成·博物汇编·禽虫典》卷七八《敕修陕西通志》卷四六
赤兔	乾陵	陕西乾县	《旧唐书》卷一一、三七，《册府元龟》卷二五，《古今图书集成·博物汇编·禽虫典》卷七八，《敕修陕西通志》卷四六
	后土坛	陕西西安	《敕修陕西通志》卷四六
白兔	太极殿	陕西西安	《旧唐书》卷三七，《新唐书》卷三，《册府元龟》卷二五《古今图书集成·博物汇编·禽虫典》卷七五、七八《敕修陕西通志》卷四六
	邠州	陕西彬县	《金史》卷一七、二三，《敕修陕西通志》卷四七
	陕州	河南陕县	《册府元龟》卷二五，《古今图书集成·博物汇编·禽虫典》卷七八
	虢州	河南灵宝	《旧唐书》卷一八八，《新唐书》卷一九五
	宁州	甘肃宁县	《太平广记》卷二九
	安化军	甘肃庆阳	《宋史》卷六六，《古今图书集成·博物汇编·禽虫典》卷七八
	平阳神山县	山西浮山	《古今图书集成·博物汇编·禽虫典》卷七八
	阳曲	山西阳曲	《册府元龟》卷二五
	岚州	山西岚县	《金史》卷二三

名称	古地记载	今地转换	史 料 来 源
兔	京兆府	陕西西安	《旧唐书》卷一一，《新唐书》卷七、一一〇，《唐会要》卷二八、二九 《开天传信记》，《太平广记》卷一三二、四九四 《古今图书集成·博物汇编·禽虫典》卷一、七一、七八
	鄠北	陕西户县	《玄怪录》卷四
	华阴	陕西华阴	《宣室志·淮南军卒》，《太平广记》卷三〇四
	汾州孝义	山西孝义	《宣室志·王洞微》，《太平广记》卷一三三
	雁门郡	山西代县	《宣室志·江南吴生》，《宣室志·林景玄》，《太平广记》卷三五六、四四九，《古今图书集成·博物汇编·禽虫典》卷七二
	岚州	山西岚县	《新唐书》卷三五，《朝野佥载》卷六，《太平广记》卷四四三 《古今图书集成·博物汇编·禽虫典》卷七八，《敕修陕西通志》卷四六
	胜州	内蒙古准格尔旗	《新唐书》卷三五，《朝野佥载》卷六，《太平广记》卷四四三 《古今图书集成·博物汇编·禽虫典》卷七八，《敕修陕西通志》卷四六
	振武军	内蒙古和林格尔	《宣室志·王含》，《太平广记》卷四四二

老鼠生性机敏、狡黠，偷粮毁物、传播瘟疫，具有惊人的繁殖力和破坏力，自古被视为身具百害的"耗虫"，《新唐书·五行志》记载："乾符三年（876 年）秋，河东诸州多鼠，穴屋、坏衣，三月止。鼠，盗也，天戒若曰：'将有盗矣'。"然而，另一方面老鼠又扮演着兆示吉祥的角色，主要是由白鼠体现出来，《太平广记》云："白鼠，身毛皎白，耳足红色，眼眶赤。赤者乃金玉之精。伺其所出掘之，当获金玉。云鼠五百岁即白。耳足不红者，乃常鼠也。"[1] 可见，白鼠兆示长寿与金玉之财。所以鼠的资料主要来源于正史中的五行志、政书中的符瑞等内容。

表 7　唐宋时期黄土高原鼠类分布资料

名称	古地记载	今地转换	史 料 来 源
鼧鼥鼠	兰州金城郡	甘肃兰州	《新唐书》卷四〇，《通典》卷六 《古今图书集成·博物汇编·禽虫典》卷八三，《文献通考》卷二二
白鼠	内侍省	陕西西安	《旧唐书》卷三七，《册府元龟》卷二五 《古今图书集成·博物汇编·禽虫典》卷八三，《敕修陕西通志》卷四六

1（宋）李昉：《太平广记》卷四四〇《鼠》，北京：中华书局，1961 年。

名称	古地记载	今地转换	史　料　来　源
白鼠	凤翔府	陕西凤翔	《册府元龟》卷二五，《古今图书集成·博物汇编·禽虫典》卷八三 《敕修陕西通志》卷四六
	东京	河南洛阳	《册府元龟》卷二五，《古今图书集成·博物汇编·禽虫典》卷八三
	扶风	陕西扶风	《东坡志林·异事》，《古今图书集成·博物汇编·禽虫典》卷八三
鼠	陇右 汧源县	陕西陇县	《旧唐书》卷一一、三七、一一九，《新唐书》卷三四、一四二，《唐会要》卷四四，《奉天录》卷二，《南部新书》卷甲，《续世说》卷三 《资治通鉴》卷二二五，《古今图书集成·博物汇编·禽虫典》卷八一、八三
	陇西	甘肃陇西	《新唐书》卷一二三，《古今图书集成·博物汇编·禽虫典》卷八三
	岐	陕西岐山	《广异记·刘众爱》，《太平广记》卷四五一
	长孙无忌第	陕西西安	《新唐书》卷三四，《宣室志·王缙》，《太平广记》卷四四〇 《古今图书集成·博物汇编·禽虫典》卷八三，《敕修陕西通志》卷四六
	洛州	河南洛阳	《新唐书》卷三四，《宣室志·李甲》，《唐会要》卷四四 《旧五代史》卷四八、一四一，《太平广记》卷四四〇 《古今图书集成·博物汇编·禽虫典》卷八一、八三
	汾州孝义	山西孝义	《新唐书》卷三四，《古今图书集成·博物汇编·禽虫典》卷八三
	河东诸州		《新唐书》卷三四，《古今图书集成·博物汇编·禽虫典》卷八三
	陕州	河南陕县	《新唐书》卷三四，《太平广记》卷一四五 《古今图书集成·博物汇编·禽虫典》卷八三
	华州	陕西华县	《资治通鉴》卷二五四
	陇右	青海乐都	《古今图书集成·博物汇编·禽虫典》卷八三

　　啮齿类动物史料记载具有明显的局限性，主要记载它作为祥瑞而出现时的情况，这使得资料反映出的与其说是物种的分布情况，不如说是当时在黄土高原地区啮齿类祥瑞的分布情况更为贴切。将资料整理（见表7）绘制出图5——唐宋时期黄土高原啮齿类动物记载分布点。目前，在黄土高原地区，啮齿类动物是分布最为广泛、数量最为繁多的动物种群，它们超强的环境适应能力和生活习性，使我们可以肯定地推断出唐宋时期在黄土高原地区啮齿类动物分布也是相当广泛

的，但数量上并未成为优势种群，随着森林草原农田化和荒漠化，今天啮齿动物在黄土高原地区却已成为广泛分布的优势种。

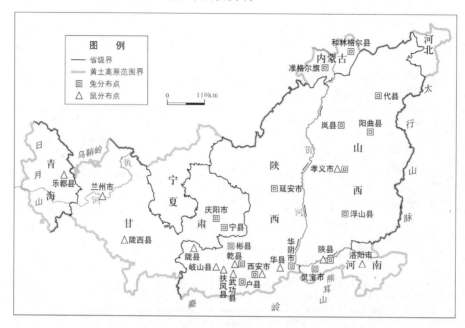

图 5 唐宋时期黄土高原啮齿类动物记载分布点

2. 其他兽类的地理分布

在所见兽类资料中，涉及的兽类种类很多，除上述几种外，还有其他一些动物有所记载，显示了当时黄土高原地区动物种类的丰富性，虽然资料很少，但至少能反映出当时在所述地区是有分布的，这对于我们分析当时该地区的生物多样性很有帮助，因此，整理其中能确定属种的动物资料及其分布如表 8，以备全文分析。

表 8 唐宋时期黄土高原其他兽类分布资料

名 称	古地记载	今地转换	史 料 来 源
金丝猴	秦州	甘肃天水	《宋史》卷二七〇
（狨）	陇州	陕西陇县	《太平寰宇记》卷三二
猿	渭南	陕西渭南	《宣室志·陈岩》
	东都崇让里	河南洛阳	《宣室志·王长史》，《太平广记》卷四四四
	潼关	陕西潼关	《全唐诗》卷一
普通刺猬	东都仁和坊	河南洛阳	《太平广记》卷四四二

名　称	古地记载	今地转换	史　料　来　源
羚羊	陇右道鄯州	青海乐都	《元和郡县图志》卷三九
	华州	陕西华县	《旧五代史》卷一一〇
	秦州	甘肃秦安	《重修政和证类本草》卷一六
	华阴	陕西华阴	《重修政和证类本草》卷一六
	陇州	陕西陇县	《重修政和证类本草》卷一六
牦牛	云州云中郡	山西大同	《新唐书》卷三七、三九，《太平寰宇记》卷四九《文献通考》卷一一五、三一六
	秦州	甘肃天水	《通志》卷四〇
黄鼬（鼠狼）	东都	河南洛阳	《北梦琐言》卷一二，《太平广记》卷四四〇《古今图书集成·博物汇编·禽虫典》卷八三
旱獭	华州	陕西华县	《旧五代史》卷一一〇
犀	长安	陕西西安长安区	《全唐词·吕渭·忆长安·八月》
象	禁	陕西西安	《新唐书》卷四七，《唐会要》卷七八《太平御览》卷八九〇《古今图书集成·博物汇编·禽虫典》卷六〇
	洛城	河南洛阳	《旧唐书》卷七，《新唐书》卷四《古今图书集成·博物汇编·禽虫典》卷六〇
野马	会州会宁郡	甘肃靖远	《新唐书》卷三七，《通典》卷六《太平寰宇记》卷三七《文献通考》卷二二
	陇右道兰州	甘肃兰州	《元和郡县图志》卷三九
	鄯州	青海乐都	《通志》卷四〇
野猪	岐	陕西岐山	《广异记·刘众爱》，《太平广记》卷四五一
大熊猫（貘）	京	陕西西安	《旧唐书·薛万彻传》卷六九

在这些动物中，今天在黄土高原地区，象和犀牛已经绝迹，金丝猴也仅分布于陕西、甘肃海拔 3 000 米以上的森林，羚羊和牦牛的分布范围大大缩小，黄鼬、旱獭等鼬科动物成为广布种。

3. 数量状况分析

通过以上的叙述，我们对唐宋时期黄土高原地区的兽类种群及其分布情况有了一个大致的了解，那么，这些动物种群当时的数量规模是怎样的、分布密度又是如何呢？实事求是地讲，对于这一问题，尚无法作出十分具体和精确的判断，也就是说，我们不可能得出若干精确的数据，这是因为，一方面动物本身是具有移徙性的，即使在当代，也很难就某个地区野生种类的分布密度获得一个精确的数据，通常只能采用标志重捕法，或者统计捕获率、遇见率等，取得一些相对数值；另一方面，更由于现存文献可供利用的相关数据实不足以作这方面的尝试。因此，我们只有通过分析一些具体资料中的文字描述和记载方式，以及动物之间的食物链（网）关系来大体推测当时这些动物的数量状况。

我们首先以鹿类动物为分析的切入点，这是因为在所有的动物资料中，鹿类动物的资料是数量最多、记载最为全面的，其资料的数目是 100 条，占 35.7%，这为我们探讨其种群状况提供了可能；此外，鹿类在动物之间的食物链（网）关系上是比较重要的一个环节，因为通过对这类动物的分析，可以推测出以之为食的大型食肉动物的数量状况。

资料显示，鹿类当时在黄土高原地区是常见的动物，唐代诗人卢纶曾提到陕西周至一带"野日初晴麦垅分，竹园相接鹿成群"[1]的景象；另外，虞部郎中陆绍的弟弟在任卢氏（今山西卢氏县）县尉时，掌管四时狩猎事宜，曾经"遇鹿五六头临涧，见人不惊，毛斑如画"[2]。当时的文献中甚至不时地出现关于鹿类进入京城街市、太庙乃至直入皇宫殿门的记载[3]，说明当时鹿的遇见率还是相当高的。其中，白鹿，即梅花鹿，作为具有祥瑞意义的动物，其出现、遇见的资料记载最为详细，在 100 条鹿类资料中，仅白鹿资料就有 19 条，都是"获白鹿"、"献白鹿"或者"白鹿见"的记载，其时间间隔较短，尤其是武德、贞观、天宝等年间，最短者间隔一两年，长者也不过七年时间。以上资料可以推断出鹿类动物在所述地区的种群数量较大，所以才会频繁出现。

此外，鹿类动物历来是狩猎的主要捕获对象。《逸周书·世俘解》记载周武王狩猎曾经捕获了 13 种野兽计 10 235 头，其中包括麋、麎（鹿群中之雄性头鹿）、麇、麈（即獐）和鹿（应主要为梅花鹿）等在内的鹿类动物 8 839 头，占全部猎物数量的 76.5%。到了唐宋时期虽然狩猎所获的数量没有以前那么多，但依然是常获的动物，历代帝王每次出猎几乎都会"获鹿"，如唐太宗贞观四年（公元 630年）冬狩猎于鱼龙川[4]（今陕西凤县）和济源（今河南济源）之陵山[5]捕获了鹿；五代后唐庄宗同光二年（924 年）畋于伊阙（今河南伊川）一发中大鹿，[6]辽圣宗统和六年（988 年）七月、十年（992 年）五月和九月分别在炭山（位于今河北宣

1《全唐诗》卷二七八《吕渭·忆长安·八月》。

2《太平广记》卷四四三《陆绍弟》。

3 例如：《敕修陕西通志》卷四六《祥异》记载"唐高祖武德八年（625 年）六月纳义门获白鹿一"；《新唐书》卷三五《五行志二》记载"贞元二年（786 年）二月乙丑，鹿入含元殿，卫士执之。……壬申，又鹿入含元殿前，获之。……贞元四年（788 年）春三月癸丑，鹿入京师西市门。……开成四年（839 年）夏四月壬戌，有獐出太庙"；《唐会要》卷二九《祥瑞下》记载"元和十年（815 年）五月，临碧院使奏，寿昌殿南获白鹿麂，进之"，等等。

4（宋）王钦若等编：《册府元龟》卷一一五《帝王部·蒐狩》，北京：中华书局，1960 年。

5（宋）王溥：《唐会要》卷二八《蒐狩》，北京：中华书局，1955 年。

6《旧五代史》卷三二《唐书八·庄宗本纪六》。

化境内）、汤山（位于今山西闻喜境内）、蔚州（今河北蔚县）南山射鹿等[1]。还有一些地区是鹿类动物的集中分布地区，如唐初突厥可汗颉利归降后，常郁郁不乐，太宗为顺其物性，打算任命他做虢州（今河南灵宝）刺史，因为"虢州负山多麋鹿，有射猎之娱"[2]。以上这些记载都表明唐宋时期鹿类依然是狩猎经常捕获的动物，因此其捕获率是相当高的，可以肯定其数量是非常可观的，如果数量不多也不可能这样容易猎获。

猎鹿的目的是获得所需的鹿产品，比如鹿茸、鹿角、麝香等。其中鹿肉和獐肉历来是人们的主要肉食来源之一，到唐宋时期，鹿肉不仅在上层社会的饮食中是相当常见之物，在普通百姓中也有食用。《旧唐书》卷一七七记载河内济源（今河南济源）人裴休年少时拒绝同学邀请他一起食用烹煮的鹿肉[3]，表明当时鹿肉并非像现在一样是难得的珍味。而且，此时鹿类产品已被广泛开发利用，丰富的鹿类资源使各州郡有多种鹿类产品作为土产贡赋给朝廷，在 100 条鹿类资料中以鹿产品作为土产、贡赋的记载有 48 条，占鹿类资料的 48%，其中以麝香贡赋记录最多，占全部贡赋记载的 81.3%，分布也最广泛。所谓土产贡赋，一般说来是指在某些地区数量较多、容易获取、质量上乘的土特产品。因此，这也说明了当时鹿类动物并不难得。

通过对鹿类动物的遇见率、捕获率和鹿类产品开发利用情况的分析，我们可以推断，唐宋时期在黄土高原地区分布着数量丰富的鹿类资源。

我们知道，在自然界中，任何一种野生动物的生存和繁衍，都是与一定的生态环境，包括无机环境和生物环境相适应的。就生物环境而言，各种动物的分布范围、种群大小和密度高低，既取决于食物资源的分布及其丰富程度，同时在一定程度上也受到不同动物之间复杂的竞争、共生与捕食关系的影响。食物是动物赖以为生的重要环境因素之一，食与被食的关系也是整个生物群落中最基本的物质和能量联系渠道。食物的丰缺影响动物的种群数量。鹿类动物是典型的高等食草动物，同时也是生态"食物链（网）"中的一个组成部分，在"食物链（网）"中，鹿及其他食草动物属于"一级消费者"，是大型食肉动物的捕食对象，数量众多的鹿类及其他食草动物的存在，为以之为食的虎、豹、熊、狼等食肉猛兽提供了食物条件。在一定地区内，食肉兽的存在及其数量的多寡，决定于取食植物的鹿类、啮齿类等动物的密度、数量和分布。食物条件往往是决定食肉动物的种类、数量和分布的基本条件之一。因此，我们可以推断，相应地，后者必定存在一定

---

1 《辽史》卷六八《游幸表》。

2 《新唐书》卷二一五上《突厥列传上》。

3 《旧唐书》卷一一七《裴休传》。

的种群数量。这种推断在食肉动物的资料中得到了证实。

《太平广记·明思远》记载唐代宗永泰年间华州虎暴，华州即今陕西华县。所谓虎暴，是指数量较多或出现次数频繁的虎对人及其家畜的袭击和伤害事件。这可以表明当时该地区虎的数量比较多、遇见率比较高。张读《宣室志·淮南军卒》记载军卒赵某奉命前往京师送文书，道至华阴县（今陕西华阴县）一岳庙，见庭中虎豹麋鹿狐兔禽鸟近数万，用"近数万"来表述虽然不乏夸张之嫌，但也表明动物的数量是很多的，所以才采用夸张的手法来描述。唐玄宗天宝年间，河南缑氏县令（今河南偃师市）张羯忠大猎于该县太子陵东，格杀数虎。[1] 天宝末，京师梨园弟子笛师于城南终南山谷（位于今陕西西安市长安区境内）遇虎十余头，状如朝谒。[2] 宋代李继宣奉命往陕州捕虎，杀二十余，并且生擒二虎、一豹[3]，"数虎"、"十余头"、"二十余"这些具体的描述充分说明河南偃师、陕县和陕西西安市长安区都有数量较多的虎分布，是适合虎类生存的栖息地。《宋史》卷二七〇记载秦州（今甘肃天水）有"贱市狨（金丝猴）毛虎皮"的现象[4]，"贱市"是指以低廉的价格买卖，由此看来这两种动物的皮毛并不难得，不然也不会以低贱的价格买卖了，这可推断它们的数量并不算少。通过对虎暴、"贱市"虎皮等记载的分析，我们可以看出当时虎在分布区及栖息地的遇见率、捕获率是比较高的，因此推测它的数量也是相当可观的。然而，现在虎在本区的分布范围已大大缩小，数量也急剧下降，遇见率极低，这是由于人类经济活动的不断扩展，森林植被的不断破坏造成的。

前面已经说过，土产贡赋是指在某些地区数量较多、容易获取、质量上乘的土特产品。

因此，对于以豹、豹尾、熊鞟（鞟，去毛的兽皮）、熊皮[5]、熊胆等作为贡赋的地区应该是有相当数量的豹和熊分布的。《辽史》记载辽兴宗曾猎于黄花山（位于今山西应县境内），日获熊 36 只，并不是一个很小的数字，可以肯定该地区熊的数量是非常丰富的。[6] 然而，现在的动物调查表明，由于森林的砍伐和人类经济活动的影响，熊的分布范围已大大缩小，棕熊在黄土高原地区已绝迹，黑熊在该地区也仅见于中条山、子午岭、陇山（六盘、关中）等林区海拔高度 1 900～

---

1 《太平广记》卷二八九《明思远》，卷三〇四《淮南军卒》，卷四二八《博异记》。

2 （清）吴廷锡等：《古今图书集成》第 52 册，《博物汇编·禽虫典》卷六五《虎部》，北京：中华书局，巴蜀书社，1986 年 6 月。

3 《宋史》卷三〇八《李继宣传》。

4 《宋史》卷二七〇《段思恭传》。

5 （唐）李吉甫：《元和郡县图志》卷一四，北京：中华书局，1983 年 6 月。

6 《辽史》卷一八《兴宗本纪》。

2 600 米之间，数量甚少，很难遇见，在平原地区更不可能有分布。

犬科动物和啮齿类动物都是广栖性动物，适应能力、繁殖力极强，生态领域广阔，通过梳理其分布情况，很容易推断出它们的数量是很丰富的。狼以鹿类为主要食物之一，鹿类的丰富数量可以为狼的数量丰富作出反推佐证，此外，一些资料也反映出了这一特点，如兴定二年（1218 年）五月庚子，陕州（今河南陕县）群狼伤百余人。[1] 狐在笔记小说中被多次在相同或不同的地点引用来构思故事情节，有许多"群狐"、"狐数头"的描述，而且，狼和狐还是狩猎常获的动物，经常有"杀狼狐雉兔汨鱼鳖飞鸟计以万数"、"获狐兔甚多"、"取熊鹿狐兔，杀获甚多"[2]等类似的记载，说明这种动物是广泛分布的常见动物，数量很可观。犬科动物是鼠类的主要天敌之一，根据动物之间的"食物链（网）"关系，狼与狐的广泛分布和数量丰富，鼠类必然也有一定的分布数量。这与鼠类的生态习性也是很吻合的。

通过以上论述，我们可以推断出唐宋时期黄土高原地区分布的兽类资源虽然与之前相比，动物种类和数量都有所减少，但总体上还是相当丰富的，数量也很可观。作出这样的判断，一方面是由于当时的文献有不少关于各种动物的记载，并且记载中有许多具体的数字、文字描述可以传达出有效的判断信息；另一方面，根据分析鹿类资料的遇见率、捕获率和鹿产品利用情况，可以基本上得出鹿类资源丰富的结论，而鹿类资源是最典型的食草动物，也是食物链（网）中的初级消费者，根据生态学中的营养循环理论中的"食物链（网）"基本关系理论，可以借以推断其他动物的数量状况，同样可以得出以上基本结论。这时黄土高原的动物资源特征是种类丰富、分布广泛，以偶蹄目鹿类动物最为丰富和广布。当然，由于历史文献记载的局限性，这种结论不可能是完全精确的数据形式，只能得到这样一个大致的了解。

将当时的兽类状况与当前状况[3]进行对比，可以得知这一地区的兽类已经发生了明显的变迁。唐宋时期，森林、森林草原、草原、荒漠草原、农田等各生态的动物种群都有广泛分布，并且数量都很可观，种类丰富。而现在这一地区的兽类种类已经变得极为单调，唐宋时期数量还很丰富的动物，如长臂猿、獐、麋鹿、棕熊、虎等，目前在这一地区已经消失；对于植被覆盖要求较高的大型食肉动物和鹿类中型动物数量大大减少，而对于环境有较强适应能力的广栖性中小型动物，

1（清）查郎阿修，沈青崖：《敕修陕西通志》卷四六《祥异》，中国西北文献丛书编辑委员会编《中国西北文献丛书》之《西北稀见方志文献》卷三，兰州古籍书店，1990 年 10 月。

2《太平广记》卷一三三《王洞微》，卷三五六《江南吴生》，卷四四二《王含》。

3 王应祥：《中国哺乳动物种和亚种分类名录与分布大全》，中国林业出版社，2003 年 3 月。

如犬科动物、啮齿类动物等，数量却大幅增多；从地理分布特征来看，森林动物和鹿类动物的分布区域日益缩小，农田、草原和荒漠动物群的分布日益广泛。这些变化与生物的自然选择、人类活动的影响和自然环境的变迁有直接密切的联系。

Beast Resources in Loess Plateau during Tang and Song Dynasties

CAO Zhihong

Abstract: Based on the analysis of the animal data recorded in historical literatures during Tang and Song Dynasties，the paper aimed to restore the conditions of beast resources in Loess Plateau during that time. And the research concluded that the varieties and quantity of wild beasts during that time were both larger than those at present，and the beasts distributed more widely.

Key words: Tang and Song Dynasties；Loess Plateau；wild beasts；geographical distribution；quantity of beast

从猎取到饲养：人类对付猛兽方式之演变[1]

侯甬坚　张　洁

摘　要：本文从动物伦理学和动物生态学的角度揭示了人类对付猛兽从猎取到饲养的方式之演变，首先阐明了人类猎取兽类动物的三个阶段，继而将古人对动物活体无以复加的利用情况进行了梳理，最后探讨了凶猛野生兽类动物减少或灭绝，对于一个文明的人类社会来说，无疑是一个难以弥补的遗憾。

关键词：猎取；饲养；猛兽

如果将时间退回到一万年前，地球上的真正主人，还不一定是人类。那时，"人民少而禽兽众，人民不胜禽兽虫蛇"[2]，地面上不仅潮湿，而且野兽出没，袭击人群，人民不是被迫钻进山洞，就是爬到树上去居住，结果，给后世留下了一个"有巢氏"的传说。

后来，随着人类智力在劳动中不断健全提高，人类在对付野兽方面终于占了上风，到了近代，人类的这种能力，似乎还达到了可以捕杀所有动物的程度和水平。

人类猎取兽类动物的三个阶段

历史上的中国，对人类具有很大威胁的兽类动物——虎、豹、熊、狼等，都有分布，而且数量可观。正因为兽类动物的活动时常威胁着人类，所以，在人民的深刻记忆中，最感兴趣、念念不忘的动物，往往正是这些被称为"洪水猛兽"的野生动物。

人类在野外同兽类动物不断遭遇，从恐慌到沉着，从被动到主动，可能大致

---

1 本文原载《野生动物》2008 年第 5 期，第 257-258、278 页。

2 《韩非子·五蠹》。

经历了下面三个阶段：

①人遭遇上野兽，最初是为了保护自己，在无法逃避的紧急情况下，众人合力，勇敢地杀死了野兽（其肉可以食用），这可以说是出于自卫。

②后来，人们发现动物身上的某些部位或器官具有独特的价值和作用，出于好奇，以及佩戴装饰和珍藏宝物的需要，人们开始隐藏于密林之中，进入主动狩猎的阶段，其主要目的是获取动物身上的齿革等物。

③再到后来，专门交易动物齿革等物的商人和市场出现了，凡是经营此事者都有可能获得颇为丰厚的利润，于是，就有了专门捕杀动物以猎取其齿革的猎人（包括由较多猎户组成的集团）。为了有效地打猎，猎人的打猎武器配备的十分先进，参加人员被组织起来，各有分工，一道完成对凶猛、大型兽类动物的捕杀。于是，动物或者成批地倒下，或者惊恐地逃走了。

在中国，在野生兽类动物分布的地区，很可能是狩猎人在前，捕杀或赶走了野兽，随后，就有迁移人群的进驻——安营扎寨。有的动物还留恋原来熟悉的生活地域，有机会会跑回来看一看，结果便遭到了这些居民的袭击和攻打，在不得已的情况下，这些动物只得离开这一栖息地，甚至是永久地离开了。这就是动物栖息地不断退缩、人类生活地域不断扩大的过程。

古人对动物活体无以复加的利用

真正的野兽，其外形和性情，早已为人民所熟悉，并赋予了各种不同的文化含义及评价。为了显著增加中国皇帝的威严和崇高，古代社会的聪明人就把许多动物的优点集中起来，加上大胆的想象，用来献给帝王，这种动物就是龙。

古人喜好打猎，因为能够打杀凶猛的野兽，是对个人搏斗能力的一种直接证明，所以，许多帝王和军队将官们时常外出围猎，不停地射杀奔跑中的动物，然后再吩咐底下人吃掉这些动物。

穷人也喜欢打杀动物，这是因为野外的动物属于无主"肉食"，谁都可以捕杀它。穷人想方设法猎取动物，同帝王和贵族不同，主要是想依靠这些"肉食"，来补充体内的蛋白质（通俗的话语叫作"打牙祭"）。

如果仅仅是限于上述捕杀动物的活动，那么，存在于古代中国山川大地上的野兽，还不至于死伤的那么快、那么多。中国民间很早就流传着使用各种动物的肢体、器官（如虎骨、象牙、熊掌、熊的胆汁等），对于人体而言，具有特别神奇的疗效和功用的说法，这些说法犹如神话，千百年来一直影响和支配着大众的思想。于是，人们普遍具有了获取、占有和购买动物制品的动机和想法，其直接后果，就是促使更多的人直接或间接地加入了捕杀野生动物的行列。

从以象为例的研究中得知[1]，在传统中医典籍的治疗理念中，象之全身，多有医药价值。据《本草纲目》及《拾遗》所记，象牙、象肉、象皮、象胆、象睛、象骨、象粪、象白、象尾毛等象产品，均可入药，具有疗效。如象牙，主治"诸铁及杂物入肉，刮牙屑和水敷之，立出"。今人唐献猷所撰《中国药业史》[2]，讲述汉代（公元前 206—公元 220 年）的临床医学和药业经营中，犀角、象牙均已入药，此后绵延不绝。

这样，从野生兽类动物身上获取最大好处的现实利益，同人们普遍的固有观念——根除害兽的除害意识，可以分别称为获利、除害的两种动机，在猎人巧妙无比的捕杀行为中，非常自然地合二为一了。

凶猛野生兽类动物减少对人类意味着什么？

凶猛野生兽类动物的减少，对于人类而言，首先意味着减少了威胁，除兽之后，即使是单人居家或外出活动也都有了很大的安全感，这一点应该是没有争议的。如果不是古人、前人早已捕杀了它们，就难以这样设想：今天我们外出，碰到了这些野兽，它们又天性未变，那我们该如何是好？

凶猛野生兽类动物的减少或灭绝，对于一个文明的人类社会来说，无疑是一个难以弥补的遗憾。如果一个文明的社会，不能够给这些已经濒临灭绝的动物以拯救和帮助，那么，这个社会的文明程度是值得怀疑的。自从世界上有了第一个近代意义的动物园——建于 1752 年的奥地利哈布斯堡王朝夏宫（位于维也纳西北部，即谢布鲁恩宫，又称为"美泉宫"）的动物园，许多国家（包括进入近代较晚的中国）都陆续建立了星罗棋布的动物园，或野生动物饲养基地、各种各样的自然保护区，这些园区设置的一个主要目的，就是保护和拯救这些处于灭绝处境中的动物。

凶猛野生兽类动物的减少或灭绝，对于地球生态系统来说，其损失和影响是巨大的。这一方面，动物学家和生态学家就生物圈的性质和食物链问题、动物保护和环境保护的关系，业已发表了许多高见。

---

1 侯甬坚，张洁：《人类社会需求导致动物减少和灭绝：以象为例》，《陕西师范大学学报（哲学社会科学版）》2007年第 36 卷第 5 期，第 17-21 页。

2 唐献猷：《中国药业史》，北京：中国医药科技出版社，2001 年，第 34-35 页。

从猎取野兽转为饲养野兽，是人类对付猛兽方式的巨大转变。这一事实的出现，说明人类已部分脱离了自然环境的压迫（野兽本身属于自然的一个组成部分），成为野生兽类动物无法抵御的对手，也就成长为大地和地球上的主人。人类一旦走向文明和富裕，就开始制定各种政策和法律，来保护自然环境和野生动物，开始追求更具生态品质的生存环境。

时至今日，当我们站在动物园动物房的栅栏外，一旁观看饲养员定时投放食物，虎、豹一类凶猛动物的懒洋洋姿态之时，我们不由地会想到：动物与环境、动物与社会、动物同历史的关系的持续研究，是多么的必要和重要。

Evolution of Way of Treatment of Human to Wild Beasts from Hunting to Breeding in Captivity

HOU Yongjian　　ZHANG Jie

Abstract: 10 000 years ago, wild beasts, such as tigers, leopards, bears, wolves and so on were real masters on Chinese earth, with their wide distribution and considerable quantities. After human came to this earth, the relationship between human and wild beasts progressed through 3 stages of hunting: self-defense hunting, hunting for traditional usage and hunting for trade and profit. Among the people of China, since ancient period, organs and tissue of wildlife were used as pharmaceutic in Chinese medicine, so that profit and elimination of their harm supported human to hunting them, causing them to decrease greatly in number. The threat to human was eliminated and human became to be the master of the earth. Yet for a civilized society, the disappearance of wild beasts was very regrettable. In 1752, zoo appeared in Europe, then in China also, beasts in captivity became the only possible way to protect for their survival.

Key words: beast; hunting; feeding; human

作者简介

侯甬坚，中国科学院地球环境研究所理学博士，陕西师范大学西北历史环境与经济社会发展研究院教授、博士生导师。日本名古屋大学访问学者。国家重点学科历史地理学学术带头人。第五、第六届教育部科学技术委员会资源环境与地球科学部委员、中国地理学会历史地理专业委员会副主任委员、《中国历史地理论丛》期刊主编、《历史地理》集刊副主编。主要从事历史时期人类活动对地理环境的影响和作用、历史地理学理论、环境史等领域的研究工作。先后主持国家自然科学基金委员会"中国西部环境和生态、科学重大研究计划"项目及国家社会科学基金项目、教育部人文社会科学重点研究基地重大项目多项，参加中国科学院知识创新工程项目多项。发表学术论文60余篇，出版学术著作3部，主编集体著作10余部。2004年度全国优秀教师。

曹志红，南开大学历史学博士后，陕西师范大学西北历史环境与经济社会发展研究院历史学博士，中国科学院大学人文学院讲师，硕士生执行指导教师。主要研究领域为环境史、历史地理学、历史动物变迁，在《历史研究》《南开学报》《历史地理》《史林》《西北大学学报（自然科学版）》等权威、核心刊物发表研究论文十余篇，主持教育部青年基金项目一项，陕西师范大学优秀博士论文资助项目一项。参加国家自然科学基金、国家社会科学基金项目及教育部人文社科重点研究基地重大项目多项。

张　洁，毕业于陕西师范大学西北历史环境与经济社会发展研究院，史学博士，研究方向为历史环境变迁与重建。硕士及博士期间的研究主题为历史动物，并选取亚洲象作为个体研究。在《陕西师范大学学报（哲学社会科学版）》《郑州大学学报（哲学社会科学版）》《中州学刊》《野生动物》《南都学坛》等核心、重要刊物发表学术论文十余篇。

李　冀，毕业于陕西师范大学历史环境与经济社会发展研究院，史学博士，西北大学西北历史研究所讲师。主要从事历史动物地理、环境史等方向的研究，已发表SCI论文1篇，国内期刊论文2篇。

吴朋飞，教育部人文社科重点研究基地河南大学黄河文明与可持续发展研究中心副研究员、硕士生导师。毕业于陕西师范大学西北历史环境与经济社会发展研究院，史学博士。河南大学环境与规划学院地理学博士后。北京大学历史学系访问学者。主要从事中国历史地理学、黄河环境变迁研究。主持教育部人文社科项目1项、河南省政府决策研究指标课题1项，参加国家自然科学基金项目、国家社会科学基金项目及教育部人文社科重点研究基地重大项目多项。发表学术论文30篇，参编著作3部。

王晓霞，毕业于陕西师范大学西北历史环境与经济社会发展研究院，史学硕士，安康学院政治与历史系讲师。研究方向为历史环境变迁与重建以及地方史，发表学术论文 10 余篇，主持并参与多项科研项目，获得多项院级奖励。

陈海龙，2006 年毕业于徐州师范大学历史文化与旅游学院，获历史学学士学位。2009 年毕业于陕西师范大学西北历史环境与经济社会发展研究院，获历史学硕士学位。2014 年毕业于陕西师范大学西北历史环境与经济社会发展研究院，获史学博士学位。现为江西省九江学院旅游与国土资源学院讲师。专业方向为历史经济地理。

滕　馗，2006 年毕业于陕西科技大学资源与环境学院，获工学学士学位。2009 年毕业于陕西师范大学西北历史环境与经济社会发展研究院，获历史学硕士学位。现为陕西师范大学西北研究院博士研究生，专业方向为历史环境变迁与重建、历史动物地理学。

黄家芳，2009 年 7 月毕业于陕西师范大学历史环境与经济社会发展研究院，获得历史学硕士学位，主要研究方向为历史自然地理。

康　蕾，2009 年 7 月毕业于陕西师范大学历史环境与经济社会发展研究院，获得历史学硕士学位，主要研究方向为历史自然地理、历史动物变迁。

聂传平，2011 年 7 月毕业于陕西师范大学历史环境与经济社会发展研究院，获得历史学硕士学位。现为陕西师范大学西北历史环境与经济社会发展研究院在读博士研究生，研究方向为两宋环境史。

李永项，西北大学地质学系高级工程师，西北大学理学博士。从事古生物学、晚新生代古脊椎动物化石、地层及环境的科学研究，主持或参加了"两万年来关中古动物记录与环境变化研究"、"山羊寨小哺乳动物化石研究"、"陕西洛南盆地更新世以来气候环境的特征及其演变、发展趋势研究"等项目的研究工作，在《中国科学》《科学通报》《古脊椎动物学报》、*Quaternary International* 等刊物发表论文二十余篇，其主要内容是关于新生代古动物与古环境变化研究。侯甬坚教授、李冀博士的合作者。

周　亚，山西大学历史文化学院副教授、硕士生导师。2006 年毕业于陕西师范大学中国历史地理研究所，获历史学硕士学位；2009 年毕业于山西大学中国社会史研究中心，获史学博士学位。主要从事区域历史地理、区域社会史和环境史研究。主持国家社会科学基金青年项目 1 项、山西省哲学社会科学规划项目 1 项，山西省软科学研究项目 1 项，参加国家社会科学基金重大招标项目、国家社科基金项目多项。发表学术论文 10 余篇，参编著作 3 部。吴朋飞副研究员的合作者。

刘　缙，西安电子科技大学人文学院历史系副教授、硕士生导师。毕业于陕西师范大学历史文化学院，史学博士。主要从事中国古代文化史、环境史研究。主持西安市社会科学项目 3 项，发表学术论文十余篇，出版专著一部。

陕西师范大学历史动物研究小组
科研成果目录

一、博士后出站报告（合作教师：王利华教授）

曹志红：《环境史视野下人与动物关系的实证研究——基于南方地区虎患的探索》，南开大学历史学院中国史博士后流动站，2013 年 6 月。

二、博士学位论文（指导教师：侯甬坚教授）

1. 曹志红：《老虎与人：中国虎地理分布和历史变迁的人文影响因素研究》，陕西师范大学西北历史环境与经济社会发展研究中心，2010 年 12 月。

2. 李　冀：《先秦动物地理问题探索》，陕西师范大学西北历史环境与经济社会发展研究院，2013 年 6 月。

三、硕士学位论文（指导教师：侯甬坚教授）

1. 曹志红：《唐宋时期黄土高原地区的兽类资源》，陕西师范大学西北历史环境与经济社会发展研究中心，2004 年 6 月。

2. 张　洁：《历史时期中国境内亚洲象相关问题研究》，陕西师范大学西北历史环境与经济社会发展研究中心，2008 年 6 月。

3. 孙　欣：《历史时期川渝地区大熊猫的分布及其变迁》，陕西师范大学西北历史环境与经济社会发展研究中心，2008 年 6 月。

4. 陈海龙：《台湾岛西部平埔地区野生鹿类资源分布变迁研究》，陕西师范大学西北历史环境与经济社会发展研究中心，2009 年 6 月。

5. 黄家芳：《中国犀演变简史》，陕西师范大学西北历史环境与经济社会发展研究中心，2009 年 6 月。

6. 康　蕾：《环境史视角下的西域贡狮研究》，陕西师范大学西北历史环境与经济社会发展研究中心，2009 年 6 月。

7. 滕　旭：《中国历史时期人们对熊类的认识和利用》，陕西师范大学西北历史环境与经济社会发展研究中心，2009 年 6 月。

8. 聂传平：《辽金时期的皇家猎鹰——海东青（矛隼）》，陕西师范大学西北历史环境与经济社会发展研究中心，2011 年 5 月。

四、期刊（文集）论文

1. 侯甬坚、张洁：《人类社会需求导致动物减少和灭绝：以象为例》，《陕西师范大学学报（哲学社会科学版）》2007 年第 5 期，第 17-21 页。

2. 侯甬坚、张洁：《从猎取到饲养：人类对付猛兽方式之演变》，《野生动物》2008 年第 5 期，第 257-258、278 页。

3. 侯甬坚：《牛背梁区域的野生动物——羚牛》，罗卫东、范今朝主编：《陈桥驿先生九十华诞暨历史地理学发展学术研讨会文集》，杭州：浙江大学出版社，2014 年，第 141-150 页。

4. 曹志红：《福建地区人虎关系演变及社会应对》，《南开学报（哲学社会科学版）》2013 年第 4 期。

5. 曹志红：《人类活动影响下福建华南虎种群的历史分布》，《西北大学学报（自然科学版）》，2013 年第 3 期。

6. 曹志红：《湖南华南虎的历史变迁与人虎关系勾勒》，《西北大学学报（自然科学版）》，2012 年第 6 期，第 1000-1006 页。

7. 曹志红：《历史上新疆虎的调查确认与研究》，《历史研究》2009 年第 4 期，第 34-49 页。

8. 曹志红、王晓霞：《明清陕南移民开发状态下的人虎冲突》，《史林》2008 年第 5 期，第 50-57 页。

9. 曹志红：《唐宋时期黄土高原的兽类与生态环境初步探讨》，《历史地理》，第 20 辑，上海人民出版社，2004 年 7 月，第 116-127 页。

10. 曹志红：《唐宋时期黄土高原地区的兽类》，陕西师范大学西北历史环境与经济社会发展研究中心编《历史环境与文明演进——2004 年历史地理国际学术研讨会论文集》，商务印书馆，2005 年 12 月，第 158-180 页。

11. 张洁：《宋代"瑈象雕牙"业及其市场消费状况探究》，《郑州大学学报（哲学社会科学版）》，2012 年第 1 期，第 45 卷，第 103-107 页。

12. 张洁：《宋代象牙贸易及流通过程研究》，《中州学刊》，2010 年第 3 期（总第 177 期），第 188-191 页。

13. 张洁：《论中国古代的象牙制品及其文化功能》，《中州学刊》，2009 年第 5 期（总第 173 期），第 192-194 页。

14. Ji Li, Yongjian Hou, Yongxiang Li, Jie Zhang. The latest straight-tusked elephants (Palaeoloxodon）？—"wild elephants" lived 3 000 years ago in North China. Quaternary International，2012，281，84-88.

15. 李冀、侯甬坚：《先秦时期中国北方野象种类探讨》，《地球环境学报》2010年第2期，第114-121页。

16. 李冀、侯甬坚、李永项：《古代文物中的化石动物形象及其环境意义》，《西北大学学报（自然科学版）》，2013年第5期。

17. 王晓霞：《明清安康地区虎患探析》，《安徽农业科学》2012年第1期，第612-613、616页。

18. 王晓霞：《明清商洛地区虎患考述》，《农业考古》2013年第3期，第110-114页。

19. 王晓霞：《安康地区华南虎的历史变迁及原因》，《兰台世界》2011年11月（上旬），第45-46页。

20. 吴朋飞、周亚：《明清时期山西虎的分布及其相关问题》，《井冈山大学学报（社会科学版）》2013年第34卷第2期，第127-136页；《人大复印资料·地理》2013年第5期全文转载。

21. 陈海龙：《市场位置与环境问题：以清朝台湾野生鹿减少为例》，《原生态民族文化学刊》2012年第1期，第18-23页。

22. 黄家芳：《"兕"非犀考》，《乐山师范学院学报》2009年第3期，第81-84页。

23. 滕岨：《历史时期熊类认识及利用情况初探》，《思茅师范高等专科学校学报》，2008年第4期，第80-84页。

24. 聂传平：《唐宋辽金时期对猎鹰资源的利用和管理——以海东青的进贡、助猎和获取为中心》，《原生态民族文化学刊》2013年第3期，第28-32页。

25. 滕岨、陈海龙：《论清初台湾原住民鹿类利用行为的文化认知》，《西南边疆民族研究》第15辑，2014年，第114-119页。

五、国际会议论文

1. Hou Yongjian, Cao Zhihong et al. *The Relationship between Human Beings and Wild Animals in Chinese History.* Poster Paper for 1 st World Congress of Environmental History（Copenhagen, Denmark & Malmoe Sweden, August 4-8, 2009）.

2. Kang Lei. *The Cultural Behavior and Animals' Life—The relation between the tribute and Asiatic lions' crisis*, 1400-1600. Panel Paper for　1 st World Congress of Environmental History（Copenhagen, Denmark & Malmoe, Sweden, August 4-8, 2009）.

六、获资助科研项目

1. 2012年教育部人文社会科学研究青年基金项目"老虎与人：华南虎种群历史变迁的人文影响因素研究"（12YJC770006）（在研。主持：曹志红）

2. 2012 年陕西省教育厅科研计划项目"历史时期汉水上游地区野生动物资源分布变迁及其原因研究"（12JK0188）（在研。主持：王晓霞）

3. 2007 年安康学院科研启动专项经费项目"陕南野生动物资源的历史变迁及其成因"（AYQDRW200705）（已结项。主持：王晓霞）

4. 2006 年陕西师范大学"优秀博士论文"资助项目"老虎与人：中国虎地理分布和历史变迁的人文影响因素研究"（S2006YB02）（已结项。主持：曹志红）

七、团队内部交流资料

1. 陕西师大西北环发中心历史动物研究小组编辑：《在路上——他们与我们同行：历史动物资料整理和研究》，2007 年 5 月。

2. 曹志红编：《在路上——虎研究论著索引及资料汇编》，2008 年 1 月。

3. 陕师大历史动物小组汇编：《陕西师范大学历史动物研究小组已发表论文》，2009 年 7 月，为参加第一届世界环境史大会（1 st World Congress of Environmental History，Copenhagen，Denmark & Malmoe Sweden，August 4-8，2009）而汇编的单行本。

The Cultural Behavior and Animals' Life

—The relation between the tribute and Asiatic lions' crisis，1400-1600 [1]

KANG Lei

Abstract

The Asiatic lion once lived in the Turkey，Iraq，Iran，Afghanistan，India and south of middle Asia. Today only 200 to 260 of these magnificent animals survive in the wild. We can only find them in a single location in the wild，the Gir forest in India. Why? The reason is very complex，including natural factor，the people's action and some cultural influence. My paper will probe one of history factors which results in the impact of that some countries in middle and western Asia assorted with china upon the lions that ever lived in there.

Refer to plenty of Chinese historical literatures，it is found that from BC 2nd century to AD 16th century the lion was a very important tribute that nations in west and central Asia paid to China. Presenting one lion would gain approximate 30 big boxes which were full of valuable reward from Chinese emperor. For the interests from China，capture and domestication of wild lion had become an occupation which was undertaken by people with many practical skills who also divided the work specifically. In Chinese historical records，this action culminated in Ming dynasty（1368-1644）. In 15th-16th century，this area paid lion as tribute was highly frequent. However，at the beginning of 17 th century，the lion disappeared in the present list from west and middle Asia.

It is well known that Chinese natural condition do not adapt the lion's existence. But the lion in Chinese traditional cultural played an extraordinary role. The lion is not only an auspicious animal but also symbolize the power and dignity. Why could this foreign animal

---

1 本文为第一次世界环境史大会（1st World Congress of Environmental History，Copenhagen，Denmark & Malmoe Sweden，August 4-8，2009）会议报告论文，作者康蕾。

bring such significant effect? Even today you could see many arts related to the lion, such as all sorts of sculptures of the lion.

There was a great cultural demand for the lion in ancient China, moreover, presenting lions could make a fortune. Catching lions became a way to be wealthy, especially in 15 th-16 th century. This cultural demand had brought the crisis to the Asiatic lion. The relation between culture and environment should arouse our attention. Though its force to the environment appears to be less serious than economical, political and even some haphazard, the impact of culture can hardly be changed in a short time. Therefore, for the research on environment history, the factor of culture has its special function.

Key words: culture; behavior; Asiatic lion; impact

I Chinese lions—the tribute of Western Regions

The lion is an animal that Chinese people have known very well. If you tell them that china do not produce lions, they will answer that it is impossible. However this is the fact due to the devoid of tropic grassland in china, which is a requirement of lions' living condition. The word "lion" in Chinese is 狮子（shizi）that it's etymology was from Tokhara-A: sisak. Thus, how had lions come into Chinese sight? Thousands of years ago some Western Region's nations introduced the lion to China. In ancient China, people had seen the lion that should be Asiatic lion. It is an extremely long journey to transport such big and dangerous wild animals with no advanced vehicle and flat road. The main possibility that had given them such big impetus to presenting lions for Chinese emperors was the cultural demand that come from China.

In tremendous amount of Chinese history literatures, presenting lions had been recorded almost in every feudal age. From BC 2nd century to AD 17th century, as long as the Silk Road had been open to traffic, the lions always appeared in tribute list that Western Region paid to China. In this course, there were two high tides. One was in the Tang Dynasty at about 7th-8th century, and the other was in Ming Dynasty, as well the most high frequency in 15th-16th century. According to Chinese ancient documents, this old nations were situated in western and central Asia. Taking Ming Dynasty as example, there were more than 10 regions presenting lions to China. The follow sheet could show some information.

The place name in Chinese history	Today's location
鲁默特（Lu mote）	uncertainty
竹步（Zhubu）	uncertainty
阿丹（Adan）	Aden in Yemen
吐鲁番（Tu lufan）	Western Chinese Sinkiang and some area in middle Asia
撒马儿罕（Sama erhan）	Samarkand in Uzbekistan
迭里迷（Die limi）	South Termez，the capital of Surhanddar province in Uzbekistan
哈烈（Halie）	Heart in Afghanistan
黑娄（Heilou）	Heart in Afghanistan
把丹沙（Ba dansha）	Fayzabad，the capital of Badakhshan province in Afghanistan
失刺思（Shi lasi）	Shiraz，the capital of Fars province in Iran
亦思弗罕（Yisi fusi）	Esfahan in Iran
忽鲁谟斯（Hulu mosi）	Bandar Abbas，the capital of Hormozgan province in Iran
鲁迷（Lumi）	Konya in Turkey
天方（Tianfan）	Makkah in Saudi Arabia

1400s-1500s the location presenting lions to China

It is also suggested that during this period the lion had lived in this region. Nevertheless，the lion was no longer as their tribute to China after 1600s. It is more lamentable that there had not existed wild Asiatic lion since beginning of 20th century.

Ⅱ The lion in Chinese culture

The lion as one of tribute，in a long time，has been in the royal garden. The civilians could hardly see this animal. Since Ming Dynasty，especially in 15th-16th century the figure of the lion had began to be acquainted by an increasing number of people. The lion in Chinese traditional culture occupied a very important status. In one of historical literature *ge zhi jing yuan*, it recorded *the dragon have nine sons, the lion is the fifth*. It is well know that the dragon is a symbol of the Chinese people. Regarding the lion a foreign animal as the dragon's offspring was obvious that it had embedded into Chinese traditional culture. There are many reasons that lead to this result. Three fundamental factors should draw our attention.

1. Chinese like to apotheosize some animals since ancient age. From sculptures to embroideries, the animals are always the main matter. In Chinese auspicious animals, the lion's shape is more real. Stone sculpture of the lion in front of the door can be found in China everywhere, which not only symbolize the power and dignity, but also be taken for dispelling some evil things.

2. Some natural characters of the lion contained symbolization. The male lion has long had a long mane, which looks very stately. The lion can roar so loudly that being heard 8-9 kilometers away. The lions live together, and they always cooperate with other fellows in preying. Consequently, they could be able to catch some animals that far bigger than them. These characters make people regard the lion as a symbol with braveness, dignity and holding royal blood.

3. The lion have some meaning in Buddhism. In Sanskrit the lion means Buddhist monk, and also emblematized Sakyamuni. With the Buddhism coming into China, the lion an animal figure of Indian religion blended with Chinese culture.

Ⅲ The analysis of wild Asiatic lion's disappear

1. Natural change and human's action

The place that ever had produced lions lies in the aridity area. Because of desertification and some other reason, in middle and west Asia where environment is frangible, it is easy to be destroyed. However, this was not a crucial reason why the wild Asiatic lion decreased so rapidly at a short time.

According to V.V. Barthold a Russia historian, due to the contribution of Arabian geographers, it is denied that the theory that the course of aridity lead to the transformation of central climate. About particular records of central Asia in 10th century indicated then distributing of the land and grassland approximated today's circumstances. In view of this point, even if the course of aridity has existed, it is so slow that impacts can not be seen in thousand years. More immediate cause was the expansion of agriculture，stock raising and city's size. The speed of these actions is faster than natural change. Many animals could not live without the habitat，which result in the number of herbivorous animals' decrease. The lion is a carnivore，and it would not eat grass even if it starved to death. The lion's food became very little，which is a fatal reason for this animal having a very good appetite.

2. Cultural factors

For the ferocious lion，the biggest enemy is human. They can survive with lack of food，but they can not escape from human's capture using some special technique. In 15th-16th century，the regions where the wild Asiatic lions lived except India belong to Moslem world. Islamic tenets forbid them to catch and kill wild animals. In India there are more strict regulations about capture animals. Its meat can not be eaten and its fur is not valuable. Why these people had wanted to catch the lion?

Moslems have some gift to do business，and they known how to obtain more profits. The cause of Catching lions was only to pay the tribute to Chinese emperors，so this behavior did not go against the rules. In some Persia documents，it was recorded that presenting one lion can get many valuable returns as the Chinese emperor's reward. This treasure decupled a tribute good horse，and as much again as presenting a leopard or a lynx that were also rare animals. The people were propelled to capture lions by so alluring interests，and tempted to do this dangerous job. In 15th-16th century capturing and domesticating the wild lion had become a profession with special technique and dividing work. In Chinese historical documents，many records have concerned how to catch lions. For instant，there is a segment in *Ming Shi*.

The lions lived in the bulrush clump at the riverside of Amur（Termez in Uzbekistan）. When a baby lion was born just now，its eyes can not be open until seven days passing. Autochthons caught baby lions when they didn't open eyes，then domesticated them. If this term was missed，and the baby lions open eyes，it was impossible to be domesticated.

From this paragraph we understood that the tribute lions were all domesticated when they had been very little. It was ruinous for the group of lions to capture baby. Meanwhile，the lions always live in groups，and every lion has its own job. The baby lions are tended by special female lions，Autochthons must encounter these female lions before catching baby lions. Only if conquered these wild beasts they can get the baby lions. During 15th-16th century this behavior was high frequency, which brought so big crisis to wild Asiatic lions.

Besides Chinese emperors, in central, west and south Asia, North Africa and south Europe the kings also liked this animal. It can be seen that the scale of catching lions was very extensive. Amount of the wild Asiatic lions decreased rapidly during this period. It was one reason why the action of Western Regions presented lions faded away after 16th century.

Ⅳ The impact of culture demands on environment

We have never seen the wondering wild lion in west and central Asia. Not only is it a sad thing, but it deserves our attention. Integrative elements caused this ending. Let us suppose! If Chinese emperors had disliked the lions, the people of Western Regions would not have received rich and generous rewards for presenting lions, as well as the occupation of capturing lions would not have been in the history. In our life, a large number of behaviors related to the environment, including folk-custom action, entertainment and so on. Compare to economy and politics, the culture's influence on environment seems to be tiny, and we can not consider it easily. But this tiny influence can last so long time, which we can hardly change it at will.

Anthropologist Malinowski said, "Culture creates new needs while satisfying human's present needs." For Chinese people, it was haphazard that the lions came into their sight, which it affiliated to the Buddhism spread in China. The new cultural demand aroused bright Moslems, and they realized the lions could bring profits. The lion has its symbol meaning in the most nations, and the visualized lion has been involved in arts, literature and folk-custom in various countries. As viewed from culture, the lion is a sacred animal, so holy, prow and dignified. But for the lion itself, this species had to face the crisis of living.

Sociologist Sir Raymond Firth said, "*Geographers and anthropologists no longer regard human as an object that environment can arbitrarily shape. Instead, human is seen as 'a great power that transforms the physiognomy of the Earth. Human beings play a positive role in transforming environment rather than living on the earth passively. Any people, savage or civilized, transformed the environment to some extent'，just as a geographer put it.*" In this process of transforming environment which role the culture had played? The culture has a connection with environment when it came into being. Different environment defined dissimilar resource，and consequently created distinguishing means of producing and living，so different culture come birth. In the course of cultural development and communication，the new contents and demands would appear. A part of these new things have been of advantage to the environment，but the other part disadvantage. The Asiatic lion was an example that people captured them not for eating or fur，but cultural demand. Wild lion has itself ecological function，because it is at the top of the biological chain. That the wild Asiatic lion decline would lead to the increase of amounts of herbivorous animals. Accordingly the natural vegetation would be destroyed，and the grassland would become smaller and smaller.

These bad results have been formed during short time，which people had not known before all things happened. Animals are part of nature. The power of culture is invisible，but difficult to transform. When we have been in research on environmental history，the cultural factor should be considered. It is worthwhile to understand the cultural function upon the environment and how to deal with the conflict of culture and environment.

Bibliographic references

Zhang Ting-yu. The *History of Ming Dynasty*. Beijing：Zhonghua Book Press，1997.

Bronislaw Malinowski. *The Scientific Theory of Culture*. Beijing：Huaxia Press，2002.

Aly Mazaheri. *La Route De La Soic*. Urumchi：Xinjiang Peoples' Press，2006.

Wang ting. *Countries in Central and Western Asia Assorting with Ming Court by means of Presenting lions*（from book：*the exploration history and geography of western region and southern sea*）. Shanghai：Shanghai Guji Press，2005.

The Latest Straight-tusked Elephants (*Palaeoloxodon*)?

— "Wild elephants" lived 3 000 years ago in North China[1]

Ji LI, Yongjian HOU

Yongxiang LI & Jie ZHANG

1 Introduction

There are no wild elephants in North China today. But ever since the first mandible with teeth of an elephant was exhumed at the Yin Ruins, the capital of the Shang Dynasty, in Anyang County of Henan Province in 1931, scholars have known that there were elephants living in that region about 3 000 years ago (De Chardin and Young, 1936; Institute of Archaeology, Chinese Academy of Social Science, 1994). Later in 1935 and 1978, three complete skeletons of elephants were found at the same site one after another (Yang, 2002). To the north of that site, at Dingjiabu Reservoir in Yangyuan County, Hebei Province, some animal fossils were discovered from the Holocene stratum, including teeth of elephants and many tree trunks. These tree trunks were dated by the ^{14}C dating method and yielded dates of 3630±90 or 3830±85 BP(Jia and Wei, 1980). Some Chinese historical documents of remote times, such as the famous *Oracle-Bone Inscriptions*, also indicate that the wild elephants did exist in North China about 3 000 years ago, and that the resident inhabitants were familiar with them (Oracle-Bone Inscriptions Compilation Committee, 2000).

1 本文原载 *Quaternary International*, 2012 年第 281 卷, 第 84-88 页, 署名李冀、侯甫坚、李永项, 系全球变化研究国家重大科学研究计划项目（2010CB950103）研究成果。

For decades, most Chinese zoologists and historians believed that all of these elephants belonged to the species *Elephas maximus*, because the elephants of this species are still living in Yunnan Province in South China today (Wen, 1979; Gong et al., 1987; Sun et al., 1998; Chen et al., 2006). However, this traditional opinion is not completely reliable. Here we show some proofs, which suggest that these elephants in North China should belong to the genus *Palaeoloxodon*, not *Elephas*.

2 Direct evidences: The teeth of elephants found in Yangyuan

Two teeth were exhumed from the Holocene stratum at Dingjiabu Reservoir in Yangyuan . They are a right M3 (upper 3rd molar) and a right p3 (lower 3rd premolar). The original report referenced identified the fossils as all belonged to *Elephas maximus* rather than to *Palaeoloxodon namadicus* or *Palaeoloxodon naumanni*. But the authors also pointed out that the two teeth "resemble the teeth of *Palaeoloxodon namadicus* or Palaeoloxodon *naumanni* particularly with regard to the shape" (Jia and Wei, 1980). We suggest these two teeth belonged to *Palaeoloxodon namadicus* or to *Palaeoloxodon naumanni* indeed, not just look like theirs. Because the original report described the teeth in detail as follows (and see Fig.1, a):

"The right M3, totally formed by 20 plates, has a long oval chewing surface. From the 11th plate the abrasion began. The length of the surface is 187 mm and the width is 96 mm. The hight of crown is 250 mm. The plates range tightly. The lamellae frequency is 5.5-6. The 9th-11th plate show 'dot-dot-dot' pattern. The 8th plate shows a 'dot-dash-dot' pattern. Each plate from 1st to 4th has a well marked median expansion. The enamel folding can be seen. The thickness of the enamel layer is 2.5-3.5 mm."

"The right p3 is totally formed by 12 plates.The length of the chewing surface is 107 mm and the width is 47 mm. The hight of the crown is 110 mm. The lamellae frequency is 8.5-9. The thickness of the enamel layer is 1.2-1.6 mm. Each of the abraded plates from 2nd to 5th has a clear lozenge-figure in the middle part, and the 'loxodont sinuses' can be seen".

Obviously, these features belong to the typical *Palaeoloxodon*, not *Elepas* (Hasegawa, 1972; Zhou and Zhang, 1974; Tong, 2010). Especially the "lozenge-figure" and the "loxodont sinuses", have never been seen on the teeth of

Elepas (Zhang, 1964).

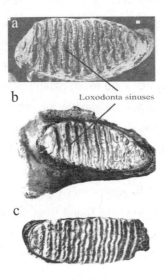

Fig. 1   Comparison between the molars from Yangyuan, the typical P. namadicus and
E. maximus. a: The M3 fossil from Yangyuan (Jia and Wei, 1980). b: A molar fossil of the
typical P. namadicus (Zhou and Zhang, 1974). c: A molar fossil of the typical E. Maximus
(Zhou and Zhang, 1974).

3 Indirect evidences: Tips of the long trunks on the elephant-shaped bronzes of the remote times

In China, thousands of bronzes of the remote times (Xia, Shang and Zhou dynasties, about 4100BP to 2300BP) have been exhumed, including some vivid elephant-shaped wares which were named by Chinese archaeologists as "elephant zun" or "elephant XX (each 'X' means a Chinese character)" in the Chinese language (Full Collection of Chinese Bronze Wares Compilation Committee, 1996). We have found some interesting details of the tips of the long trunks on the wares. In our opinion, this is a kind of proof to confirm that some of the mentioned "elephants" or "wild elephants" (mainly in North China) belonged to the *Palaeoloxodon* genus.

Before showing the bronzes, let us explain briefly about the difference between the trunks of different elephant species（Elephantinae）. The trunk of an elephant is an extension of the upper lip and nose. At the tip of the trunk, there is（are）1-2 "finger（s）" for grasping objects. Elephants of *Elephas maximus* have only 1 finger on the tip. As to *Loxodonta*'s, there are 2 fingers on the tip of each trunk（Shou, 1962）. As to *Mummuthus*, the shape of trunk tip in *M. primigenius* is consisted of asymmetrically shaped fingers that are arranged one above the other. The upper one was finger-like shaped, but the lower one was flat. This shape is quite different from those in the living African and Asian elephants. We can not know the exact number of fingers the *Palaeoloxodon* had on the trunks. But one fact is certain, on the trunk of *Elephas maximus*, there can not be 2 fingers.

That is the strange thing we have found from the bronzes: at the tips of the trunks of the elephants which once lived with the ancient resident people about 3 000 years ago in North China, there were always 2 fingers! Here we show a few photos as examples（Fig.2）.

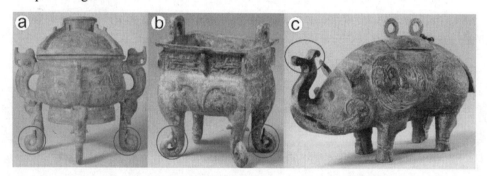

Fig. 2   Elephant-shaped bronzes of the remote times.

a: A Round Basket of Bronze made by a Count for the Duke Yi (made in about 11th century BC, from Beijing); b: An Elephant's Trunk Shaped Rectangular Zun (made in about 11th to 10th century BC, from Shandong Province); c: An Elephant Shaped Zun (made in about 10th to 9th century BC, from Shanxi Province) (From Full Collection of Chinese Bronze Wares).

We have found 33 elephant-shaped bronzes in all which were exhumed from different sites in North China. We can recognize from 21 of them the number of finger（s）on the tips of the trunks. None in the shapes of elephants on the 21 bronzes can be considered as *Elephas maximus*, because they all have 2 fingers on each tip of the trunks. Obviously, the elephants could not be *Mummuthus*, for we can not find the long woolly and the dramatic curvature of the tusks shape in the bronzes. They also could not be *Loxodonta*, because any wild individual of that species had never appeared in China (trade of the living individuals of *Loxodonta* between Africa and China at such an early time was obviously impossible). Taking the species of elephants lived in China during the late Pleistocene (Zhou, 1961; Zhou and Zhang, 1974) into account, we suggest that these elephants should belong to the genus *Palaeoloxodon*. We consider this conjecture well founded. Because we already know that at least to the end of late Pleistocene this genus of elephants still lived in North China.

To facilitate understanding of our view, we show a few photos of the trunks of the living *Elephas maximus* and the living *Loxodonta africana* here (see Fig.3).

Fig. 3   Trunks of Elephas maximus and Loxodonta africana.

a. A little girl is feeding an elephant of E. maximus (Taken by Ms. Ping Guo, 2010). b. An African elephant in Amboseli of Kenya (Taken by Prof. Chang-Yun Wu, 2006).

All of the bronzes mentioned above were all in good condition when exhumed. The fragmented ones were not counted. And we have found another bronze (only 1) exhumed in Hu'nan Province (in South China), on which an elephant's trunk shape should belong to the *Elephas maximus*, for on the tip of the trunk there is only 1 finger (Fig.4), different from other wares. This ware probably indicates that, *Elephas maximus* did exist in South China about 3 000 years ago. But we have never found even one ware which can prove the existence of the *Elephas maximus* in North China (as Fig.5 shows).

This distribution map (the sites of elephants' fossils and bones including both Pleistocene and Holocene stratums) may support our view that even if the wild *Elephas maximus* had ever appeared in North China once in a while, they still could not be the dominant species of the wild elephants there，the reverse of the *Palaeoloxodon* sp.

4 Discussions

4.1 About the evolutionary position of the *Palaeoloxodon* genus

The systematic position of *Palaeoloxodon* has not been determined by the academicians yet. Mingzhen Zhou（1961）advocated that the *Palaeoloxodon* has a closer consanguinity with the *Loxodonta*. Later，Yuping Zhang and Guanfu Zong （1983 ） supported this view. Now，*Palaeoloxodon* is considered by some paleontologists as a closer relative of *Elephas* than of *Loxodonta*（Shoshani and Tassy，2005）. But there has been no certain answer about this issue until now. Probably，the *Palaeoloxodon* actually has a position between *Loxodonta* and *Elephas*. Anyhow，on the tips of the trunks of *Elephas*，there can not be 2 fingers（Shou，1962）. A more reasonable explanation of the systematic position of the mentioned wild elephants is that they are *Palaeoloxodon* sp.，not *Elephas maximus* or *Loxodonta africana*.

Fig. 4　An Elephant Shaped Zun Period: Late Shang Dynasty, about 14th to 11th century BC. Site: Liling County, Hunan Province, China; Owner: Hunan Provincial Museum. (From Full Collection of Chinese Bronze Wares).

4.2　About the mammal faunas of the Early and Middle Holocene in North China

It is still believed that the genus *Palaeoloxodon*'s demise occurred in China during the Late Pleistocene, before the Pleistocene-Holocene boundary, about 10,000 BP （Zhou and Zhang, 1974）. Because of the "end-Pleistocene event" theory, there has been a view that the assemblage of mammal faunas of the Early and Middle Holocene is remarkably different from those of the Later Pleistocene. According to that view, the appearance of *Palaeoloxodon* sp. in Holocene stratum seems to be unbelievable. But some recent discoveries of Vertebrate Paleontology have indicated that this "event" or "process of extinction" might last much longer than we thought before, at least in some regions （Gonzalez et al., 2000; Guthrie, 2004; Stuart et al., 2004）. As Haowen Tong and Jinyi Liu （2004） mentioned, in China "Some mammal species we considered to be extincted at the end of Pleistocene before, actually lasted to Holocene, including *Cricetulus varians*, *Ailuropoda melanoleuca baconi*, *Crocuta ultima*, *Stegoden orientalis*, *Mammuthus primigenius*, *Megatapirus augustus*, *Coelodonta antiquitatis* and *Bos primigenius*, et al", "More scholars have begun to use the term 'Pleistocene-Holocene extinctions' instead of 'end-Pleistocene extinctions'". And it should be noted here, *Palaeoloxodon* has been frequently associated with the mentioned animals like *Coelodonta antiquitatis* and *Bos primigenius* in the Pleistocene stratum in China （Gu et al., 1978; Zhang and Zong, 1983; Li et al., 2011）.

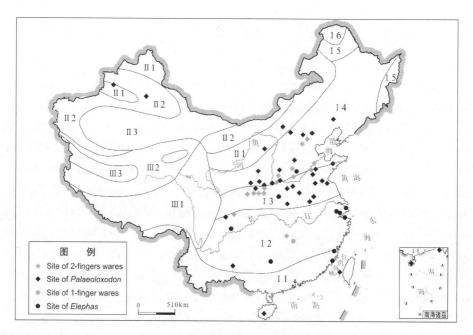

Fig. 5   Vegetation Regions in the Megathermal Maximum and Distribution
of the Related Sites (China):

I1: Monsoon Tropical Forest, I2: Evergreen Broad-leaved Forest, I3: Mixed Evergreen and Deciduous Broad-leaved Forest, I4: Deciduous Broad-leaved Forest, I5: Mixed Broad-leaved and Coniferous Forest, I6: Coniferous Forest; II1: Mixed Forest and Grassland, II2: Grassland, II3: Desert; III1: Mixed Forest and Steppe of Plateau, III2: Steppe of Plateau, III3: Desert of Plateau.

The situation of fossils from Yangyuan County（including Dingjiabu and a few other sites not far away）is a just example of this phenomenon，for in the all three Quaternary stratums with animal fossils in that limited area，including 2 Pleistocene stratums and 1 Holocene stratum，all exhumed *Coelodonta antiquitatis*（from all of the 2 Pleistocene stratums，also exhumed *Palaeoloxodon namadicus*）. Although the original report has already identified the elephant fossils from the Holocene stratum as "*Elephas maximus*"，but such a fauna which put the *Coelodonta antiquitatis* and *Elephas maximus* together is still very puzzling. In addition，the latitude of Yangyuan is about 40°N，too high for the *Elephas maximus* to live，even in the Megathermal Maximum（Tong，2007；Man，2009；and see Fig.5）. We consider *Palaeoloxodon namadicus* or *Palaeoloxodon* sp. should be a better option here，for *Elephas maximus* has never been found associated with *Coelodonta antiquitatis* at any other site.

5 Conclusions

We give 2 viewpoints at the end of this paper.

1. The so-called "elephants" or "wild elephants" which lived in North China about 3 000 years ago and recorded by some ancient Chinese historical documents, should not be assigned to *Elephas maximus*, but rather to *Palaeoloxodon* sp..

2. These elephants should be the world's latest *Palaeoloxodon*. For the latest record of them in Europe (*Palaeoloxodon antiquus*) was about 34,000 BP (Stuart, 2005; Mol et al, 2007). On the timing of the extinction of P. naumanni on the Japanese Islands, the reliable extinction age of P. naumanni is 23,600±130BP (Iwase et al, 2011). And the previous supposed "latest record" in China (*Palaeoloxodon naumanni*) was about 10,000 BP (Zhou and Zhang, 1974; Zhang and Zong, 1983).

Acknowledgements

We appreciate the advice of Professor R. F. Diffendal, Dr. Hongshuai Shi and Dr. Wei Pan for improving the manuscript. We also thank the Cultural Relics Publishing House (Beijing), Professor Chang-Yun Wu of Chinese Photography Magazine and Ms. Ping Guo of Sina Corporation very much, for given permissions of using their photos. This study was supported by the China Global Change Research Program (Grant No. 2010CB950103).

References

Chen M Y, Wu Z L, Dong Y H, 2006. *Asian elephant studies in China* (In Chinese). Science Press, Beijing, 1-237.

Full Collection of Chinese Bronze Wares Compilation Committee, 1996. *Full Collection of Chinese Bronze Wares*.Cultural Relics Publishing House, Beijing, 1-16.

Gong, G, Zhang, P, Zhang, J., 1987.On the changes of the climate zones and the developments of the distributive areas of living beings in China during the historical periods (in Chinese). *Historical*

Geography. 5，Shanghai People's Publishing House，Shanghai，1-10.

Gonzalez，S，Kitchener，A，Lister，2000.A. Survival of the Irish elk into the Holocene. *Nature*. 405，753-754.

Gu，Y. et al.，1978. The *Palaeoloxodon-Coelodonta* faunas found from Xingtai County（in Chinese）. *Vertebrata Palasiatica*. 16，73-76.

Guthrie，R.，2004. Radiocarbon evidence of mid-Holocene Mammoths stranded on an Alaskan Bering Sea island. *Nature*. 429，746-749.

Hasegawa，Y.，1972. The Naumann's elephant，Palaeoloxodon naumanni（Makiyama）from the Late Pleistocene off Shakagahana，Shodoshima Is. in Seto Inland Sea，Japan. *Bulletin of the National Science Museum*，15，513-591.

IA CASS（Institute of Archaeology，Chinese Academy of Social Science），1994. *Archaeology excavation and researches in the Yin Ruins*，Science Press，Beijing.

Iwase，A.，et al.，Timing of megafaunal extinction in the late Late Pleistocene on the Japanese Archipelago，*Quaternary International*（2011），doi：10.1016/j.quaint.2011.03.029.

Jia，L，Wei，Q.，1980. Some animal fossils from the Holocene of N.China（in Chinese with English abstract）. *Vertebrata Palasiatica*. 18，327-335.

Li，Y.-X.，et al.，The composition of three mammal faunas and environmental evolution in the last glacial maximum，Guanzhong area，Shaanxi Province，China，*Quaternary International*（2011），doi：10.1016/j.quaint.2011.02.009.

Man，Z.，2009. *Research of Chinese Historical Climate Change*，Shandong Education Press，Ji'nan，101，451.

Mol，D，Vos，J，Plicht，J.，2007. The presence and extinction of *Elephas antiquus* Falconer and Cautley，1847，in Europe. *Quaternary International*. 169-170，pp. 149-153.

Oracle-Bone Inscriptions Compilation Committee.，2000. *Compilation of Oracle-Bone Inscriptions*，National Library of China Publishing House，Beijing.

Shoshani，J，Tassy，P.，2005. Advances in Proboscidean taxonomy & classification，Anatomy & Physiology，and Ecology & Behavior. *Quaternary International*. 126-128，pp. 5-20.

Shou，Z. et al.，1962. *China's Economic Fauna，Beasts*，Science Press，Beijing，25-34.

Stuart，A，Kosintsev，P，Higham，T，Lister，A.，2004. Pleistocene to Holocene extinction dynamics in giant deer and woolly Mammoth. *Nature*. 431，684-689.

Stuart，A.，2005. The extinction of woolly Mammoth（*Mammuthus primigenius*）and straight-tusked elephant（*Palaeoloxodon antiquus*）in Europe. *Quaternary International*. 126-128，pp. 171-177.

Sun Gang，Xu Qing，Jin Kun，1998. The Historical Withdrawal of Wild Elephas maximus in China and Its Relationship with Human Population Pressure (In Chinese). *Journal of Northeast Forestry University*, 26 (4): 47-50.

Teilhard de Chardin, P, Young, C., 1936. On the mammalian remains from the archaeological site of Anyang (in Chinese). *Palaeontologia Sinica.* 12, 1-78.

Tong, H, Liu, J., 2004. The Pleistocene-Holocene extinctions of mammals in China (in Chinese with English abstract). *Proceedings of the Ninth Annual Meeting of the Chinese Society of Vertebrate Paleontology*, Ocean Press, Beijing, 111-119.

Tong, H., 2007. The Palaeo-environmental significance of the warm-like animals appeared in North China during the Quaternary (in Chinese). *Science China.* 37, 922-933.

Tong, H.-W., 2010. New materials of Mammuthus trogontherii (Proboscidea, Mammalia) of Late Pleistocene from Yuxian, Hebei (In Chinese with English summary). *Quaternary Sciences*, 30 (2), 307-318.

Wen, H., 1979. The first study of *Elephas maximus* in China during different historical period (in Chinese). *Thinking.* 6, 43-57.

Yang, B., 2002. *Research of the Culture of the Yin Ruins*, Press of Wuhan University, Wuhan.

Zhang, X., 1964. Research on some new materials of *P. namadicus* in China and a primary discussion about the taxonomic classification of *P. namadicus*. (in Chinese). *Vertebrata Palasiatica.* 8, 269-282.

Zhang, Y, Zong, G, 1983. Genus *Palaeoloxodon* of China (in Chinese with English abstract). *Vertebrata Palasiatica.* 21, 301-314.

Zhou, M., 1961. Some Pleistocene mammalian fossils from Shantung (in Chinese with English abstract). *Vertebrata Palasiatica.* 4, 360-369.

Zhou, M, Zhang, Y., 1974. *The Fossils of Elephants in China*, Science Press, Beijing.

后 记

想同自己指导的研究生——陕西师范大学历史动物研究小组各位成员合作一本研究论著，是研究过程中越来越强烈的一个愿望。我们做的学术性研究，其目的就是要把研究心得，通过论文和著作的方式展示出去，以推进历史动物领域的研究工作。这一项工作，按照已有的研究条件及已知的研究意义来说，很明显是需要予以大力推进的。

2009 年 8 月 4—8 日，在丹麦首都哥本哈根召开的第一届世界环境史大会（WCEH），是我们这个师生研究小组的节日。我同当时尚处于求学阶段的曹志红博士、康蕾硕士在学校的支持下，参加了这次盛会。这届大会的主办方是国际环境史组织联盟（ICEHO）和丹麦的洛斯基尔德大学（Roskilde University）。会议的主题是"当地生计与全球挑战：理解人与环境的相互作用"。会议的宗旨是：召集全球学者探讨历史上人与环境的关系，为全球环境史研究者架设交流的桥梁。与会之前，按照大会组织者征集论文的形式要求，我们小组在已有工作基础上，以《中国历史时期人与动物的关系》（The Relationship between Human Beings and Wild Animals in Chinese History）为题目投稿后，经过会议组织的匿名审稿，获得了海报论文的录用资格。8 月 4 日下午，曹志红博士代表小组就海报内容做了一个简捷清楚的陈述。8 月 6 日上午，在一个关于历史动物的分报告会上，康蕾硕士完成了自己的论文报告，并同多位有兴趣的学者进行了交流。我很替这些研究生高兴，在学校求学期间就有这样的学术经历。

事实上，我国学术界在历史动物研究方面已经有大量的积累，许多专家学者对这一领域的研究抱有浓厚的兴趣，并不时有新作发表出来。在科学出版社即将出版的《中国历史自然地理》（邹逸麟、张修桂、王守春合作编辑）著作中，以"重要珍稀动物地理分布的变化"为题，写作了以前同类论著所没有具备的一章。自20 世纪后十年开始扩展开来的环境史研究，可以认为是历史动物研究的一种新的推动力。可以设想，专事自古至今人类社会和自然环境之间相互作用的研究工作，采用生态分析作为理解人类历史的一种手段，必然会对人类与动物关系史的研究提出更多中国和外国历史条件下的研究例证和结论。

　　我们非常想用毫不掩饰的心情，来庆祝本书的出版；因为对于本书那些年轻的作者来说，出版了自己写作的文字，意味着在已经前行的道路上，又增加了一种使自己可以时时感受到的鞭策和鼓励的力量。

　　感谢中国环境出版社诸位对我们的支持，方才有了这一"历史动物研究"的出版。从 2010 年编辑出版《中国环境史研究》第 1 辑"理论与方法"起，就体现了他（她）们独具的慧眼，更反映了他（她）们对祖国环境保护事业的责任心和历史感。而我们大家的工作汇合起来，就会形成中国环境史研究的洪流，成为推动世界环境史研究的一种力量。

侯甬坚

2010 年 11 月 15 日星期一之凌晨

2013 年 8 月 21 日星期三补充